董 军 ◉ 主编
孙艳争　陈艳红 ◉ 副主编

宠物疾病诊疗与处方手册

第 2 版

化学工业出版社
·北京·

图书在版编目（CIP）数据

宠物疾病诊疗与处方手册/董军主编．—2版．—北京：
化学工业出版社，2012.2（2025.6重印）
ISBN 978-7-122-13202-4

Ⅰ.宠… Ⅱ.董… Ⅲ.宠物-动物疾病-诊疗-手册
Ⅳ.S858.39

中国版本图书馆CIP数据核字（2012）第001249号

责任编辑：邵桂林　　　　　　　装帧设计：关　飞
责任校对：陶燕华

出版发行：化学工业出版社（北京市东城区青年湖南街13号　邮政编码100011）
印　　装：三河市君旺印务有限公司
787mm×1092mm　1/16　印张20½　字数541千字　2025年6月北京第2版第23次印刷

购书咨询：010-64518888　　　　　　售后服务：010-64518899
网　　址：http://www.cip.com.cn
凡购买本书，如有缺损质量问题，本社销售中心负责调换。

定　价：50.00元　　　　　　　　　　　　　　　　　　　　　　　版权所有　违者必究

本书编写人员

主　编　董　军
副主编　孙艳争　陈艳红
编　者　（按姓氏笔画为序）
　　　　于咏兰　孙艳争　杨万莲　杨泽胜
　　　　吴　静　陈艳红　范　开　庞海东
　　　　钟友刚　唐　宁　常建宇　董　军
　　　　舒凤茂　曾华平　潘庆山

前言

《宠物疾病诊疗与处方手册》第 1 版出版后,在全国广大读者中反响较好、受到欢迎,说明这本书的编写思路、撰写方式和服务对象都是恰当的,这些优点均将保留在第 2 版中。第 1 版出版后,编者也收到不少读者意见和建议,并在第 1 版成功发行的鼓舞下,我们着手认真审视第 1 版中存在的问题和不足,精心准备第 2 版的编写。与第 1 版相比,第 2 版新增加了近 150 种新的常见疾病种类,以及超过 3000 个用药处方,并对第一版中已不适用于临床的部分内容加以精简或删除,同时对第 1 版中的诊疗技术和用药方法进行了修订,对全书进行了认真勘误。

本书不但包括犬、猫疾病的诊疗和用药技术,还包括了鸟、金鱼和爬行动物等其他类宠物的疾病诊疗和用药技术。书中简明扼要地叙述了各种疾病的最常见的临床症状,然后针对每一种疾病和不同的临床症状列出了相应的治疗用药处方及治疗措施。这样的安排,既对专业兽医技术人员和宠物医生适用,同时也非常方便非专业技术人员的动物主人在自己的宠物得病后,做出一个基本的判断和简单的药物治疗。

书中"治疗方案"中,绝大部分治疗措施能够以"处方"形式加以表述,也有少部分治疗措施(如手术、营养治疗)并不能以"处方"形式加以表述(此部分内容前带有"•"符号),读者可根据实际情况选择"处方"形式或非"处方"形式的治疗措施。需要指出的是,兽医科学是一门不断发展的学科。随着学科的不断发展以及临床经验的不断完善,知识与新兽药的不断更新,用药方法与用药剂量也要做出相应的调整。在安全用药的前提下,建议读者在使用每一种药物之前参阅厂家提供的产品说明以确认药物的用量、用法、时间及药物禁忌等。医生应该根据经验和患病动物的情况决定用药量以及相应的治疗方案。因而本书的作者、出版社在此郑重声明:本书所提供的所有资料都是准确、核对无误、完整、可靠的,但是他们对因使用本书资料而引起的任何医疗差错和事故不承担责任;他们鼓励读者参照其他材料来证实本书资料的可靠性,例如,可核对他们将要使用的药物的说明书,以确认本书提供的资料是否准确,及本书推荐的药物剂量或禁忌证有无改变,对于新药或不经常使用的药物更应如此;另外,建议读者如果自己的爱宠发生疾病,在参考本书的基础上及时咨询专业宠物医生。

本书不但适用于宠物医生、兽医专业技术人员,而且也可用作宠物饲养爱好者以及大中专院校相关专业师生的参考用书。本书在编写过程中力求完善,但由于编写时间仓促、编写人员水平有限,书中疏漏和不当之处在所难免,敬请广大读者批评指正。

2012 年 1 月

第一版前言

随着社会的发展和进步，人们的生活水平不断提高，各种小动物已成为家庭的宠物，人们越来越关爱动物，并把它们视为家庭的成员。在宠物疾病防治方面，一方面需要大量宠物医生的专业知识，另一方面也需要宠物主人了解一些基本的动物疾病常识。本书是一本通俗易懂的宠物疾病治疗用书，是宠物医生和宠物主人不可多得的好帮手。

本书是一部介绍宠物疾病诊疗及用药处方的专著。全书内容主要涉及犬猫类疾病，包括传染病、寄生虫病、消化系统疾病、呼吸系统疾病、泌尿系统疾病、循环系统疾病、神经系统疾病、运动系统疾病、免疫性疾病、营养及代谢类疾病、中毒感染、皮肤病、肿瘤、眼耳病的诊疗与用药处方；另外，也分别以一章的篇幅介绍了其他宠物（鸟、金鱼和龟）的诊疗与用药处方。书中首先简明扼要地叙述了各种疾病最常见的临床症状，以求通俗易懂。在治疗上，首先明确治疗原则，然后针对疾病的不同临床症状列出了相应的治疗用药，并根据不同的症状组合成若干不同的处方。这样的叙述除了使宠物医生能够方便地对宠物看病和施以治疗方案外，还力求使即便不是兽医的宠物主人也能在自己的宠物得病后做出一个基本的判断和简单的药物治疗。

另外，文中"治疗方案"中，绝大部分治疗措施能够以"处方"形式加以表述，也有少部分治疗措施（如手术、营养治疗）并不能以"处方"形式加以表述（此部分内容前带有"•"符号），读者可根据实际情况选择"处方"形式或非"处方"形式的治疗措施。

需要指出的是，兽医科学是一门不断发展的学科。随着学科的不断发展以及临床经验的不断完善，知识与新兽药的不断更新，用药方法与用药剂量也要做出相应的调整。在安全用药的前提下，建议读者在使用每一种药物之前参阅厂家提供的产品说明以确认药物的用量、用法、时间及药物禁忌等。医生有权根据经验和患病动物的情况决定用药量以及相应的治疗方案。因而本书的作者、出版社在此郑重声明：本书所提供的所有资料都是准确、核对无误、完整、可靠的，但是他们对因使用本书资料而引起的任何医疗差错和事故一律不能负责。他们鼓励读者参照其他材料来证实本书资料的可靠性，例如，可核对他们将要使用的药物的说明书，以确认本书提供的资料是否准确，及本书推荐的药物剂量或禁忌证有无改变，对于新药或不经常使用的药物更应如此。

本书不但适用于宠物医生，而且也可用作宠物饲养爱好者以及大专院校畜牧兽医专业学生的参考用书。

本书在编写过程中力求完善，但由于编写时间仓促，编写人员水平有限，书中疏漏和不当之处在所难免，敬请广大读者批评指正。

编者
2007 年 1 月

目 录

第一章　宠物用药常识 ……………… 1
　　一、药物的用法 …………………… 1
　　二、药物的作用 …………………… 2
　　三、药物的用量及用药次数 ……… 3
　　四、用药注意事项 ………………… 4
　　五、常用药物的保管 ……………… 5

第二章　犬、猫传染病 ……………… 7
　第一节　犬、猫病毒性传染病 …… 7
　　一、犬瘟热 ………………………… 7
　　二、犬细小病毒感染 ……………… 9
　　三、犬传染性肝炎 ………………… 10
　　四、犬冠状病毒感染 ……………… 11
　　五、犬副流感病毒感染 …………… 12
　　六、犬疱疹病毒感染 ……………… 13
　　七、犬轮状病毒感染 ……………… 13
　　八、狂犬病 ………………………… 14
　　九、犬病毒性乳头状瘤 …………… 14
　　十、犬传染性气管支气管炎 ……… 15
　　十一、猫泛白细胞减少症 ………… 15
　　十二、猫传染性鼻气管炎 ………… 16
　　十三、猫杯状病毒感染 …………… 17
　　十四、猫白血病 …………………… 18
　　十五、猫传染性腹膜炎 …………… 18
　　十六、猫免疫缺陷病毒感染 ……… 19
　第二节　犬、猫细菌性传染病 …… 20
　　一、钩端螺旋体病 ………………… 20
　　二、莱姆病 ………………………… 21
　　三、大肠杆菌病 …………………… 21
　　四、巴氏杆菌病 …………………… 21
　　五、犬链球菌病 …………………… 22
　　六、沙门菌病 ……………………… 22
　　七、葡萄球菌病 …………………… 23
　　八、弯杆菌病 ……………………… 24
　　九、布氏杆菌病 …………………… 24
　　十、坏死杆菌病 …………………… 25
　　十一、结核病 ……………………… 25
　　十二、破伤风 ……………………… 26
　　十三、肉毒梭菌毒素中毒 ………… 27
　　十四、放线菌病 …………………… 27
　　十五、诺卡菌病 …………………… 28
　第三节　犬、猫真菌性病 ………… 28
　　一、皮肤癣菌病 …………………… 28
　　二、孢子菌病 ……………………… 29
　　三、球孢子菌病 …………………… 30
　　四、隐球菌病 ……………………… 30
　　五、组织胞浆菌病 ………………… 31
　　六、孢子丝菌病 …………………… 31
　　七、曲霉菌病 ……………………… 32
　　八、念珠菌病 ……………………… 32
　　九、芽生菌病 ……………………… 33
　第四节　犬、猫立克次体病和衣原
　　　　　体病 ……………………… 33
　　一、犬埃里希体病 ………………… 33
　　二、猫血巴尔通体病 ……………… 34
　　三、附红细胞体病 ………………… 34
　　四、猫衣原体病 …………………… 35

第三章　犬、猫寄生虫病 …………… 36
　第一节　蠕虫病 …………………… 36
　　一、蛔虫病 ………………………… 36

二、钩虫病 37
　三、犬恶心丝虫病 37
　四、旋尾线虫病 38
　五、毛尾线虫病 39
　六、旋毛虫病 39
　七、犬类丝虫病 40
　八、猫圆线虫病 40
　九、犬、猫类圆线虫病 41
　十、眼虫病 41
　十一、绦虫病 42
　十二、肝吸虫病 42
　十三、并殖吸虫病 43
　十四、裂体吸虫病 43
　第二节　原虫病 44
　　一、球虫病 44
　　二、弓形虫病 45
　　三、犬巴贝丝虫病 45
　　四、利什曼原虫病 46
　　五、阿米巴病 46
　　六、贾第鞭毛虫病 47
　　七、隐孢子虫病 47
　　八、毛滴虫病 47
　第三节　蜘蛛昆虫病 48
　　一、疥螨病 48
　　二、蠕形螨病 49
　　三、耳痒螨病 49
　　四、犬虱病 50
　　五、蚤病 50
　　六、蜱致麻痹 51

第四章　犬、猫消化系统疾病 52

　第一节　上消化道疾病 52
　　一、口腔炎 52
　　二、齿石 53
　　三、口腔异物 53
　　四、齿龈炎和牙周炎 54
　　五、咽炎 54
　　六、咽麻痹 55
　　七、多涎症 55
　　八、唇裂和腭裂 56
　　九、食道炎 56
　　十、食道扩张 56
　　十一、食道梗阻 57

　　十二、唾液腺炎 58
　第二节　胃肠疾病 58
　　一、急性胃炎 58
　　二、慢性胃炎 59
　　三、胃内异物 60
　　四、胃扩张-扭转综合征 60
　　五、胃出血 61
　　六、消化性溃疡 62
　　七、急性肠炎 63
　　八、慢性肠炎 63
　　九、出血性胃肠炎综合征 64
　　十、嗜酸性粒细胞性胃肠炎 64
　　十一、肠套叠 65
　　十二、肠梗阻 65
　　十三、结肠炎 66
　　十四、便秘 66
　　十五、巨结肠症 67
　　十六、直肠脱垂 68
　　十七、肛门囊炎 68
　第三节　肝、脾、胰、腹膜疾病 69
　　一、急性肝炎 69
　　二、慢性肝炎 70
　　三、肝硬化 70
　　四、肝脓肿 71
　　五、脾脏破裂 72
　　六、急性胰腺炎 72
　　七、慢性胰腺炎 73
　　八、腹膜炎 74
　　九、腹水 74
　　十、黄疸 75
　　十一、腹壁疝 75
　　十二、脐疝 76
　　十三、腹股沟阴囊疝 76
　　十四、会阴疝 77

第五章　犬、猫呼吸系统疾病 78

　第一节　上呼吸道疾病 78
　　一、感冒 78
　　二、鼻出血 79
　　三、鼻炎 79
　　四、副鼻窦炎 80
　　五、软腭异常 80
　　六、喉炎 81

七、喉头麻痹 …………………………… 82
　八、气管麻痹 …………………………… 82
　九、扁桃体炎 …………………………… 83
　第二节　肺、支气管及胸腔疾病 ……… 83
　　一、支气管炎 …………………………… 83
　　二、支气管肺炎 ………………………… 84
　　三、猫支气管哮喘 ……………………… 85
　　四、肺炎 ………………………………… 85
　　五、异物性肺炎 ………………………… 86
　　六、肺气肿 ……………………………… 87
　　七、肺水肿 ……………………………… 88
　　八、肺出血 ……………………………… 89
　　九、胸膜炎 ……………………………… 89
　　十、胸腔积水 …………………………… 90
　　十一、胸腔积血 ………………………… 91
　　十二、胸腔积脓 ………………………… 91
　　十三、气胸 ……………………………… 92
　　十四、乳糜胸 …………………………… 92
　　十五、横膈膜疝 ………………………… 93

第六章　犬、猫泌尿生殖系统疾病 … 94
　第一节　生殖器官疾病 ………………… 94
　　一、包茎 ………………………………… 94
　　二、阴茎包皮外损伤性疾病 …………… 94
　　三、包皮囊外翻 ………………………… 95
　　四、嵌顿包茎或嵌闭包茎 ……………… 95
　　五、包皮龟头炎 ………………………… 96
　　六、睾丸炎、睾丸鞘膜炎和附睾炎 …… 96
　　七、前列腺肥大 ………………………… 97
　　八、前列腺囊肿和前列腺炎 …………… 97
　　九、隐睾症 ……………………………… 98
　　十、外阴炎和阴道炎 …………………… 98
　　十一、阴道增生症 ……………………… 98
　　十二、阴道脱出 ………………………… 99
　　十三、子宫内膜炎 ……………………… 99
　　十四、子宫蓄脓综合征 ………………… 100
　　十五、子宫脱出 ………………………… 100
　　十六、子宫捻转 ………………………… 101
　　十七、卵巢囊肿 ………………………… 101
　　十八、假孕 ……………………………… 101
　　十九、流产 ……………………………… 102
　　二十、难产 ……………………………… 103
　　二十一、胎衣不下 ……………………… 103

　　二十二、产后败血症 …………………… 104
　　二十三、产后抽搐 ……………………… 104
　　二十四、乳房炎 ………………………… 105
　　二十五、缺乳症 ………………………… 105
　　二十六、脐炎 …………………………… 106
　第二节　泌尿器官疾病 ………………… 106
　　一、尿道损伤 …………………………… 106
　　二、尿道炎 ……………………………… 107
　　三、尿道狭窄和尿道阻塞 ……………… 107
　　四、膀胱炎 ……………………………… 108
　　五、膀胱痉挛 …………………………… 108
　　六、膀胱麻痹 …………………………… 109
　　七、膀胱破裂 …………………………… 109
　　八、急性肾功能衰竭 …………………… 110
　　九、慢性肾功能衰竭 …………………… 110
　　十、肾小球肾炎 ………………………… 111
　　十一、肾病综合征 ……………………… 112
　　十二、肾盂积水 ………………………… 112
　　十三、尿毒症 …………………………… 112
　　十四、尿石症 …………………………… 113

第七章　犬、猫血液循环系统疾病 … 114
　第一节　心血管疾病 …………………… 114
　　一、心律不齐 …………………………… 114
　　二、心力衰竭 …………………………… 115
　　三、窦性心动过速 ……………………… 116
　　四、窦性心动过缓 ……………………… 117
　　五、期前收缩 …………………………… 117
　　六、心房间隔损伤 ……………………… 118
　　七、心室间隔缺损 ……………………… 118
　　八、动脉导管未闭 ……………………… 119
　　九、永久性右主动脉弓 ………………… 119
　　十、肺动脉瓣狭窄 ……………………… 119
　　十一、主动脉狭窄 ……………………… 120
　　十二、法乐四联症 ……………………… 120
　　十三、二尖瓣闭锁不全 ………………… 121
　　十四、犬扩张性心肌病 ………………… 121
　　十五、犬肥厚性心肌病 ………………… 122
　　十六、猫肥厚性心肌病 ………………… 122
　　十七、猫限制性心肌病 ………………… 123
　　十八、肺源性心肌病 …………………… 123
　　十九、心肌炎 …………………………… 124
　　二十、心内膜炎 ………………………… 125

二十一、腔静脉综合征……………… 126
二十二、心包炎…………………… 126
二十三、心包积液………………… 127
二十四、淋巴管炎和淋巴结炎…… 127
第二节　血液病……………………… 128
一、血小板减少性紫癜…………… 128
二、先天性凝血功能障碍………… 128
三、播散性血管内凝血…………… 129
四、贫血…………………………… 129
五、白血病………………………… 130
六、灰色柯利综合征……………… 131
七、红细胞增多症………………… 132

第八章　犬、猫神经系统疾病………… 133
第一节　中枢神经系统疾病………… 133
一、脑震荡及脑挫伤……………… 133
二、日射病和热射病……………… 134
三、脑膜脑炎……………………… 135
四、脑积水………………………… 136
五、晕车症………………………… 136
六、癫痫…………………………… 136
七、肝性脑病……………………… 137
八、脊髓受压……………………… 138
九、脊髓挫伤及脊髓震荡………… 138
十、脊髓炎和脊髓膜炎…………… 139
十一、舞蹈病……………………… 140
十二、颈椎脊髓病………………… 140
十三、椎间盘疾病………………… 141
十四、寰、枢椎不稳症…………… 142
第二节　外周神经疾病……………… 142
一、面神经麻痹…………………… 142
二、多发性神经根炎……………… 143
三、外周神经损伤………………… 143
四、三叉神经麻痹………………… 144
五、舌下神经麻痹………………… 144
六、臂神经丛撕脱………………… 144
七、桡神经麻痹…………………… 145
八、尺神经麻痹…………………… 145
九、坐骨神经损伤………………… 146
十、胫神经麻痹…………………… 146
十一、腓神经麻痹………………… 146
十二、肩胛上神经麻痹…………… 146

第九章　犬、猫内分泌系统疾病……… 148
一、幼仔脑垂体功能不全………… 148
二、脑下垂体功能减退症………… 148
三、甲状腺功能亢进症…………… 149
四、甲状腺功能减退症…………… 150
五、甲状旁腺功能亢进症………… 150
六、甲状旁腺功能减退症………… 151
七、肾上腺皮质功能亢进症……… 152
八、肾上腺皮质功能减退症……… 153
九、胰岛素分泌过少症…………… 154
十、胰岛素分泌过多症…………… 154
十一、雌性激素过多症…………… 154
十二、雌性激素缺乏症…………… 155
十三、雄性激素过多症…………… 155
十四、雄性激素过少症…………… 156
十五、雄性犬雌性化综合征……… 156
十六、尿崩症……………………… 156

第十章　犬、猫免疫性疾病…………… 158
一、新生犬黄疸症………………… 158
二、血小板减少症………………… 158
三、特发性皮炎…………………… 159
四、食物性变态反应……………… 159
五、寻常性天疱疮………………… 160
六、落叶性天疱疮………………… 160
七、类天疱疮……………………… 161
八、自身免疫性溶血性贫血……… 161
九、全身性红斑狼疮……………… 162
十、重症肌无力…………………… 162
十一、免疫缺陷病………………… 163
十二、丙球蛋白病………………… 163

第十一章　犬、猫营养及代谢性
　　　　　疾病……………………… 164
第一节　代谢性疾病………………… 164
一、母犬低血糖症………………… 164
二、幼犬一过性低血糖症………… 164
三、猎犬功能性低血糖症………… 165
四、不耐乳糖症…………………… 165
五、糖尿病………………………… 166
六、糖元蓄积症…………………… 166
第二节　维生素代谢障碍病………… 167

一、维生素 A 缺乏症 ………… 167
二、维生素 A 过多症 ………… 168
三、维生素 B_1 缺乏症 ………… 168
四、维生素 B_2 缺乏症 ………… 169
五、维生素 B_6 缺乏症 ………… 169
六、维生素 C 缺乏症 ………… 170
七、维生素 D 缺乏症 ………… 170
八、维生素 E 缺乏症 ………… 171
九、维生素 K 缺乏症 ………… 172
十、生物素缺乏症 ………… 172
十一、叶酸缺乏症 ………… 173
十二、烟酸缺乏症 ………… 173
十三、胆碱缺乏症 ………… 174

第三节　矿物质及微量元素代谢病 ……… 174
一、佝偻病 ………… 174
二、骨软病 ………… 175
三、产后瘫痫 ………… 175
四、镁代谢病 ………… 176
五、铜代谢病 ………… 176
六、铁代谢病 ………… 177
七、锰代谢病 ………… 178
八、锌代谢病 ………… 179
九、碘代谢病 ………… 179
十、硒代谢病 ………… 180

第四节　其他代谢病 ……… 180
一、肥胖症 ………… 180
二、高脂血症 ………… 181
三、黏液水肿 ………… 181
四、异嗜 ………… 182
五、吸收不良综合征 ………… 182

第十二章　犬、猫中毒性疾病 ……… 184
一、有机磷农药中毒 ………… 184
二、毒鼠磷中毒 ………… 185
三、磷化锌中毒 ………… 185
四、敌鼠钠中毒 ………… 186
五、氟乙酰胺中毒 ………… 187
六、氟乙酸钠中毒 ………… 187
七、砷中毒 ………… 188
八、灭鼠灵中毒 ………… 189
九、铅中毒 ………… 189
十、洋葱中毒 ………… 190
十一、食物中毒 ………… 190
十二、食盐中毒 ………… 191
十三、黄曲霉素中毒 ………… 192
十四、亚硝酸盐中毒 ………… 192
十五、阿托品类药物中毒 ………… 193
十六、巴比妥类药物中毒 ………… 194
十七、氨基糖苷类抗生素中毒 ………… 194
十八、磺胺类药物中毒 ………… 195
十九、氯丙嗪中毒 ………… 196
二十、马钱子中毒 ………… 196
二十一、蟾蜍中毒 ………… 196
二十二、麻黄碱中毒 ………… 197
二十三、一氧化碳中毒 ………… 197

第十三章　犬、猫损伤和外科感染 ……… 199

第一节　损伤 ……… 199
一、创伤 ………… 199
二、挫伤 ………… 200
三、血肿 ………… 200
四、烧伤 ………… 201
五、冻伤 ………… 202
六、化学性烧伤 ………… 202
七、蜂蜇伤 ………… 203
八、毒蛇咬伤 ………… 203
九、休克 ………… 204

第二节　外科感染 ……… 205
一、毛囊炎 ………… 205
二、疖及疖病 ………… 205
三、蜂窝织炎 ………… 206
四、脓肿 ………… 206
五、败血症 ………… 207
六、厌氧性感染 ………… 207
七、腐败性感染 ………… 208

第十四章　犬、猫运动系统疾病 ……… 209
一、骨折 ………… 209
二、骨髓炎 ………… 210
三、特发性多发性肌炎 ………… 211
四、犬嗜酸细胞性肌炎 ………… 211
五、风湿病 ………… 212
六、多发性嗜酸细胞性骨炎 ………… 213
七、骨膜炎 ………… 213
八、肥大性骨营养不良 ………… 214

九、黏液囊炎……………………214
十、肘肿………………………215
十一、腱炎……………………215
十二、腱鞘炎…………………216
十三、腱断裂…………………216
十四、软骨骨病………………216
十五、脊硬膜骨化症…………217
十六、腰扭伤…………………218
十七、髋关节脱位……………218
十八、膝盖骨脱位……………219
十九、肘关节发育异常………219
二十、髋关节发育异常………220
二十一、椎间盘突出…………220
二十二、关节扭伤……………221
二十三、关节挫伤……………221
二十四、类风湿性关节炎……222
二十五、肥大性骨关节病……222
二十六、多发性软骨源性骨疣……222
二十七、化脓性关节炎………223
二十八、退行性关节炎………223
二十九、斜颈…………………224
三十、犬指(趾)间囊肿………224
三十一、运动失调综合征……225

第十五章　犬、猫皮肤病…………226

一、过敏性皮炎………………226
二、脂溢性皮炎………………227
三、荨麻疹……………………227
四、皮肤瘙痒症………………228
五、趾间脓皮症………………228
六、鼻镜脱色素………………229
七、黏蛋白病…………………229
八、犬自咬症…………………230
九、嗜酸性肉芽肿综合征……230
十、猫的种马尾病……………231
十一、犬的脓皮病……………231
十二、湿疹……………………232
十三、皮炎……………………233
十四、脱毛症…………………233
十五、黑色棘皮症……………234

第十六章　犬、猫眼和耳疾病………235

第一节　眼病………………………235

一、睫毛生长异常……………235
二、眼睑内翻…………………236
三、眼睑外翻…………………236
四、眼睑炎……………………237
五、睑腺炎……………………237
六、第三眼睑腺脱出…………237
七、结膜炎……………………238
八、角膜炎……………………239
九、白内障……………………240
十、青光眼……………………240
十一、视神经炎………………241
十二、前色素层炎……………241
十三、泪道阻塞………………242
十四、眼球脱出………………242

第二节　耳病………………………243

一、耳血肿……………………243
二、耳的撕裂创………………243
三、外耳炎……………………244
四、中耳炎、内耳炎…………245

第十七章　犬、猫肿瘤疾病…………246

一、传染性口腔乳头状瘤……246
二、齿龈瘤……………………246
三、口腔鳞状上皮癌…………247
四、嗜酸性肉芽瘤……………247
五、鼻腔腺癌…………………248
六、鼻窦癌……………………248
七、咽喉部肿瘤………………248
八、外耳道肿瘤………………249
九、原发性肺肿瘤……………249
十、转移性肺肿瘤……………249
十一、胃肠道腺瘤……………250
十二、胃肠道癌………………250
十三、肝脏肿瘤………………251
十四、脾脏肿瘤………………251
十五、胰腺肿瘤………………252
十六、肾脏腺瘤………………252
十七、卵巢肿瘤………………253
十八、犬、猫子宫肿瘤………253
十九、阴道与前庭肿瘤………253
二十、睾丸肿瘤………………254
二十一、睾丸支持细胞瘤……254
二十二、前列腺肿瘤…………254

二十三、交配传播的性肿瘤……………255
二十四、阴茎和包皮肿瘤……………255
二十五、基底细胞瘤……………256
二十六、皮脂腺瘤……………256
二十七、鳞状细胞癌……………256
二十八、脂肪瘤、脂肪肉瘤……………257
二十九、肛周腺瘤……………257
三十、黑色素瘤……………258
三十一、乳头状瘤……………258
三十二、纤维肉瘤……………258
三十三、皮肤肥大细胞瘤……………259
三十四、皮肤纤维瘤……………259
三十五、乳腺肿瘤……………260
三十六、骨瘤……………260
三十七、骨肉瘤……………261
三十八、软骨瘤……………261
三十九、软骨肉瘤……………262
四十、多发性骨髓瘤……………262
四十一、肌瘤……………263
四十二、平滑肌瘤……………263
四十三、血管瘤和血管肉瘤……………263
四十四、脑肿瘤……………264
四十五、脊髓肿瘤……………264
四十六、淋巴肉瘤……………265

第十八章 金鱼常见疾病 …………… 266

一、赤皮病……………266
二、竖鳞病……………266
三、腐皮病……………267
四、洞穴病……………267
五、白头白嘴病……………268
六、水痘病……………268
七、细菌性腐败病……………268
八、水霉病……………269
九、金鱼烂尾病……………269
十、表皮增生病……………270
十一、卵甲藻病……………270
十二、斜管虫病（白翳病）……………270
十三、小瓜虫病……………271
十四、嗜子宫线虫病……………271
十五、口丝虫病……………272
十六、三代虫病……………272
十七、锚头鳋病……………272
十八、车轮虫病……………273
十九、寄生虫性烂鳃病……………273
二十、细菌性烂鳃病……………273
二十一、水泡黄泡病……………274
二十二、水泡充气病……………274
二十三、锦鲤的病毒性出血病……………275
二十四、棉口病……………275
二十五、白内障……………275
二十六、窒息……………276
二十七、便秘……………276
二十八、感冒……………276
二十九、金鱼泛池……………277
三十、中暑……………277
三十一、肠炎……………277
三十二、蛀鳍烂鳍病……………278
三十三、烫尾……………278
三十四、中毒性疾病……………279
三十五、损伤……………279

第十九章 笼养鸟常见疾病 …………… 281

一、禽痘……………281
二、新城疫……………282
三、马立克病……………283
四、传染性喉气管炎……………284
五、禽流感……………285
六、结核病……………285
七、丹毒……………286
八、葡萄球菌病……………287
九、链球菌病……………288
十、衣原体病（鹦鹉热）……………289
十一、白痢……………290
十二、副伤寒……………291
十三、禽霍乱……………291
十四、大肠杆菌病……………292
十五、曲霉……………294
十六、念珠菌病（鹅口疮）……………295
十七、冠癣……………295
十八、球虫病……………296
十九、毛滴虫病……………297
二十、弓形虫病……………297
二十一、绦虫病……………298
二十二、肥胖……………299
二十三、感冒（受寒）……………299

二十四、中暑……………………………… 299
二十五、窦炎………………………………… 300
二十六、肠炎………………………………… 300
二十七、结膜炎……………………………… 301
二十八、尾脂腺炎…………………………… 301
二十九、趾炎………………………………… 302

第二十章　龟类常见疾病 …………… 303
一、龟颈溃疡病……………………………… 303
二、腐甲病…………………………………… 303
三、烂板壳病………………………………… 304
四、白眼病…………………………………… 304
五、水霉病…………………………………… 305
六、霉菌性口腔炎…………………………… 305
七、白斑病…………………………………… 305
八、腐皮病…………………………………… 306

九、红脖子病………………………………… 306
十、腮腺炎…………………………………… 307
十一、疥病…………………………………… 307
十二、白眼病………………………………… 308
十三、败血症………………………………… 309
十四、肺炎…………………………………… 309
十五、肠胃炎………………………………… 309
十六、肝炎…………………………………… 310
十七、钟形虫病……………………………… 311
十八、水蛭病………………………………… 311
十九、体内寄生虫…………………………… 311
二十、维生素缺乏症………………………… 312
二十一、阴茎脱出…………………………… 312

参考文献 ………………………………… **314**

第一章 宠物用药常识

一、药物的用法

（一）口服

难溶于水或不易制成注射液的药物常用于口服。口服药物，经胃肠吸收后作用于全身，或停留在胃肠道发挥局部作用。其优点是操作比较简便，适合大多数药物。为了发挥胃肠道的作用，药物也常采用口服法。缺点是受胃肠内容物的影响较大，吸收不规则，显效慢。在病情危急、昏迷、呕吐时不能采用口服；刺激性大，可损伤胃肠黏膜的药物不能口服；能被消化液破坏的药物，也不宜口服。

药物在犬、猫饲喂前还是饲喂后服用，要根据不同情况而定。应在饲喂前服用的药物有苦味健胃药、收敛止泻药、胃肠解痉药、肠道抗感染药、利胆药。应空腹或半空腹服用的药物有驱虫药、盐类泻药。刺激性强的药物应在饲喂后服用。

（二）注射

注射包括皮下注射（简称皮注）、肌内注射（简称肌注）、静脉注射（简称静注）、静脉滴注（简称静滴）等数种。其优点是吸收快且完全，剂量准确，可避免消化液的破坏。不宜口服的药物，大都可以注射给药。

1. 皮下注射

将药物注入颈部或股内侧皮下疏松结缔组织中，经毛细血管吸收，一般10～15分钟后出现药效。刺激性药物及油类药物不宜皮注，否则易造成发炎或硬结。

2. 肌内注射

将药物注入富含血管的肌肉（如臀肌）内，吸收速度比皮下快，一般经5～10分钟即可出现药效。油剂、混悬剂也可肌注，刺激性较大的药物，可注于肌肉深部，药量大的应分点注射。

3. 静脉注射

将药物注入体表明显的静脉中，作用最快，适用于急救、注射量大或刺激性强的药物；但危险性也大，可能迅速出现剧烈不良反应。药液漏出血管外，可能引起刺激反应或炎症。混悬液、油溶液、易引起溶血或凝血的物质不可静注。

4. 静脉滴注

将药物缓慢输入静脉，并用滴数计速时，称为静脉滴注或静脉点滴。一般大量补充体液或使用作用强烈的药物时常采用此方法。

另外，还有皮内注射、腹腔注射、气管内注射、乳管内注射等方法。

（三）局部用药

目的在于引起局部作用，例如涂擦、撒布、喷淋、洗涤、滴入（眼、鼻）等，都属于皮肤、黏膜局部用药。刺激性强的药物不宜用于黏膜。

必须指出，灌肠、吸入、植入（埋藏）、塞入肛门或阴道等给药方法，虽将药物用于局部，但目的多在于引起吸收作用，不属于局部用药。

（四）群体给药法

为了预防或治疗动物传染病和寄生虫病以及促进畜禽发育、生长等，常常对动物群体施用药物。常用方法有以下几种：

1. 混饲给药

将药物均匀混入饲料中，让犬、猫采食时能同时吃进药物。此法简便易行，适用于长期投药。不溶于水的药物用此法更为恰当。但应注意药物与饲料的混合必须均匀，并应准确掌握饲料中药物的浓度。

2. 混水给药

将药物溶解于水中，让犬、猫自由饮用。此法尤其适用于因病不能吃食，但还能饮水的动物。采用此法须注意根据犬、猫可能饮水的量，来计算药量与药液浓度。对不溶于水或在水中易破坏变质的药物，须采取相应措施，以保证疗效。如使用助溶剂使药物能够溶于水中，限制时间饮用药液，以防止药物失效或增加毒性等。

3. 气雾给药

将药物以气雾剂的形式喷出，使之分散成微粒，让犬、猫经呼吸道吸入而在呼吸道发挥局部作用，或使药物经肺泡吸收进入血液而发挥全身治疗作用。若喷雾于皮肤或黏膜表面，则可发挥保护创面、消毒、局麻、止血等局部作用。气雾吸入要求药物对动物呼吸道无刺激性，且药物应能溶解于呼吸道的分泌液中，否则会引起呼吸道炎症。此外，使用喷雾器喷药或用烟熏剂熏蒸给药也类似气雾给药。

4. 药浴

采用药浴方法是为了杀灭体表寄生虫或为了防治犬、猫皮肤病。药浴用的药物最好是水溶性的，遇难溶的药物时，要先用适宜溶媒将药物溶解后再溶入水中。药浴应注意掌握好药液浓度、温度和浸洗时间。

5. 环境消毒

为了杀灭环境中的寄生虫与病原微生物，除采用上述气雾给药法外，最简便的方法是往犬、猫窝巢及饲养场地喷洒药液，或用药液浸泡、洗刷犬、猫食盆及笼具。消毒环境及用具，要注意掌握药液浓度，对刺激性及毒性强的药物应在消毒后及时除去，以防犬、猫中毒。

二、药物的作用

（一）药物的基本作用

药物到达作用部位达到一定的浓度，从而产生一系列生理、生化的变化所发生的反应称药物的作用。药物能使机体机能活动增强，称兴奋作用；而使机体机能活动减弱，称抑制作用。兴奋作用与抑制作用可以互相转化。兴奋作用过度可转入抑制。药物对有些器官表现兴奋作用，而另有些器官可表现出抑制作用，还有些器官既不兴奋也不抑制。药物对某些组织表现出明显兴奋作用或抑制作用，称药物的选择性作用。药物的选择性作用是药物临床应用的依据。药物的选择作用是相对的。

（二）药物的治疗作用与不良反应

药物对动物既有防治疾病的作用，又有可能损害的作用，这是药物作用的两重性。

1. 治疗作用　凡符合用药的目的，达到治疗疾病的作用效果，称药物的治疗作用。按治疗效果不同，可分为对因治疗与对症治疗。

（1）对因治疗　用药后能消除病因，去除疾病的根本。如抗生素杀灭病原微生物。

（2）对症治疗　用药后改善疾病的症状。如用退烧药仅仅消除各种疾病所致的高热症状。

对因治疗与对症治疗在疾病治疗过程中有相辅相成的作用。临床治疗中通常两种疗法同时使用，可达到既消除病因，又能消除症状，迅速获得极佳治疗效果。

2. 不良反应　在治疗过程，伴随治疗作用的同时，出现与治疗的目的无关或有害的作用，称不良反应。

（1）副作用　在临床用药的剂量下，伴随药物治疗作用的同时，还出现与治疗目的无关的作用，称为副作用。药物的副作用一般是可以预料的，客观存在。在治疗中一般的副作用可以不必停药。为了减少副作用，可以同时给予作用相反的药物加以消除。临床用药时在不影响治疗条件下，选用副作用较少的药物。有的副作用可以随治疗的目的而改变。原先认为药物的副作用可以被用来作为治疗作用。而通常视为治疗的作用，即成为副作用了。

（2）毒性作用　通常为药物剂量过大，使用时间过长所致的对机体有害的作用，对动物实质器官如肝脏或肾脏的损害或功能的损伤，称为毒性作用。为避免毒性作用，最重要的是不要任意使用超剂量，或随意延长用药时间。急性中毒往往是药量过大后，立即发生；慢性中毒为长时间连续用药蓄积作用的结果。

（3）过敏反应　过敏反应与用药量无关，难以预料，严重时可导致动物休克，甚至死亡。其产生原因多为遗传因素所致，通称为个体特异质。

三、药物的用量及用药次数

（一）药物的用量

药物产生治疗作用所需的用量称剂量。药物剂量可以决定药物与动物机体组织器官相互作用的浓度，因而在一定范围内，剂量愈大，药物浓度愈高，作用也愈强；剂量小，作用就小。临床上所说的剂量即所谓常用量，是指对成年动物能产生明显治疗作用而又不致引起严重不良反应的剂量。极量是治疗剂量的最大限度，可以看作是"最大治疗量"。为了保证用药安全，对某些毒剧药规定了极量。

药物剂量可以按成年动物个体的用量来表示。有些药物也常按动物每千克体重来表示，临用时需要根据犬、猫体重来计算。除了动物体重、病情外，犬、猫的种类、年龄、给药途径对药物用量有很大影响。

一般情况下，体重10千克犬按儿童用药计算，体重30～50千克大型犬可按成年人用药计算，幼龄犬可按婴幼儿用药计算。成年猫通常按 2.5 千克体重计算用药，或按婴幼儿药量计算。

不同给药途径，对药物用量的影响见下表。

不同投药途径用药剂量比例

投药途径	口服	皮下注射或肌内注射	静脉滴注	直肠给药
用药剂量比例	1	1/3～1/2	1/4～1/3	1.5～2

犬、猫不同年龄用药剂量比例

年龄	6个月以上	3～6个月	1～3个月	1个月以下
剂量比例	1	1/2	1/4	1/16～1/8

（二）用药的次数与间隔

少数药物 1 次用药即可达到治疗目的，如泻药、麻醉药。但对多数药物来说，必须重复给药才能奏效。为了维持药物在体内的有效浓度，获得疗效，同时又不致出现毒性反应，就需要注意给药次数与重复给药的间隔时间。大多数普通药，1 天可给药 2～3 次，直至达到治疗目的。抗菌药物必须在一定期限内连续给药，这个期限称为疗程。例如，磺胺类药物一般以 3～4 天为 1 个疗程。各种药物重复给药的间隔时间不同，需要参考药物的半存留期而定。当 1 个疗程不能奏效时，应分析原因，决定是否再用 1 个疗程，或是改变方案，更换药物。毒性大或难吸收的药物如某些抗寄生虫药（伊维菌素等），往往间隔时间较长或短时期内只用药一两次，再重复给药需经数日、数周甚至更长时间。

（三）药物用量的计量单位

一般固体药物用重量表示，液体药物用容量表示。按照 1984 年国务院关于在我国统一实行法定计量单位的规定，一律采用法定计量单位，如克、毫克、升、毫升等。动物按每千克体重计算用药量。

一部分抗生素、激素、维生素及抗毒素（抗毒血清）其用量单位用特定的"单位"（U）或"国际单位"（IU）来表示。

（四）选择药物的原则

治疗某种疾病，常有数种药物可以采用。但究竟采用哪一种最为恰当，可根据以下几个方面考虑决定。①疗效好。为了尽快治愈疾病，应选择疗效好的药物。如治疗幼畜下痢，则四环素、氨苄西林（氨苄青霉素）、黄连素、氯霉素都可采用；但以氯霉素疗效最好，可以作为首选药。②不良反应小。有的药物疗效虽好，但毒副作用严重，选药时不得不放弃，而改用疗效虽稍差但毒副作用较小的药物。例如可待因止咳效果很好，但因有成瘾与抑制呼吸等副作用，所以除非必需，一般不用。③价廉易得。动物是有一定经济价值的，治疗动物疾病，必须精打细算，选择那些疗效确实又价廉易得的药物。例如用磺胺类治疗全身感染，多选用磺胺嘧啶，而少用磺胺甲基异㗁唑。

四、用药注意事项

1. 对症下药，不可滥用

每一种药都有它的适应性，在用药时一定要对症用药，切勿滥用，以免造成不良后果。

2. 选择最适宜的给药方法

根据病情缓急、用药目的及药物本身的性质来确定最适宜的给药方法。如危重病例，宜采用静注或静滴给药；治疗肠道感染或驱虫时，宜口服给药。

3. 注意剂量、给药时间和次数

为了达到预期效果，减少不良反应，用药剂量应当准确，并按规定时间和次数给药。

4. 注意动物种类、性别、年龄与个体差异

不同种类的犬、猫，其生理机能和生化反应不同，对药物敏感性存在差异。如苏格兰牧羊犬对伊维菌素制剂药物敏感，易引起中毒。

一般来说，幼龄与老龄犬、猫及母畜，对药物的敏感性比成年犬、猫高，故用量应适当减少。妊娠后期的犬、猫对毛果芸香碱等拟胆碱药敏感，易引起流产。

同种动物不同个体对同一药物敏感性也往往存在着差别。有的个体对药物敏感性特别高，称为高敏性；有的则对药物敏感性特别低，称为耐受性。用药过程如发现这种情况，须适当减少或增加剂量，或者改用其他药物。

5. 合理地联合用药或交替用药

为了加强药效或防止耐药性，可合理地联合用药或交替用药。两种以上药物在同一时间里合用可以不互相影响，但是在许多情况下两药合用总有一药或两药作用受到影响，其结果可能：①比预期的作用更强（协同作用）；②减弱一药或两药的作用（拮抗作用）；③产生意外的毒性反应。合理的联合用药，应充分发挥药物的协同作用，杜绝拮抗作用和毒性反应。药物的相互作用，可发生在药物吸收前、体内转运过程、生化转化过程及排泄过程中。当两药互相无影响时，其合用后的药物作用可以预知，不会有问题。若存在相互作用则应注意利用协同作用提高疗效（如磺胺与抗菌增效剂联合），尽量避免出现拮抗作用或产生毒性反应。但是拮抗作用有时可用来治疗药物中毒，如麻醉药中毒可用中枢兴奋药解救。

6. 注意配伍禁忌

为了获得更好的疗效，常将两种以上药物配伍使用。但配合不当，则可能出现减弱疗效或增加毒性的变化。这种配伍变化属于禁忌，必须避免。药物的配伍禁忌可分为药理的（药理作用互相抵消或使毒性增加）、化学的（呈现沉淀、产气、变色、燃爆及肉眼不可见的水解等化学变化）和物理的（产生潮解、液化或从溶液中析出结晶等物理变化）。

7. 购药须知

用药必须用疗效好、货真价实的药品，为此购药必须到信誉好或厂家指定的药品销售门市部购买。购药时应仔细观察生产厂家或研究单位是否正规，观察生产批号和有效期，检查药品是否透明，有无沉淀等异常变化。

8. 用药必须开具用药处方

根据用药主次和先后顺序，写出药物名称、剂量、用药方法、用药次数和注意事项等，毒性药物应用红色处方填写，最后签上医师姓名。

五、常用药物的保管

无论是宠物医院还是家庭，要为宠物做到安全、合理、有效地使用药物，首先必须妥善保管药物。因为由于保管不当，造成过期或变质都会导致药物失效，有的还会产生毒性。若误用了这些药物不但治不好病，反而会对动物造成损害。保管药物应做到以下几点：

（一）防止药品变质

为防止药品变质，家庭存放的药品应放在干燥、避光和温度较低的地方。该密闭存放的要

装入瓶中密闭保存，不能用纸袋或纸盒存放，以免在久贮过程中氧化潮解失效。中成药更要注意包装和存放，因为大部分中成药都易受潮，热天更容易发霉、生虫。蜜丸要放在通风、干燥、阴凉处。而且不宜多存、久存，以防霉变失效。

（二）分门别类贮存

口服、外用药及生物制剂应分开贮存，并在药品包装上标示清楚，以免急用时拿错误服，发生危险。因为外用药都有较强的刺激性、腐蚀性、毒性，故不可口服。

（三）勿使标签受损

一般在动物医院开药或自己在药店购药，其瓶、袋、盒上都有标签，注明药物名称、组成、功效、主治、用法用量、注意事项、有效期、贮存方法等。这种标签实际上是用药指南，千万不可使其破损或丢失。若标签破损或丢失，切勿盲目用药。

第二章 犬、猫传染病

第一节 犬、猫病毒性传染病

一、犬瘟热

【临床症状】▶▶▶

犬瘟热是由犬瘟热病毒引起的，感染犬科、鼬科及一部分浣熊科动物的一种高度接触传染病。

犬瘟热的潜伏期随传染来源的不同，长短差异较大。一般为3～6天。犬瘟热的临床症状表现多种多样，与病毒的毒力、环境条件、宿主的年龄、品种和免疫状态有关。50%～70%的犬瘟热病毒感染呈现亚临床症状，表现倦怠、厌食、发热和上呼吸道感染，眼、鼻流出水样分泌物，并常在1～2天内转变为黏液性、脓性。重症犬瘟热多见于未接种疫苗、年龄在84～112日龄的幼犬，可能与母源抗体消失有关。自然感染早期发热常不被注意，表现结膜炎、干咳，继而转为湿咳、呼吸困难、呕吐、腹泻、里急后重、肠套叠，最终因严重脱水和衰弱而导致死亡。

犬瘟热的神经症状通常在全身症状恢复后7～21天出现，也有一开始发热时就表现出神经症状的，通常可依据全身症状的某些特征预测出现神经症状的可能性。幼犬的化脓性皮炎通常不会发展为神经症状，但鼻端和脚垫的表皮角化可引起不同类型的神经症状。犬瘟热的神经症状是影响预后和感染恢复的最重要因素。由于犬瘟热病毒侵害中枢神经系统的部位不同，临床症状有所差异。大脑受损病犬轻则口唇、眼睑局部抽动，重则流涎空嚼，或转圈冲撞，或口吐白沫，牙关紧闭，倒地抽搐，呈癫痫样发作；中脑、小脑、前庭和延髓受损表现步态及站立姿势异常；脊髓受损表现共济失调和反射异常；脑膜受损表现感觉过敏和颈部强直。咀嚼肌群反复出现阵发性抽搐是犬瘟热的常见症状。

幼犬经胎盘感染可在28～42天产生神经症状。母犬表现为轻微或不显症状的感染。妊娠期间感染病毒可出现流产、死胎和仔犬成活率下降等症状。

新生幼犬在永久齿长出之前感染犬瘟热病毒可造成牙釉质的严重损伤，牙齿生长不规则，此乃病毒直接损伤处于生长期的牙齿釉质层所致。小于7日龄的幼犬实验感染还可表现心肌病。临床症状包括呼吸困难、抑郁、厌食、虚脱和衰弱。病理变化以心肌变性、坏死和矿化作用为特征，并伴有炎性细胞浸润。

犬瘟热的眼睛损伤是由于犬瘟热病毒侵害眼神经和视网膜所致。眼神经炎以眼睛突然失明、胀大、瞳孔反射消失为特征。炎性渗出可导致视网膜分离。慢性非活动性基底损伤与视网膜萎缩和瘢痕形成有关。

血液检查可见淋巴细胞减少，白细胞吞噬功能下降，偶尔可在淋巴细胞和单核细胞中检出病毒抗原和包涵体。

本病的病程及预后与动物的品种、年龄、免疫水平及所感染病毒的数量、毒力、继发感染的类型等有关。无并发症的患犬，通常很少死亡。并发肺炎和脑炎的患犬，死亡率高达70%～80%。未发生过本病的地区发生本病时，动物的易感性极高，死亡率可达90%以上。

【治疗方案】▶▶▶

治疗原则为抗病毒，防治继发感染和对症处理。

- **抗病毒：**

［处方1］ 犬瘟热病毒单克隆抗体，犬：0.5～1毫升/千克，皮下注射或肌内注射，每日1次，连用3天，严重者可加倍。

［处方2］ 病毒唑，犬：5～7毫克/千克，皮下注射/肌内注射，每日1次。

［处方3］ 双黄连，犬：60毫克/千克，皮下注射/肌内注射，每日1次。

［处方4］ 干扰素，犬：10万～20万单位/次，皮下注射/肌内注射，隔2日1次。

- **防止继发感染，抗菌：**

［处方5］ 氨苄西林，犬：20～30毫克/千克，口服，每日2～3次；10～20毫克/千克，静脉滴注/皮下注射/肌内注射，每日2～3次。

［处方6］ 头孢唑啉钠，犬：15～30毫克/千克，静脉滴注/肌内注射，每日3～4次。

［处方7］ 速诺（阿莫西林克拉维酸钾混悬剂），犬/猫：0.1毫升/千克，肌内注射/皮下注射，每日1次。

［处方8］ 恩诺沙星，2.5～5毫克/千克，口服/皮下注射/静脉滴注，每日2次。

- **补液，增加机体抵抗力：**

［处方9］ ATP、辅酶A、维生素C、葡萄糖盐水等补充体液。

- **清热解毒：**

［处方10］ 柴胡注射液，犬：2毫升/次，肌内注射，每日2次。

［处方11］ 清开灵口服液，犬：0.2～0.4毫升/千克，口服/静脉滴注，每日2次。

- **止吐：**

［处方12］ 胃复安，犬：0.2～0.5毫克/千克，口服/皮下注射，每日3～4次；或0.01～0.08毫克/（千克·小时），静脉滴注。

［处方13］ 奥美拉唑，犬：0.5～1.5毫升/千克，静脉注射/皮下注射/口服，每日1次，最长持续八周。

- **缓解呼吸症状：**

［处方14］ 氨茶碱，10～15毫克/千克，口服，每日2～3次；犬：50～100毫克/次，肌

内注射/静脉滴注。

　　[处方15]　咳必清，犬：25毫克/次，口服，每日2～3次；
- **激素消炎：**
　　[处方16]　地塞米松，犬：0.5毫克/千克，口服/肌内注射，每日1～2次。
- **缓解神经症状：**
　　[处方17]　氯丙嗪，犬：3毫克/千克，口服，每日2次；1～2毫克/千克，肌内注射，每日1次；0.5～1毫克/千克，静脉滴注，每日1次。

　　[处方18]　苯妥英钠，犬：100～200毫克/次，口服，每日1～2次，或5～10毫克/千克，静脉滴注。

　　[处方19]　安定，犬：0.2～0.5毫克/（千克·小时），静脉滴注0.9%氯化钠；猫：0.3毫克/（千克·小时），静脉滴注，0.9%氯化钠。

二、犬细小病毒感染

【临床症状】▶▶▶

　　犬细小病毒感染是由犬细小病毒引起的犬的一种烈性传染病。本病在临床上表现各异，但主要可见肠炎和心肌炎两种病型。有时某些肠炎型病例伴有心肌炎变化。

　　肠炎型：自然感染潜伏期7～14天。病初1～2天，病犬抑郁、厌食、发热和呕吐，呕吐物清亮、胆汁样或带血。随后开始剧烈腹泻。起初粪便呈灰色或黄色，随后呈酱油色或番茄汁样，粪便有特殊的腥臭味。胃肠道症状出现后24～48小时表现脱水和体重减轻等症状，很快呈现耳鼻发凉、末梢循环障碍、精神高度沉郁等休克状态。血液检查可见红细胞压积增加，白细胞减少。常在3～4天内昏迷死亡。

　　心肌炎型：多见于28～42日龄幼犬，常无先兆性症候，或仅表现轻度腹泻，继而突然衰弱，表现为呻吟、干咳、黏膜发绀、呼吸困难、脉搏快而弱，心脏听诊出现杂音，心电图发生病理性改变，短时间内死亡。

【治疗方案】▶▶▶

　　治疗原则为抗病毒、防治继发感染、对症治疗和支持疗法。
- **抗病毒：**
　　[处方1]　犬细小病毒单克隆抗体，0.5～1毫升/千克，皮下注射/肌内注射，每日1次，连用3天，严重者可加倍。

　　[处方2]　病毒唑，犬：5～7毫克/千克，皮下注射/肌内注射，每日1次。

　　[处方3]　干扰素，犬：10万～20万单位/次，皮下注射/肌内注射，隔2日1次。
- **防止继发感染，抗菌：**
　　[处方4]　氨苄西林，犬：20～30毫克/千克，口服，每日2～3次；10～20毫克/千克，静脉滴注/皮下注射/肌内注射，每日2～3次。

　　[处方5]　头孢唑啉钠，犬：15～30毫克/千克，静脉滴注/肌内注射，每日3～4次。

　　[处方6]　速诺（阿莫西林克拉维酸钾混悬剂），犬/猫：0.1毫升/千克，肌内注射/皮下注射，每日1次。

　　[处方7]　恩诺沙星，犬：2.5～5毫克/千克，口服/皮下注射/静脉滴注，每日2次。
- **补液，增加机体抵抗力：**
　　[处方8]　乳酸林格液与5%葡萄糖、ATP、辅酶A、维生素C、等补充体液。

- **止吐：**

[处方9] 胃复安，犬：0.2~0.5毫克/千克，口服/皮下注射，每日3~4次，或0.01~0.08毫克/（千克·小时），静脉滴注。

[处方10] 爱茂尔，犬：2毫升/次，皮下注射/肌内注射，每日2次。

[处方11] 奥美拉唑，犬：0.5~1.5毫克/千克，静脉注射/皮下注射/口服，每日1次，最长持续八周。

- **激素消炎：**

[处方12] 地塞米松，犬：0.5毫克/千克，口服/肌内注射，每日1~2次。

- **便血，止血：**

[处方13] 止血敏，犬：2~4毫升/次，肌内注射/静脉滴注。

[处方14] 维生素K，犬：10~30毫克/次，肌内注射。

- **治疗腹泻：**

[处方15] 思密达，250~500毫克/千克，口服。

[处方16] 维迪康，犬：0.02~0.08克/千克，口服，每日2次，连用2~4天。

三、犬传染性肝炎

【临床症状】▶▶▶

犬传染性肝炎是由犬腺病毒Ⅰ型引起的一种急性败血性传染病。本病潜伏期6~9天。经消化道感染的病毒，首先在扁桃体进行初步增殖，接着很快进入血流，引起体温升高等病毒血症，然后定位于肝细胞和肾、脑、眼等全身小血管内皮细胞，引起急性实质性肝炎、间质性肾炎、非化脓性脑炎和眼色素层炎等。临床上分为最急性、急性、亚急性和慢性四型。最急性型，在呕吐、腹痛和腹泻等症状出现后数小时内死亡。急性型，患犬怕冷，体温升高，精神沉郁，食欲废绝，渴欲增加。病犬高度沉郁，时有呻吟，胸腹下有时可见有皮下注射炎性水肿。也可出现呕吐、腹泻、粪中带血，吐出带血的胃液和排出果酱样的血便。血液检查可见白细胞减少和血凝时间延长。亚急性型症状较轻微，咽炎和喉炎可致扁桃体肿大。颈淋巴结发炎可致头颈部水肿。特征性症状是角膜水肿，即"蓝眼"病。角膜水肿的病犬表现眼睑痉挛、羞明和浆液性眼分泌物。角膜浑浊通常由边缘向中心扩展。眼疼痛反射通常在角膜完全浑浊后逐渐减弱，但若发展为青光眼或角膜穿孔则重新加剧。慢性型多发于老疫区或疫病流行后期，病犬仅见轻度发热，食欲时好时坏，便秘与下痢交替，多不死亡，可以自愈。

【治疗方案】▶▶▶

治疗原则为抗病毒，防治继发感染、对症处理和支持疗法。

- **抗病毒：**

[处方1] 高免血清，1~2毫克/千克，皮下注射或静脉注射，每日1次，连用3天。

[处方2] 板蓝根，口服，每次1袋，每日3次。

[处方3] 病毒唑，犬：5~7毫克/千克，皮下注射/肌内注射，每日1次。

[处方4] 干扰素，10万~20单位/次，皮下注射/肌内注射，隔2日1次。

- **防止继发感染，抗菌：**

[处方5] 氨苄西林，犬：20~30毫克/千克，口服，每日2~3次；10~20毫克/千克，静脉滴注/皮下注射/肌内注射，每日2~3次。

〔处方6〕 头孢唑啉钠，犬：15~30毫克/千克，静脉滴注/肌内注射，每日3~4次。

〔处方7〕 速诺（阿莫西林克拉维酸钾混悬剂），犬/猫：0.1毫升/千克，肌内注射/皮下注射，每日1次。

〔处方8〕 复方新诺明，犬：15毫克/千克口服/皮下注射每日2次。

- **保肝护肝：**

〔处方9〕 强力宁，犬：4~8毫升/次，静脉滴注。

〔处方10〕 蛋氨酸，犬：2~4毫升/次，肌内注射。

〔处方11〕 恩托尼（S-腺苷甲硫氨酸），0.1克/5.5千克，0.2克/（6~16）千克，口服，每日1次。

〔处方12〕 肝泰乐，犬：50~200毫克/次，口服，每日3次；100~200毫克/次，肌内注射/静脉滴注，每日1次。

〔处方13〕 肌苷，犬：25~50毫克/次，口服/肌内注射。

- **补液，增加机体抵抗力：**

〔处方14〕 5%葡萄糖、ATP、辅酶A、维生素C等补充体液。

- **防治眼病：**

〔处方15〕 阿托品、普鲁卡因青霉素等外用点眼。

〔处方16〕 盐酸羟苄唑眼液，病毒性角结膜炎，滴眼，1~2次/小时。

四、犬冠状病毒感染

【临床症状】

犬冠状病毒感染是由犬冠状病毒引起犬胃肠炎症状的一种疾病。病犬和带毒犬是本病的主要传染源。本病传播迅速，数日内即可蔓延全群。自然病例潜伏期1~3天。病犬嗜睡、衰弱、厌食，最初可见持续数天的呕吐，随后开始腹泻，粪便呈粥样或水样，黄绿色或橘红色，恶臭，混有数量不等的黏液，偶尔可在粪便中看到少量血液，临床上很难与犬细小病毒区别，只是本病感染时间更长，且具有间歇性，可反复发作。白细胞数略有降低，通常可在7~10天内康复。

【治疗方案】

治疗原则为对症治疗和防治继发感染。

- **防止继发感染，抗菌：**

〔处方1〕 氨苄西林，犬：20~30毫克/千克，口服，每日2~3次；10~20毫克/千克，静脉滴注/皮下注射/肌内注射，每日2~3次。

〔处方2〕 头孢唑啉钠，犬：15~30毫克/千克，静脉滴注/肌内注射，每日3~4次。

〔处方3〕 速诺（阿莫西林克拉维酸钾混悬剂），犬/猫：0.1毫升/千克，肌内注射/皮下注射，每日1次。

〔处方4〕 拜有利（恩诺沙星）注射液，1毫升/千克，皮下注射/肌内注射。

〔处方5〕 复方新诺明，犬：15毫克/千克，口服/皮下注射每日2次。

- **止吐：**

〔处方6〕 胃复安，犬：0.2~0.5毫克/千克，口服/皮下注射，每日3~4次，或0.01~0.08毫克/（千克·小时），静脉滴注。

〔处方7〕 奥美拉唑，犬：0.5~1.5毫克/千克，静脉注射/皮下注射/口服，每日1次，最长持续8周。
- *止泻*：
    [处方8]　思密达，犬：250～500毫克/千克，口服。
    [处方9]　维迪康，犬：0.02～0.08克/千克，口服，每日2次，连用2～4天。
- *补液，增强机体抵抗力*：
    [处方10]　乳酸林格液与5%葡萄糖、ATP、辅酶A、维生素C、等补充体液。
- *胃肠黏膜保护*：
    [处方11]　硫糖铝，犬：0.5～1克/25千克，口服，每日2～4次。

五、犬副流感病毒感染

【临床症状】▶▶▶

犬副流感病毒感染是由犬副流感病毒引起的犬的一种以咳嗽、流涕、发热为特征的呼吸道传染病。常突然发病，出现频率和程度不同的咳嗽，以及不同程度的食欲降低和发热，随后出现浆液性、黏液性甚至脓性鼻液。常可在3～7天自然康复，继发感染后咳嗽可持续数周，甚至死亡。

呼吸道除出现分泌物以外，扁桃体、气管、支气管有炎症病变，肺部有时可见出血点。组织学检查，在上述部位黏膜下有大量单核细胞和中性粒细胞浸润。当与支原体或支气管败血波氏杆菌混合感染时，病情加重。有报道认为，本病可引起急性脑脊髓炎和脑内积水，犬感染后可表现后躯麻痹和运动失调等症状。病犬后肢可支撑躯体，但不能行走。膝关节和腓肠肌腱反射和自体感觉不敏感。

【治疗方案】▶▶▶

治疗原则为抗病毒，防治继发感染和止咳化痰对症处理。
- *抗病毒*：
    [处方1]　阿昔洛韦，5～10毫克/千克，静脉滴注，每日1次，连用10日。
    [处方2]　利巴韦林，20～50毫克/千克，口服，每日1次，连用7日；5～7毫克/千克，皮下注射/肌内注射/静滴，每日1次。
    [处方3]　干扰素，犬：10万～20万单位/次，皮下注射/肌内注射，隔2日1次。
- *防止继发感染，抗菌*：
    [处方4]　氨苄西林，犬：20～30毫克/千克，口服，每日2～3次；10～20毫克/千克，静脉滴注/皮下注射/肌内注射，每日2～3次。
    [处方5]　头孢唑啉钠，犬：15～30毫克/千克，静脉滴注/肌内注射，每日3～4次。
    [处方6]　速诺（阿莫西林克拉维酸钾混悬剂），犬/猫：0.1毫升/千克，肌内注射/皮下注射，每日1次。
    [处方7]　拜有利（恩诺沙星）注射液，1毫升/千克，皮下注射/肌内注射，每日1次。
    [处方8]　阿米卡星，犬：5～15毫克/千克，肌内注射/皮下注射，每日1～3次。
- *缓解呼吸症状*：
    [处方9]　氨茶碱，犬：10～15毫克/千克，口服，每日2～3次；犬：50～100毫克/次，肌内注射/静脉滴注。
    [处方10]　咳必清，犬：25毫克/次，口服，每日2～3次。
- *消炎*：
    [处方11]　地塞米松，犬：0.5毫克/千克，口服/肌内注射，每日1～2次。

六、犬疱疹病毒感染

【临床症状】 ▶▶▶

犬疱疹病毒感染是由犬疱疹病毒所致,为一种幼犬的高度接触性传染病,可引起多种病型。自然感染潜伏期4～6天,小于21日龄的新生幼犬可引起致死性感染。初期病犬痴呆、抑郁、厌食、软弱无力、呼吸困难、压迫腹部有痛感、排黄色稀粪,有的病犬表现鼻炎症状,浆液性鼻漏,鼻黏膜表面广泛性斑点状出血。皮肤病变以红色丘疹为特征,主要见于腹股沟、母犬的阴门和阴道以及公犬的包皮和口腔。病犬最终丧失知觉,角弓反张,癫痫。病犬多在临床症状出现后24～48小时内死亡。少数发病仔犬外表健康,但吃奶后恶心、呕吐。康复犬有的表现永久性神经症状,如共济失调、失明等。大于21～35日龄的犬主要表现流鼻涕、打喷嚏、干咳等上呼吸道症状,大约持续14天,症状较轻。如发生混合感染,则可引起致死性肺炎。母犬的生殖道感染以阴道黏膜弥漫性小泡状病变为特征。妊娠母犬可造成流产和死胎。公犬可见阴茎和包皮病变,分泌物增多。

【治疗方案】 ▶▶▶

治疗原则为提高机体抵抗力、增加环境温度和防止继发感染。

[处方1] 在流行期间给幼犬腹腔注射1～2毫升高免血清可减少死亡。

[处方2] 对出现上呼吸道症状的病犬可用广谱抗生素防止继发感染。

[处方3] 干扰素,犬:10万～20万单位/次,皮下注射/肌内注射,隔2日1次。

[处方4] 提高环境温度对病犬有利。将病犬置于保温箱中,或用取暖器加热等,温度以35～38℃,湿度50%为宜,可帮助病犬早日康复。

七、犬轮状病毒感染

【临床症状】 ▶▶▶

犬轮状病毒感染是由犬轮状病毒引起的,主要侵害新生幼犬,以腹泻为特征的急性接触性传染病。传染源主要是病犬和隐性带毒犬。人工感染新生幼犬,20～24小时后发生腹泻,并可持续6～7天。病犬排黄绿色稀便,夹杂有中等量黏液,严重病例粪便中混有少量血液。病犬被毛粗乱,肛门周围皮肤被粪便污染,轻度脱水。与其他病毒性疾病不同的是病犬自始至终精神、食欲正常,可作为临床鉴别的参考。

【治疗方案】 ▶▶▶

治疗原则为抗病毒,防治继发感染和对症治疗。

- **抗病毒:**

[处方1] 病毒唑,犬:5～7毫克/千克,皮下注射或肌内注射,每日1次。

[处方2] 阿昔洛韦,犬:5～10毫克/千克,静脉滴注,每日1次,连用10日。

[处方3] 干扰素,犬:10万～20万单位/次,皮下注射/肌内注射,隔2日1次。

- **止泻:**

[处方4] 维迪康,犬:病毒性腹泻,0.02～0.08克/千克,口服,每日2次,连用2～4天。

- **补液:**

[处方5] 应立即将病犬隔离到清洁、干燥、温暖的场所,用葡萄糖甘氨酸溶液或葡萄糖

氨基酸溶液给病犬自由饮用。

[处方6] 注射乳酸林格液、葡萄糖盐水和5%碳酸氢钠溶液，以防脱水、机体酸中毒。

八、狂犬病

【临床症状】▶▶▶

狂犬病又称恐水症，俗称疯狗病。是由狂犬病病毒引起的人和所有温血动物共患的一种急性直接接触性脑脊髓炎传染病。本病潜伏期长短不一，一般14～56天，最短8天，最长数月至数年。潜伏期的长短与咬伤的部位深度、病毒的数量与毒力等均有关系。病型分为狂暴型和麻痹型。

犬：狂暴型分3期，即前驱期、兴奋期和麻痹期。前驱期为1～2天，病犬精神抑郁，喜藏暗处，举动反常，瞳孔散大，反射机能亢进，喜吃异物，吞咽障碍，唾液增多，后躯软弱。病初常有逃跑或躲避趋势，故也将狂犬病称为"逃跑病"。病犬可能失踪数天后归来，此时体重减轻，满身污泥，皮毛上可能带有血迹。主人对其爱抚或为其洗涤血迹时，往往被咬。兴奋期为2～4天，病犬狂躁不安，攻击性强，反射紊乱，喉肌麻痹，行为凶猛，狂躁发作时，病犬到处奔走，远达40～60千米，沿途随时都可能扑咬人及所遇到的各种家畜。病犬行为凶猛，间或神志清楚，重新认识主人。拒食或出现贪婪性狂食现象，如吞食木片、石子、煤块或金属，可能发生自咬，也常发生呕吐。经过2～4天的狂暴期，进入麻痹期，病犬消瘦，下颌下垂，舌脱出口外，严重流涎，后躯麻痹，行走摇摆，卧地不起。病犬最后呼吸麻痹或衰竭而死。

猫：多表现为狂暴型。前驱期通常不到1天，其特点是低度发热和明显的行为改变。兴奋期通常持续1～4天。病猫常躲在暗处，表现肌颤，瞳孔散大，流涎，背弓起，爪伸出，呈攻击状。麻痹期通常持续1～4天，表现运动失调，后肢明显。头、颈部肌肉麻痹时，叫声嘶哑。随后惊厥、昏迷而死。约25%的病猫表现为麻痹型，在发病后数小时或1～2天内死亡。

【治疗方案】▶▶▶

预防为主，每年对犬进行狂犬疫苗的注射，一旦人被咬伤，紧急接种。

九、犬病毒性乳头状瘤

【临床症状】▶▶▶

犬病毒性乳头状瘤是由犬口腔乳头状瘤病毒引起的，以口腔或皮肤出现乳头状瘤为特征的病毒性传染病。犬乳头状瘤有口腔乳头状瘤和皮肤乳头状瘤两种类型，一般情况下，患病犬体温、脉搏正常，精神良好。口腔乳头状瘤病变发生在唇、舌、颊、腭及咽黏膜，疾病初期首先是灰白色的光滑病变，表面高低不平，直径大小数毫米至数厘米不等。后期发展为表面粗糙的疣状隆起，3～4周后长出非常紧密的小叶，形状如树枝或菜花样。肿瘤基部有蒂或无蒂与正常组织相连。面积增大时可导致瘤体损伤出血，有时可以看到有淡红色血样唾液从嘴角淌下。如继发感染时，口内恶臭，咀嚼困难，流涎，严重时甚至不能进食。消退期肿瘤皱缩，颜色也变为暗灰色。皮肤乳头状瘤主要发生在眼睑、面颊、四肢等部位。而临床症状也类似于口腔乳头状瘤。本病为自限性疾病，患病动物多于数周乃至数月内自然康复，但由于在口腔黏膜形成的大量瘤体，可直接影响动物的采食，而瘤体表面的破损，可继发细菌感染，导致口腔炎症、异臭等不良后果，因此早期手术治疗是较好的选择。

【治疗方案】▶▶▶

治疗以手术为主，抗病毒为辅。

- **抗病毒：**

  [处方1] 病毒唑，犬：5~7毫克/千克，皮下注射或肌内注射，每日1次。

  [处方2] 阿昔洛韦，犬：5~10毫克/千克，静脉滴注，每日1次，连用10日。

  [处方3] 干扰素，犬：10万~20万单位/次，皮下注射/肌内注射，隔2日1次。

- **抗菌：**

  [处方4] 氨苄西林，犬：20~30毫克/千克，口服，每日2~3次；10~20毫克/千克，静脉滴注/皮下注射/肌内注射，每日2~3次。

  [处方5] 速诺（阿莫西林克拉维酸钾混悬剂），犬/猫：0.1毫升/千克，肌内注射/皮下注射，每日1次。

  [处方6] 拜有利（恩诺沙星）注射液，1毫升/千克，皮下注射/肌内注射，每日1次。

- **手术：**

  [处方7] 全身麻醉，切除肿瘤，烧烙创口止血，仍是最常用的治疗措施。

  [处方8] 使用激光或液氮冷冻方法。

十、犬传染性气管支气管炎

【临床症状】▶▶▶

犬传染性气管支气管炎又叫仔犬咳嗽，指除犬瘟热以外的以咳嗽为特征的犬接触传染性呼吸道疾病。本病感染的主要症状是突然出现不同频率和强度的咳嗽，有的出现发热或食欲减退。咳嗽主要是由于呼吸道的气管、支气管部分受到刺激所致。病犬一般在咳嗽出现后3~7天康复。直肠温度高的病犬较低热犬康复更快。一般认为不累及其他器官，但有报道发现本病可感染肠道，引起腹泻。大多数感染症状轻微或不显临床症状。

【治疗方案】▶▶▶

防止继发感染为治疗原则。

- **抗菌：**

  [处方1] 氨苄西林，犬：20~30毫克/千克，口服，每日2~3次；10~20毫克/千克，静脉滴注/皮下注射/肌内注射，每日2~3次。

  [处方2] 头孢唑啉钠，犬：15~30毫克/千克，静脉滴注/肌内注射，每日3~4次。

  [处方3] 速诺（阿莫西林克拉维酸钾混悬剂），犬/猫：0.1毫升/千克，肌内注射/皮下注射，每日1次。

  [处方4] 拜有利（恩诺沙星）注射液，1毫升/千克，皮下注射/肌内注射，每日1次。

  [处方5] 干扰素，犬：10万~20万单位/次，皮下注射/肌内注射，隔2日1次。

十一、猫泛白细胞减少症

【临床症状】▶▶▶

猫泛白细胞减少症又称猫瘟热或猫传染性肠炎，是由猫泛白细胞减少症病毒引起的猫及猫科动物的一种急性高度接触性传染病。临床表现以高热、呕吐、腹泻、脱水和循环血液中白细胞减少和肠炎为特征。本病潜伏期2～9天，最急性型，动物不显临床症状而立即倒毙，往往误认为中毒。急性型病程短急，由于继发菌血症和内毒素血症，并伴有小肠损伤，常在感染24小时内死亡，亚急性型病程7天左右。第1次发热体温40℃左右，24小时左右降至常温，2～3天后体温再次升高，呈双相热型，体温达40℃。病猫精神不振，被毛粗乱，厌食，呕吐，出血性肠炎和脱水症状明显，眼鼻流出脓性分泌物，妊娠母猫感染本病，可造成流产和死胎及其他繁殖障碍。

【治疗方案】▶▶▶

治疗原则为抗病毒，防治继发感染和对症治疗及支持疗法。

- 抗病毒：

[处方1] 应用高效价的猫瘟热高免血清进行特异性治疗，2～4毫克/千克，皮下注射或肌内注射，每日1次，连续2～3天。

[处方2] 病毒唑，猫：5～7毫克/千克，皮下注射或肌内注射，每日1次。

[处方3] 阿昔洛韦，猫：5～10毫克/千克，静脉滴注，每日1次，连用10日。

[处方4] 干扰素，猫：10万～20万单位/次，皮下注射/肌内注射，隔2日1次。

[处方5] 双黄连，猫：60毫克/千克，肌肉或肌内注射，每日1次。

- 抗菌，防止继发感染：

[处方6] 氨苄西林，猫：20～30毫克/千克，口服，每日2～3次；10～20毫克/千克，静脉滴注/皮下注射/肌内注射，每日2～3次。

[处方7] 头孢唑啉钠，猫：15～30毫克/千克，静脉滴注/肌内注射，每日3～4次。

[处方8] 速诺（阿莫西林克拉维酸钾混悬剂），犬/猫：0.1毫升/千克，肌内注射/皮下注射，每日1次。

[处方9] 恩诺沙星（拜有利），猫：2.5～5毫克/千克，口服/皮下注射/静脉滴注，每日2次。

- 消炎：

[处方10] 地塞米松，猫：0.5毫克/千克，口服/肌内注射，每日1～2次。

- 止吐：

[处方11] 胃复安，猫：0.2～0.5毫克/千克，口服/皮下注射，每日3～4次，或0.01～0.08毫克/（千克·小时），静脉滴注。

- 补液：

[处方12] 乳酸林格液与5%葡萄糖、ATP、辅酶A、维生素C等补充体液。

十二、猫传染性鼻气管炎

【临床症状】▶▶▶

猫传染性鼻气管炎是由猫疱疹病毒Ⅰ型引起的猫的一种急性、高度接触性上呼吸道疾病。临床以角膜结膜炎、上呼吸道感染和流产为特征，但以上呼吸道症状为主。本病潜伏期约2～6天，仔猫较成年猫易感且症状严重。病初患猫体温升高，上呼吸道感染症状明显，表现为突然发作，中性粒细胞减少，阵发性喷嚏和咳嗽，羞明，流泪，结膜炎，鼻腔分泌物增多，食欲减退，体重下降，精神沉郁。鼻液和泪液初期透明，后变为黏脓性。继发细菌感染时，可导致鼻甲坏疽变形；偶尔可见气管黏膜感染病例；极少有下呼吸道或肺感染的报道；个别病猫可发生病毒血症，导致全身组织感染。生殖系统感染时，可致阴道炎和子宫颈炎，并发生短期不孕。孕猫感染时，缺乏典型的上呼吸道症状，但可能造成死胎或流产，即使顺利生产，幼仔多伴有呼吸道症状，体格衰弱，极易死亡。急性病例症状通常持续10～14天，成年猫死亡率较低，但仔猫可达20%～30%。耐过病猫7天后症状逐渐缓和并痊愈。部分病猫则转为慢性，表现持续咳嗽、呼吸困难、角膜溃疡和鼻窦炎等症状。

断乳仔猫或易感成年猫感染后表现出典型症状，如打喷嚏、眼鼻分泌物增多、鼻炎、结膜炎、发热和厌食等。分泌物通常由浆液性变为黏脓性，溃疡处易发生细菌感染。由于分泌物刺激，眼、鼻周围被毛脱落。

疱疹性角膜炎为猫本病示病性症状。典型损害是出现普遍严重的树枝状溃疡。继发细菌感染时可致溃疡加深，甚至角膜穿孔。溃疡修复过程中，结缔组织形成，甚至可导致角膜和结膜粘连。感染进一步扩散，导致全眼球炎，造成永久性失明。局部使用皮质类固醇时，可致角膜剥离。

幼猫感染时鼻甲损害表现为鼻甲及黏膜充血、溃疡甚至扭曲变形。由于正常的解剖学改变及黏膜防御机制破坏，易引起慢性细菌感染，导致慢性鼻窦炎。

【治疗方案】 ▶▶▶

治疗原则为抗病毒，防治继发感染和对症治疗。

- **抗病毒：**

[处方1] 病毒灵，猫：1～2毫克/次，肌内注射，每日3次。

[处方2] 阿昔洛韦，猫：5～10毫克/千克，静脉滴注，每日1次，连用10日。

[处方3] 干扰素，猫：10万～20万单位/次，皮下注射/肌内注射，隔2日1次。

- **抗菌：**

[处方4] 氨苄西林，猫：20～30毫克/千克，口服，每日2～3次；10～20毫克/千克，静脉滴注/皮下注射/肌内注射，每日2～3次。

[处方5] 速诺（阿莫西林克拉维酸钾混悬剂），犬/猫：0.1毫升/千克，肌内注射/皮下注射，每日1次。

[处方6] 恩诺沙星（拜有利），猫：2.5～5毫克/千克，口服/皮下注射/静脉滴注，每日2次。

- **防治眼病：**

[处方7] 3%阿糖腺苷，猫：眼疱疹病毒感染，点眼外用，每日5～8次。

[处方8] 0.1%碘苷，猫：眼疱疹病毒感染，局部点眼，每日4～8次。

十三、猫杯状病毒感染

【临床症状】 ▶▶▶

猫杯状病毒感染是猫杯状病毒引起的一种多发性口腔和呼吸道疾病。以发热、口腔溃疡、鼻炎等为特征。猫科动物易感，发病率高，但死亡率低。感染的潜伏期为2～3天，而后发热39.5～40.5℃。症状的严重程度依感染病毒毒力的强弱而不同。口腔溃疡是常见和具有特征性的症状，且有时是唯一的症状。口腔溃疡常见于舌和硬腭，尤其是腭中裂周围。吃食困难，痛苦状。舌部水疱破溃后形成溃疡，有时，鼻黏膜也可出现类似病变。

病猫精神欠佳，打喷嚏，口腔和鼻眼分泌物增多，有时出现流涎和角膜炎。鼻眼分泌物初呈浆液性、灰色、后呈黏液性，4～5天后则可呈黏脓性。有时可见痢疾和温和性白细胞减少的症状。病毒毒力较强时，可发生肺炎而表现呼吸困难等症状。小于84日龄的猫常可因此而死。某些毒株仅能引起发热和肌肉疼痛而无呼吸道症状。

【治疗方案】▶▶▶

治疗原则为对症治疗，防止继发感染。

［处方1］ 发生结膜炎的病猫，可用金霉素或氯霉素眼药水滴眼。

［处方2］ 鼻炎可用麻黄碱1毫升、氢化可的松2毫升、青霉素80万单位的混合液滴鼻，每日4～6次。

［处方3］ 口腔溃疡严重时，可涂擦碘甘油。

［处方4］ 恩诺沙星（拜有利），猫：2.5～5毫克/千克，口服/皮下注射/静脉滴注，每日2次。

十四、猫白血病

【临床症状】▶▶▶

猫白血病是由猫白血病病毒引起的猫的一种传染病。本病潜伏期一般较长，症状多种多样。

1. 与猫白血病病毒相关的肿瘤性疾病

（1）消化道淋巴瘤：主要以肠道淋巴组织或肠系膜淋巴结出现B细胞性淋巴瘤为特征，临床上表现食欲减退，体重减轻，黏膜苍白，贫血，有时呕吐或腹泻等症状。

（2）多中心淋巴瘤：全身多处淋巴结肿大，身体浅表的病变淋巴结常可用手触摸到。瘤细胞常具有T细胞的特征。临床上表现消瘦、精神沉郁等一般症状。

（3）胸腺淋巴瘤：瘤细胞常具有T细胞的特征，严重者整个胸腺组织被肿瘤组织替代。由于肿瘤形成和胸水增多，引起呼吸和吞咽困难，常使病猫发生虚脱。

（4）淋巴细胞白血病：这种类型常具有典型症状，表现为初期骨髓细胞的异常增生。由于白细胞引起脾脏红髓扩张会导致恶性病变细胞的扩散及脾脏肿大，肝脏肿大，淋巴结轻度至中度肿胀。临床上出现间歇热，食欲下降，机体消瘦，黏膜苍白，黏膜和皮肤上出现出血点。

2. 免疫抑制：猫白血病病毒阳性猫死亡的主要原因是贫血、感染和白细胞减少。这些猫容易感染主要是由于病毒所致的免疫抑制。

【治疗方案】▶▶▶

治疗原则为提高机体抵抗力，疫苗防疫为主，本病治疗不易彻底。

干扰素20万单位/千克，口服/皮下注射，每日1次。

十五、猫传染性腹膜炎

【临床症状】▶▶▶

猫传染性腹膜炎是由猫传染性腹膜炎病毒引起的猫科动物的一种慢性进行性传染病。以腹膜炎、大量腹水聚集和致死率较高为特征。本病症状分为湿性和干性两种。发病初期症状常不明显或不具特征性，表现为病猫体重逐渐减轻，食欲减退或间歇性厌食，体况衰弱。随后，体温升高至39.7～41.1℃，血液中白细胞数量增多。有些病猫可能出现温和的上呼吸道症状。持续7～42天后，湿性病例腹水积聚，可见腹部鼓胀。母猫发病时，常可误认为是妊娠。腹部触诊一般无痛感，但似有积液。病猫呼吸困难逐渐衰弱，并可能表现贫血症状，病程数天至数周，有些病猫则很快死亡。约20%的病猫还可见胸水及心包液增多，从而导致部分病猫呼吸困难。某些湿性病例可发生黄疸。

干性病例则主要侵害眼、中枢神经、肾和肝等组织器官，几乎不伴有腹水。眼部感染可见角膜水肿，角膜上有沉淀物，虹膜睫状体发炎，眼房液变红，眼前房内有纤维蛋白凝块，患病初期多见有火焰状视网膜出血。中枢神经受损时表现为后躯运动障碍、行动失调、痉挛、背部感觉过敏。肝脏受侵害的病例，可能发生黄疸。肾脏受侵害时，常能在腹壁触诊到肾脏肿大，病猫出现进行性肾功能衰竭等症状。

干性和湿性通常被描述为两种不同的病症，但某些患猫同时具有两种表现。湿性病例中只有10%的病猫具有中枢神经系统和眼部症状。少数干性病例出现腹水。此外，有些干性病例可发展成湿性形式。

【治疗方案】

治疗原则为提高机体抵抗力和对症治疗。

［处方1］ 干扰素，猫：20万单位/千克，口服/皮下注射，每日1次。

［处方2］ 泼尼松龙，猫：2～4毫克/千克，口服，每日1～2次，和环磷酰胺合用。

［处方3］ 环磷酰胺，猫：2毫克/千克，口服，每日1次，连用4天/周，和泼尼松合用。

［处方4］ 苯丁酸氮芥，猫：0.5毫克/千克口服每2～3周。

［处方5］ 氨苄西林，猫：20～30毫克/千克，口服，每日2～3次；10～20毫克/千克，静脉滴注/皮下注射/肌内注射，每日2～3次。

［处方6］ 速诺（阿莫西林克拉维酸钾混悬剂），犬/猫：0.1毫升/千克，肌内注射/皮下注射，每日1次。

十六、猫免疫缺陷病毒感染

【临床症状】

猫免疫缺陷病毒感染是由猫免疫缺陷病毒引起的危害猫类的慢性接触性传染病，也称猫艾滋病。本病潜伏期长短因猫而异。感染猫免疫功能低下，易遭受各种病原的侵袭，抗生素治疗在大多数情况下只能缓解症状而不能根除疾病。发病初期，表现发热、不适、中性粒细胞减少、淋巴腺肿等非特异性症状。随后50%以上的病猫表现慢性口腔炎、齿龈红肿、口臭、流涎，严重者因疼痛而不能进食。约25%的猫出现慢性鼻炎和蓄脓症。病猫常打喷嚏，流鼻涕，长年不愈。鼻腔内有大量脓样鼻液。由于病毒破坏了猫的正常免疫功能，肠道菌群失调，常表现痢疾或肠炎。约10%猫的主要症状为慢性腹泻，约5%表现神经紊乱症状。发病后期常出现弓形体病、隐球菌病、全身蠕形螨和耳螨疥癣等。有些猫因免疫力下降，对病原微生物的抵抗力减弱，稍有外伤，即会发生菌血症而死亡。

本病感染引起的眼疾很多，但通常不出现视力明显减退，所以必须仔细检查才能发现。有关眼病包括前眼色素层炎和青光眼。前眼色素层炎时眼房水发红，虹膜充血，眼球张力减退，瞳孔缩小或瞳孔不均，后部虹膜粘连和前部囊下白内障，部分患猫在玻璃体前有点状的白色浸润。个别猫晶状体脱位或视网膜脱离，但不出现临床症状。青光眼常继发引起眼内发炎或形成肿瘤，眼内压上升，眼积水和视力丧失。

【治疗方案】

治疗原则为对症治疗为主，采取对症治疗和营养疗法以延长生命。

［处方1］ 阿昔洛韦，猫：5～7毫克/千克，静脉滴注，每日1次，连续5天。

［处方2］ 干扰素，猫：10万～20万单位/次，皮下注射/肌内注射，隔2日1次。

[处方3] 泰洛伦，猫：25毫克/千克，口服，每日1次，连用7～10天。

第二节 犬、猫细菌性传染病

一、钩端螺旋体病

【临床症状】▶▶▶

钩端螺旋体病是多种动物包括人共患的疾病。本病潜伏期为5～15天。以短期发热、黄疸、血红蛋白尿、母犬流产和出血性素质为特征。动物感染钩端螺旋体后的临床症状，取决于患病动物的年龄、免疫状态及病原的毒力。

急性钩端螺旋体感染表现为严重的钩端螺旋体血症。初期症状为发热，震颤和广泛性肌肉触痛。而后出现呕吐、迅速脱水和微循环障碍，并可出现呼吸急促，心率快而紊乱，食欲减退甚至废绝，毛细血管充盈不良。由于凝血机能不良及血管壁受损，可出现呕血、鼻出血、便血、黑粪症和体内广泛性出血。病犬极度沉郁，体温下降，以致死亡，死亡率高达60%～80%。

亚急性感染以发热、厌食、呕吐、脱水和饮欲增加为主要特征。病犬黏膜充血、淤血，并有出血斑点。干性及自发性咳嗽和呼吸困难的同时，可出现结膜炎、鼻炎和扁桃体炎症状。由于肾功能障碍，可出现少尿或无尿。耐过亚急性感染病犬，肾功能障碍症状，通常于感染发病后2～3周恢复。有的病犬由于肾功能严重破坏，亦可出现多尿或烦渴等症状。

由出血性黄疸钩端螺旋体引起的犬急性或亚急性感染，常出现的症状还有黄疸。由于肝脏炎症，引起肝内胆汁淤积，可使粪便由棕色变为灰色。有的犬则表现出明显的肝衰竭症状，出现体重减轻、腹水、黄疸或肝脑病。重病例，由于肝脏、肾脏损伤而出现尿毒症、口腔恶臭、昏迷或出现出血性、溃疡性胃肠炎等症状，转归多死亡。有的病犬由于肾脏大面积受损而表现出尿毒症症状，口腔恶臭，严重者发生昏迷。有的病例发生溃疡性胃炎和出血性肠炎等。

临床上，大部分感染钩端螺旋体犬仅表现亚临床感染或取慢性经过，症状不明显，但可能引起急性肾衰。

【治疗方案】▶▶▶

治疗原则为抗菌和对症治疗，可采取疫苗接种预防。

[处方1] 氨苄西林，犬：20～30毫克/千克，口服，每日2～3次；或10～20毫克/千克，肌内注射，每日2～3次。

[处方2] 速诺（阿莫西林克拉维酸钾混悬剂），犬/猫：0.1毫升/千克，肌内注射/皮下注射，每日1次。

[处方3] 链霉素，犬：10毫克/千克，肌内注射，每日2～4次。

[处方4] 四环素，犬：10～20毫克/千克，口服，每日3次，连用28天。

[处方5] 恩诺沙星（拜有利），犬：2.5～5毫克/千克，口服/皮下注射/静脉滴注，每日2次；猫：1～2.5毫克/千克，口服，每日2次。

[处方6] 对出现肾病现象的病例，可采用输液支持疗法，同时避免使用链霉素或减少其用量。

二、莱姆病

【临床症状】▶▶▶

莱姆病又称莱姆包柔体病，是由伯氏疏螺旋体引起的多系统性疾病，是一种由蜱传播的人兽共患病。病犬体温升高，食欲减少，精神沉郁，嗜睡；关节发炎、肿胀，出现急性关节僵硬和跛行，感染早期可能有疼痛表现。急性感染犬一般不出现关节肿大，所以难于确定疼痛部位。跛行常常表现为间歇性，并且从一条腿转到另一条腿。有的出现眼病和神经症状，但更多的病例发生肾机能损伤，如出现蛋白尿、圆柱尿、血尿和脓尿等症状。莱姆病较明显的症状为经常发生间歇性非糜烂性关节炎。多数犬反复出现跛行并且多个关节受侵害，腕关节最常见。莱姆病阳性犬可能出现心肌功能障碍，病变表现为心肌坏死和赘疣状心内膜炎。猫感染伯氏疏螺旋体主要表现发热、厌食、精神沉郁、疲劳、跛行或关节肿胀。

【治疗方案】▶▶▶

治疗原则为抗菌和对症治疗。

[处方1] 四环素，犬：10～20毫克/千克，口服，每日3次，连用28天。

[处方2] 强力霉素（急性病），犬：5～10毫克/千克，口服/静脉滴注，每日2次，连用10～14天。

[处方3] 头孢菌素，犬：静脉注射，22毫克/千克，口服，每日3次。

[处方4] 羧苄西林，犬：10～20毫克/千克，肌内注射/静脉滴注，每日2～3次。

[处方5] 红霉素，犬：10～20毫克/千克，口服，每日3次，连用3～5天。

三、大肠杆菌病

【临床症状】▶▶▶

大肠杆菌病是由大肠埃希氏菌引起的人和温血动物的常见病。以败血症和腹泻为特征。潜伏期短的10多个小时，一般为1～2天。多突然发病死亡，有的出现体温升高达40℃以上，精神委靡，排出黄白色混有气泡的稀粪，有腥臭气味，很快昏迷死亡。幼犬病例主要表现为精神沉郁，厌食乃至废绝，体温升高到40～41℃，出现呕吐，随后发生剧烈腹泻，粪便初呈黄绿色、污灰色乃至混有气泡，最后混有血液甚至呈水样。有的病例发生抽搐、痉挛等神经症状。

【治疗方案】▶▶▶

治疗原则为抗菌和对症治疗，做药敏试验，选择最敏感的药物进行治疗。

[处方1] 硫酸新霉素，犬：10～20毫克/千克，口服，每日2～3次。

[处方2] 小诺霉素，犬：2～4毫克/千克，肌内注射，每日2次。

[处方3] 庆大霉素，犬：3～5毫克/千克，皮下注射或肌内注射，每日2次。幼犬慎用。

四、巴氏杆菌病

【临床症状】▶▶▶

巴氏杆菌病是由多种巴氏杆菌引起的一种共患病的总称。一般多与犬瘟热、猫泛白细胞减少症等疾病混合发生或继发，幼犬病例症状明显，成犬单独发病的不多。主要表现体温升高到40℃以上，精神沉郁，食欲减退或拒食，渴欲增加，呼吸迫促乃至困难，流出红色鼻液，咳嗽，气喘或张口呼吸。眼结膜充血潮红，有多量分泌物。有的出现腹泻。有的病犬在后期出现似犬瘟热的神经症状，如痉挛、抽搐、后肢麻痹等。急性病例在3～5天后死亡。

【治疗方案】▶▶▶

治疗原则为抗菌和对症治疗。

[处方1] 四环素，犬：15～25毫克/千克，口服，每日3次。

[处方2] 阿米卡星，犬：5～10毫克/千克，肌内注射/皮下注射，每日3次。

[处方3] 复方新诺明，犬：15毫克/千克，口服，每日2次。

[处方4] 大观霉素，犬：22毫克/千克，口服，每日2次；5.5～11毫克/千克，肌内注射/皮下注射，每日2次，连用5天。

五、犬链球菌病

【临床症状】▶▶▶

犬链球菌病是由一大类致病性化脓性球菌引起的一种人兽共患性疾病。幼犬多为经脐部感染而发生的急性败血症经过。特别是感染后发生菌血症，体温升高，出现卡他性乃至出血性肠炎，脐部感染发炎，多数转移至关节而发生关节炎，最后败血症死亡。主要表现为虚弱、咳嗽、呼吸困难、发热、呕血和尿液偏红。成犬多发生皮炎、淋巴结炎、乳房炎和肺炎，母犬出现流产。

链球菌可引起犬毒性休克综合征和坏死性筋膜炎。动物表现发热、感染部位极度疼痛、局部发热和肿胀、筋膜有大量渗出液积聚、筋膜和脂肪组织坏死。大部分是由伤口、呼吸道或尿道感染引起，起初可能有皮肤溃疡和化脓，并伴有淋巴结肿大，随后发展为深度的蜂窝织炎等，动物往往有败血型休克症状。

【治疗方案】▶▶▶

治疗原则为抗菌和对症治疗，做药敏实验，选择最敏感的药物进行治疗。

[处方1] 氨苄西林，犬：20～30毫克/千克，口服，每日2～3次；或10～20毫克/千克，肌内注射，每日2～3次。

[处方2] 阿莫西林，犬：5～10毫克/千克，皮下注射/肌内注射，每日2～3次。

[处方3] 速诺（阿莫西林克拉维酸钾混悬剂），犬/猫：0.1毫升/千克，肌内注射/皮下注射，每日1次。

[处方4] 红霉素，犬：10～20毫克/千克，口服，每日3次。

[处方5] 复方新诺明，犬：15毫克/千克，口服，每日2次。

[处方6] 新生霉素，犬：3～8毫克/千克，肌内注射/静脉滴注，每日2次。

六、沙门菌病

【临床症状】▶▶▶

沙门菌病又称副伤寒，是由沙门菌属引起的人和动物共患性疾病的总称。本病基本上是幼犬、猫的一种急性败血性疾病。患病动物症状严重程度取决于年龄、营养状态和有否应激因素作用等。临床上，可将其分为如下几种类型：

1. 胃肠炎型：开始表现为发热，委靡，食欲下降；而后呕吐、腹痛和剧烈腹泻。腹泻开始时粪便稀薄如水，继之转为黏液性，严重者胃肠道出血而使粪便带有血迹，有恶臭味。猫还可见流涎。数天后，体重减轻，严重脱水，表现为黏膜苍白、虚弱、休克、黄疸，可发生死亡。有神经症状者，表现为机体应激性增强，后肢瘫痪，失明，抽搐。部分病例也可出现肺炎症状、咳嗽、呼吸困难和鼻腔出血。

2. 菌血症和内毒素血症：这种类型一般表现为胃肠炎过程前期症状，有时表现不明显，但幼犬、幼猫及免疫力较低的动物，其症状较为明显。患病动物表现极度沉郁，虚弱，体温升高及毛细血管充盈不良。

3. 亚临床感染：感染少量沙门菌或抵抗力较强的动物，可能仅出现一过性或不显任何临床症状。

另外，显性感染或隐性感染而处于菌血症期的动物，病原可定居于某些受损或死亡的器官组织而存活多年，一旦应激因素作用或机体抵抗力下降，即可出现明显的临床症状。子宫内发生感染的犬和猫，还可引起流产、死胎或产弱仔。

【治疗方案】▶▶▶

治疗原则为抗菌和对症治疗。

- **抗菌：**

  [处方1] 复方新诺明，犬：15毫克/千克，口服，每日2次。

  [处方2] 阿莫西林，犬/猫：15毫克/千克，口服，每日2～3次。

  [处方3] 速诺（阿莫西林克拉维酸钾混悬剂），犬/猫：0.1毫升/千克，肌内注射/皮下注射，每日1次。

  [处方4] 氯霉素，犬：25毫克/千克，口服，每日3次。

  [处方5] 呋喃唑酮，犬：10毫克/千克，口服，每日2次。

  [处方6] 小诺霉素，犬：2～4毫克/千克，肌内注射，每日2次。

- **胃肠止血：**

  [处方7] 安络血，犬：1～2毫升/次，肌内注射，每日2次；2.5～5毫克/次，口服，每日2次。

七、葡萄球菌病

【临床症状】▶▶▶

葡萄球菌病是由葡萄球菌引起的人和动物多种疾病的总称。以局部化脓性炎症多见，有时可发生菌血症和败血症。中间葡萄球菌是引起犬脓皮病的重要病原菌之一。临床上，浅表性脓皮病主要特征是形成脓疱和滤泡性丘疹。深层脓皮病常局限于病犬脸部、四肢和指（趾）间，也可能呈全身性感染，病变部位常有脓性分泌物。12周龄内的幼犬易发生蜂窝织炎，主要表现为淋巴结肿大，口腔、耳和眼周围肿胀，形成脓肿和脱毛等。感染犬发热、厌食和精神沉郁。

葡萄球菌还可引起呼吸道、生殖道、血液、淋巴系统、骨骼、关节、伤口和结膜等感染，这类感染大多数为条件性感染，往往继发于其他疾病或感染。此外，中间葡萄球菌和葡萄球菌凝固酶亚种可引发犬外耳炎。

【治疗方案】▶▶▶

治疗原则为抗菌，排脓。

- **抗皮肤感染：**

  [处方1] 红霉素软膏，抗菌，患部涂抹。

- **抗菌：**

  [处方2] 氨苄西林，犬：20～30毫克/千克，口服，每日2～3次；或10～20毫克/千

克，肌内注射，每日2～3次。

［处方3］ 速诺（阿莫西林克拉维酸钾混悬剂），犬/猫：0.1毫升/千克，肌内注射/皮下注射，每日1次。

［处方4］ 林可霉素，犬：15毫克/千克，口服，每日3次，连用21天。

［处方5］ 阿莫西林-克拉维酸钾，犬：12～22毫克/千克，口服，每日2～3次。

［处方6］ 头孢菌素Ⅳ，犬：22毫克/千克，口服，每日3次。

八、弯杆菌病

【临床症状】▶▶▶

弯杆菌病是人和多种动物共患的腹泻疾病之一，该病由空肠弯杆菌和大肠弯杆菌引起。幼龄动物腹泻严重，临床上主要表现为排出带有多量黏液的水样胆汁样粪便，并持续3～7天。部分出现厌食，偶尔有呕吐，也可能出现发热及白细胞增多症。个别犬可能表现为急性胃肠炎。某些病例腹泻可能持续2周以上或间歇性腹泻。

【治疗方案】▶▶▶

治疗原则为抗菌和对症治疗。

［处方1］ 阿奇霉素，犬：5～10毫克/千克，口服，每日2次。

［处方2］ 红霉素，犬：10～20毫克/千克，口服，每日3次。

［处方3］ 庆大霉素，犬：3～5毫克/千克，皮下注射/肌内注射，每日2次。

［处方4］ 痢特灵，犬：10～20毫克/千克，口服，每日2次。

［处方5］ 恩诺沙星，犬：2.5～5毫克/千克，口服/皮下注射/静脉滴注，每日2次。

［处方6］ 环丙沙星，犬：5～10毫克/千克，口服，每日2次；2～2.5毫克/千克，肌内注射，每日2次。

九、布氏杆菌病

【临床症状】▶▶▶

布氏杆菌病是由布氏杆菌引起的人兽共患性传染病。以生殖器官发炎、流产、睾丸肿、不育等为特征。犬的布氏杆菌感染，一般多为隐性或仅表现为淋巴结炎，亦可经两周至长达半年的潜伏期后表现出全身症状。怀孕母犬常在怀孕40～50天时发生流产，流产前1～6周，病犬一般体温不高，阴唇和阴道黏膜红肿，阴道内流出淡褐色或灰绿色分泌物。流产胎儿常发生部分组织自溶，皮下注射水肿、淤血和腹部皮下注射出血。部分母犬感染后并不发生流产，而是怀孕早期胚胎死亡并被母体吸收。流产母犬可能发生子宫炎，以后往往屡配不孕。公犬可能发生睾丸炎、睾丸萎缩、附睾炎、前列腺炎及包皮炎等。另外，患病犬除发生生殖系统症状外，还可能发生关节炎、腱鞘炎，有时出现跛行。部分患犬并发眼色素层炎。

【治疗方案】▶▶▶

治疗原则为抗菌治疗，由于布氏杆菌寄生于细胞内，抗生素对其较难发挥作用，对于雄性动物，药物难于通过血-睾屏障，因此治疗比较困难。

［处方1］ 米诺环素，犬：12.5毫克/千克，口服，每日2次，连用14天。

［处方2］ 庆大霉素，犬：3～5毫克/千克，皮下注射/肌内注射，每日2次，连用14天。

［处方3］ 硫酸卡那霉素，犬：10～15毫克/千克，口服，每日2次；5～7毫克/千克，

肌内注射，每日2次，肾功能差者慎用。

[处方4]　链霉素，犬：20毫克/千克，肌内注射，每日1次，连用14天；

[处方5]　四环素，犬：10～20毫克/千克，口服，每日3次，连用28天。

[处方6]　维生素C和维生素B_1作为辅助药物，联合使用，效果更好。

十、坏死杆菌病

【临床症状】▶▶▶

坏死杆菌病是由坏死杆菌引起的散发性传染病。以损害部分皮肤、皮下注射组织和消化道黏膜发生坏死等为特征。新生幼犬因产室污秽染菌经脐部伤口感染，创伤、脐伤十分有利于细菌繁殖而致病。病初无明显异常，随后表现弓腰排尿，精神委靡，脐部肿硬，并流出恶臭的脓汁。有的由于四肢关节损伤感染而发生关节炎，出现局部肿胀、跛行。如局部转移至内脏器官肺、肝后，则可发生败血症死亡。

成犬病例多为坏死性皮炎和坏死性肠炎。坏死性皮炎以猎犬发生多，主要经四肢损伤感染，病初出现瘙痒、肿胀，有热痛，跛行。当脓肿破溃后流出脓汁，有可能会出现瘙痒若及时治疗则可在3～5天后治愈。坏死性肠炎则由于肠黏膜损伤感染所致，出现腹泻、消瘦。

【治疗方案】▶▶▶

治疗原则为局部或者全身抗菌治疗。

[处方1]　1%高锰酸钾或3%煤酚皂液局部消毒，之后涂抹龙胆紫或撒布冰片散。

[处方2]　复方新诺明，犬：15毫克/千克，口服，每日2次。

[处方3]　螺旋霉素，犬：10～25毫克/千克，肌内注射，每日1次。

[处方4]　氟苯尼考，犬：20～22毫克/千克，口服/肌内注射，每日2次。

[处方5]　四环素，犬：10～22毫克/千克，口服，每日2～3次。

十一、结核病

【临床症状】▶▶▶

结核病是由结核分枝杆菌引起的人畜共患的慢性传染性疾病。以多种器官组织形成肉芽肿和干酪样或钙化病灶。犬和猫结核病多为亚临床感染。有时则在病原侵入部位引起原发性病灶。犬常可在肺及气管、淋巴结，猫则常在回、盲肠淋巴结及肠系膜淋巴腺见到原发性病灶。犬感染后多表现为支气管肺炎，胸膜有结核结节，发热，食欲下降，进行性消瘦，出现罗音和干咳；严重的病灶蔓延到胸膜、心包膜出现呼吸困难、发绀和右心衰竭；若感染后发生原发性肠道病灶，则出现呕吐、腹泻。猫结核病例表现以皮肤结核为多，常在颈部和头部主要是眼睑、鼻梁、颊部出现结节和溃疡；同时出现食欲时好时坏，贫血，以及进行性消瘦。肺结核病猫出现呼吸急促乃至困难。肠结核伴发下痢。犬的继发性病灶一般比猫常见，多分布于胸膜、心包膜、肝、心肌、肠壁和中枢神经系统。猫的继发性病灶则常见于肠系膜淋巴腺、脾脏和皮肤。一般来说，继发性结核结节较小，但在许多器官亦可见到较大的融合性病灶。有的结核病灶中心积有脓汁，外周由包囊围绕，包囊破溃后，脓汁排出，形成空洞。肺结核时，常以渗出性炎症为主，初期表现为小叶性支气管炎，进一步发展则可使局部干酪化，多个病灶相互融合后则出现较大范围病变，这种病变组织切面常见灰黄与灰白色交错，形成斑纹状结构。随着病程进一步发展，干酪样坏死组织还能进一步钙化。

【治疗方案】▶▶▶

治疗原则为抗菌和对症治疗。应该提及的是，化学药物治疗结核病在于促进病灶愈合，停止向体外排菌，防止复发，而不能真正杀死体内的结核杆菌。

［处方1］ 异烟肼，犬：10~20毫克/千克，口服，每日1次。

［处方2］ 利福平，犬：10~20毫克/千克，口服，每日2~3次。

［处方3］ 链霉素，犬：10毫克/千克，肌内注射，每日2~4次。猫对链霉素较敏感，不宜使用。

［处方4］ 同时对症治疗，如补液，防止继发感染，呼吸困难时可吸氧等，在治疗期间及治愈后2个月内注意做好消毒工作，防止病犬猫向环境中排菌。

十二、破伤风

【临床症状】▶▶▶

破伤风是由破伤风梭菌产生的特异性嗜神经型毒素所致的人兽共患性传染病。发病后机体呈强直性痉挛、抽搐，因窒息或呼吸衰竭死亡。潜伏期根据伤口的深度、污秽程度和伤口部位有关，一般犬、猫4~10天，长的可达2~3周。伤口深而小和污秽，则厌氧条件好，离中枢又近，就潜伏期短、发病快，病情也越严重。由于犬猫对破伤风毒素抵抗力较强，故临床上局部性强直较常见，表现为靠近受伤部位的肢体发生强直和痉挛。有时仅表现为暂时的牙关紧闭。部分病例可能出现全身强直性痉挛，除兴奋性和应激性增高外，病犬可呈典型的木马样姿势，脊柱僵直或向下弯曲，口角向后，耳朵僵硬竖起，瞬膜突出外露。有时患病动物因呼吸肌痉挛而发生呼吸困难，因咬肌痉挛而使咀嚼和吞咽困难。但疾病过程中一般病犬或病猫神志清醒，体温一般不高，有饮食欲。

临床上，破伤风的症状、病程和严重程度差异很大。急性病例可在2~3天内死亡；若为全身性强直病例，由于患病动物饮食困难，常迅速衰竭，有的3~10天死亡，其他则缓慢康复；局部强直的病犬一般预后良好。

【治疗方案】▶▶▶

治疗原则为加强护理，消除病原，中和毒素，镇静解痉与其他对症疗法。本病必须尽早发现、及时治疗才能见效，晚期病例无治愈可能。

- **伤口处理，中和毒素：**

［处方1］ 3%双氧水、1%高锰酸钾或2%碘酊进行伤口消毒，再撒布碘仿硼酸合剂或冰片散。

［处方2］ 青霉素、链霉素做创伤周围组织分点注射，以消除感染，减少毒素的产生。

［处方3］ 破伤风抗毒素，0.2毫升，皮下注射皮试，观察30分钟，然后按照30000~100000单位（100~1000单位/千克）肌内注射/静脉滴注/皮下注射1次。或创伤组织周围多点注射。

- **镇静：**

［处方4］ 氯丙嗪，犬：3毫克/千克，口服，每日2次；1~2毫克/千克，肌内注射，每日1次；0.5~1毫克/千克，静脉滴注，每日1次。

［处方5］ 异戊巴比妥钠，犬：5~10毫克/千克，口服；2.5~5毫克/千克，静脉滴注。

- **对症疗法：**

［处方6］ 对症疗法，采食和引水困难者，应每天进行补液、补糖；酸中毒时，可静脉注射5%碳酸氢钠以缓解症状。

［处方7］ 体温升高有肺炎症状时，可采用抗生素和磺胺类药物。

十三、肉毒梭菌毒素中毒

【临床症状】

肉毒梭菌毒素中毒病主要是因为摄食腐败动物尸体或饲料中肉毒梭菌产生的神经毒素——肉毒梭菌毒素而发生的一种中毒性疾病。以运动中枢神经麻痹和延髓麻痹为特征。动物肉毒梭菌毒素中毒症状，与其严重程度取决于摄入体内毒素量的多少及动物的敏感性有关。本病潜伏期4～24小时，犬的初期症状为发生进行性、对称性肢体麻痹，一般从后肢向前延伸，进而引起四肢瘫痪，但此时尾巴仍可摆动。患犬反射机能下降，肌肉张力降低，呈明显的运动神经机能病的表现。发生肉毒梭菌毒素中毒的病犬体温一般不高，神志清醒。由于下颌肌张力减弱，可引起下颌下垂，吞咽困难，流涎。严重者则两耳下垂，眼睑反射较差，视觉障碍，瞳孔散大。有时可见结膜炎和溃疡性角膜炎。严重中毒的犬，由于腹肌及膈肌张力降低，出现呼吸困难，心率快而紊乱，并有便秘及尿滞留。发生肉毒梭菌毒素中毒的犬死亡率较高，若能恢复，一般也需较长时间。

【治疗方案】

治疗原则为解毒和补液。

［处方1］ C型抗毒素，犬：3～5毫升，肌内或静脉注射。

［处方2］ A型肉毒抗毒素，犬：1万单位，B型肉毒抗毒素1万单位混合后肌内注射，间隔5～10小时，重复一次。

［处方3］ 5％葡萄糖注射液、林格液、25％维生素C注射液，混合后静脉滴注，每日1次，连用2天。

十四、放线菌病

【临床症状】

放线菌病是由放线菌引起的一种人兽共患慢性传染病。以组织增生、形成肿瘤和慢性化脓灶为特征。犬猫放线菌病侵害的组织部位包括胸腔、皮下注射组织、椎骨体，其次为腹腔和口腔，并从发病部位通过血液播散到脑和其他器官。皮肤放线菌病损伤散布全身，但多见于四肢、后腹部和尾巴。发病皮肤出现蜂窝织炎、脓肿和溃疡结节，有时还有排泄窦道。分泌物灰黄色或红棕色，常有恶臭气味。

胸部放线菌病多见于犬，由吸入放线菌或外物穿透胸腔引起肺脏或胸腔发病，或肺脏和胸腔同时发病。肺放线菌病早期阶段，出现体温稍高和咳嗽，体重减轻。当胸膜出现病变时，由于胸腔有渗出物而表现呼吸困难。

骨髓炎性放线菌病也多见于犬，在猫也有报道，出现骨髓炎甚至脑膜炎或脑膜脑炎症状。

腹部放线菌病少见，可能继发于肠穿孔。放线菌从肠道进入腹腔，引起局部腹膜炎，肠系膜和肝淋巴结肿大，临床症状变化较大，一般表现体温升高和消瘦。

【治疗方案】

治疗原则为采用综合疗法，外科手术结合长期应用抗生素。

- **手术：**

［处方1］ 外科手术，包括给体腔或脓肿做切开引流、冲洗和去除异物。

- **抗菌：**

［处方2］ 青霉素，犬：10万～20万单位/千克，肌内注射，每日1次。

[处方3] 普鲁卡因青霉素，犬：2万～5万单位/千克，肌内/皮下注射，每日1次。

[处方4] 四环素，犬：15～22毫克/千克，口服，每日3次，连用14～21天。

[处方5] 林可霉素，犬：15毫克/千克，口服，每日3次，连用21天。

[处方6] 氨苄西林，犬：20～30毫克/千克，口服，每日2～3次；10～20毫克/千克，静脉滴注/皮下注射/肌内注射，每日2～3次。

[处方7] 速诺（阿莫西林克拉维酸钾混悬剂），犬/猫：0.1毫升/千克，肌内注射/皮下注射，每日一次。

[处方8] 头孢噻呋，犬：2毫克/千克，皮下注射，每日1次，连用5～14天。

[处方9] 用青霉素类药物治疗放线菌病剂量要大，时间要长，治疗一般需2～8个月，直到无临床症状和X线检查正常为止。

十五、诺卡菌病

【临床症状】

诺卡菌病是由诺卡氏菌属细菌引起的一种人畜共患的慢性病。通过呼吸道、外伤和消化道进入动物机体，再通过淋巴和血流播散到全身，能在脾、肾、肾上腺、椎骨体和中枢神经系统引起化脓、坏死和脓肿。临床症状分为全身型、胸型和皮肤型三种。

全身型症状类似于犬瘟热，由于病原在动物体内广泛播散，动物表现体温升高、厌食、精神沉郁、消瘦、咳嗽、流鼻液、呼吸困难及神经症状。

胸型在犬和猫都有发生，症状为呼吸困难，高热及胸膜渗出，发生脓胸，渗出液像番茄汤。X片透视可见肺门淋巴结肿大，胸膜渗出，胸膜肉芽肿，肺实质和间质结节性实变。

皮肤型多发生在四肢，损伤处表现蜂窝织炎、脓肿、结节性溃疡和多个窦道分泌物类似于胸型的胸腔渗出液。诺卡菌病的骨髓炎类似于放线杆菌，体侧常从窦道向外排泄脓汁。诺卡菌病的血象呈慢性化脓性炎症反应，中性粒细胞和巨噬细胞增多。

【治疗方案】

治疗原则为外科手术刮除，胸腔引流，以及长期使用抗生素和磺胺药物。

[处方1] 复方新诺明，犬：30毫克/千克，口服，每日2次，连用6个月。

[处方2] 青霉素，犬：初次剂量10万～20万单位/千克，肌内注射，每日1次，连用6个月。

[处方3] 氨苄西林，犬：20～30毫克/千克，口服，每日2～3次，连用6个月。

第三节 犬、猫真菌性病

一、皮肤癣菌病

【临床症状】

皮肤癣菌病是由皮肤癣菌引起的感染。常在患病动物的面部、耳朵、四肢、趾爪和躯干等部位发病。典型的皮肤病变为脱毛，呈圆形迅速向四周扩展。可观察到掉毛、毛发断裂、起鳞屑、形成脓疱、丘疹和皮肤渗出、结痂等。皮肤病变除呈圆形外，还有呈椭圆形、无规则的或弥漫状。石膏样小孢子菌和须毛癣菌的慢性感染,有时会出现大面积皮肤损伤。感染皮肤表面伴有鳞屑或呈红斑状隆起;有的形成痂,有痂下继发细菌感染而化脓的,称为"脓癣"。真菌本身也能引起小脓疱及产生分泌物。痂下的圆形皮损呈蜂巢状,并有许多小的渗出孔。重剧炎症和化脓灶的皮损区,将不利于真菌的生长蔓延,可限制病变的发展。

皮肤癣菌感染可引起猫对称性脱毛,成年猫可出现亚临床型皮肤癣菌感染,无明显的病变,仅形成极轻微的斑块或少量断毛,需要进行病原分离培养才能确诊。

须毛癣菌引起犬、猫的甲癣主要表现为指(趾)甲干燥、开裂、质脆并常常发生变形等,在甲床和甲褶处易发细菌感染。

通常急性感染病程为2~4周,若不及时治疗转为慢性,往往可持续数月,甚至数年。

【治疗方案】▶▶▶

治疗原则为消除病原,预防传染。

[处方1] 皮康霜、克霉唑软膏、那他霉素和癣净等,患部涂抹,每日2~3次。

[处方2] 灰黄霉素,犬/猫:10~30毫克/千克,口服,每日2次,连用12周。妊娠动物忌用。

[处方3] 酮康唑,5~15毫克/千克,口服,每日2次,连用2~8周。妊娠动物忌用。

[处方4] 伊曲康唑,犬:5毫克/千克,口服,每日1~2次,连用2~12个月;猫:5~10毫克/千克,口服,每日1~2次,连用2~12个月。

[处方5] 盐酸特比萘芬,犬:5~10毫克/千克,口服,每日1次。

二、孢子菌病

【临床症状】▶▶▶

本病是皮肤真菌病中的一种,主要是由犬小孢子菌和石膏状小孢子菌引起;另外,小孢子菌也可使犬致病。通常寄生于犬、猫等多种动物的被毛、皮肤表皮和趾爪角质蛋白组织中,而引发各种皮肤病。以皮肤出现脱毛斑,皮肤损伤而有渗出液、鳞屑和结痂为特征。本病潜伏期为7~28天。犬多为显形感染,猫多呈亚临床感染而成为带菌者,都是危险的传染源。在患犬面、耳、四肢、趾爪和躯体部皮肤局部出现病状,初期红肿,损伤和渗出液发痒,继而被毛脱落,圆形病灶扩大或呈不规则的弥散状,或覆有断毛、渗出物等痂垢,当细菌混合或继发感染时甚至有脓疱或脓汁。本病除局部症状外,还有明显痒感,细菌感染严重的可出现全身症状。本病急性病程2~4周,然后转为慢性,可持续数月至数年。

【治疗方案】▶▶▶

治疗原则为消除病原。

[处方1] 咪康唑,克霉唑软膏和癣净等,患部涂抹,每日2~3次。

[处方2] 灰黄霉素,犬/猫:10~30毫克/千克,口服,每日2次,连用12周,妊娠动物忌用。

[处方3] 酮康唑,犬:5~15毫克/千克,口服,每日2次,连用2~8周,妊娠动物忌用。

[处方4] 伊曲康唑,犬:5毫克/千克,口服,每日1~2次,连用2~12个月;猫:5~10毫克/千克,口服,每日1~2次,连用2~12个月。

[处方5] 盐酸特比萘芬,犬:5~10毫克/千克,口服,每日1次。

• 服药期间忌喂牛奶与碱性食物。

三、球孢子菌病

【临床症状】 ▶▶▶

球孢子菌病由粗球孢子菌引起的一种人和多种动物高度感染的慢性病,主要感染动物的支气管、肺、膈、淋巴结、胃、脾、肾等器官组织。分为原发性和播散性两种。

1. 原发性:又分为原发性肺球孢子菌病和原发性皮肤球孢子菌病。前者为轻度感染不显症状,或只现有支气管症状,出现咳嗽、呼吸困难,胸部X线摄影,肺脏有结节性实变和暂时性空洞;后者为皮损变成硬结,中心出现溃疡面,也发生相关的淋巴结病变,但临床上极少见。

2. 播散性:原发性病灶中内生孢子随血流和淋巴播散到机体其他部位,主要侵害肺、淋巴结、骨骼和眼等。临床呈现持续性发热、厌食、咳嗽、呼吸困难、消瘦、腹泻、关节肿大、跛行及外周淋巴结发炎或化脓。肺部X射线摄影,可发现肺部具有空洞性损伤或结节,肺门淋巴结肿大。患犬多伴发骨骼损伤和跛行。眼损伤表现羞明、发红、视力差,甚至角膜炎、前葡萄膜炎和继发青光眼。

【治疗方案】 ▶▶▶

治疗原则为抗真菌和对症治疗。

[处方1] 两性霉素B抗真菌,犬:0.25~0.5毫克/千克,猫0.25毫克/千克,加入5%葡萄糖溶液中,静脉滴注,隔天1次。犬或猫最大累积量为8~10毫克/千克。

[处方2] 酮康唑,犬:5~15毫克/千克,口服,每日2次,连用2~8周。

[处方3] 伊曲康唑,犬:5~10毫克/千克,口服,每日1~2次,连用2~12个月。

[处方4] 盐酸特比萘芬,犬:5~10毫克/千克,口服,每日1次。

• 对于眼部及全身症状采取对症治疗。

四、隐球菌病

【临床症状】 ▶▶▶

隐球菌病是由新型隐球菌引起的哺乳动物和人慢性或亚急性的真菌病。根据新型隐球菌侵害的部位不同,临床症状各异。在猫主要侵害上部呼吸道,患猫打喷嚏,从一侧或两侧鼻孔经常排出脓性、黏液性或出血性鼻分泌物,并常混有少量颗粒组织。鼻梁肿胀、发硬,有时出现溃疡。颌下淋巴结和咽背淋巴结肿大变硬,但触压无痛。新型隐球菌偶尔侵害肺脏,出现咳嗽、呼吸困难,有啰音,甚至出现体温升高等全身症状。

犬多感染中枢神经系统,发病后出现精神沉郁,转圈,共济失调,后躯麻痹,瞳孔大小不等,失明以及丧失嗅觉等症状。

皮肤隐球菌病在猫的头部引起丘疹、结节或脓肿,破溃后流出脓血。在犬周身皮肤都易发病。新型隐球菌侵害眼睛可引起前葡萄膜炎、肉芽肿性脉络膜视网膜炎、视神经炎,出现角膜浑浊,有的失明。侵害的骨骼主要是头骨和鼻腔骨。

【治疗方案】 ▶▶▶

治疗原则为抗真菌和对症治疗。

[处方1] 两性霉素B,犬/猫:0.5~0.8毫克/千克,累计量不超过8毫克,加于5%葡

萄糖液中静脉注射，隔日1次。

[处方2] 氟胞嘧啶，犬：25～50毫克/千克，口服，每日4次。

[处方3] 酮康唑，犬：10毫克/千克，口服，每日2次。

[处方4] 伊曲康唑，犬：5～10毫克/千克，口服，每日1～2次。

[处方5] 氟康唑，犬：1.25～2.5毫克/千克，口服/静脉滴注，每日2次，或2.5～5.0毫克/千克，口服，每日1次，连用4～8周；猫：50毫克/次，口服，每日2次，或2.5～5毫克/千克，口服/静脉滴注，每日1次，连用4～8周。

[处方6] 盐酸特比萘芬，犬：5～10毫克/千克，口服，每日1次。

五、组织胞浆菌病

【临床症状】▶▶▶

组织胞浆菌病是由荚膜组织胞浆菌引起的一种深部真菌病。以肺炎、淋巴结肿、腹泻、肝脾肿大和皮肤结节性溃疡为特征。本病的潜伏期为12～16天，皮肤局部红肿和结节，出现坏死、溃疡灶，原发性肺组织胞浆菌病，除少数不显症状，不治自愈外，多数呈现典型肺炎症状：精神不振，厌食，消瘦，高热，咳嗽和呼吸困难。原发性胃肠道组织胞浆菌病出现排血便，腹泻，消瘦，不规律发热，肠系膜淋巴结肿大和低蛋白血症，腹腔积液。播散性肺组织胞浆菌病除呈现肺炎症状外，还由于侵害网状内皮系统，出现肝脾和淋巴结肿大，贫血和单核细胞增多。另外，还侵害骨骼和骨髓，侵害眼时可引起视网膜色素异常增生、视网膜水肿、肉芽肿性脉络膜视网膜炎、前眼色素曾炎、全眼炎或眼神经炎。有的扩散到脑，引发痉挛、麻痹、转圈等神经症状。侵害皮肤时呈现结节性皮肤溃疡。

【治疗方案】▶▶▶

治疗原则为抗真菌和对症治疗。

[处方1] 两性霉素B抗真菌，犬/猫：0.5～0.8毫克/千克，累计量不超过8毫克，加于5%葡萄糖液中静脉注射，隔日1次，一般需治疗4～6个月。

[处方2] 酮康唑，犬：5～15毫克/千克，口服，每日2次，连用4～6个月。

[处方3] 伊曲康唑，犬：5～10毫克/千克，口服，每日1～2次，连用2～4个月。

[处方4] 氟康唑抗真菌，犬：1.25～2.5毫克/千克，口服/静脉滴注，每日2次，或2.5～5.0毫克/千克，口服，每日1次，连用4～8周；猫：50毫克/次，口服，每日2次，或2.5～5.0毫克/千克，口服/静脉滴注，每日1次，连用4～6个月。

六、孢子丝菌病

【临床症状】▶▶▶

孢子丝菌病是由申克氏孢子丝菌引起的一种慢性真菌病。症状分为局限皮肤型、皮肤淋巴管型和播散型三种。

局限皮肤型发生在动物背部或其他部位，发病部位无毛、肿胀或形成溃疡，病灶直径0.5～3.5厘米，通常无痛无痒。

皮肤淋巴管型是最多见的类型，特征为发病部位坚实，形成局限性皮肤和皮下组织结节、脓肿和淋巴结炎，有时还形成淋巴管炎。脓肿破溃后，成为红棕色溃疡。

播散型很少发生，通常因动物抵抗力降低，通过皮肤淋巴管或呼吸道转移播散。播散型可侵害多种器官组织，包括骨髓、眼、胃肠道、中枢神经系统、脾和睾丸等，由于侵害的器官不同，临床表现也各异。

【治疗方案】▶▶▶

治疗原则为抗真菌，消除病原。

[处方1] 碘化钾，犬：40毫克/千克；猫：10～20毫克/千克，口服，每日2～3次。

[处方2] 碘化钠，0.5毫克/千克，口服，每日1次。

[处方3] 在猫服药后如出现呕吐、厌食、颤抖、体温降低和心血管异常等碘敏感时，应停止用药，等恢复后再试用减半剂量治疗。

[处方4] 两性霉素B，犬/猫：0.5～0.8毫克/千克，累计量不超过8毫克，加于5%葡萄糖液中静脉注射，隔日1次。

[处方5] 灰黄霉素，犬/猫：10～30毫克/千克，口服，每日2次。

[处方6] 伊曲康唑，犬：5～10毫克/千克，口服，每日1～2次，连用2～4个月。

七、曲霉菌病

【临床症状】▶▶▶

曲霉菌病是由曲霉菌属几种真菌引起的人兽共患病。犬、猫曲霉菌病主要是由烟曲霉菌所致的感染支气管、肺脏的疾病，称为犬、猫烟曲霉菌病。本病在犬主要侵害鼻窦和额窦，通常都由鼻腔外伤或发生肿瘤后感染发病，鼻孔溃疡，流出黏脓性分泌物，有的混有血液，打喷嚏。X射线检查可见鼻窦、额窦骨骼增生损坏。猫曲霉菌病主要侵害支气管和肺。临床呈现呼吸困难，咳嗽和高热。肺部X射线透视，肺实质中含有大量结节性坏死。在猫也偶发肠型曲霉菌病出现腹泻。猫肺型与肠型曲霉菌病同时发生，多为继发性，即继发于猫泛白细胞减少症。

【治疗方案】▶▶▶

治疗原则为抗真菌和对症治疗。

[处方1] 两性霉素B，犬/猫：0.5～0.8毫克/千克，累计量不超过8毫克，加于5%葡萄糖液中静脉注射，隔日1次。

[处方2] 氟胞嘧啶，犬：25～50毫克/千克，口服，每日4次。

[处方3] 噻苯达唑，犬：10毫克/千克，口服，每日2次，连用7周。

[处方4] 恩康唑，5%溶液，外用，使用2～3次。

• 犬曲霉菌病可用外科手术切开鼻翼或做额窦圆锯术，然后刮除鼻窦或额窦中病理组织，局部涂擦制霉菌素。

八、念珠菌病

【临床症状】▶▶▶

念珠菌病是由白色念珠菌等侵入犬猫体内引起的真菌病。主要侵害犬、猫的上部消化道，表现为口腔和食道黏膜上形成一个或多个隆起软斑，软斑面覆有黄白色伪膜。严重时整个食道被黄白色伪膜覆盖，去除伪膜，可见浅在性溃疡面，患病动物疼痛不安。如胃肠黏膜上也发生散在的小溃疡性病灶时，动物常出现呕吐和腹泻症状。

除感染消化道外，有时可转移到支气管和肺脏、皮肤、肾和心脏。当散播到支气管和肺脏，发生呼吸道念珠菌病时，出现咳嗽、胸痛和体温升高等。

【治疗方案】

治疗原则为抗真菌，消除病原。

［处方1］ 克霉唑，犬：15~25毫克/千克，口服，每日2次。

［处方2］ 伊曲康唑，犬：5~10毫克/千克，口服，每日1~2次，连用2~4个月。

［处方3］ 制霉菌素、克念菌素、两性霉素B和1%碘液外用，每日2~3次，连用1~2周。

九、芽生菌病

【临床症状】

芽生菌病是由皮炎芽生菌引起的一种深部真菌性疾病，主要感染犬、猫的肺脏、皮肤和消化道。本病潜伏期的长短取决于动物的体况和抵抗力，短的数日或数月，长的则数年才出现症状，多数呈慢性经过。菌的靶器官组织多数是肺、眼、皮肤、皮下注射组织、淋巴结、胃、鼻腔、睾丸和脑等，这些器官受侵害后出现相应的临床症状，如呼吸困难，咳嗽，X线检查肺叶有局限性小结节及纵隔淋巴结肿大等。体温升高，消瘦。有的皮肤有溃疡，病灶伴有渗出物。部分病例出现眼睑肿胀，流泪，有分泌物流出，角膜浑浊，严重的失明。如侵害关节、骨骼，则出现跛行。约40%~60%的感染犬表现弥散性淋巴结病，淋巴结肿大。

【治疗方案】

治疗原则为抗真菌和对症治疗。

［处方1］ 伊曲康唑，犬：5~10毫克/千克，口服，每日1~2次，连用2~4个月。

［处方2］ 两性霉素B，犬/猫：0.5~0.8毫克/千克，累计量不超过8毫克，加于5%葡萄糖液中静脉注射，隔日1次。与利福平合用，效果很好。

［处方3］ 酮康唑，犬：5~15毫克/千克，口服，每日2次，连用4~6个月。

［处方4］ 氟康唑，犬：1.25~2.5毫克/千克，口服/静脉滴注，每日2次，或2.5~5.0毫克/千克，口服，每日1次，连用4~8周；猫：50毫克/次，口服，每日2次，或2.5~5毫克/千克，口服/静脉滴注，每日1次，连用4~6个月。

第四节 犬、猫立克次体病和衣原体病

一、犬埃里希体病

【临床症状】

本病是由一种寄生在犬白细胞、淋巴样细胞中的犬埃里希体和寄生于淋巴样细胞、网状细胞的新立克次体，以及寄生在白细胞的马埃里希体引起的犬科动物的败血性传染病。潜伏期为7~21天。特征性的临床症状是：周期性发热，呕吐，黏液性、脓性鼻漏，眼有分泌物，约有30%~50%病例发生鼻出血，呼出恶臭气味，进行性消瘦，腹部触诊可摸到脾肿大。实验室检验可见轻度贫血、血小板减少及白细胞计数变化不定。有的病例可见到可视黏膜苍白或黄染，出现贫血或出血，也有的在腹下部、腹股沟部出现红斑脓疱性疹、四肢浮肿或皮肤糜烂灶。也会出现过敏、惊厥、麻痹等脑炎症状，以及胃肠炎等症状。

大部分急性病例在1~2周后症状逐渐消失转为慢性，在此阶段犬体重和体温恢复正常，但实验室检验仍然异常，如轻度血小板减少和高球蛋白血症。慢性期持续 1～4 个月后又会复发。疾病发展及严重程度与感染菌株、犬的品种、年龄、免疫状态及是否并发感染有关，仔幼犬的发病率和死亡率均比成年犬高。

血液学检验，疾病早期可见病犬单核细胞增多，嗜酸性粒细胞几乎消失。随着病程的发展，贫血症状明显，表现为红细胞压积、血红蛋白和红细胞总数下降。

【治疗方案】▶▶▶

治疗原则为抗菌和支持疗法。

［处方1］ 复方新诺明，犬：30 毫克/千克，口服，每日 2 次，连用 3～4 天。

［处方2］ 四环素，犬：15～22 毫克/千克，口服，每日 3 次，连用 3～4 天。

［处方3］ 金霉素，犬：20 毫克/千克，口服，每日 3 次。

［处方4］ 强力霉素（多西环素），犬：5～10 毫克/千克，静脉或肌内注射，每日 2 次，连用 10～14 天。

［处方5］ 咪多卡，犬：5～7.5 毫克/千克，肌内注射/皮下注射，14 天后重复 1 次；猫：2～5 毫克/千克，肌内注射，14 天后重复 1 次。

二、猫血巴尔通体病

【临床症状】▶▶▶

猫血巴尔通体病又称猫传染性贫血，是由猫血巴尔通体引起的一种以贫血、脾肿大为特征的立克次体疾病。自然急性病例的临床表现为：精神沉郁，虚弱倦怠，食欲不振，间歇性发热，体温升高到 39.5～40.5℃，贫血，有的出现可视黏膜黄染，体重减轻，腹部触诊可摸到脾显著肿大，急性病例较多见。慢性病猫体温正常或低于常温，体况瘦弱，软弱无力，不愿活动且失去对外界的敏感性。

病猫血液白细胞总数及分类值均增高，多数病例单核细胞绝对数增高并发生变形，单核细胞和巨噬细胞有吞噬红细胞现象。血细胞压积通常在 20% 以下，出现病状前的病猫的血细胞压积在 10% 以下。典型的再生性贫血变化是本病血液学的特征之一。

【治疗方案】▶▶▶

治疗原则为抗菌和支持疗法。

- **严重贫血者，可输血。**

［处方1］ 四环素，犬：15～22 毫克/千克，口服，每日 3 次，连用 14～21 天。

［处方2］ 土霉素，犬：15～30 毫克/千克，口服，每日 2～3 次，连用 10 天；5～10 毫克/千克，静脉滴注，每日 2 次，连用 10 天。

［处方3］ 氯霉素，犬：25～50 毫克/千克，口服，每日 3 次，连用 10 天。

［处方4］ 硫乙胂胺，犬：2.2 毫克/千克，静脉滴注，每日 2 次，连用 10 天。

［处方5］ 甲硝唑，犬：40 毫克/千克，每日 1 次，口服，连用 21 天。

三、附红细胞体病

【临床症状】▶▶▶

附红细胞体病又称无形体病，是由不同附红细胞体引起的一种以贫血和黄疸为特征的传染病。本病潜伏期为 3～10 天。病初仅见食欲稍差，精神沉郁，随后食欲废绝，出现呕吐，下痢甚至便血，体温升高，呼吸困难，可视黏膜先苍白后黄染，严重的甚至出现皮肤发黄和黄尿。血液红细胞数明显下降。急性病例病程1周左右，转归多死亡。慢性病例则发育迟缓，病愈后长期带菌。

【治疗方案】

治疗原则为抗菌和支持疗法。

［处方1］ 新砷凡纳明，犬：15～45毫克/千克，肌内注射，24小时内附红细胞体即从血液中消失。

［处方2］ 四环素，犬：3～10毫克/千克，肌内注射。

［处方3］ 土霉素，犬：3～10毫克/千克，肌内注射。

［处方4］ 伊维菌素，犬：0.3毫克/千克，皮下注射，5天后重复1次。

四、猫衣原体病

【临床症状】

猫衣原体病又称猫肺炎，是由鹦鹉热衣原体引起的一种以结膜炎、鼻炎和肺炎为特征的猫传染病。最常表现为结膜炎，病初眼睑痉挛，充血，结膜浮肿，流泪，继而出现黏脓性分泌物，形成滤泡性结膜炎。新生猫可能发生新生儿眼炎，引起闭合的眼睑突出及脓性坏死性结膜炎。自然病例通常也发生单侧性黏脓性结膜炎，约在5～7天发展到对侧眼，食欲不振，不愿活动，伴发鼻炎的病猫出现阵发性打喷嚏和流出鼻液。重者继发支气管炎和肺炎，呼吸困难，咳嗽、发热、流出脓性鼻液、萎靡、倦怠等症状，甚至鼻腔、口腔黏膜出现溃疡灶。

【治疗方案】

治疗原则为消除病原。

［处方1］ 四环素，犬：15～22毫克/千克，口服，每日3次，连用14～21天。

［处方2］ 强力霉素，犬：5～10毫克/千克，口服，每日2次，连用21天。

［处方3］ 阿奇霉素，犬：5～10毫克/千克，口服，每日2次。

［处方4］ 红霉素软膏、眼药膏等，外用，涂于眼睑内。

第三章 犬、猫寄生虫病

第一节 蠕虫病

一、蛔虫病

【临床症状】 ▶▶▶

犬、猫蛔虫病是由于犬、猫的蛔虫寄生于犬、猫的小肠和胃内引起的寄生虫病。病原主要是犬弓首蛔虫、猫弓首蛔虫和狮弓首蛔虫。蛔虫虫卵对外界因素的抵抗力很强，易污染犬所持的食物、饮水和环境。犬、猫是通过污染的食物、饮水经口感染的，妊娠母犬可经过胎盘传染给胎儿。幼虫移行时引起肺炎，表现为咳嗽、流鼻涕等。成虫寄生于肠道，以宿主消化好的食物为养分。当虫体在幼犬体内大量寄生时，影响消化吸收，导致幼犬发育不良。且虫体较大，易对肠黏膜产生机械性刺激，阻塞肠道，并且引起腹泻和腹痛。有时虫体释放的毒素可引起神经症状。虫体大量积聚在小肠，可引起肠阻塞、肠套叠或肠穿孔而死亡。

【治疗方案】 ▶▶▶

治疗原则以驱虫、消炎、对症治疗，增加营养为主。

［处方1］ 丙硫苯咪唑，25～50毫克/千克，口服，每日2次，连用7～14天。

［处方2］ 左旋咪唑，犬：8～10毫克/千克，口服，每日1次，连用5～30天。

［处方3］ 伊维菌素，犬：0.2毫克/千克，皮下注射，1次。柯利犬及喜乐蒂犬禁止应用。

［处方4］ 甲苯咪唑，犬：20～30毫克/千克，口服，每日1次，连用5天。

［处方5］ 芬苯达唑，犬：50毫克/千克，口服，每日1次，连用3天；3周后重复给药1次。

［处方6］ 噻苯达唑，犬：70毫克/千克，口服，每日2次，连用2天，后35毫克/千克，口服，每日2次，连用20天。

［处方7］ 非班太尔，10～15毫克/千克，配合吡喹酮1～1.5毫克/千克，口服合用。

[处方8] 噻嘧啶，5~10毫克/千克，口服；3周后重复。
[处方9] 枸橼酸哌嗪，70~100毫克/千克，口服。
[处方10] 四氯乙烯，0.1~0.2毫克/千克，口服。
[处方11] 碘噻青胺，3毫克/千克，口服，每日1次，连用7天。
[处方12] 硝硫氰酯/汽巴，50毫克/千克，口服，每2周1次，直到大便中没有虫体。

二、钩虫病

【临床症状】▶▶▶

犬钩虫病是由于犬钩虫、狭头钩虫寄生于犬的小肠，引起高度贫血、消瘦为特征的寄生虫病。轻度感染的犬不表现临床症状。感染性幼虫侵入皮肤时，可导致皮肤发痒，随即出现充血斑点或丘疹，继而出现红肿或含浅黄色液体的水泡。如有继发感染，可成为脓疮。幼虫侵入肺脏时，可出现咳嗽、发热等。成虫在肠道寄生时，出现恶心、呕吐、腹泻等消化紊乱症状，粪便带血或黑色，柏油状。有时出现异嗜。黏膜苍白，消瘦，被毛粗乱无光泽，因极度衰竭而死亡。胎儿感染和初乳感染的3周龄以内的幼犬，可引起严重的贫血，导致昏迷和死亡。

【治疗方案】▶▶▶

治疗原则以驱虫，消炎，对严重贫血的犬进行输血治疗、输液，补充电解质和蛋白为主。
[处方1] 丙硫咪唑，犬：25~50毫克/千克，口服，每日2次，连用7~14天。
[处方2] 甲苯咪唑，犬：20~30毫克/千克，口服，每日1次，连用5天。
[处方3] 奥芬达唑，犬：10毫克/千克，口服，每日1次，连用4周。
[处方4] 伊维菌素，犬：0.2毫克/千克，皮下注射，1次。柯利犬及喜乐蒂犬禁用。
[处方5] 芬苯达唑，犬：50毫克/千克，口服，每日1次，连用3天；3周后重复给药1次。
[处方6] 噻苯咪唑，犬：70毫克/千克，口服，每日2次，连用2天后，35毫克/千克，口服，每日2次，连用20天。
[处方7] 奥苯达唑，犬：10毫克/千克，口服，连用5天。
[处方8] 非班太尔，犬：10~15毫克/千克，配合吡喹酮1~1.5毫克/千克，口服合用。
[处方9] 左旋咪唑，犬：8~10毫克/千克，口服，每日1次，连用5~30天。
[处方10] 噻嘧啶，犬：5~10毫克/千克，口服；3周后重复。
[处方11] 甲噻嘧啶，犬：5毫克/千克，口服。
[处方12] 四米唑，犬：10~20毫克/千克，口服。7.5毫克/千克，肌内注射/皮下注射。
[处方13] 碘硝酚，犬：10毫克/次，皮下注射。
[处方14] 四氯乙烯，犬：0.1~0.2毫克/千克，口服。
[处方15] 碘噻青胺，犬：3毫克/千克，口服，每日1次，连用7天。
[处方16] 硝硫氰酯/汽巴，犬：50毫克/千克，口服，每2周1次，直到大便中没有虫体。

三、犬恶心丝虫病

【临床症状】▶▶▶

犬恶心丝虫病或称犬恶丝虫病，是由丝虫科、恶丝虫属的犬恶心丝虫寄生于犬的右心室和肺动脉所引起的一种临床或亚临床疾病,主要症状为循环障碍、呼吸困难、贫血等。

犬恶心丝虫通过蚊子(中间宿主)叮咬传播,传染季节是夏季。幼虫能经胎盘感染胎儿。幼虫发育成成虫需 8~9 个月时间。临床症状的严重程度取决于感染的持续时间、感染程度以及宿主对虫体的反应。犬的主要症状为咳嗽、训练耐力下降和体重减轻等。其他症状有心悸、心内杂音、呼吸困难、体温升高及腹围增大等。后期贫血增进,逐渐消瘦衰竭而死。在腔静脉综合征中,右心房和腔静脉中的大量虫体可引起突然衰竭,发生死亡。在此之前,常有食欲减退和黄疸。患恶心丝虫病的犬常伴有结节性皮肤病,以瘙痒和倾向破溃的多发性结节为特征。皮肤结节中心化脓,在其周围的血管内常见有微丝蚴。

猫最常见的症状为食欲减退、嗜睡、咳嗽、呼吸痛苦和呕吐。其他症状为体重下降和突然死亡。右心衰竭和腔静脉综合征在猫少见。

【治疗方案】▶▶▶

治疗原则以预防为主,定期驱虫,若有成虫,应进行手术治疗取出虫体,搞好环境卫生,消灭蚊虫为主。

[处方1] 乙胺嗪(海群生),犬:6.6 毫克/千克,口服,每日 1 次,预防量;50 毫克/千克,口服,杀成虫。

[处方2] 伊维菌素,犬:6~12 微克/千克,口服,每月 1 次;猫:24 微克/千克,口服,每月 1 次(犬心丝虫预防)。犬:50 微克/千克,口服,10 天后重复 1 次;猫:24 微克/千克,口服(微丝蚴血症)。

[处方3] 美拉索明,犬:①2.5 毫克/千克,肌内注射,每日 1 次,连用 2 天;②2.5 毫克/千克,肌内注射,30 天后,给 2 倍或更多剂量(杀犬恶心丝虫成虫)。

[处方4] 米尔倍霉素,0.5 毫克/千克,口服,每月 1 次(犬恶心丝虫预防、微丝蚴血症)。

[处方5] 莫昔克丁,犬:0.17 毫克/千克,皮下注射,每 6 个月(犬恶心丝虫预防)。

[处方6] 硫乙胂胺,犬:2.2 毫克/千克,静脉滴注,每日 2 次,连用 2 天(犬恶心丝虫杀成虫剂)。

[处方7] 睇波芬,1~1.5 毫克/千克,静脉滴注,每日 1 次,连用 3~5 天。

[处方8] 盐酸二氯苯胂,2.5 毫克/千克,静脉滴注,隔 4~5 日 1 次。

[处方9] 塞拉菌素/大宠爱,6 毫克/千克,口服,每月 1 次(犬恶心丝虫预防)。

四、旋尾线虫病

【临床症状】▶▶▶

犬旋尾线虫病也称犬食道虫病,病原为旋尾科、旋尾属的狼尾旋线虫,寄生于犬、狐、狼和豹的食道壁、胃壁或主动脉壁,引起食道瘤等疾病。

感染性幼虫钻入宿主胃壁动脉,随血液移行时,常引起组织出血、炎症和坏疽性脓肿。幼虫离去后病灶可自愈,但遗留有血管腔狭窄病变,若形成动脉瘤或引起管壁破裂,则发生大出血而死亡。成虫在食道壁、胃壁或主动脉壁中形成肿瘤,病犬出现吞咽、呼吸困难、循环衰竭和呕吐等症状。另外,慢性病例常伴有肥大性骨关节病,胫部长骨肿大。

【治疗方案】▶▶▶

治疗原则以驱虫,防止继发感染,对呼吸困难的动物应吸氧治疗,输液,补充蛋白。

[处方1]　丙硫咪唑，犬：25~50毫克/千克，口服，每日2次，连用7~14天。

[处方2]　噻苯咪唑，犬：70毫克/千克，口服，每日2次，连用2天后，35毫克/千克，口服，每日2次，连用20天。

[处方3]　奥苯达唑，犬：10毫克/千克，口服，连用5天。

[处方4]　伊维菌素，犬：0.2毫克/千克，口服，1次。

[处方5]　左旋咪唑，犬：8~10毫克/千克，口服，每日1次，连用5~30天。

[处方6]　四咪唑，犬：10~20毫克/千克，口服；7.5毫克/千克，肌内注射/皮下注射。

五、毛尾线虫病

【临床症状】 ▶▶▶

毛尾线虫病亦称为鞭虫病，其病原为毛尾科、毛尾属的狐毛尾线虫，寄生于犬和狐的盲肠。世界性分布，我国各地均有发生，主要危害幼犬，严重感染时可以引起死亡。

犬、猫通过经口食入感染性虫卵而感染。虫体进入肠黏膜时，可引起局部炎症。许多犬感染鞭虫，但有症状的较少，有的出现间歇性软便或带少量黏液血便。严重感染时引起食欲减退、消瘦、体重减轻、腹泻、大便带血，有时粪便呈褐色，恶臭、贫血、脱水等全身症状。症状严重的出现黄疸。

【治疗方案】 ▶▶▶

治疗原则以驱虫，补充体液，消炎，增加营养为主，贫血严重的可以输血治疗。

[处方1]　丙硫咪唑，犬：25~50毫克/千克，口服，每日2次，连用7~14天。

[处方2]　碘噻青胺，犬：3毫克/千克，口服，每日1次，连用7天。

[处方3]　噻苯咪唑，犬：70毫克/千克，口服，每日2次，连用2天后，35毫克/千克，口服，每日2次，连用20天。

[处方4]　奥苯达唑，犬：10毫克/千克，口服，连用5天。

[处方5]　非班太尔，犬：10~15毫克/千克，配合吡喹酮1~1.5毫克/千克，口服合用。

[处方6]　米尔倍霉素，犬：0.5毫克/千克，口服，每月。

[处方7]　四咪唑，犬：10~20毫克/千克，口服；7.5毫克/千克，肌内注射/皮下注射。

[处方8]　芬苯达唑，犬：50毫克/千克，口服，每日1次，连用3天；3周后重复给药1次。

[处方9]　硝硫氰酯/汽巴，犬：50毫克/千克，口服，每2周1次。

六、旋毛虫病

【临床症状】 ▶▶▶

旋毛虫病为一种重要的人畜共患寄生虫病，犬、猫、人均可发生。成虫寄生于动物的小肠和横纹肌内，可引起寄生虫性肠炎，幼虫（肠旋毛虫）寄生于动物骨骼肌形成包囊，导致全身肌肉疼痛，呼吸困难和发热等症状。犬、猫是吞食入含有肌旋毛虫包囊的生肉经口感染的。鼠的感染率较高，是犬、猫旋毛虫病的主要感染源。

犬和其他动物感染旋毛虫后一般无明显的临床症状。但当人感染后，可以出现明显的临床症状。肠旋毛虫可以引起肠炎，出现消化道疾病的症状。食欲减退、呕吐、腹泻。肌旋毛虫对人危害较大，可引起急性肌肉炎，表现发热和肌肉疼痛，严重感染时可因呼吸肌和心肌麻痹而导致死亡。

【治疗方案】 ▶▶▶

治疗原则以驱虫，消炎为主。

［处方1］ 丙硫咪唑，犬：25～50毫克/千克，口服，每日2次，连用7～14天。

［处方2］ 甲苯咪唑，犬：20～30毫克/千克，口服，每日1次，连用5天。

［处方3］ 芬苯达唑，犬：50毫克/千克，口服，每日1次，连用3～30天；猫：25毫克/千克，口服，每日2次，连用3～30天。

［处方4］ 噻苯咪唑，犬：70毫克/千克，口服，每日2次，连用2天，后35毫克/千克，口服，每日2次，连用20天。

［处方5］ 奥苯达唑，犬：10毫克/千克，口服，连用5天。

［处方6］ 四咪唑，犬：10～20毫克/千克，口服；7.5毫克/千克，肌内注射/皮下注射。

七、犬类丝虫病

【临床症状】 ▶▶▶

犬类丝虫病的病原为类丝虫科、类丝虫属的虫体，寄生于犬的气管、支气管黏膜下或肺脏所引起的疾病，以肺部病变为特征。

虫体寄生于气管或支气管黏膜下引起结节，结节处为灰白色或粉红色，直径1厘米以下，造成气管或支气管的堵塞。严重感染时，气管分叉处有许多出血性病变覆盖。症状的严重程度取决于感染的程度和结节数目的多少。主要表现为慢性症状，但有时也可引起死亡。最明显的症状是顽固性的咳嗽、呼吸困难、食欲缺乏、消瘦和贫血等。某些感染群死亡率可达75%。

【治疗方案】 ▶▶▶

治疗原则以驱虫，呼吸道消炎，补充营养为主。

［处方1］ 丙硫咪唑，犬：25～50毫克/千克，口服，每日2次，连用7～14天。

［处方2］ 奥芬达唑，犬：10毫克/千克，口服，每日1次，连用4周。

［处方3］ 左旋咪唑，犬：8～10毫克/千克，口服，每日1次，连用5～30天。

［处方4］ 四米唑，犬：10～20毫克/千克，口服；7.5毫克/千克，肌内注射/皮下注射。

八、猫圆线虫病

【临床症状】 ▶▶▶

猫圆线虫病是由后圆线虫科、似丝亚科、猫圆线虫属的莫名猫圆线虫寄生于猫的细支气管和肺泡所致。

肺表面可以见到大小不等的灰白色结节，结节内含有虫卵和幼虫。胸腔内时有乳白色液体，含有虫卵和幼虫。由于结节的压迫和堵塞，可以引起周围肺泡萎缩或炎症。中度感染时，患猫出现咳嗽、打喷嚏、厌食、呼吸急促等。严重感染时，咳嗽剧烈，厌食，呼吸困难，消瘦，腹泻，常发生死亡。

【治疗方案】 ▶▶▶

治疗原则以驱虫，呼吸道消炎，补充营养为主。对食欲差、腹泻严重的猫可适当进行输液治疗，呼吸困难的需要对症治疗。

［处方1］ 丙硫咪唑，猫：25～50毫克/千克，口服，每日2次，连用7～14天。

［处方2］ 奥芬达唑，猫：10毫克/千克，口服，每日1次，连用4周。

［处方3］ 芬苯达唑，猫：25毫克/千克，口服，每日2次，连用3～30天。
［处方4］ 伊维菌素，犬：0.2～0.3毫克/千克，口服/皮下注射，3周后重复；猫：0.2毫克/千克，口服。
［处方5］ 左旋咪唑，猫：8～10毫克/千克，口服，每日1次，连用5～30天。
［处方6］ 头孢噻吩，猫：10～30毫克/千克，肌内注射/静脉滴注，每日3～4次。
［处方7］ 阿奇霉素，猫：7～15毫克/千克，口服，每日2次，连用5～7天。
［处方8］ 氨苄西林，猫：20～30毫克/千克，口服，每日2～3次；10～20毫克/千克，静脉滴注/皮下注射/肌内注射，每日2～3次。

- 供氧。对于呼吸困难、严重缺氧的患病动物，应予以吸氧。

九、犬、猫类圆线虫病

【临床症状】 ▶▶▶

犬、猫类圆线虫病是由杆形目、类圆科、类圆属的粪类圆线虫引起，可以感染犬、猫、狐和人以及其他灵长类。

本病主要侵害幼年犬、猫。初期表现为皮炎的症状，局部出现瘙痒和红斑。继而出现肺炎的症状，病犬、猫食欲减退，眼角脓性分泌物增多，咳嗽、轻度发热等，后期表现为肠炎的症状，出现腹泻、脱水、衰弱、贫血、消瘦等。严重感染时，病犬消瘦，生长缓慢，腹泻，排出带有黏液和血丝的粪便等。

【治疗方案】 ▶▶▶

治疗原则以驱虫，消炎，补充营养为主。

［处方1］ 丙硫咪唑，犬：25～50毫克/千克，口服，每日2次，连用7～14天。
［处方2］ 噻苯咪唑，犬：70毫克/千克，口服，每日2次，连用2天，后35毫克/千克，口服，每日2次，连用20天。
［处方3］ 奥苯达唑，犬：10毫克/千克，口服，连用5天。
［处方4］ 左旋咪唑，犬：8～10毫克/千克，口服，每日1次，连用5～30天。
［处方5］ 四咪唑，犬：10～20毫克/千克，口服；7.5毫克/千克，肌内注射/皮下注射。

十、眼虫病

【临床症状】 ▶▶▶

眼虫病病原为旋尾目、吸吮科、吸吮属的丽嫩吸吮线虫，寄生于犬和猫的瞬膜下，亦可寄生于兔和人，又称吸吮线虫病。可造成结膜炎和角膜炎，导致视力下降，甚至引起角膜糜烂、溃疡和穿孔。夏秋季多发。

由于幼虫的机械性刺激，可使眼球损伤，引起结膜炎、角膜炎、角膜混浊直至失明。临床上常见眼部奇痒，结膜充血肿胀，分泌物增多，羞明流泪，病犬和猫常用爪挠、摩擦患眼，造成角膜混浊，视力下降，甚至发生溃疡和穿孔。

【治疗方案】 ▶▶▶

治疗原则以摘除虫体，对症治疗为主。

［处方1］ 摘除虫体 2%可卡因点眼，按摩眼睑5～10秒钟，待虫体麻痹不动时，用眼科镊子摘除虫体，再用3%硼酸溶液洗眼，涂红霉素眼膏。

[处方 2] 摘除虫体 2%盐酸普鲁卡因做上、下眼睑皮下注射,每侧各注 1 毫升,再用 5%左旋咪唑注射液缓缓滴入眼内,3~5 分钟后虫体麻痹,翻开眼睑用眼科球头镊子取出虫体,再用生理盐水冲洗患眼,用药棉拭干,外用氯霉素或环丙沙星眼药水或犬猫滴眼药。

十一、绦虫病

【临床症状】

绦虫病是由扁形动物门绦虫纲的寄生动物引起的寄生虫病。寄生于犬和猫等小动物的绦虫种类很多,最常见的是犬复孔绦虫和泡状绦虫。对健康危害很大。它们在幼虫期大多感染其他家畜或人,严重危害家畜和人的健康。

犬、猫通过食入感染的肉、鱼等(中间宿主)经口感染。轻度感染时常不表现临床症状。严重感染时,临床主要表现为食欲下降、呕吐、腹泻,或贪食、异嗜,继而消瘦、贫血、生长发育停滞,严重者死亡。有的呈现剧烈的兴奋,有的发生痉挛或四肢麻痹。本病为慢性消耗性疾病。虫体成团时,会堵塞肠管,导致肠梗阻、套叠、扭转甚至破裂。不断脱落的孕节会附在肛门周围刺激肛门,引起肛门瘙痒或疼痛发炎。

【治疗方案】

治疗原则以驱虫,消炎,增强营养为主。对发生肠梗阻、套叠、扭转甚至破裂的动物必须进行手术治疗。

[处方 1] 氯硝柳胺/灭绦灵,犬:100~150 毫克/千克,空腹口服,2~3 周后,重复给药一次。

[处方 2] 二氯酚,犬:200~300 毫克/千克,口服;猫:100~200 毫克/千克,口服。

[处方 3] 盐酸丁萘脒,犬:25~50 毫克/千克,6 周后可重复给药。

[处方 4] 氢溴酸槟榔碱,犬:2~4 毫克/千克,口服,最大剂量 12 毫克/次。

[处方 5] 己基间苯二酚,犬:20~50 毫克/千克,口服。

[处方 6] 硫双二氯酚,犬:200 毫克/千克,口服(带状绦虫)。

[处方 7] 依西太尔,犬:5 毫克/千克,口服;猫:2.5 毫克/千克口服(复孔绦虫属)。

[处方 8] 硝硫氰酯/汽巴,犬:50 毫克/千克,口服,每 2 周 1 次,直到大便中没有虫体。

[处方 9] 吡喹酮,犬:2.5~5 毫克/千克,口服/肌内注射/皮下注射。

[处方 10] 伊喹酮,犬:5.5 毫克/千克,口服;猫:2.75 毫克/千克,口服。

[处方 11] 槟榔,犬:20~30 克,口服或煎服。

[处方 12] 南瓜子,犬:30 克/千克,口服,与槟榔合用。

十二、肝吸虫病

【临床症状】

本病是由华枝睾吸虫和猫后睾吸虫寄生于犬、猫等动物的肝胆管内,引起以胆囊、胆管发炎以及肝功能障碍为特征的寄生虫病。

犬、猫等终末宿主因吃了含有囊蚴的生鱼和虾等而感染。疾病表现为慢性经过。虫体寄生于胆管和胆囊内,机械性刺激黏膜,引起胆管炎和胆囊炎。虫体寄生时间长时,可引起肝脏结缔组织增生,肝细胞变性萎缩,甚至引发肝硬化。多数感染动物为隐性感染,临床症状不明显。严重感染时,主要表现消化不良、下痢、消瘦、贫血、水肿、甚至腹水。剖检可见胆管变粗、胆囊肿大、胆汁浓稠，呈草绿色，胆管和胆囊内有大量虫体和虫卵。肝脏表面结缔组织增生，有时引起肝硬化或脂肪变性。

【治疗方案】 ▶▶▶

治疗原则以驱虫，消炎，保肝护肝为主。若肝脏有病变，应进行针对性治疗。

［处方1］ 硝氯酚，犬：8毫克/千克，口服，隔日1次，连用3次（华支睾吸虫）；猫（猫后睾吸虫）：3毫克/千克，口服。

［处方2］ 六氯对二甲苯/血防846，犬：50毫克/千克，口服，每日1次，连用10天（华支睾吸虫）。

［处方3］ 吡喹酮，犬：10～30毫克/千克，口服/皮下注射，1次；猫：40毫克/千克，口服，每日1次，连用3天。

［处方4］ 丙硫咪唑，犬：25～50毫克/千克，口服，每日2次，连用7～14天。

［处方5］ 芬苯达唑，犬：50毫克/千克，口服，每日1次，连用3～6天；猫：30毫克/千克，口服，每日1次，连用3～6天。

［处方6］ 硝硫氰酯/汽巴，犬：50毫克/千克，口服，每2周1次。

［处方7］ 枸橼酸哌嗪，犬：70～100毫克/千克，口服。

十三、并殖吸虫病

【临床症状】 ▶▶▶

并殖吸虫病又称肺吸虫病，是由并殖科并殖属的几种吸虫寄生于犬、猫肺组织内所引起的疾病。是一种人畜共患病。

犬、猫等终末宿主因吃了含有活囊蚴的蟹、喇蛄和虾等，或吃了被囊蚴污染了的食物和水而感染。患猫和犬表现精神不振、阵发性咳嗽、呼吸困难等。虫体窜扰于腹壁时可引起腹泻与腹痛。寄生于脑部及脊髓时可引起神经症状。

【治疗方案】 ▶▶▶

治疗原则以驱虫，消炎，对症治疗为主。

［处方1］ 吡喹酮，犬：25～50毫克/千克，口服/肌内注射/皮下注射，连用3天。

［处方2］ 丙硫咪唑，25～50毫克/千克，口服，每日2次，连用7～14天。

［处方3］ 芬苯达唑，犬：50毫克/千克，口服，每日1次，连用3～6天；猫：30毫克/千克，口服，每日1次，连用3～6天。

［处方4］ 硝硫氰酯/汽巴，50毫克/千克，口服，每2周1次。

［处方5］ 二氯酚，犬：200～300毫克/千克，口服；猫：100～200毫克/千克，口服。

［处方6］ 硫双二氯酚，100毫克/千克，口服，每日1次，连用7天。

［处方7］ 硝氯酚，1毫克/千克，口服，每日1次，连用3天。

［处方8］ 六氯对二甲苯/血防846，50毫克/千克，口服，每日1次，连用10天。

十四、裂体吸虫病

【临床症状】 ▶▶▶

本病亦称为日本血吸虫病或血吸虫病，是一种人畜共患病。是由于日本裂体吸血虫寄生于哺乳动物和人的门静脉系统的小血管引起的疾病。

成熟的尾蚴从螺体内逸出进入水中，遇到终末宿主时，多经皮肤感染，也可通过口腔黏膜或胎盘感染，随血流到肝脏门静脉和肠系膜静脉中定居，发育为成虫。一般自尾蚴侵入终末宿主体内到产卵约需30～40日。当尾蚴钻入皮肤处可引发皮炎，出现瘙痒和丘疹，幼虫移行到肺时可引起咳嗽。成虫产卵期，表现为精神沉郁、体温升高、食欲减退、消瘦、贫血、里急后重、腹泻、排出带黏液的血便。当发生肝肿大或肝硬化时，引起腹水。犬严重感染时，多为急性经过，预后不良。

【治疗方案】▶▶▶

治疗原则以驱虫，防止继发感染，对症治疗为主。

［处方1］ 吡喹酮，犬：10～30毫克/千克，口服/皮下注射，1次。

［处方2］ 六氯对二甲苯/血防846，犬：50毫克/千克，口服，每日1次，连用10天。

- **对症治疗。对严重贫血的犬、猫，可进行输血治疗；出血严重的患病动物应用止血药。**
- **体弱的动物应加强营养，补充微量元素和维生素。**

第二节 原 虫 病

一、球虫病

【临床症状】▶▶▶

球虫病是球虫寄生于幼犬和猫的小肠和大肠黏膜上皮细胞内而引起的一种疾病。一般情况下致病力较弱，严重感染时，可以引起肠炎。

球虫病在环境卫生不良和饲养密度较大的养犬场常会严重流行，常发生于高温多湿季节，对幼犬危害大。患病和带虫的成年犬、猫是本病的重要传染源。轻度感染一般不表现临床症状。严重感染者，于感染后3～6天内发生水泻或排出带血液的粪便。患病动物轻度发热，精神沉郁，食欲减退，消化不良，消瘦，贫血。患病幼犬、猫多因极度衰竭而死亡。感染3周以上，临床症状自行消失，大多数可以自然康复。成年犬、猫抵抗力较强，常呈慢性经过，经过一段时间后可自然康复，但数月之内仍有卵囊排出。

【治疗方案】▶▶▶

治疗原则以驱虫，消炎，对症治疗为主。

［处方1］ 氨丙啉，犬：200毫克/千克，拌食，口服，每日1次，连用7～10天；猫：60～100毫克/千克，拌食，口服，每日1次，连用5天。

［处方2］ 盐酸氯苯胍，犬：10～25毫克/千克，口服。

［处方3］ 磺胺二甲氧嘧啶，犬：50毫克/千克，口服，每日1次，1天，然后25毫克/千克，口服，每日1次，连用5～20天。

［处方4］ 磺胺地索辛-奥美普林，犬：55毫克/千克，口服，每日1次，连用7～23天。

［处方5］ 复方新诺明，犬：15～30毫克/千克，口服/皮下注射，每日2次。

- **对症治疗。对于脱水严重的犬应输液疗法，补充体液、电解质、微量元素，加强营养，若贫血，可进行输血。**

二、弓形虫病

【临床症状】

寄生于人、犬、猫和其他多种动物。猫是弓形虫的终末宿主。犬、猫多为隐性感染,但有时也可引起发病。主要侵害呼吸系统和神经系统。

猫的症状有急性和慢性之分。急性主要表现为厌食、嗜睡、高热(体温在40℃以上)、呼吸困难(呈腹式呼吸)等。有些出现呕吐、腹泻、过敏、眼结膜充血、对光反应迟钝,甚至眼盲。有的出现轻度黄疸。怀孕母猫可出现流产,不流产者所产胎儿于产后数日死亡。慢性病的猫时常复发,厌食,体温在39.7~41.1℃,发热期长短不等,可超过1周。有些猫腹泻,虹膜发炎,贫血。中枢神经系统症状多表现为运动失调、惊厥、瞳孔不均、视觉丧失、抽搐及延髓麻痹等。怀孕母猫有流产或死产。

犬的症状主要为发热、咳嗽、呼吸困难、厌食、精神沉郁、眼和鼻流分泌物、呕吐、黏膜苍白、运动失调、早产和流产等。

【治疗方案】

治疗原则以驱虫,防止继发感染,预防为主。

[处方1] 复方新诺明,犬:15~30毫克/千克,口服/皮下注射,每日2次。

[处方2] 磺胺嘧啶,犬:50~100毫克/千克,肌内注射/静脉滴注/口服,每日1~2次,连用3~5天。

[处方3] 乙胺嘧啶,犬:0.25~0.5毫克/千克,口服,每日1~2次,连用2~4周,和磺胺类药物合用。

三、犬巴贝丝虫病

【临床症状】

寄生于犬的红细胞内,由蜱传播。主要引起犬的严重贫血和血红蛋白缺乏。

当有巴贝丝虫感染力的蜱叮咬犬时,虫体便随唾液进入犬体感染犬。疾病多呈慢性经过。病初精神沉郁,喜卧,四肢无力,身躯摇摆,发热,呈不规则间歇热,体温在40~41℃,食欲减退或废绝,营养不良,明显消瘦、贫血。结膜苍白,黄染。常见有化脓性结膜炎。从口、鼻流出具有不良气味的液体。尿呈黄色至暗褐色,如酱油样,且血液稀薄。常在病犬皮肤上,如耳根部、前臂内侧、股内侧、腹底部等皮肤薄、被毛少部位可以找到蜱。

【治疗方案】

治疗原则以驱虫,消炎,对症治疗为主。做好防蜱灭蜱工作,若发现有犬感染,应对一起生活的其他犬进行药物注射预防。

[处方1] 三氮脒,犬:3.5毫克/千克,肌内注射,1次。

[处方2] 吖啶黄,2~4毫克/次,静脉滴注,防止漏入皮下注射。

[处方3] 咪唑苯脲,犬:5~7.5毫克/千克,肌内注射/皮下注射,14天后重复1次;猫:2~5毫克/千克,肌内注射,14天后重复1次。

[处方4] 羟乙磺酸戊氧苯脒,犬:15毫克/千克,皮下注射,每日1次,连用2天。

[处方5] 磷酸伯氨喹,猫:0.5毫克/千克,口服/肌内注射/皮下注射,1次。

[处方6] 克林霉素,犬:12.5毫克/千克,口服,每日2次。

- 对症治疗，对于严重贫血的动物，应进行大量输血；出现脱水及衰竭时，应输液疗法补充体液，并纠正代谢性酸中毒。注意保肝。同时注射维生素 B_{12}，0.2毫克，每日两次。
- 应用广谱抗生素防止感染。

四、利什曼原虫病

【临床症状】 ▶▶▶

利什曼原虫病又称黑热病。是由于杜氏利什曼病虫寄生于内脏而引起的一种人畜共患慢性寄生虫病。白蛉为其传播媒介。犬是杜氏利什曼原虫的重要保虫宿主。

当有感染力的前鞭毛体的白蛉叮咬健康犬时，成熟的前鞭毛体随白蛉的唾液进入健康犬体内，在皮下组织被巨噬细胞吞噬后，在其中发育繁殖。犬感染本病后，潜伏期从数周、数月到1年以上不等，多数犬感染后呈隐性带虫状态，一般无明显症状。少数犬出现皮肤损害症状，被毛粗糙失去光泽，甚至脱落。脱毛处有皮脂外溢或糠秕样鳞屑或因皮肤增厚形成结节，结节破溃后形成溃疡。皮肤病变多见于头部，尤其是耳、鼻及眼周围最为明显，其他部位也可出现。病的晚期，病犬出现食欲不振，甚至拒食，逐渐消瘦，贫血，精神委靡，眼部的皮肤损害可引起眼缘发炎，有的还出现体温中度升高、眼角炎和结膜炎，有的出现足关节肿胀和强直。随着病情进一步发展，患犬吠叫声变得嘶哑甚至困难，最后因恶病质而死亡。

【治疗方案】 ▶▶▶

治疗原则以驱虫，消炎，对症治疗，增强营养为主。

[处方1] 戊烷脒，犬：1毫克/千克，皮下注射，肌内注射。

[处方2] 锑酸葡胺，犬：100～200毫克/千克，静脉滴注/皮下注射，每日1次隔天1次，连用3～4周。

[处方3] 葡萄糖酸锑钠，犬：30～50毫克/千克，皮下注射，每日1次，连用3～4周。

[处方4] 酮康唑，犬：10毫克/千克，口服，每日3次，连用3周。

[处方5] 别嘌呤醇，犬：15毫克/千克，口服，每日2次，和葡甲胺锑合用。

五、阿米巴病

【临床症状】 ▶▶▶

阿米巴原虫主要寄生于大肠黏膜，起病缓慢，以顽固性腹泻为其主要特征的人畜共患病。人是阿米巴虫的自然宿主，犬的发病率较低。

慢性期和无症状的带虫者排出的包囊是主要的传染源，蝇类、蟑螂能传播包囊。犬、猫食入被阿米巴包囊污染的食物或饮水而感染。急性的表现为严重下痢，可导致死亡。慢性的表现为间歇性或持续性腹泻，粪便中带有血液和黏液，里急后重，厌食，体重下降。

【治疗方案】 ▶▶▶

治疗原则以驱虫，消炎，对症治疗为主。

[处方1] 甲硝唑，犬：10～30毫克/千克，口服，每日1～2次，连用5～7天；猫：10～25毫克/千克，口服，每1～2次连用5天。

[处方2] 硫酸巴龙霉素，犬：125～165毫克/千克，口服，每日2次，连用5天。

[处方3] 痢特灵，犬：4～10毫克/千克口服每日1～2次，连用5～7天。
- 对症治疗。对于腹泻的患病犬、猫应进行输液治疗，增加营养，补充电解质。

六、贾第鞭毛虫病

【临床症状】▶▶▶

犬、猫通过口腔感染贾第虫包囊。贾第虫病是通过滋养体吸附在肠黏膜表面，对肠黏膜造成机械性刺激，使肠黏膜的吸收能力降低，引起肠胃功能紊乱和腹泻。寄生于犬的贾第鞭毛虫可感染猫。寄生于犬和猫的小肠。幼犬发病时，主要表现为下痢，粪便灰色，带有黏液或血液，精神沉郁，消瘦，后期出现脱水症状。成年犬仅表现排出多泡沫的糊状粪便，体温、食欲无太大的变化。

【治疗方案】▶▶▶

治疗原则以驱虫，消炎，对症治疗为主。
[处方1] 甲硝唑，犬：10～30毫克/千克，口服，每日1～2次，连用5～7天；猫：10～25毫克/千克，口服，每日1～2次，连用5天。
[处方2] 异丙硝唑，犬：10～30毫克/千克，口服，每日1～2次，连用7天。
[处方3] 米帕林/阿的平，犬：9～11毫克/千克，口服，每日1次，连用6～12天。
- 对症治疗。纠正脱水和电解质失衡。

七、隐孢子虫病

【临床症状】▶▶▶

本病是临床上以腹泻为主要症状的原虫病，是人畜共患寄生虫病。临床上主要表现急性水样腹泻，排便次数多，食欲不振，呕吐，消瘦等症状。抵抗力弱的犬、猫临床症状明显且严重，免疫机能正常的临床表现不明显，并能自然恢复。多数隐孢子虫病犬、猫肠系膜淋巴结肿大，小肠和盲肠增厚、扩张。

【治疗方案】▶▶▶

治疗原则以驱虫，消炎，对症治疗为主。
[处方1] 阿奇霉素，犬：5～10毫克/千克，口服，每日1～2次；猫：7～15毫克/千克，口服，每日2次，连用5～7天。
[处方2] 泰乐菌素，犬：11毫克/千克，口服，每日2次，连用28天。
[处方3] 巴龙霉素，犬：125～165毫克/千克，口服，每日2次，连用5天。
[处方4] 林可霉素，犬：15毫克/千克，口服，每日3次，连用21天。
[处方5] 乙酰螺旋霉素，犬：25～50毫克/千克，口服，每日1次；10～25毫克/千克，肌内注射，每日1次。
- 对症治疗。纠正脱水和电解质失衡。

八、毛滴虫病

【临床症状】▶▶▶

本病是由五鞭毛滴虫引起的原虫病，以仔犬黏液性出血性腹泻为特征。病原为五鞭毛滴虫，只有滋养体一种形态，不形成包囊。犬、猫摄入含有滋养体的食物或水而感染。主要表现为顽固性慢性腹泻，便中常带有黏液和血，食欲不振、消瘦、被毛粗乱、贫血和嗜睡。

【治疗方案】▶▶▶

治疗原则以驱虫，消炎，对症治疗为主。

［处方1］ 巴龙霉素，犬：125～165毫克/千克，口服，每日2次，连用5天。

［处方2］ 甲硝唑，犬：10～30毫克/千克，口服，每日1～2次，连用5～7天；猫：10～25毫克/千克，口服，每日1～2次，连用5天。

- **对症治疗。** 纠正脱水和电解质失衡。

第三节　蜘蛛昆虫病

一、疥螨病

【临床症状】▶▶▶

疥螨病是由疥螨科疥螨属的寄生虫寄生于犬、猫皮内引起的皮肤性疾病。疥螨属不完全变态的节肢动物，发育需经过卵、幼虫、若虫和成虫四个阶段，其整个生命周期都在犬、猫身上进行。本病开始主要发生在患病动物的四肢末端、面部、耳部、腹侧和腹下部，逐渐蔓延至全身。病初在患部出现红斑、丘疹，皮肤薄的部位还会出现水疱或脓疱。由于剧烈瘙痒，患病犬、猫不断啃咬和摩擦患部，局部出血、渗出、结痂、继发细菌感染，表面形成黄色痂皮，进而皮肤增厚，被毛脱落。增厚的皮肤尤其是面部、颈部和胸部皮肤常形成皱褶。气温上升或运动后瘙痒症状加剧。病程延长则出现食欲下降，消化吸收功能紊乱，逐渐消瘦，贫血继而出现恶病质。若继发感染，则发展成为深层脓皮病，最终导致死亡。猫背肛螨多发于面、鼻、耳及颈部的皮肤，严重感染时常使皮肤增厚，龟裂，出现黄棕色痂皮，可导致死亡。

【治疗方案】▶▶▶

治疗原则以驱虫，防止继发感染，对症治疗为主。

［处方1］ 伊维菌素，犬：0.2～0.3毫克/千克，口服/皮下注射，2周后重复；猫：0.2～0.4毫克/千克，皮下注射；2周后重复。

［处方2］ 马拉硫磷，0.5％溶液喷洒。

［处方3］ 皮蝇磷，0.25～2.5％溶液，局部涂抹。

［处方4］ 阿米曲士/双甲脒，犬：1.5毫升/升水，洗浴风干，每两天1次，连用3～6次。

［处方5］ 石灰硫黄悬浊液，犬：1∶20稀释（16克/升）；猫：1∶40稀释（8克/升水），洗浴，风干，每周1次，连用6周。

［处方6］ 塞拉菌素/大宠爱，6～12毫克/千克，外用，每2～4周，连用1～3个疗程。

［处方7］ 福来恩喷剂，喷雾，1毫克/千克，外用1～2个疗程，间隔2～4周。

［处方8］ 米尔倍霉素，0.5毫克/千克，口服，每月1次

- **对症治疗。** 防止继发感染，应配合抗生素全身治疗，加强营养，补充微量元素和维生素。

二、蠕形螨病

【临床症状】

蠕形螨病也称为毛囊虫病或脂螨病，是由于蠕形螨寄生于皮脂腺、毛囊和淋巴腺内引起皮肤病。犬的蠕形螨病多发于面部和耳部，严重时可蔓延至全身，大面积脱毛，浮肿。病初患部脱毛、秃斑，界限明显，毛囊周围有红润的小突起，并伴有皮肤的轻度潮红和麸皮状脱屑，随后皮肤变为红铜色，患部几乎不痒，只有当细菌继发感染时才发生瘙痒现象；常因继发感染而发展为脓疱型，患部化脓，形成脓疱和溃疡，皮肤形成皱褶或出现皱裂。感染严重的病例常有一种特殊的臭味。严重的病例会因脓毒血症或自体中毒而死亡。

犬的蠕形螨病分局部和全身感染2种。局部感染多在年轻犬的头部，常见眼周围、口鼻处有红斑，呈圆形，局部被毛脱落，并有少量皮屑。红斑代表皮肤的炎症过程。严重感染治疗不当或未治疗，可造成全身感染。动物毛囊膨胀，破溃后螨虫扩散，细菌和碎屑进入皮肤引起异体反应，并形成脓疱和脓肿。蠕形螨也可产生免疫抑制性血清因子，它易助长细菌的感染。全身性螨虫感染伴随严重的瘙痒以及明显的自我损伤。

猫可携带此螨虫而不表现症状。猫蠕形螨多继发于其他疾病，如食物过敏，猫粉刺，糖尿病与光过敏性皮炎。猫出现瘙痒，掉毛，局部或对称性脱毛，红斑与表皮脱落等症状。

【治疗方案】

治疗原则以驱虫，对症治疗为主。

［处方1］ 伊维菌素，犬：0.2～0.3毫克/千克，口服/皮下注射，2周后重复；猫：0.2～0.4毫克/千克，皮下注射；2周后重复。

［处方2］ 阿米曲士，犬：1.5毫升/升，洗浴风干，每两天1次，连用3～6次。

［处方3］ 百部酊，20%醇溶液局部涂抹。

［处方4］ 石灰硫黄悬浊液，犬：1∶20稀释（16克/升）；猫：1∶40稀释（8克/升），洗浴，风干，每周1次，连用6周。

［处方5］ 塞拉菌素/大宠爱，6～12毫克/千克，外用，每2～4周，连用1～3个疗程。

［处方6］ 福来恩喷剂，喷雾，1毫克/千克，外用1～2个疗程，间隔2～4周。

- 对症治疗。防止继发感染，应配合抗生素全身治疗，加强营养，补充微量元素和维生素。

三、耳痒螨病

【临床症状】

犬、猫的耳痒螨是由犬耳痒螨寄生于外耳道引起的外耳部炎症，有高度传染性，有瘙痒感，犬、猫常自己抓伤，使皮肤渗出、增厚和形成痂皮。常见犬猫摇头，有时甚至出现耳血肿或水肿而使整个耳部肿大，发炎或过敏反应，在外耳道有厚的棕黑色蜡质样渗出物或鳞状痂皮。犬猫耳痒螨的早期感染常是双侧性的，进一步发展则整个耳郭广泛性感染，鳞屑明显，角化过度。严重的感染可蔓延到头的前部，并出现严重的全身症状。犬猫的耳螨常见侵害外耳道，也可以引起耳和尾尖部瘙痒性皮炎，有时因耳螨感染而引起同侧后肢爪部的暂时性皮炎。久治不愈者多预后不良。

【治疗方案】

治疗原则以杀虫，清洗耳道，防止继发感染为主。

将患病犬、猫麻醉或保定确实后,清除外耳内渗出物和痂皮。

　　[处方1]　伊维菌素,犬:0.2~0.3毫克/千克,口服/皮下注射,2周后重复;猫:0.2~0.4毫克/千克,皮下注射;2周后重复。

　　[处方2]　塞拉菌素/大宠爱,外用,1~2个疗程,间隔4周。

　　[处方3]　犬猫耳康,清洁耳道后,摇匀灌入,早晚各1次。

　　[处方4]　福来恩每只耳朵两滴;两周后重复1次。

- **若引发中耳炎或感染严重时,全身应用抗生素。**

四、犬虱病

【临床症状】▶▶▶

　　本病是由兽虱和毛虱寄生于犬、猫体表引起的皮肤寄生虫病。因为犬毛虱以毛和表皮鳞屑为食,故可造成犬瘙痒和不安,犬啃咬瘙痒处而自我损伤,引起脱毛,继发湿疹、丘疹、水疱、脓疱等,严重时食欲差,影响犬的睡眠,造成犬的营养不良,被毛粗乱、消瘦和皮肤损伤。长颚虱吸血时分泌有毒的液体,刺激犬的神经末梢,产生痒感。使患病犬、猫表现烦躁不安,大量感染时引起化脓性皮炎,可见犬脱毛或掉毛。患犬精神沉郁,体弱,因慢性失血而贫血,犬对其他疾病的抵抗力差。有时皮肤上出现小结节、出血点或坏死灶。

【治疗方案】▶▶▶

　　治疗原则以杀虫,防止继发感染,对症治疗为主。

　　[处方1]　伊维菌素,犬:0.2~0.3毫克/千克,口服/皮下注射,2周后重复;猫:0.2~0.4毫克/千克,皮下注射;2周后重复。

　　[处方2]　马拉硫磷,0.5%溶液喷洒。

　　[处方3]　辛硫磷,0.1%乳液喷洒。

　　[处方4]　西维因,0.5%溶液,局部涂抹。

　　[处方5]　福来恩喷剂,喷雾或滴洒,1毫克/千克,外用每月1次。

　　[处方6]　塞拉菌素/大宠爱,外用,每月1次。

　　[处方7]　吡虫啉,外用,每月1次。

　　[处方8]　氰戊菊酯/速灭杀丁,80毫克/升,涂抹。

- **对症治疗。对皮炎和瘙痒严重的病例,可用扑尔敏等抗过敏药物缓解症状。**
- **防止继发感染,全身应用抗生素。**
- **对周围环境可用1%~2%的敌百虫溶液喷雾。**
- **体质虚弱的犬应增加营养。**

五、蚤病

【临床症状】▶▶▶

　　本病是由吸血昆虫蚤及其排泄物刺激引起的皮肤病。侵害犬和猫的跳蚤主要是犬栉首蚤和猫栉首蚤。成年蚤以血液为食,在其叮咬吸血时,具有毒性的唾液及排泄物刺激,引起急性散在性皮炎和慢性非特异性皮炎,并伴有剧烈的瘙痒。患病犬、猫表现为烦躁不安,啃咬、搔抓和摩擦患部。在耳郭、肩胛、臀部或腿部附近出现急性散在性皮炎,有的则在后背部和阴部发生慢性非特异性皮炎。病初患部出现丘疹、红斑、病程延长时则出现脱毛、落屑、痂皮、皮肤增厚和色素沉着等症状。严重感染的病犬、猫则出现贫血、消瘦，并在其被毛间可见到白色有光泽的蚤卵，背部被毛的根部有煤焦油样颗粒（蚤的排泄物）。

【治疗方案】▶▶▶

治疗原则以杀虫，防止继发感染，对症治疗为主。

［处方1］ 塞拉菌素/大宠爱，犬/猫：外用，每月1次（杀跳蚤成虫剂）。
［处方2］ 马拉硫磷，0.5%溶液喷洒。
［处方3］ 氰戊葡酯，80毫克/升，涂抹。
［处方4］ 甲氧普烯，外用，每月一次（跳蚤生长抑制剂）。
［处方5］ 福来恩喷剂，喷雾或滴洒，1毫克/千克，外用每月1次。
［处方6］ 对症治疗。对皮炎和瘙痒严重的病例，可用扑尔敏等抗过敏药物缓解症状。
［处方7］ 防止继发感染，全身应用抗生素。
［处方8］ 对周围环境可用1%~2%的敌百虫溶液喷雾。

六、 蜱致麻痹

【临床症状】▶▶▶

蜱致麻痹是由某些寄生性蜱所分泌的毒素引起的一种四肢肌肉对称性松弛麻痹症，病初表现为不安、轻度震颤、步态不稳、共济失调，软弱无力直至后肢麻痹；随着症状加重，麻痹范围逐渐扩大呈上行性发展，患犬前肢或后肢不能活动，或不能站立或不能坐下，麻痹的部位对刺激仍有反应。出现呼吸麻痹后几小时犬即死亡。

【治疗方案】▶▶▶

治疗原则以杀虫，对症治疗为主。

• **用手直接摘除犬身体上的蜱。**

［处方1］ 伊维菌素，犬：0.2~0.3毫克/千克，口服/皮下注射，2周后重复；猫：0.2~0.4毫克/千克，皮下注射；2周后重复。
［处方2］ 福来恩喷剂，喷雾，1毫克/千克，外用1~2个疗程，间隔2~4周。
［处方3］ 皮蝇磷，0.25%~2.5%溶液，局部涂抹。
［处方4］ 马拉硫磷，0.5%溶液喷洒。
［处方5］ 对症治疗，10%葡萄糖酸钙和10%葡萄糖混合静脉滴注，肌内注射强力解毒敏、维生素B_1、维生素B_{12}等，以促进功能的恢复。

• **在蜱活跃的季节，定期对易感犬进行药浴。**

第四章 犬、猫消化系统疾病

第一节 上消化道疾病

一、口腔炎

【临床症状】▶▶▶

口腔炎是口腔黏膜深层或浅层组织的炎症，一般呈局限性，有时波及舌、齿龈、颊黏膜等处，称为弥散性炎症。病因主要是物理及化学刺激及一些疾病的并发症。按炎症的性质可分为溃疡性、坏死性、霉菌性和水疱性口腔炎等。临床上以溃疡性口腔炎较常见。主要表现为齿龈、舌和颊黏膜潮红、充血和大量流涎。犬通常有食欲，但采食后不敢咀嚼即行吞咽。猫多见食欲减退或消失，患病动物搔抓口腔，有时在吃食时会突然尖声嚎叫，呼出的气体常有难闻的气味，饮欲增加。口腔感觉敏感，抗拒检查。下颌淋巴结肿胀，有时体温轻度升高。

【治疗方案】▶▶▶

治疗原则以治疗原发病，防止和治疗继发感染，加强护理为主。

[处方1] 氨苄西林，犬/猫：10～20毫克/千克，静脉滴注/皮下注射/肌内注射，每日2～3次。

[处方2] 头孢氨苄，犬/猫：22毫克/千克，口服，每日3次，连用3～5天。

[处方3] 头孢噻肟钠，犬/猫：20～40毫克/千克，静脉滴注/肌内注射/皮下注射，每日3～4次。

[处方4] 两性霉素B，犬：0.25～0.5毫克/千克。溶于0.5～1升5%葡萄糖溶液，静脉滴注，超过6～8小时，隔天一次，总剂量8～10毫克/千克或不使尿素氮和肌酸肝水平升高；猫：0.25毫克/千克，静脉滴注，隔天一次，总剂量5～8毫克/千克。

［处方5］　0.1%高锰酸钾或2%～3%硼酸溶液，局部病灶冲洗，每日1～2次。
［处方6］　3%双氧水或1%明矾溶液冲洗。
［处方7］　5%碘甘油或1%龙胆紫涂擦溃疡面。
- **病犬护理应饲喂流食或软质半流食。**
- **补充维生素A，增加黏膜抵抗力。**

二、齿石

【临床症状】▶▶▶

　　齿石是磷酸钙、硫酸钙等钙盐和有机物以及铁、硫、镁等混合物，这些混合物与黏液、唾液沉积在一起成为硬固的沉积物。在犬的犬齿和上颌臼齿外侧多见。齿龈潮红，在齿龈缘形成黄白色、黄绿色或灰绿色的沉着物。检查口腔时，可发现齿龈溃疡、流涎，口腔具有恶臭味，在黏膜损伤部有食物积聚。

【治疗方案】▶▶▶

　　治疗原则以去除齿石，防止继发感染，全身应用抗生素为主。
　　［处方1］　手术凿除齿石，齿石除去后，用0.1%的高锰酸钾溶液仔细清洗口腔。
　　［处方2］　破溃处涂以碘甘油。
　　［处方3］　氨苄西林，犬/猫：10～20毫克/千克，静脉滴注/皮下注射/肌内注射，每日2～3次。
　　［处方4］　速诺（阿莫西林克拉维酸钾混悬剂），犬/猫：0.1毫升/千克，肌内注射/皮下注射，每日一次。
　　［处方5］　头孢氨苄，犬/猫：22毫克/千克，口服，每日3次，连用3～5天。
　　［处方6］　环丙沙星，犬：5～10毫克/千克，口服，每日2次；2～2.5毫克/千克，肌内注射，每日2次。

三、口腔异物

【临床症状】▶▶▶

　　口腔异物是指口腔内有异物并且刺入口腔黏膜的状况。主要特征是流涎。如异物夹在齿间，犬经常用前肢搔抓颜面部。患犬虽有食欲，但因疼痛而采食困难或不敢采食。有时口角有血液流出。口腔黏膜局限性充血、肿胀，病程长时，一侧面部肿胀。

【治疗方案】▶▶▶

　　治疗原则以除去口腔异物，控制感染为主。
　　［处方1］　除去口腔异物。用生理盐水、2%硼酸液或0.1%高锰酸钾液体冲洗口腔，涂搽复方碘甘油或2%龙胆紫液。
　　［处方2］　对上腭畸形或损伤所致的口内异物，应进行原发病治疗。
　　［处方3］　头孢氨苄，犬/猫：22毫克/千克，口服，每日3次，连用3～5天。
　　［处方4］　阿莫西林，犬/猫：5～10毫克/千克，皮下注射/静脉滴注/肌内注射，每日2～3次，连用5天。
　　［处方5］　速诺（阿莫西林克拉维酸钾混悬剂），犬/猫：0.1毫升/千克，肌内注射/皮下注射，每日1次。

［处方6］ 氨苄西林，犬/猫：10～20毫克/千克，静脉滴注/皮下注射/肌内注射，每日2～3次。

四、齿龈炎和牙周炎

【临床症状】▶▶▶

齿龈炎是齿龈的急性或慢性炎症，以齿龈的充血和肿胀为特征。牙周炎是牙周膜及其周围组织一种急性或慢性炎症，也称牙槽脓溢。二者有着类似的临床症状，单纯性齿龈炎的初期，齿龈边缘出血、肿胀，似海绵状，脆弱易出血。并发口炎时，疼痛明显，采食和咀嚼困难，大量流涎。严重病例，形成溃疡，齿龈萎缩，齿根大半露出，牙齿松动。通常出现口臭、流涎，动物在咀嚼食物时，当碰及牙齿时可产生剧烈的疼痛，严重的发生抽搐和痉挛，抗拒检查。有的动物有食欲，但不敢咀嚼食物。若感染化脓，轻轻挤压可排出脓汁。

【治疗方案】▶▶▶

治疗原则以驱除原发病，防止继发感染为主。

［处方1］ 局部用温生理盐水清洗，涂搽复方碘甘油或抗生素、磺胺制剂等。

［处方2］ 将牙垢和牙石彻底消除，严重松动牙齿或病齿需拔除，齿龈用盐水冲洗，涂碘酊或0.2%氧化锌溶液。

［处方3］ 氨苄西林，犬/猫：10～20毫克/千克，静脉滴注/皮下注射/肌内注射，每日2～3次。

［处方4］ 速诺（阿莫西林克拉维酸钾混悬剂），犬/猫：0.1毫升/千克，肌内注射/皮下注射，每日1次。

［处方5］ 四环素，犬：10～22毫克/千克，口服，每日2～3次。

［处方6］ 环丙沙星，犬：5～10毫克/千克，口服，每日2次；2～2.5毫克/千克，肌内注射，每日2次。

［处方7］ 地塞米松，犬：0.2～1.0毫克/千克，静脉滴注/皮下注射/口服，每日1～2次，连用3～6天。

［处方8］ 甲硝唑，犬：15毫克/千克，口服，每日2～3次，然后逐减到每日1次。

［处方9］ 复方新诺明，犬：15毫克/千克，口服/皮下注射，每日2次。

［处方10］ 对进食过少的动物应给输注营养液，如静脉输葡萄糖、复合氨基酸等。

［处方11］ 复合维生素B，口服，每日3次。

五、咽炎

【临床症状】▶▶▶

咽炎是咽黏膜及其深层组织的炎症。多继发于口腔感染、扁桃体炎、鼻腔感染、流感、犬瘟热、传染性肝炎等。动物主要表现采食缓慢、采食困难或无食欲，常出现流涎、呕吐和咽部黏膜充血等症状。有的患病动物会出现全身症状，乏力、拒食、并发喉炎时，频发咳嗽和有时体温升高。

【治疗方案】▶▶▶

治疗原则以加强护理，消除炎症为主。

[处方1]　用温水或白酒温敷局部，或外敷复方醋酸铅液。
　　[处方2]　对采食困难或重症病例应静脉补充液体和能量，如静脉输葡萄糖、复合氨基酸、ATP和辅酶A等。
　　[处方3]　洗涤咽腔，可用0.1%高锰酸钾溶液、3%明矾溶液、2%硼酸溶液等，然后涂布碘甘油或鞣酸甘油等。
　　[处方4]　氨苄西林，犬：20～30毫克/千克，口服，每日2～3次；10～20毫克/千克，静脉滴注/皮下注射/肌内注射，每日2～3次。
　　[处方5]　速诺（阿莫西林克拉维酸钾混悬剂），犬/猫：0.1毫升/千克，肌内注射/皮下注射，每日1次。
　　[处方6]　头孢氨苄，犬：22毫克/千克，口服，每日3次，连用3～5天。
　　[处方7]　复方新诺明，犬：15～30毫克/千克，口服，每日2次。

六、咽麻痹

【临床症状】

　　咽麻痹是指咽丧失吞咽能力。病犬突然丧失吞咽能力，食物、饮水及唾液从口鼻中流出。病犬常因误咽而死于吸入性肺炎，或因长期不能饮食，衰竭而死。中枢性咽麻痹多半是由脑病所引起，还可见于狂犬病、肉毒中毒。外周性咽麻痹较少见，系因吞咽神经损伤所致。

【治疗方案】

　　治疗原则以治疗原发病，加强营养为主。
　　[处方1]　复方新诺明，犬：15～20毫克/千克，口服/肌内注射，每日2次。
　　[处方2]　输液治疗，静脉补充25%葡萄糖，ATP和辅酶A，复合氨基酸等。
　　[处方3]　维生素B_1，肌内注射。
　　[处方4]　维生素B_{12}，犬：100～200微克/天，口服/皮下注射；猫：50～100微克/天，口服/皮下注射。
　　[处方5]　对于狂犬病，肉毒中毒引起的中枢性咽麻痹，治疗意义不大，可施行安乐死。

七、多涎症

【临床症状】

　　本病是由多种原因引发的唾液腺分泌亢进而表现出来的流涎。因吞咽困难所致的流涎，一般称为假性流涎症。病犬口唇周围有很多泡沫样唾液。当分泌亢进而无吞咽困难时，唾液全部咽下，胃呈膨胀状态，有的出现反射性呕吐。假性流涎常伴有唇下垂或舌脱出。

【治疗方案】

　　治疗原则以治疗原发病，制止流涎，镇静为主。
　　[处方1]　氨苄西林，犬：10～20毫克/千克，静脉滴注/皮下注射/肌内注射，每日2～3次。
　　[处方2]　安定，犬：0.2～0.6毫克/千克，静脉滴注；猫：0.1～0.2毫克/千克，静脉滴注。
　　[处方3]　氯丙嗪，3毫克/千克，口服，每日2次；1～2毫克/千克，肌内注射，每日1

次；0.5~1毫克/千克，静脉滴注，每日1次。

［处方4］ 硫酸阿托品，减少唾液分泌，0.02~0.04毫克/千克，皮下注射，遵照医嘱。

八、唇裂和腭裂

【临床症状】▶▶▶

唇裂和腭裂是常见的口腔颌面部的先天性畸形，是胚胎期颜面形成不全所致。唇裂又称兔唇。本病可能与遗传相关，带有家族史。短头品种犬常发。外观畸形，幼犬吮乳时乳汁从鼻孔返流，对进食功能有影响，犬体消瘦。

【治疗方案】▶▶▶

治疗原则以外科手术修复，加强营养为主。
- 外科手术修复是治疗的主要方法，3个月龄是手术的适期。
- 对先天性畸形的幼犬，若进食困难，可插胃导管进行饲喂，可提前进行手术修复。

九、食道炎

【临床症状】▶▶▶

食道炎是食管黏膜表层及深层的炎症。临床症状主要表现为食欲不振，吞咽困难、大量流涎和呕吐。若发生广泛性坏死性病变时，可发生剧烈干呕或呕吐。

【治疗方案】▶▶▶

治疗原则以去除病因，消炎，加强营养为主。

［处方1］ 除去刺激食道黏膜的因素。误食腐蚀性物质和胃液逆流等引起急性炎症时，为了缓解疼痛，可口服利多卡因等局部麻醉药，同时用抗生素水溶液反复冲洗。

［处方2］ 硫糖铝，犬：0.5~1克/25千克，口服，每日2~4次；猫：250~500毫克，口服，每日2~3次。

［处方3］ 阿莫西林，犬：10~20毫克/千克，口服，每日2~3次，连用5天；5~10毫克/千克，皮下注射/静脉滴注/肌内注射，每日2~3次，连用5天。

［处方4］ 速诺（阿莫西林克拉维酸钾混悬剂），犬/猫：0.1毫升/千克，肌内注射/皮下注射，每日1次。

［处方5］ 头孢噻肟钠，犬：20~40毫克/千克，静脉滴注/肌内注射/皮下注射，每日3~4次。

［处方6］ 硫酸阿托品，犬：0.02~0.04毫克/千克，皮下注射，遵照医嘱。

十、食道扩张

【临床症状】▶▶▶

食道扩张是指食道管腔的直径增加。它可发生于食道的全部，或仅发生于食道的一段。食道扩张有先天性和后天性之分，犬、猫都可以发生该病，犬多见。临床症状主要表现为吞咽困难、食物返流和进行性消瘦。病初，在吞咽后立即发生食物返流。以后随着病的进展，食道扩张加剧，食物返流延迟。先天性食道扩张的仔幼犬在哺乳期饮食完全正常，在饮食变为固体食物时，才开始发生呕吐。由于食道滞留在扩张的食管内发酵，可产生口臭。

并且能引起食道炎或咽炎。

【治疗方案】

治疗原则以消炎，饲喂流质食物，加强营养和护理为主。

- 对先天性食道扩张，可对动物进行特殊饲喂，即将动物提起来饲喂，一直持续到机能正常、发育完善时为止。
- 后天性食道扩张，给予半流质饮食，实行少量多餐。或将食物放于高于动物的头部，使其站立吃食，借助于重力作用使食物进入胃内。

［处方1］ 阿莫西林，犬：10～20毫克/千克，口服，每日2～3次，连用5天；5～10毫克/千克，皮下注射/静脉滴注/肌内注射，每日2～3次，连用5天。

［处方2］ 速诺（阿莫西林克拉维酸钾混悬剂），犬/猫：0.1毫升/千克，肌内注射/皮下注射，每日1次。

［处方3］ 头孢噻肟钠，犬：20～40毫克/千克，静脉滴注/肌内注射/皮下注射，每日3～4次。

［处方4］ 复合维生素B，犬：片剂1～2片/次，口服，每日3次；针剂0.5～2毫升/次，肌内注射。猫：片剂0.5～1片/次，口服，每日3次；针剂0.5～1毫升/次，肌内注射。

- 对食道扩张严重的犬可以进行手术治疗。

十一、食道梗阻

【临床症状】

食道梗阻是指食道被食物团或异物所阻塞。异物阻塞可分为完全阻塞或不完全阻塞。不完全阻塞，动物主要表现不很明显的骚动不安、呕吐和哽咽动作，摄食缓慢，吞咽小心，仅液体能通过食道入胃，固体食物则往往被呕吐出，有疼痛表现。完全阻塞主要表现为患病动物则完全拒食，高度不安，头颈伸直，大量流涎，出现哽咽和呕吐动作，吐出带泡沫的黏液和血液，常用四肢搔抓颈部，头部水肿。呕吐物吸入气管时，可刺激上呼吸道出现咳嗽。锐利异物可造成食道壁裂伤。梗阻时间长的，因压迫食道壁发生坏死和穿孔时，呈急性症状，病犬高烧，伴发局限性纵隔窦炎、胸膜炎、脓胸、脓气胸等，多取死亡转归。

【治疗方案】

治疗原则以去除异物，消炎，输液治疗，加强营养和护理为主。

［处方1］ 阿朴吗啡，犬：0.04毫克/千克，静脉滴注或0.08毫克/千克，肌内注射/皮下注射。

- 也可尝试用内窥镜异物钳取出异物，或用导管将异物推向胃中。
- **全身麻醉，手术取出异物。**

［处方2］ 氨苄西林，犬：20～30毫克/千克，口服，每日2～3次；10～20毫克/千克，静脉滴注/皮下注射/肌内注射，每日2～3次。

［处方3］ 速诺（阿莫西林克拉维酸钾混悬剂），犬/猫：0.1毫升/千克，肌内注射/皮下注射，每日1次。

［处方4］ 头孢噻肟钠，犬：20～40毫克/千克，静脉滴注/肌内注射/皮下注射，每日3～4次。

［处方5］ 输液疗法。加入25%葡萄糖，ATP和辅酶A，复合维生素等。

十二、唾液腺炎

【临床症状】

唾液腺包括腮腺、颌下腺和舌下腺。机体在受到外界或内在不良因素的影响时，往往会引起唾液腺及其导管炎症。其中最常见的是腮腺炎，其次是颌下腺炎，舌下腺炎较为少见。犬和猫有时呈地方性流行。因病因的不同，所表现的临床症状也不一样。急性唾液腺炎多为一侧性，初期体温升高，周围组织发生炎性浸润。局部红、肿、热、痛，头颈部常偏向一侧，伴有采食、咀嚼障碍、吞咽困难、流涎等症状。化脓性腮腺炎，常向临近组织蔓延。甚至破溃流脓。

【治疗方案】

治疗原则以祛除病因，消炎，加强营养为主。

〔处方1〕 病初宜用50％酒精温敷，再用碘软膏或鱼石脂软膏涂搽，或用磺胺碘化钾凡士林软膏涂搽。

〔处方2〕 化脓时，应迅速切开排脓，并用双氧水或0.1％高锰酸钾溶液冲洗，同时注射抗生素药物。

〔处方3〕 给予清淡易消化富含营养的食物。

〔处方4〕 氨苄西林，犬：20～30毫克/千克，口服，每日2～3次；10～20毫克/千克，静脉滴注/皮下注射/肌内注射，每日2～3次。

〔处方5〕 速诺（阿莫西林克拉维酸钾混悬剂），犬/猫：0.1毫升/千克，肌内注射/皮下注射，每日1次。

〔处方6〕 头孢西丁钠，犬：15～30毫克/千克，皮下注射/肌内注射/静脉滴注，每日3～4次；猫：22毫克/千克，静脉滴注，每日3～4次。

第二节 胃肠疾病

一、急性胃炎

【临床症状】

急性胃炎是由各种原因所致的急性胃黏膜炎性变化。犬最为多见，幼犬易发。呕吐和腹疼是急性胃炎的主要症状之一。发病急，呕吐一般在食后30分钟左右出现，初期吐出物为未充分消化的食糜，以后则为泡沫状黏液和胃液，呕吐物中有时混有血液、有黄绿色胆汁或胃黏膜脱落物。病犬食欲不振或废绝，饮欲增加，大量饮水后，很快发生呕吐，并且加剧。由于腹痛而表现不安，前肢向前伸展。触诊腹部腹壁紧张，触诊胃部敏感。由于持续呕吐，可能会出现脱水，从而引起电解质紊乱、酸中毒、甚至休克。检查口腔时，可见黄白色舌苔，且能闻到臭味。

【治疗方案】

治疗原则以清除病因、消炎止痛、保护胃黏膜、抑制呕吐、纠正电解质紊乱为原则。

[处方1] 祛除病因，给予富有营养的流质饮食或短时禁食。

[处方2] 阿朴吗啡，犬：0.04毫克/千克，静脉滴注或0.08毫克/千克，肌内注射/皮下注射。

[处方3] 硫酸铜，犬：0.1～0.5克/次，口服；猫：0.05～0.1克/次，口服。

[处方4] 后期给予油类泻剂，液体石蜡或植物油10～20毫升，口服，排除胃内残留的有毒物质。

[处方5] 胃复安，犬：0.2～0.5毫克/千克，口服/皮下注射，每日3～4次或0.01～0.08毫克/（千克·小时），静脉滴注。猫：0.1～0.2毫克/千克，口服，每日3次或0.01毫克/（千克·小时），静脉滴注。

[处方6] 爱茂尔，犬：2毫升/次，皮下注射/肌内注射，每日2次。

[处方7] 奥美拉唑，犬：0.5～1.5毫克/千克，静脉注射/皮下注射/口服，每日1次，最长持续八周；猫：0.75～1毫克/千克，口服，每日1次。

[处方8] 纠正水、电解质紊乱，可用复方氯化钠溶液或5%糖盐水、维生素C、维生素B_1、维生素B_6等混合静脉注射。

[处方9] 如有酸中毒和缺钾时，可补充10%氯化钾溶液或5%重碳酸氢钠溶液。休克者经补液、纠酸效果不佳时，可用升压药。

[处方10] 黄连素，犬：0.5～1克/次。

[处方11] 环丙沙星，犬：5～10毫克/千克，口服，每日2次，2～2.5毫克/千克，肌内注射，每日2次。

[处方12] 氟哌酸（氧氟沙星胶囊），犬：10毫克/千克，口服，每日2次，5毫克/千克，肌内注射，每日2次。

[处方13] 稀盐酸，犬：0.2%溶液0.1～0.5毫升/次，每日3次。

[处方14] 乳酶生，犬：0.3～0.5克/次，每日3次。

[处方15] 胃蛋白酶，犬：80～800单位/次，口服；猫：80～240单位/次，口服。作用：胃液分泌不足或幼仔胃蛋白酶缺乏。

[处方16] 人工盐，1～5克/次，口服，每日2次。

二、慢性胃炎

【临床症状】▶▶▶

慢性胃炎是指不同病因引起的慢性胃黏膜炎性病变。以胃动力减弱及消化障碍为主要特征。老龄犬、猫多发，病程呈慢性经过。病犬、猫食欲不振，经常出现间歇性呕吐，呕吐物有时混有少量血液，并常发生逆呕动作。常有嗳气、腹泻、烦渴、腹痛、异食等消化不良症状。重者则逐渐消瘦，走路无力、被毛粗糙，无光泽，轻度贫血等。

【治疗方案】▶▶▶

治疗原则以消除病因，消炎，加强营养和护理为主。

- **加强护理，饲喂要有规律，饲喂的食物应以易消化的流质或半流质食物为主。**

[处方1] 乳酸，0.2～1毫升/次，1%～2%溶液口服，每日3次。

[处方2] 稀盐酸，犬：0.2%溶液0.1～0.5毫升/次，每日3次。

[处方3] 硫糖铝，犬：0.5～1克/25千克，口服，每日2～4次。

[处方4] 奥美拉唑，犬：0.5～1.5毫克/千克，静脉注射/皮下注射/口服，每日1次，

最长持续8周；猫：0.75～1毫克/千克，口服，每日1次。

［处方5］ 氢氧化镁，犬：5～30毫升/次，口服，每日1～2次；猫：1～15毫升/次，口服，每日1～2次。

［处方6］ 乳酶生，犬：0.3～0.5克/次，每日3次。

［处方7］ 胃蛋白酶，犬：80～800单位/次，口服；猫：80～240单位/次，口服。

［处方8］ 西沙必利，犬：0.1毫克/千克，口服，每日2～3次或2.5～5.0毫克/次，口服，每日3次；猫：0.3～0.5毫克/千克，口服，每日2～3次或2.5毫克/次，口服，每日2～3次。

［处方9］ 氨苄西林，20～30毫克/千克，口服，每日2～3次；10～20毫克/千克，静脉滴注/皮下注射/肌内注射，每日2～3次消炎。

［处方10］ 速诺（阿莫西林克拉维酸钾混悬剂），犬/猫：0.1毫升/千克，肌内注射/皮下注射，每日一次。

［处方11］ 头孢噻肟钠，犬：20～40毫克/千克，静脉滴注/肌内注射/皮下注射，每日3～4次。

三、胃内异物

【临床症状】

犬、猫误食难以消化的异物并长期滞留于胃内。多见于小型品种犬及幼犬和幼猫。病初病犬、猫食欲不振，采食后出现呕吐，精神沉郁，痛苦不安，呻吟，经常改变躺卧地点和位置。时间长，则消瘦、体重减轻。触诊胃部敏感。尖锐异物可引起胃黏膜的损伤，有呕血和血便，易于发生胃穿孔。

【治疗方案】

治疗原则以祛除病因，消炎，加强营养和护理为主。

［处方1］ 阿朴吗啡，犬：0.04毫克/千克，静脉滴注，或0.08毫克/千克，肌内注射/皮下注射。

［处方2］ 硫酸锌，犬：0.2～0.4克/次，1%溶液，口服。

［处方3］ 手术治疗，行胃切开术取出异物。

［处方4］ 阿莫西林，10～20毫克/千克，口服，每日2～3次，连用5天；5～10毫克/千克，皮下注射/静脉滴注/肌内注射，每日2～3次，连用5天。

［处方5］ 速诺（阿莫西林克拉维酸钾混悬剂），犬/猫：0.1毫升/千克，肌内注射/皮下注射，每日1次。

［处方6］ 头孢菌素V，犬：15～30毫克/千克，静脉滴注/肌内注射，每日3～4次。

［处方7］ 经手术治疗的病犬，术后3天应静脉输液补充电解质和营养，禁食。3天后可饲喂易于消化的流质或半流质食物。

四、胃扩张-扭转综合征

【临床症状】

胃扩张是采食过量和后送机能障碍所致胃急剧膨胀的一种腹痛性疾病。胃扭转是胃幽门部从右侧转向左侧，导致食物后送机能障碍的疾病。胃扩张和胃扭转常一起发生。发病急，以腹部膨胀和腹痛为主要特征。按内容物性状可分为食滞、气胀和积液三种类型。眼结膜潮红或发绀，呼吸促迫，脉搏增数。腹部触诊呈鼓音，听诊有金属性胃音。突然发生腹痛，不安，卧地滚转。腹部膨满、腹部叩诊呈鼓音或金属音。腹部触诊敏感。病犬呼吸困难，脉搏频数，急性干呕，流涎较多，烦躁或沉郁，可能虚弱或虚脱。如不及时抢救，很快死亡。

【治疗方案】▶▶▶

治疗原则以减压、制酵、镇静解痉为主。

- 减压，排出胃内气体。胃管排气法，以胃管插入胃内，排除胃内气体；或用细套管针或注射针头经腹壁刺入胃内，排除胃内气体。
- 制酵。胃内气体排净后，可通过胃管或注射针头注入制酵剂，防止气体再生。灌注乳酸、醋酸、松节油等制酵剂。

[处方1] 羟吗啡酮，犬：0.05~0.1毫克/千克，静脉滴注或0.1~0.2毫克/千克，肌内注射/皮下注射；猫：0.02毫克/千克，静脉滴注。

[处方2] 杜冷丁，犬：3~10毫克/千克，肌内注射，遵照医嘱或2~4毫克/千克，静脉滴注，每2小时；猫：2~4毫克/千克，肌内注射/皮下注射，遵照医嘱。

[处方3] 氯丙嗪，犬：3毫克/千克，口服，每日2次，1~2毫克/千克，肌内注射，每日1次；0.5~1毫克/千克，静注，每日1次。

- 采取上述措施，症状仍得不到好转时，应及时进行剖腹术和胃切开术，排除胃内气体及其内容物。症状缓解后，应禁食24小时，以后几天内给予流食，逐渐变为正常食物。控制饮水和活动。

[处方4] 碳酸氢钠1~2克/千克，静脉滴注。

五、胃出血

【临床症状】▶▶▶

胃出血是各种原因引起胃黏膜出血。以吐血、便血及贫血为特征。呕血，呕吐物呈暗红色，有酸臭味。粪便呈暗黑色，煤焦油样，有恶臭味。眼结膜和口腔黏膜苍白，呼吸加快，心音增强。病犬倦怠、乏力，步态不稳。病期长时，可出现贫血、食欲不振、消瘦、皮下注射浮肿等。

【治疗方案】▶▶▶

治疗原则以补充血容量，止血，消炎，补充营养，加强护理为主。

[处方1] 全血或血浆，2毫升/千克，静脉滴注。

[处方2] 硫酸亚铁，犬：100~300毫克，口服，每日1次；猫：50~100毫克，口服，每日1次。

[处方3] 右旋糖酐铁，犬：10~20毫克/千克，口服/皮下注射/肌内注射。

[处方4] 羟乙基淀粉，贫血，犬：10~20毫升/（千克·天），静脉滴注；猫：10~15毫升/千克，静脉滴注。

[处方5] 维生素K_1，犬：0.5~2毫克/千克，皮下注射/肌内注射/静脉滴注。

[处方6] 维生素K_3，犬：10~30毫克/次，肌内注射；猫：5~10毫克/次，肌内注射。

[处方7] 止血敏，犬：2~4毫升/次，肌内注射/静脉滴注；猫：1~2毫升/次，肌内注射/静脉滴注。

[处方8] 安络血，犬：1~2毫升/次，肌内注射，每日2次；2.5~5毫克/次，口服，

每日2次。

[处方9] 硫糖铝，0.5~1克/25千克，口服，每日2~4次。

[处方10] 奥美拉唑，犬：0.5~1.5毫克/千克，静脉注射/皮下注射/口服，每日1次，最长持续八周；猫：0.75~1毫克/千克，口服，每日1次。

[处方11] 氢氧化镁，犬：5~30毫升/次，口服，每日1~2次；猫：1~15毫升/次，口服，每日1~2次。

[处方12] 头孢噻肟钠，犬：20~40毫克/千克，静脉滴注/肌内注射/皮下注射，每日3~4次。

[处方13] 阿米卡星，犬：5~15毫克/千克，肌内注射/皮下注射，每日1~3次；猫：10毫克/千克，肌内注射/皮下注射，每日3次。

- 喂饲易消化的食物，少食多餐。可给予少量促进消化药物。

六、消化性溃疡

【临床症状】▶▶▶

消化性溃疡是指胃和十二指肠等处发生慢性溃疡。溃疡多于胃酸和胃蛋白酶对自身黏膜的消化而形成，故称消化性溃疡。即胃十二指肠溃疡。食欲不振，呕吐，呕吐常发生采食后，呕吐物带有血液，甚至吐血。腹部有压痛，进食后1小时左右压痛明显。饮欲增强，有时有嗳气排出黑褐色血便，潜血试验阳性。病期长的犬消瘦，体重减轻。溃疡往往造成胃肠穿孔，导致急性腹膜炎而死亡。

【治疗方案】▶▶▶

治疗原则以对症治疗，保护胃肠黏膜，消炎，增加营养，加强护理为主。

[处方1] 氢氧化铝 抑制胃酸，犬：2片/次，口服，每日2~3次。

[处方2] 氧化镁 抑制胃酸，犬：0.2~1克/次。

[处方3] 雷尼替丁，犬：0.5~2.0毫克/千克，静脉滴注/皮下注射/口服，每日2~3次；猫：0.5毫克/千克，静脉滴注，每日2次或2.5毫克/千克，口服，每日2次。

[处方4] 西咪替丁，犬：5~10毫克/千克，口服/静脉滴注/肌内注射，每日3~4次；猫：5毫克/千克，口服/静脉滴注，每日3~4次。

[处方5] 硫糖铝，犬：0.5~1克/25千克，口服，每日2~4次。

[处方6] 氢氧化镁，犬：5~30毫升/次，口服，每日1~2次；猫：1~15毫升/次，口服，每日1~2次。

[处方7] 奥美拉唑，犬：0.5~1.5毫克/千克，静脉注射/皮下注射/口服，每日1次，最长持续8周；猫：0.75~1毫克/千克，口服，每日1次。

[处方8] 胃复安，犬：0.2~0.5毫克/千克，口服/皮下注射，每日3~4次或0.01~0.08毫克/（千克·小时），静脉滴注；猫：0.1~0.2毫克/千克，口服，每日3次或0.01毫克/（千克·小时），静脉滴注，作为连续灌注。

[处方9] 安络血，犬：1~2毫升/次，肌内注射，每日2次；2.5~5毫克/次，口服，每日2次。

[处方10] 止血敏，犬：2~4毫升/次，肌内注射/静脉滴注；猫：1~2毫升/次，肌内注射/静脉滴注。

[处方11] 阿莫西林，犬：10~20毫克/千克，口服，每日2~3次，连用5天；5~10

毫克/千克，皮下注射/静脉滴注/肌内注射，每日2～3次，连用5天。

［处方12］ 速诺（阿莫西林克拉维酸钾混悬剂），犬/猫：0.1毫升/千克，肌内注射/皮下注射，每日一次。

［处方13］ 甲硝唑，犬：10～30毫克/千克，口服，每日1～2次，连用5～7天；猫：10～25毫克/千克，口服，每日1～2次，连用5天。

［处方14］ 呋喃唑酮，4～10毫克/千克，口服，每日1～2次，连用5～7天。

- 手术治疗。对药物治疗无效的病犬，应行外科手术切除溃疡病灶。
- 加强护理、合理饮食，应给予易消化的食物，少食多餐。

七、急性肠炎

【临床症状】

急性肠炎是肠道表层组织及其深层组织的急性炎症，临床上以消化紊乱、腹痛、腹泻、发热为特征。本病见于各种年龄和品种的犬、猫，无明显性别差异。患病犬、猫在病初呈肠道卡他性炎症变化，常见的症状为急性水样下痢。同时还表现食欲不振或废绝，通常幼龄犬、猫的临床表现较成年犬、猫严重。小肠和胃的急性炎症表现为频繁呕吐，若有上消化道出血时，粪便呈煤焦油色或黑色。大肠急性炎症时，则表现为里急后重，排黏液性稀便，若有出血则在粪便表面附有鲜血。严重的犬、猫表现发热、腹部紧张、疼痛、黏膜苍白、脱水等。

【治疗方案】

治疗原则以祛除原发病，补充体液，防止脱水，消炎，止吐为主。

［处方1］ 24～48小时内应禁食禁水，以输液为主，防止脱水，注意纠正酸中毒和碱中毒。

［处方2］ 胃复安，犬：0.2～0.5毫克/千克，口服/皮下注射，每日3～4次或0.01～0.08毫克/（千克·小时），静脉滴注；猫：0.1～0.2毫克/千克，口服，每日3次；或0.01毫克/（千克·小时），静脉滴注，作为连续灌注。

［处方3］ 氯丙嗪，犬：0.25～0.5毫克/千克，皮下注射/肌内注射，每日1～4次。

［处方4］ 庆大霉素，犬：3～5毫克/千克，皮下注射/肌内注射，每日2次，连用2～3天；肠道感染，10～15毫克/千克，口服。

［处方5］ 阿米卡星，犬：5～15毫克/千克，肌内注射/皮下注射，每日1～3次；猫：10毫克/千克，肌内注射/皮下注射，每日3次。

［处方6］ 呋喃唑酮，犬：4～10毫克/千克，口服，每日1～2次，连用5～7天。

［处方7］ 黄连素，犬：0.5～1克/次。

［处方8］ 止血敏，犬：2～4毫升/次，肌内注射/静脉滴注；猫：1～2毫升/次，肌内注射/静脉滴注。

［处方9］ 安络血，犬：1～2毫升/次，肌内注射，每日2次；2.5～5毫克/次，口服，每日2次。

- 呕吐控制后，可口服补液盐。能够少量进食的犬、猫，可给予易消化无刺激性的食物。

八、慢性肠炎

【临床症状】

慢性肠炎是肠黏膜的慢性炎症。患病犬、猫主要表现食欲不振，长期持续腹泻，吸收不良，营养缺乏，体况消瘦。

【治疗方案】 ▶▶▶

治疗原则以补充体液，增加营养，消炎，止泻为主。

［处方1］ 以输液为主，防止脱水，静脉给予营养。

［处方2］ 鞣酸蛋白，犬：0.2～2克/次，口服，每日2～3次。

［处方3］ 矽炭银，犬：1～3克/次，口服，每日1～3次。

［处方4］ 白陶土，1～2毫克/千克，口服，每日2～4次。

［处方5］ 黄连素，犬：0.5～1克/次。

［处方6］ 阿莫西林，犬：10～20毫克/千克，口服，每日2～3次，连用5天；5～10毫克/千克，皮下注射/静脉滴注/肌内注射，每日2～3次，连用5天。

九、出血性胃肠炎综合征

【临床症状】 ▶▶▶

出血性胃肠炎综合征是犬的一种原因不明的疾病，以突然呕吐和严重血样腹泻为特征。腹泻前2～3小时，突然呕吐，呕吐物中常混有血液，排恶臭果酱样或胶冻样便。犬精神沉郁，嗜睡，毛细血管充盈时间延长，发热，腹痛，烦躁不安。

【治疗方案】 ▶▶▶

治疗原则以止血，止吐，消炎为主。

［处方1］ 全血或血浆，2毫克/千克，静脉滴注。

［处方2］ 羟乙基淀粉，犬：10～20毫升/（千克·天），静脉滴注；猫：10～15毫升/千克，静脉滴注。

［处方3］ 胃复安，犬：0.2～0.5毫克/千克，口服/皮下注射，每日3～4次或0.01～0.08毫克/（千克·小时），静脉滴注；猫：0.1～0.2毫克/千克，口服，每日3次或0.01毫克/（千克·小时），静脉滴注，作为连续灌注。

［处方4］ 止血敏，犬：2～4毫升/次，肌内注射/静脉滴注；猫：1～2毫升/次，肌内注射/静脉滴注。

［处方5］ 安络血，1～2毫升/次，肌内注射，每日2次；2.5～5毫克/次，口服，每日2次。

十、嗜酸性粒细胞性胃肠炎

【临床症状】 ▶▶▶

嗜酸性粒细胞性胃肠炎是胃肠道由于嗜酸性粒细胞浸润而引起的严重慢性炎症性变化，以末梢血液中嗜酸性粒细胞绝对增多为特征。本病可能属于过敏反应。病犬食欲减退，呕吐，持续腹泻，常见血便，体重减轻，被毛粗乱，皮肤干燥，弹性降低，逐渐脱水。

【治疗方案】 ▶▶▶

治疗原则以止血，止吐，防止脱水，加强营养为主。

［处方1］ 泼尼松龙，犬：1～2毫克/千克，口服，每日1～2次，逐减到隔天1次。

［处方2］ 胃复安，犬：0.2～0.5毫克/千克，口服/皮下注射，每日3～4次或0.01～

0.08毫克/（千克·小时），静脉滴注；猫：0.1～0.2毫克/千克，口服，每日3次或0.01毫克/（千克·小时），静脉滴注，作为连续灌注。

〔处方3〕 阿米卡星，犬：5～15毫克/千克，肌内注射/皮下注射，每日1～3次；猫：10毫克/千克，肌内注射/皮下注射，每日3次。

〔处方4〕 阿莫西林，10～20毫克/千克，口服，每日2～3次，连用5天；5～10毫克/千克，皮下注射/静脉滴注/肌内注射，每日2～3次，连用5天。

〔处方5〕 硫糖铝，犬：①0.5～1克/25千克，口服；每日2～4次；②0.5～1克，加入10毫升水混匀，给5～10毫升，口服，每日3次。猫：250～500毫克，口服，每日2～3次。

十一、肠套叠

【临床症状】 ▶▶▶

肠套叠是指一段肠管及其附着的肠系膜套入到邻近一段肠腔内的肠变位。犬的肠套叠较多见，尤其幼犬发病率较高。多见于小肠下部套入结肠。因盲肠和结肠的肠系膜短，有时也发生盲肠套入结肠、十二指肠套入胃内。急性型表现为高位性肠阻塞症状，几天内即可死亡。慢性型可持续数周不等。肠套叠病犬主要表现为食欲不振、饮欲亢进、顽固性呕吐、黏液性血便、里急后重、腹痛、脱水等。腹部触诊有紧张感，右下腹部可触摸到坚实而有弹性似香肠样的套叠肠段，粗细为肠管的2倍左右，套入长度不等。按套入层次分为三级，一级套叠如空肠套入空肠或回肠，回肠套入盲肠；二级套叠为空肠套入空肠再套入回肠；三级套叠为空肠套入空肠，又套入回肠，再套入盲肠。

【治疗方案】 ▶▶▶

- 治疗原则以手术整复，补充体液，加强护理为主。
- **在肠套叠初期，可通过腹壁触诊整复。若无效，应尽快剖腹手术整复。若套叠时间过长，肠壁发生粘连或坏死，应切除病变肠段。**
- **充分补充体液，改善微循环。**

〔处方1〕 氢化可的松，犬：6～10毫克/千克，静脉滴注。

〔处方2〕 氨苄西林，犬：20～30毫克/千克，口服，每日2～3次；10～20毫克/千克，静脉滴注/皮下注射/肌内注射，每日2～3次消炎。

〔处方3〕 阿莫西林，犬：10～20毫克/千克，口服，每日2～3次，连用5天；5～10毫克/千克，皮下注射/静脉滴注/肌内注射，每日2～3次，连用5天。

〔处方4〕 速诺（阿莫西林克拉维酸钾混悬剂），犬/猫：0.1毫升/千克，肌内注射/皮下注射，每日一次。

十二、肠梗阻

【临床症状】 ▶▶▶

肠梗阻是肠腔的物理性或机能性阻塞，使肠内容物不能顺利下行，临床上以剧烈腹痛及明显的全身症状为特征。根据肠腔阻塞程度，可分为完全梗阻和不完全梗阻。主要表现神经性呕吐，呕吐物的性状及呕吐时间依阻塞部位和程度不同而异。不完全梗阻的仅在采食固体食物时发生呕吐，此时饮欲亢进。由于呕吐时吸入空气，胃肠道内产生气体以及分泌亢进等，使腹围膨胀，并出现脱水。肠蠕动音先亢进后减弱，排出煤焦油样腹泻便，以后排便停止。阻塞和狭窄部位的肠管充血、淤血、坏死或穿孔时，可表现腹痛。

【治疗方案】

治疗原则以祛除阻塞物，消炎，补充体液和电解质，加强护理为主。

- 物理性阻塞时，手术除去阻塞物。阻塞部肠段发生坏死的，要切除坏死部分肠段，做肠断端吻合术。术后禁食18小时，静脉补液。

[处方1] 青霉素，犬：2万～5万单位/千克，静脉滴注，每日3次。

[处方2] 氨苄西林，犬：20～30毫克/千克，口服，每日2～3次；10～20毫克/千克，静脉滴注/皮下注射/肌内注射，每日2～3次消炎。

[处方3] 阿莫西林，犬：10～20毫克/千克，口服，每日2～3次，连用5天；5～10毫克/千克，皮下注射/静脉滴注/肌内注射，每日2～3次，连用5天。

[处方4] 速诺（阿莫西林克拉维酸钾混悬剂），犬/猫：0.1毫升/千克，肌内注射/皮下注射，每日一次。

[处方5] 复合维生素B，犬：片剂1～2片/次，口服。每日3次；针剂0.5～2毫升/次，肌内注射。猫：片剂0.5～1片/次，口服，每日3次；针剂0.5～1毫升/次，肌内注射。

[处方6] 维生素C，100～500毫克/次，口服/肌内注射/静脉滴注。

- 充分补充体液，进食48～72小时后，可饲喂易消化的流质食物。

十三、结肠炎

【临床症状】

结肠炎是结肠的炎症性疾病，常引起犬、猫的急性和慢性腹泻。病犬、猫排便量多，呈喷射状，粪便稀薄如水，有难闻的气味。结肠黏膜损伤严重时，腹泻便带血，里急后重，体温正常或升高。病犬、猫腹痛或消瘦。持续出血或腹泻的犬，可导致贫血或脱水。

【治疗方案】

治疗原则以止泻，消炎，补充体液，加强营养为主。

[处方1] 洛哌丁胺，犬：0.08～0.2毫克/千克，口服，每日2～4次。

[处方2] 地芬诺酯，犬：0.05～0.1毫克/千克，口服，每日3～4次；猫：0.063毫克/千克，口服，每日3次。

[处方3] 鞣酸蛋白，犬：0.2～2克/次，口服，每日2～3次。

[处方4] 思密达，犬：250～500毫克/次，口服。

[处方5] 阿莫西林，犬：10～20毫克/千克，口服，每日2～3次，连用5天；5～10毫克/千克，皮下注射/静脉滴注/肌内注射，每日2～3次，连用5天。

[处方6] 黄连素，犬：0.5～1克/次。

[处方7] 颠茄酊，犬：0.1～1毫升/次，口服。

- 充分补充体液，对于贫血的动物应给与输血。

十四、便秘

【临床症状】

便秘是指肠道内容物和粪团滞积于肠道的某部，逐渐变干变硬，使肠道扩张直至完全阻塞。若便秘时间过长，肠道内容物中的蛋白质异常发酵及其分解产物被吸收，可引起自身中毒，导致全身性变化。本病多发于老龄犬、猫。病犬、猫食欲不振或废绝，呕吐或呕粪；尾巴伸直，步态紧张。脉搏加快，可视黏膜发绀。轻症犬反复努责，排出少量秘结便；重症犬排出少量混有血液或黏液的液体。肛门发红和水肿，触诊后腹上部有压痛，肠音减弱或消失。直肠指诊能触到硬的粪块。

【治疗方案】 ▶▶▶

治疗原则以灌肠排出粪便，消炎为主。

［处方1］ 硫酸镁，犬：10～20克/次，口服，6～8％溶液；猫：2～5克/次，口服，6％～8％溶液。

［处方2］ 酚酞，犬：0.2～0.5克/次，口服。

［处方3］ 开塞露，犬：5～20毫升/次，肛门灌肠；猫：5～10毫升/次，肛门灌肠。

［处方4］ 软皂，3％溶液灌肠。

［处方5］ 氨苄西林，犬：20～30毫克/千克，口服，每日2～3次；10～20毫克/千克，静脉滴注/皮下注射/肌内注射，每日2～3次消炎。

［处方6］ 阿莫西林，犬：10～20毫克/千克，口服，每日2～3次，连用5天；5～10毫克/千克，皮下注射/静脉滴注/肌内注射，每日2～3次，连用5天。

［处方7］ 速诺（阿莫西林克拉维酸钾混悬剂），犬/猫：0.1毫升/千克，肌内注射/皮下注射，每日一次。

十五、巨结肠症

【临床症状】 ▶▶▶

本病是指结肠的异常伸展和扩张，分为先天性和继发性两种。先天性病犬生后2～3周内出现症状。症状轻重依结肠阻塞程度而异，有的数月或长年持续便秘。便秘时仅能排出浆液性或带血丝的黏液性少量粪便，偶有排出褐色水样便。病犬腹围膨隆似桶状，腹部触诊可感知充实粗大的肠管。继发性病犬除便秘外，呕吐，脱水，精神沉郁，以至衰弱等。

【治疗方案】 ▶▶▶

治疗原则以静脉补充营养、电解质，灌肠排出粪便为主。

- 对衰竭的病犬首先输液，补充电解质和能量合剂，改善营养后再取出积结的粪便。

［处方1］ 比沙可啶，犬：10毫克，口服，每日1次，遵照医嘱；猫：5毫克，口服，每日1次，遵照医嘱。

［处方2］ 软皂，3％溶液灌肠。

［处方3］ 氨苄西林，犬：20～30毫克/千克，口服，每日2～3次；10～20毫克/千克，静脉滴注/皮下注射/肌内注射，每日2～3次消炎。

［处方4］ 阿莫西林，犬：10～20毫克/千克，口服，每日2～3次，连用5天；5～10毫克/千克，皮下注射/静脉滴注/肌内注射，每日2～3次，连用5天。

［处方5］ 速诺（阿莫西林克拉维酸钾混悬剂），犬/猫：0.1毫升/千克，肌内注射/皮下注射，每日一次。

- 重症犬，必要时用分娩钳将粪块夹出。
- 对于先天性直肠或结肠狭窄、阻塞性肿瘤或异物等，可施以外科肠管切除术或肠管切开术除去病变。

十六、直肠脱垂

【临床症状】▶▶▶

本症是指后段直肠黏膜层脱出肛门（脱肛）或全部翻转脱出肛门（直肠脱）。犬不分品种和年龄都可发生本病，但年轻犬更易发生。仅直肠黏膜脱出的犬，在排便或努责时，可见淤血的直肠黏膜露出肛门外。直肠翻转脱出的犬，肛门突出物呈长圆柱状，直肠黏膜红肿发亮。如果直肠持续突出，黏膜变为暗红至发黑，严重时可继发局部性溃疡和坏死。病犬反复努责，在地面上摩擦肛门，仅能排出少量水样便。

【治疗方案】▶▶▶

治疗原则以直肠整复手术为主，结合消炎，补充体液，加强护理。

- 脱出直肠整复手术。
- 对顽固性脱肛和直肠脱的犬，将脱出部分用 0.1% 高锰酸钾液清洗后，还纳脱出物，用烟包缝合法将肛门缝合，留有一定缝隙，便于排便，或用直肠固定术整复。
- 直肠切除术适于直肠脱出时间长、黏膜水肿，严重坏死者。

［处方1］ 氨苄西林，犬：20～30毫克/千克，口服，每日2～3次；10～20毫克/千克，静脉滴注/皮下注射/肌内注射，每日2～3次。

［处方2］ 速诺（阿莫西林克拉维酸钾混悬剂），犬/猫：0.1毫升/千克，肌内注射/皮下注射，每日一次。

十七、肛门囊炎

【临床症状】▶▶▶

肛门囊炎是肛门囊内的腺体分泌物贮积于囊内，刺激黏膜而引起的炎症。本病常见于小型犬和猫，大型犬很少发生。病犬、猫肛门呈炎性肿胀，常可见甩尾、擦舔并试图啃咬肛门，排便困难，拒绝抚拍臀部。接近犬、猫体时可闻到腥臭味。炎症严重时，肛门囊破溃，流出大量黄色稀薄分泌液，其中混有脓汁。肛门探诊，可见肛门处形成瘘管，疼痛反应加重。

【治疗方案】▶▶▶

治疗原则以祛除病因，消炎为主。

- 除去内容物。把犬、猫尾举起暴露肛门，用拇指和食指挤压肛门囊开口部，四点和八点地位置，或将食指插入肛门与外面的拇指配合挤压，除去肛门囊的内容物。然后，向囊内注入消炎药等。

［处方1］ 阿莫西林，犬：10～20毫克/千克，口服，每日2～3次，连用5天；5～10毫克/千克，皮下注射/静脉滴注/肌内注射，每日2～3次，连用5天。

［处方2］ 氨苄西林，犬：20～30毫克/千克，口服，每日2～3次；10～20毫克/千克，静脉滴注/皮下注射/肌内注射，每日2～3次。

［处方3］ 速诺（阿莫西林克拉维酸钾混悬剂），犬/猫：0.1毫升/千克，肌内注射/皮下注射，每日一次。

- 肛门囊已溃烂或形成瘘管时，宜手术切除肛门囊。注意不要损伤肛门括约肌和提举肌。

第三节 肝、脾、胰、腹膜疾病

一、急性肝炎

【临床症状】▶▶▶

急性肝炎是肝脏实质细胞的急性炎症,临床上以黄疸、急性消化不良和出现神经症状为特征。患病犬、猫明显消瘦,精神沉郁,全身无力,初期食欲不振,而后废绝。体温通常正常或略有升高。眼结膜黄染。呕吐,粪便呈灰白绿色、恶臭、不成形。肝区触诊有疼痛反应,腹壁紧张,于肋骨后缘可感知肝肿大。叩诊肝脏浊音区扩大。患病犬、猫病情严重时,表现肌肉震颤、痉挛、肌肉无力、感觉迟钝、昏睡或昏迷。

【治疗方案】▶▶▶

治疗原则主要是除去病因,护肝解毒,消炎。

- 若由寄生虫引起的肝炎,应选用合适的抗寄生虫药驱虫(请参看寄生虫)。

[处方1] 肝泰乐,犬:50~200毫克/次,口服,每日3次;100~200毫克/次,肌内注射/静脉滴注,每日1次。

[处方2] 谷氨酸钠,犬:1~2克/次,静脉滴注。

[处方3] 能量合剂,犬:0.5~1支/次,肌内注射/静脉滴注。

[处方4] 肌苷,犬:25~50毫克/次,口服/肌内注射。

[处方5] 维丙胺,犬:2.5毫克/千克,肌内注射,每日2次。

[处方6] 促肝细胞生长素,犬:5~20毫克/次,肌内注射,每日2次,溶于4毫升生理盐水或10~20毫克/次,缓慢静脉滴注,每日1次,用5%葡萄糖溶液稀释。

[处方7] 强力宁,犬:4~8毫升/次,静脉滴注。

[处方8] 蛋氨酸,犬:2~4毫升/次,肌内注射。

[处方9] 碳酸氢钠,静脉滴注。

[处方10] 辅酶A,犬:25~50单位/次,肌内注射/静脉滴注,生理盐水稀释。

[处方11] 三磷酸腺苷,犬:10~20毫克/次,肌内注射/静脉滴注,生理盐水稀释,常与辅酶A合用。

[处方12] 氨苄西林,犬:20~30毫克/千克,口服,每日2~3次;10~20毫克/千克,静脉滴注/皮下注射/肌内注射,每日2~3次。

[处方13] 速诺(阿莫西林克拉维酸钾混悬剂),犬/猫:0.1毫升/千克,肌内注射/皮下注射,每日一次。

[处方14] 头孢噻肟钠,犬:20~40毫克/千克,静脉滴注/肌内注射/皮下注射,每日3~4次。

[处方15] 阿米卡星,犬:5~15毫克/千克,肌内注射/皮下注射,每日1~3次;猫:10毫克/千克,肌内注射/皮下注射,每日3次。

[处方16] 复合维生素B,犬:片剂1~2片/次,口服,每日3次;针剂0.5~2毫升/次,肌内注射。猫:片剂0.5~1片/次,口服,每日3次;针剂0.5~1毫升/次,肌内注射。

[处方17] 恩托尼(S-腺苷甲硫氨酸),0.1克/5.5千克,0.2克/6~16千克,口服,每

日一次。

［处方 18］ 维生素 C，犬：100~500 毫克/次，口服/肌内注射/静脉滴注。

二、慢性肝炎

【临床症状】▶▶▶

慢性肝炎是由各种致病因素引起的肝脏慢性炎症性疾病，多数慢性肝炎是由急性肝炎转化而来。主要表现为长期的消化功能障碍，并伴有全身症状。患病犬、猫精神委靡不振、倦怠、呆滞、行走无力，皮毛枯焦、逐渐消瘦，最为突出的是消化系统症状，病犬食欲不振、腹泻、便秘或腹泻与便秘交替发生、粪便色淡、偶有呕吐。有的出现轻度黄疸，触诊肝脏和脾脏中度肿大，有压痛。

【治疗方案】▶▶▶

治疗原则以保护护肝，利胆，消炎，加强护理为主。

［处方 1］ 辅酶 A，犬：25~50 单位/次，肌内注射/静脉滴注，生理盐水稀释。

［处方 2］ 三磷酸腺苷，犬：10~20 毫克/次，肌内注射/静脉滴注，生理盐水稀释，常与辅酶 A 合用。

［处方 3］ 肝泰乐，犬：50~200 毫克/次，口服，每日 3 次；100~200 毫克/次，肌内注射/静脉滴注，每日 1 次。

［处方 4］ 肌醇，犬：0.5 克/次，口服。

［处方 5］ 乌索脱氧胆酸盐，犬：10~15 毫克/千克，口服，每日 1 次。

［处方 6］ 谷氨酸钠，犬：1~2 克/次，静脉滴注。

［处方 7］ 强力宁，4~8 毫升/次，静脉滴注。

［处方 8］ 促肝细胞生长素，犬：5~20 毫克/次，肌内注射，每日 2 次，用于 4 毫升生理盐水或 10~20 毫克/次，缓慢静脉滴注，每日 1 次，溶液 5% 葡萄糖溶液。

［处方 9］ 氨苄西林，20~30 毫克/千克，口服，每日 2~3 次；10~20 毫克/千克，静脉滴注/皮下注射/肌内注射，每日 2~3 次。

［处方 10］ 速诺（阿莫西林克拉维酸钾混悬剂），犬/猫：0.1 毫升/千克，肌内注射/皮下注射，每日一次。

［处方 11］ 阿米卡星，犬：5~15 毫克/千克，肌内注射/皮下注射，每日 1~3 次；猫：10 毫克/千克，肌内注射/皮下注射，每日 3 次。

［处方 12］ 复合维生素 B，犬：片剂 1~2 片/次，口服，每日 3 次；针剂 0.5~2 毫升/次，肌内注射。猫：片剂 0.5~1 片/次，口服，每日 3 次；针剂 0.5~1 毫升/次，肌内注射。

［处方 13］ 维生素 C，犬：100~500 毫克/次，口服/肌内注射/静脉滴注。

［处方 14］ 恩托尼（S-腺苷甲硫氨酸），0.1 克/5.5 千克，0.2 克/6~16 千克，口服，每日一次。

- 加强护理，给予富含蛋白质、高碳水化合物和多种维生素的食物。

三、肝硬化

【临床症状】▶▶▶

肝硬化是由多种致病因素长期或反复作用于肝肋骨后缘可感知肝肿大。叩诊肝脏浊音区扩大。患病犬、猫病情严重时，表现肌肉震颤、痉挛、肌肉无力、感觉迟钝、昏睡或昏迷。肝细胞弥漫性损害时，有出血倾向。血液凝固时间、出血时间明显延长。

【治疗方案】▶▶▶

治疗原则以除去病因，护肝解毒，加强护理为主。

[处方1]　谷氨酸钠，犬：1～2克/次，静脉滴注。

[处方2]　苦黄注射液，犬：30～40毫升/天。

[处方3]　蛋氨酸，犬：2～4毫升/次，肌内注射。

[处方4]　辅酶A，犬：25～50单位/次，肌内注射/静脉滴注，生理盐水稀释。

[处方5]　三磷酸腺苷，犬：10～20毫克/次，肌内注射/静脉滴注，生理盐水稀释，常与辅酶A合用。

[处方6]　肌醇，犬：0.5克/次，口服。

[处方7]　维生素C，犬：100～500毫克/次，口服/肌内注射/静脉滴注。

[处方8]　复合维生素B，犬：片剂1～2片/次，口服，每日3次；针剂0.5～2毫升/次，肌内注射。猫：片剂0.5～1片/次，口服，每日3次；针剂0.5～1毫升/次，肌内注射。

[处方9]　恩托尼（S-腺苷甲硫氨酸），0.1克/5.5千克，0.2克/6～16千克，口服，每日一次。

[处方10]　加强护理，给予富含蛋白质、高碳水化合物和多种维生素的食物。

[处方11]　强力宁，犬：4～8毫升/次，静脉滴注。

[处方12]　碳酸氢钠，犬：1～2克/千克，静脉滴注。

[处方13]　硫酸镁，犬：10～20克/次，口服，6%～8%溶液；猫：2～5克/次，口服，6%～8%溶液。

四、肝脓肿

【临床症状】▶▶▶

肝脓肿是各种化脓性细菌感染使肝脏形成脓性病灶，脓肿大小不等，可能单个，也可能是多个。病犬、猫出现弛张性或间歇性高热，消瘦和便秘，触诊肝区有疼痛反应。重症病例精神高度沉郁，食欲废绝，呼吸困难，胸部触诊敏感等。若脓肿破溃，脓汁进入腹腔，则可并发急性腹膜炎。如治疗不及时，预后不良，本病死亡率较高。

【治疗方案】▶▶▶

治疗原则是祛除病因，大量应用抗生素，消炎，加强护理。

[处方1]　青霉素，犬：2万～5万单位/千克，静脉滴注，每日3次。

[处方2]　复方新诺明，犬：15～30毫克/千克，口服/皮下注射，每日两次。

[处方3]　氨苄西林，犬：20～30毫克/千克，口服，每日2～3次；10～20毫克/千克，静脉滴注/皮下注射/肌内注射，每日2～3次。

[处方4]　速诺（阿莫西林克拉维酸钾混悬剂），犬/猫：0.1毫升/千克，肌内注射/皮下注射，每日一次。

[处方5]　头孢西丁钠，犬：15～30毫克/千克，皮下注射/肌内注射/静脉滴注，每日3～4次；猫：22毫克/千克，静脉滴注，每日3～4次。

[处方6]　头孢曲松钠，犬：20～30毫克/千克，肌内注射/皮下注射/静脉滴注，每日2次。

• **对症治疗见急性肝炎的治疗。**

五、脾脏破裂

【临床症状】▶▶▶

脾脏破裂是指各种致病因素作用于脾脏引起破裂的一种疾病,有脾实质、脾被膜同时破裂发生腹腔内大出血和仅脾实质破裂两种,后者流出的血液可贮积于脾被膜内而形成血肿,以后因为活动或用力才使血肿破裂发生内出血。患病犬、猫有明显的腹痛,呼吸困难,呈胸式呼吸,呕吐,出血较多者,可视黏膜苍白,心搏动加快,脉搏快而弱,触诊腹部有疼痛感,叩诊腹腔浊音区扩大,且有移动性浊音,听诊肠鸣音减弱,腹部穿刺可抽出不凝固的血液,腹围膨隆甚至呈桶状。

【治疗方案】▶▶▶

治疗原则以补液,输血,止血,消炎为主。

- **补充体液,防止出血性休克。**

[处方1] 全血或血浆,犬:2毫升/千克,静脉滴注。

[处方2] 缩合葡萄糖,犬:100~500毫升/次,静脉滴注;猫:40~50毫升/次,静脉滴注。

[处方3] 纯化的牛血红蛋白,犬:10~30毫升/千克,静脉滴注。

[处方4] 安络血,犬:1~2毫升/次,肌内注射,每日2次;猫:2.5~5毫克/次,口服,每日2次。

[处方5] 止血敏,犬:2~4毫升/次,肌内注射/静脉滴注;猫:1~2毫升/次,肌内注射/静脉滴注。

[处方6] 速血凝M,犬:5~10毫升/次,皮下注射/肌内注射。

[处方7] 氨苄西林,犬:20~30毫克/千克,口服,每日2~3次;10~20毫克/千克,静脉滴注/皮下注射/肌内注射,每日2~3次。

[处方8] 速诺(阿莫西林克拉维酸钾混悬剂),犬/猫:0.1毫升/千克,肌内注射/皮下注射,每日一次。

[处方9] 头孢西丁钠,犬:15~30毫克/千克,皮下注射/肌内注射/静脉滴注,每日3~4次;猫:22毫克/千克,静脉滴注,每日3~4次。

- **确诊脾发生破裂,则应尽早急救,行脾切除术。**

六、急性胰腺炎

【临床症状】▶▶▶

急性胰腺炎是因胰腺酶消化胰腺自身所引起的一种以胰腺水肿、出血、坏死为主要病理过程的一种急性炎症。临床上以突发性前腹部剧痛、休克和腹膜炎为特征。水肿型胰腺炎,患病犬、猫精神差,食欲不振或废绝、进食后腹部疼痛;呕吐和腹泻,有时粪便中带血、触诊敏感、腹壁有压痛、弓背收腹。出血性坏死性胰腺炎表现为精神高度沉郁,昏睡,血压、体温降低,呕吐、剧烈腹泻乃至血性腹泻,腹壁紧张,腹部压痛剧烈。食欲废绝。随着病情的发展,意识丧失、全身痉挛,进而发生休克。

【治疗方案】▶▶▶

治疗原则是抑制胰腺分泌、消炎止痛、纠正水盐代谢紊乱。

- 抑制胰腺分泌：应禁饲喂和饮水4日，避免刺激胰液分泌。

［处方1］ 硫酸阿托品，犬：0.02～0.04毫克/千克，皮下注射，遵照医嘱。

［处方2］ 抑肽酶，犬：1万～5万单位，腹腔缝合前注入。

［处方3］ 氨苄西林，犬：20～30毫克/千克，口服，每日2～3次；10～20毫克/千克，静脉滴注/皮下注射/肌内注射，每日2～3次。

［处方4］ 速诺（阿莫西林克拉维酸钾混悬剂），犬/猫：0.1毫升/千克，肌内注射/皮下注射，每日一次。

［处方5］ 头孢西丁钠，犬：15～30毫克/千克，皮下注射/肌内注射/静脉滴注，每日3～4次；猫：22毫克/千克，静脉滴注，每日3～4次。

［处方6］ 阿米卡星，犬：5～15毫克/千克，肌内注射/皮下注射，每日1～3次；猫：10毫克/千克，肌内注射/皮下注射，每日3次。

［处方7］ 地塞米松，犬：1～4毫克/千克，缓慢静脉滴注。

［处方8］ 纠正水盐代谢紊乱：可选用5%～10%葡萄糖和生理盐水，或复方氯化钠注射液，配合维生素B族和维生素C等进行静脉滴注。

- 手术疗法：一旦发生胰腺坏死，要尽快施行胰腺切除术。

七、慢性胰腺炎

【临床症状】▶▶▶

慢性胰腺炎是指胰腺反复发作性或持续性炎症变化，临床上以腹痛反复发作、脂肪便、高血糖及糖尿病为主要特征。精神不振，反复腹痛，剧烈疼痛时伴有呕吐。食欲异常亢进，但生长发育停滞，消瘦，皮毛无光泽。消化不良，粪便量多，其中含有多量脂肪和蛋白，有恶臭气味，呈灰白色或黄色。当病变进一步发展到胃、十二指肠、胆总管或胰岛时，可产生消化道阻塞。出现高血糖及糖尿。

【治疗方案】▶▶▶

治疗原则以抑制胰腺分泌、消炎止痛、加强护理为主。

- **本病在急性发作时，治疗可参照急性胰腺炎的治疗。**

［处方1］ 维生素A，犬：100～500单位，口服/肌内注射，每日1次，连用10～30天；猫：30～100单位，口服，每日1次。

［处方2］ 维生素D3，犬：1500～3000单位/千克，肌内注射。

［处方3］ 维生素D2，犬：2500～5000单位/次，皮下注射/肌内注射。

［处方4］ 维生素K_1，犬：0.5～1.5毫克/千克，皮下注射/口服，每日2～3次，连用7～14天，然后1毫克/（千克·天），口服，4～6周。猫：①5毫克，口服，每日1次或10毫克，每周2次；②5～20毫克，皮下注射，每日2次，针对凝血紊乱。

［处方5］ 维生素B_{12}，犬：①0.25～1毫克，皮下注射/肌内注射，每周1月，然后每3月；②0.5～1毫克，肌内注射，每日1次，连用7天，然后每3～6月。猫：0.1～0.2毫克，皮下注射，每周1次。

［处方6］ 复合维生素B，犬：片剂1～2片/次，口服，每日3次；针剂0.5～2毫升/次，肌内注射。猫：片剂0.5～1片/次，口服，每日3次；针剂0.5～1毫升/次，肌内注射。

- **对患本病的犬、猫，应喂以低脂肪、易消化的食物，并做到少量多餐。**
- **对于反复发作，病情不断恶化，胆总管梗阻，引起黄疸者，应及时采取手术疗法。**

八、腹膜炎

【临床症状】 ▶▶▶

　　腹膜炎是指因各种致病因素的作用而引起的腹膜炎症，临床上以腹部剧烈疼痛和腹腔积有炎性渗出物为特征。急性腹膜炎时，患病犬、猫精神高度沉郁，不愿走动，呈弓背姿势，食欲废绝，体温升高，心跳加快，心律不齐，脉搏急速而微弱。呼吸急促，呈现明显的胸式呼吸。剧烈腹痛时，痛苦呻吟，低头收腹，拱背卷缩，反射性呕吐，排粪迟缓。腹腔积液时，下腹部向两侧对称性膨大。触诊病犬、猫躲避或抵抗，腹壁紧张，压痛明显。听诊肠音初期增强，后期减弱。叩诊呈水平浊音，浊音区上方呈鼓音。慢性腹膜炎病情发展较缓慢，症状较轻，体温一般正常或轻度升高，由于肠管常发生粘连，而使肠蠕动减弱，进而表现出消化不良和疼痛，有时伴有腹水和水肿。

【治疗方案】 ▶▶▶

　　治疗原则是除去病因，应用抗生素，消炎抗菌，控制渗出。

　　［处方1］　腹腔积液者，要进行腹腔穿刺放液后，再注入抗生素。可在腹腔内注入20万单位青霉素、20万单位链霉素，0.25%普鲁卡因溶液10毫升和5%葡萄糖溶液5毫升。

　　［处方2］　氨苄西林，犬：20～30毫克/千克，口服，每日2～3次；10～20毫克/千克，静脉滴注/皮下注射/肌内注射，每日2～3次。

　　［处方3］　速诺（阿莫西林克拉维酸钾混悬剂），犬/猫：0.1毫升/千克，肌内注射/皮下注射，每日一次。

　　［处方4］　头孢西丁钠，犬：15～30毫克/千克，皮下注射/肌内注射/静脉滴注，每日3～4次；猫：22毫克/千克，静脉滴注，每日3～4次。

　　［处方5］　庆大霉素，犬：3～5毫克/千克，皮下注射/肌内注射，每日2次，连用2～3天；肠道感染，10～15毫克/千克，口服。

　　［处方6］　阿米卡星 抗菌，犬：5～15毫克/千克，肌内注射/皮下注射，每日1～3次；猫：10毫克/千克，肌内注射/皮下注射，每日3次。

　　［处方7］　要纠正脱水，维持电解质平衡，改善微循环，可静脉滴注复方氯化钠溶液、5%～10%葡萄糖和等渗盐水，同时补给维生素B、维生素C等。

九、腹水

【临床症状】 ▶▶▶

　　腹水也称腹腔积液，是指腹腔内液体非生理性潴留的状态，是一种慢性疾病。腹水可分为渗出液和漏出液。患病犬、猫精神不振，行动迟缓，四肢无力，病程较长者渐进性消瘦。被毛粗乱，体温一般正常，脉搏快而弱，呼吸困难。食欲减退，有时呕吐，排尿减少，四肢下部浮肿，黏膜苍白或发绀，最典型的外观是，腹水未充满时腹部向下向两侧对称性膨胀，腹水充满时腹壁紧张呈桶状。触诊腹部不敏感，如在一侧冲击腹壁，可在对侧腹壁感到波动，并可听到击水音。叩诊两侧腹壁有对称性的等高水平的浊音，腹腔穿刺有大量透明黄色液体。

【治疗方案】 ▶▶▶

　　治疗原则以治疗原发病，对症治疗，加强护理为主。

　　［处方1］　有大量腹水时，可穿刺放液，穿刺部位可选腹壁最低点，但不可1次放液量过

大，否则可引起虚脱，一般不超过 40 毫升/千克。

[处方 2] 苄氟噻嗪，犬：5～10 毫克/次，口服，每日 2 次；猫：2.5～5 毫克次，口服，每日 2 次。

[处方 3] 氨苯喋啶，犬：0.3～3 毫克/千克，口服，每日 1～3 次，3～5 天一个疗程。

[处方 4] 贡撒利，犬：0.25～1 毫升/次，肌内注射。

[处方 5] 洋地黄片，犬：全效量：0.3～0.4 克/千克，口服，维持量：全效量的 1/10。作用：充血性心力衰竭、心房纤维性颤动、室上心律过速。

[处方 6] 双氢克尿塞，犬：2～4 毫克/千克，口服，每日 1～2 次。

[处方 7] 利尿素，犬：100～200 毫克/次，口服；猫：50～100 毫克/次，口服。

[处方 8] 用 10% 氯化钙静脉注射，加强腹水的吸收和排出。为防低血钾，可静脉注射 10% 氯化钾溶液。

[处方 9] 对于低蛋白血症者，可静脉滴入白蛋白。

- 加强护理，喂予高蛋白、低钠的食物，限制饮水。

十、黄疸

【临床症状】▶▶▶

黄疸是由于胆色素代谢障碍，血清胆红素浓度增高，使组织染成黄色的一种病理状态，是各种肝胆疾病及溶血性贫血的一个症状。主要表现为可视黏膜及皮肤黄染，阻塞性黄疸时皮肤瘙痒。血清胆红素升高，出现胆色素尿，大便有异常臭味。同时，有各种相应疾病的临床症状。

【治疗方案】▶▶▶

治疗原则以治疗原发病，对症治疗，加强护理为主。

[处方 1] 苦黄注射液利尿除湿，30～40 毫升/天。

[处方 2] 辅酶 A，犬：25～50 单位/次，肌内注射/静脉滴注，生理盐水稀释。

[处方 3] 三磷酸腺苷，犬：10～20 毫克/次，肌内注射/静脉滴注，生理盐水稀释，常与辅酶 A 合用。

[处方 4] 维生素 C，犬：100～500 毫克/次，口服/肌内注射/静脉滴注。

[处方 5] 复合维生素 B，犬：片剂 1～2 片/次，口服，每日 3 次；针剂 0.5～2 毫升/次，肌内注射。猫：片剂 0.5～1 片/次，口服，每日 3 次；针剂 0.5～1 毫升/次，肌内注射。

[处方 6] 消疸胺，犬：2～4 克，每日 3 次，口服。

[处方 7] 恩托尼（S-腺苷甲硫氨酸），0.1 克/5.5 千克，0.2 克/6～16 千克，口服，每日一次。

- 治疗原发病，加强护理。

十一、腹壁疝

【临床症状】▶▶▶

腹壁疝是指腹腔内脏器经腹壁破裂孔脱至皮下注射。患病犬、猫腹壁皮肤囊状突起，大小随疝内容物多少和性质不同而异，触诊局部可以摸到疝环，内容物的质地随脱出的脏器不同而异。早期腹壁疝其内容物一般可以还纳，但如发生局部炎症，则触摸时可感知疝的轮廓不清，如发生嵌闭,则疝内容物不能还纳,囊壁紧张,出现急腹症症状,腹痛不安,食欲废绝,呕吐,发热,严重者可出现休克。

【治疗方案】 ▶▶▶

治疗原则以手术治疗,消炎,加强术后护理为主。

- **进行腹壁疝手术。**
- **术前静脉输液,补充体液和营养。**

[处方1] 氨苄西林,犬:20~30毫克/千克,口服,每日2~3次;10~20毫克/千克,静脉滴注/皮下注射/肌内注射,每日2~3次。

[处方2] 速诺(阿莫西林克拉维酸钾混悬剂),犬/猫:0.1毫升/千克,肌内注射/皮下注射,每日一次。

[处方3] 头孢西丁钠,犬:15~30毫克/千克,皮下注射/肌内注射/静脉滴注,每日3~4次;猫:22毫克/千克,静脉滴注,每日3~4次。

[处方4] 阿米卡星,犬:5~15毫克/千克,肌内注射/皮下注射,每日1~3次;猫:10毫克/千克,肌内注射/皮下注射,每日3次。

- **术后应加强护理,补充营养,对伤口进行消毒处理。**

十二、脐疝

【临床症状】 ▶▶▶

脐疝是指腹腔内脏经脐孔突入脐部皮下注射。其内容物多为大网膜、镰状韧带及小肠等,幼犬多发。脐部呈现局限性球形肿胀,触摸质地柔软,也有的紧张,一般无红、痛、热等炎性反应。非粘连性病例多能将内容物还纳到腹腔,并可摸出疝轮。少数病例疝内容物与疝囊发生粘连,疝内容物不能返纳腹腔,发生嵌闭性脐疝,血液供应障碍,局部出现肿胀、疼痛等,患病犬、猫出现精神沉郁,弓背收腹,食欲废绝,严重者可出现休克。

【治疗方案】 ▶▶▶

治疗原则以手术治疗,消炎止痛为主。

- **进行脐疝手术。**

[处方1] 氨苄西林,犬:20~30毫克/千克,口服,每日2~3次;10~20毫克/千克,静脉滴注/皮下注射/肌内注射,每日2~3次。

[处方2] 速诺(阿莫西林克拉维酸钾混悬剂),犬/猫:0.1毫升/千克,肌内注射/皮下注射,每日一次。

[处方3] 阿米卡星,犬:5~15毫克/千克,肌内注射/皮下注射,每日1~3次;猫:10毫克/千克,肌内注射/皮下注射,每日3次。

[处方4] 阿莫西林,犬:10~20毫克/千克,口服,每日2~3次,连用5天;5~10毫克/千克,皮下注射/静脉滴注/肌内注射,每日2~3次,连用5天。

十三、腹股沟阴囊疝

【临床症状】 ▶▶▶

腹腔内容物经腹股沟管突至阴囊的鞘膜腔内称为阴囊疝,幼年公犬多发,疝内容物最常见小肠,多为一侧性发生,临床可见患侧阴囊明显增大,皮肤紧张,触之柔软有弹性,无热无痛，疝内容物易还纳入腹腔；腹腔内容物经腹壁而向外突出称腹股沟疝，多发于母犬。疝内容物多为网膜或小肠，也可能是子宫、膀胱等脏器，单侧或双侧腹股沟部隆起质地柔软呈面团状，无红、热、痛等炎症现象。疝的大小不等，外观差异很大。母犬大腹股沟疝可向阴部扩展，类似会阴疝；公犬的阴囊疝多为单侧发生，呈索状肿胀。可压迫腹股沟环处静脉或淋巴回流，出现睾丸和精囊肿胀和水肿。由于腹股沟环小，疝内容物易发生嵌闭，使局部肿胀更明显。如不及时修复，很快因嵌壁肠管发生坏死，动物转入中毒性休克而死亡。

【治疗方案】▶▶▶

治疗原则以手术修复为主。

- **应行腹股沟阴囊疝修复术。**

[处方1] 氨苄西林，犬：20～30毫克/千克，口服，每日2～3次；10～20毫克/千克，静脉滴注/皮下注射/肌内注射，每日2～3次。

[处方2] 速诺（阿莫西林克拉维酸钾混悬剂），犬/猫：0.1毫升/千克，肌内注射/皮下注射，每日一次。

[处方3] 阿米卡星，犬：5～15毫克/千克，肌内注射/皮下注射，每日1～3次；猫：10毫克/千克，肌内注射/皮下注射，每日3次。

- **加强护理。**

十四、会阴疝

【临床症状】▶▶▶

腹腔或盆腔脏器经盆腔后直肠侧面结缔组织间隙突至会阴部皮下注射所形成的局限性突起称为会阴疝。本病常见于未去势的老年公犬，疝内容物多数为直肠，少数为膀胱、前列腺和腹膜后脂肪。明显的症状是排粪努责和会阴隆起。以单侧会阴疝多见。且大多数为右侧会阴疝。可见患病犬、猫肛门腹外侧、会阴部出现柔软、波动的皮下注射肿胀，如患双侧会阴疝，则肛门向后脱垂。手推可整复。若肿胀质硬和疝痛多为嵌闭性疝。会阴部皮肤充血、水肿或溃疡。用手指进行直肠检查时可通过直肠壁触知。

【治疗方案】▶▶▶

治疗原则以手术治疗为主。

- **术前用缓泻剂，清除粪便，疝内容物若为膀胱应插入导尿管排出尿液。**
- **行会阴疝手术和公犬去势手术。若为双侧会阴疝，应间隔4～6周再修补另一侧。**
- **加强护理，术后应禁食2～4天，静脉补充营养。疝内容物若为膀胱应留置导尿管3～4天。**
- **全身应用抗生素。**

第五章 犬、猫呼吸系统疾病

第一节 上呼吸道疾病

一、感冒

【临床症状】▶▶▶

感冒是以上呼吸道黏膜炎症为主要症状的急性全身性疾病，临床上以流鼻涕、呼吸增数、体温不同程度升高为特征。本病多发于幼犬，气候多变季节发病率高。此外，本病往往有很高的接触传染性，其病原很可能是病毒。主要表现为精神不振，食欲减退，呼吸加快，体温升高；结膜潮红，轻度肿胀，羞明，流泪；咳嗽，流鼻涕，流出的鼻涕起初为浆液性，以后变为黄色黏稠状，有的可见鼻黏膜有糜烂或溃疡，鼻黏膜高度肿胀时，鼻腔狭窄，呼吸困难，呼吸次数增数，肺泡呼吸音增强；心率加速，心音增强。皮肤温度不均，四肢末端和耳尖发凉。

【治疗方案】▶▶▶

治疗以解热镇痛，防止继发感染为原则。

［处方1］ 复方氨基比林，小型犬：1～2毫升/次，大型犬5～10毫升/次，皮下注射/肌内注射，每日2次，连用2天。

［处方2］ 安痛定，小型犬：0.3～0.5毫升/次，大型犬：5～10毫升/次，皮下注射/肌内注射，每日2次，连用2天。

［处方3］ 阿司匹林，犬：0.2～1克/次，口服。

［处方4］ 柴胡注射液，犬：2毫升/次，肌内注射，每日2次。

［处方5］ 板蓝根冲剂或感冒清热冲剂，犬：每次1袋，口服。

［处方6］ 氨苄西林，犬：20～30毫克/千克，口服，每日2～3次；10～20毫克/千克静脉滴注/皮下注射/肌内注射每日2～3次。

［处方7］ 罗红霉素，犬：10～20毫克/千克，口服，每日2～3次。

二、鼻出血

【临床症状】

鼻出血是指鼻腔或副鼻窦黏膜血管出血并从鼻孔流出的一种症状。机械刺激、鼻外伤、鼻内异物、寄生虫、维生素C和维生素K缺乏、香豆素类毒鼠药中毒等都可以引起鼻出血。单侧或双侧鼻孔内流出血液，一般为鲜血，呈滴状或线状流出，不含气泡或含有几个大气泡。继发性鼻出血一般多持续流出棕色鼻汁。当出现大出血并持续不断时，患病动物可出现严重贫血，表现为可视黏膜苍白，脉搏弱而快。

【治疗方案】

治疗以保持安静，止血为原则。

- **额头、鼻梁冷敷数分钟到半小时。**

［处方1］ 止血敏，犬：2～4毫升/次；猫：1～2毫升/次，肌内注射/静脉滴注。
［处方2］ 维生素K_3，犬：10～30毫克/次；猫：5～10毫克/次，肌内注射。
［处方3］ 肾上腺素，0.1%溶液，滴入鼻腔。
［处方4］ 云南白药，撒布患部。
［处方5］ 安络血，1～2毫升/次，肌内注射，每日2次；2.5～5毫克/次，口服，每日2次。
［处方6］ 维生素C，100～500毫克/次，口服/肌内注射/静脉滴注，每日2次。
［处方7］ 氯丙嗪，3毫克/千克，口服，每日2次；1～2毫克/千克，肌内注射，每日1次；0.5～1毫克/千克，静脉滴注，每日1次。

三、鼻炎

【临床症状】

鼻炎是指鼻腔黏膜表层的炎症，临床上主要表现为鼻黏膜充血、肿胀、流鼻液、打喷嚏为主要特征。寒冷、化学、机械、异物以及一些传染病等均可引起鼻炎。急性鼻炎病初表现为鼻黏膜充血、肿胀，患病犬、猫因鼻黏膜发痒而打喷嚏、摇头、蹭鼻子，继而鼻孔流出浆液性、黏液性、脓性、血样鼻涕。鼻黏膜可有糜烂。炎症进一步发展到呼吸道时，表现为呼吸急促，张口呼吸，因鼻腔黏膜肿胀，鼻分泌物的增多，堵塞鼻腔，可听到鼻塞音；部分病例可见到下颌淋巴结肿胀，伴有结膜炎时，有羞明、流泪、眼分泌物增多等症状。少数患病犬、猫可出现呕吐、扁桃体炎、咽喉炎。通常情况下，犬的食欲、体温等无明显变化。慢性病例主要表现为长期流鼻液，鼻涕多为黏液性或脓性，量时多时少，也可能发出腐败气味，有时可见鼻涕中混有血丝。呼吸困难，尤其是运动后常出现前肢岔开，甚至呈犬坐姿势，呼吸用力。严重时，张口呼吸，出现阵发性喘气，鼻鼾明显。

【治疗方案】

治疗以消除病因，控制炎症为原则。

［处方1］ 2%～3%硼酸溶液或0.1%高锰酸钾溶液冲洗鼻腔，滴入消炎药水（氯霉素）或涂抹药膏（红霉素软膏）。
［处方2］ 庆大霉素4万～8万单位、利多卡因20～40毫克、地塞米松2～4毫克、注射用水20毫升，混合滴鼻，每日多次，连用3～5天。

[处方3] 氨苄西林，犬：20~30毫克/千克，口服，每日2~3次；10~20毫克/千克静脉滴注/皮下注射/肌内注射每日2~3次。

[处方4] 速诺（阿莫西林克拉维酸钾混悬剂），犬/猫：0.1毫升/千克，肌内注射/皮下注射，每日一次。

[处方5] 头孢唑啉钠，犬：15~30毫克/千克，静脉滴注/肌内注射，每日3~4次。

[处方6] 1%复方碘甘油滴鼻，每日多次，连用10天（真菌性鼻炎）。

四、副鼻窦炎

【临床症状】

副鼻窦炎是上颌窦、额窦及蝶窦黏膜的炎症，临床表现为各副鼻窦黏膜发生浆液性、黏液性或脓性甚至坏死性炎症。本病可分为原发性和继发性。原发性副鼻窦炎多因犬、猫机体抵抗力下降时感染病菌所致，较为少见。继发性副鼻窦炎较为多见，通常继发于急性、慢性鼻腔疾病，如鼻炎、流感、放线菌病、面部挫伤、骨折以及变态反应等。鼻腔中流出大量鼻液，患病犬、猫呼吸困难，触诊时有痛感、局部肿胀，流出的鼻液起初为浆液性或黏液性的，其后为脓性并有臭味。当患病犬、猫剧烈运动、咳嗽或强力呼吸时，流出的鼻涕增多。如细菌性窦腔黏膜炎症发展到鼻腔黏膜时，则引起鼻炎，并可能通过鼻泪管感染，引起眼结膜炎，发生鼻泪管堵塞。急性严重病例除表现为流出脓性鼻涕外，还可能出现全身症状，体温升高，畏寒或颤抖，惊恐不安，狂躁惨叫。慢性病例主要表现为持续性流出黏液性或脓性鼻液，局部肿胀，无全身性症状和明显的疼痛。流出的鼻液量多少视发病部位不同而异，当副鼻窦炎时鼻液量较少，而上颌窦炎和额窦炎时，则鼻液量较多。

【治疗方案】

治疗以消除病因，控制炎症为原则。

[处方1] 1%明矾溶液、1%小苏打溶液鼻腔冲洗，磺胺软膏或抗生素药水滴鼻涂抹。

[处方2] 青霉素，犬：40万~160万单位，注射用水2~4毫升，肌内注射，每日3次，连用3~5天。

[处方3] 1%麻黄碱、肾上腺素、滴鼻净滴鼻（扩张鼻腔）。

[处方4] 强力霉素，犬：急性病时，5~10毫克/千克，口服，每日2次，连用10~14天；慢性病时，10毫克/千克，口服，连用7~21天；猫：2.5~5毫克/千克，口服，每日2次。

[处方5] 氨苄西林，犬：20~30毫克/千克，口服，每日2~3次；10~20毫克/千克，静脉滴注/皮下注射/肌内注射每日2~3次。

[处方6] 速诺（阿莫西林克拉维酸钾混悬剂），犬/猫：0.1毫升/千克，肌内注射/皮下注射，每日1次。

五、软腭异常

【临床症状】

软腭异常为软腭过长症，多见于短头犬种，以鼻孔狭窄等上呼吸道阻塞、呼气性呼吸困难、咽或喉内负压增高为特征。本病有遗传性和后天因素引起，软腭过长是短头品种犬特有的先天性异常症。因妨碍采食，食物进入食道时，往往从鼻腔喷出。在休息时呼吸音高朗，表现干咳、湿咳、鼾声等，易造成呼吸困难。病久可引起软腭、会厌软骨、咽、扁桃体及喉的损伤或水肿。本病常伴有其他呼吸道异常，包括呼吸频率减慢、鼻道狭窄、喉室外翻、喉萎陷、气管狭窄和气管萎陷。由先天性异常引起的呼吸道狭窄，在并发喉炎、扁桃体炎时，往往造成严重的呼吸困难，如治疗不及时，可因缺氧而致死。

【治疗方案】

以手术治疗为主。
- 手术切除过长部分。
- 造成呼吸困难的要及时输氧。
- 食物逆流进入肺脏的，清除吸入的异物，并按吸入性异物肺炎治疗方法进行治疗。

六、喉炎

【临床症状】

喉炎是喉黏膜及黏膜下层组织的炎症，可分为原发性和继发性，急性和慢性，临床上以剧烈咳嗽、喉部肿胀、敏感性增强、疼痛为主要特征。原发性喉炎的病因主要有寒冷的刺激、吸入有害气体、烟雾、异物梗阻等。继发性喉炎则多因某些病毒或细菌的感染，邻近器官的炎症所致，如犬副流感、犬瘟热、犬腺病毒Ⅱ型感染、猫鼻气管炎等。急性喉炎主要表现为剧烈咳嗽，初期多为干咳，咳声粗粝，患病动物叫声嘶哑或完全叫不出来，渗出物较少。随着病程的发展，渗出物增多，由干咳转为湿咳。病犬表情痛苦，呼吸困难，低头张口呼吸，并呼出恶臭气体。出现阵咳，且咳后长发生呕吐。如遇寒冷刺激喉部咳嗽加剧，触诊喉部可诱发咳嗽。轻症喉炎无明显全身症状。重症时，体温升高1～1.5℃，精神不振，表情疲倦，可有食欲下降，呼吸急促，脉搏加快等症状。同时由于呼吸困难，可呈现缺氧症状，表现为可视黏膜发绀。发生严重喉部水肿者，可造成窒息。慢性喉炎，一般无明显症状，仅表现早晨频频咳嗽，喉部触诊敏感。喉黏膜增厚，肿胀呈颗粒状或结节状，结缔组织增生，喉腔狭窄。

【治疗方案】

治疗以除去致病因素，消炎、祛痰、止咳为原则。

［处方1］ 可待因，犬：15～60毫克/次，口服/皮下注射，每日3次；猫：5～30毫克/次，口服/皮下注射，每日3次。

［处方2］ 氯化铵，犬：0.2～1克/次，口服，每日2～3次。

［处方3］ 乙酰半胱氨酸，犬：2～5毫升/次，口腔喷雾，每日2～3次。

［处方4］ 痰咳净，犬：0.2克/次，口服，每日2～3次。

［处方5］ 复方甘草片，犬：1～2片/次，口服，每日3次。

［处方6］ 咳必清，犬：25毫克/次，口服，每日2～3次；猫：5～10毫克/次，口服，每日2～3次。

［处方7］ 枇杷止咳露，犬：5～10毫升/次，口服，每日3次；猫：2～4毫升/次，口服，每日3次。

［处方8］ 急支糖浆，犬：5～10毫升/次，口服，每日3次；猫：2～3毫升/次，口服，每日3次。

［处方9］ 2%普鲁卡因2毫升，氨苄西林0.5克，地塞米松5毫克，注射用水2毫升，喉部封闭注射。

［处方10］ 氨苄西林，犬：20～30毫克/千克，口服，每日2～3次；10～20毫克/千克，静脉滴注/皮下注射/肌内注射，每日2～3次。

[处方11] 速诺（阿莫西林克拉维酸钾混悬剂），犬/猫：0.1毫升/千克，肌内注射/皮下注射，每日一次。

七、喉头麻痹

【临床症状】▶▶▶

本病犬较常见，以吸气、发音困难、不耐运动、咳嗽及喘气为主要特征。有先天性和后天获得性两种。先天性的多由自体显性基因遗传而发病；后天性多因意外性外伤或手术，颈部肿瘤、脓肿引起喉返神经或胸腔迷走神经压迫和损伤等；脑部的某些疾病也可能导致喉麻痹的发生；病毒感染也有可能引起喉麻痹。发病早期，动物仅表现作呕、咳嗽，尤其在吃食或饮水时更加明显。以后随气道阻塞加重，病犬吸气困难，吸气时喘鸣音，进行性不耐运动，运动时出现明显的缺氧症状，表现为呼吸急促，可视黏膜发绀。

【治疗方案】▶▶▶

治疗以消除病因，对症治疗为原则。
- **造成呼吸困难的要及时输氧。**
 [处方1] 双氢克尿噻，喉部或肺部有水肿，2～4毫克/千克，口服，每日1～2次。
 [处方2] 地塞米松，0.2～1毫克/千克，口服/肌内注射，每日3次。
 [处方3] 氢化可的松，4毫克/千克，口服，每日1次。
- **治疗原发病，必要时手术治疗。**

八、气管麻痹

【临床症状】▶▶▶

本病多发生于小型观赏犬和短头品种犬，可分为先天性和后天性两种。先天性的与品种有关，例如先天性软骨钙化、小型观赏犬、短头犬种，鼻孔狭窄和软腭过长症等较为多发；后天性的与某些疾病有关，例如严重支气管阻塞、支气管炎、细支气管炎常可造成气管麻痹；慢性呼吸困难往往气管疲劳易发生麻痹；气体交换量减少也可发生麻痹；另外，后天性骨软化或严重缺钙症等都可造成气管麻痹。在犬采食、饮水、运动时，发出特征性"嘎"样叫声的干性间歇性咳嗽。常表现为呼吸困难症状。呼气延长、用力呼吸提示胸腔入口处的气管麻痹，吸气延长、用力呼吸提示颈部气管麻痹。换气不足出现体温升高时，容易引起热射病。病犬表情痛苦，用力呼吸、出现明显的缺氧症状，表现为可视黏膜发绀。触诊颈部气管变平；听诊可听到气管内的捻发音，呼气比吸气时有长而高亢的气管呼吸音。

【治疗方案】▶▶▶

治疗以抗菌消炎、平喘、止咳为原则。
 [处方1] 氨苄西林，20～30毫克/千克，口服，每日2～3次；10～20毫克/千克静脉滴注/皮下注射/肌内注射每日2～3次。
 [处方2] 速诺（阿莫西林克拉维酸钾混悬剂），犬/猫：0.1毫升/千克，肌内注射/皮下注射，每日一次。
 [处方3] 头孢曲松，20～30毫克/千克，肌内注射/皮下注射/静脉滴注，每日2次。
 [处方4] 头孢羟氨苄，10～20毫克/千克，口服，每日1～2次，连用3～5天。
 [处方5] 氨茶碱，10～15毫克/千克，口服，每日2～3次；犬：50～100毫克/次，肌

内注射/静脉滴注。

[处方6] 麻黄碱，犬：5~15毫克，口服，每日2~3次；猫：2~5毫克，口服，每日2~3次。

[处方7] 地塞米松，0.5毫克/千克，口服/肌内注射，每日1~2次。

[处方8] 供氧。对于呼吸困难、严重缺氧的患病动物，应予以吸氧。

[处方9] 喷雾疗法。1%异丙肾上腺素0.6毫升、庆大霉素100毫克，卡那霉素500毫克，多粘菌素60毫升及生理盐水5毫升，溶解后经口腔喷雾，每日3次，每次20分钟。

九、扁桃体炎

【临床症状】

扁桃体炎是指扁桃体的急性或慢性炎症。扁桃体是咽的淋巴器官，犬的扁桃体表面平滑并形成隐窝。扁桃体炎多见于犬，猫少见。许多物理性和生物性因素，如异物刺激、过热的食物刺激、某些细菌和病毒感染等均可引起本病。此外邻近器官炎症蔓延也可引起。急性扁桃体炎，病初表现体温升高，精神不振，厌食，流涎，吞咽困难。常有短、弱的咳嗽，继之呕出或排出少量黏液。打开口腔可见扁桃体表面潮红肿胀，有黏液性渗出物包绕在扁桃体周围。严重时，扁桃体可发生水肿，呈鲜红色并有小的坏死灶或化脓灶，扁桃体由隐窝向外突出。慢性扁桃体炎时多由急性炎症反复发作所致。扁桃体表面失去光泽，呈泥样，隐窝上皮组织增生，呈轻度肿胀。

【治疗方案】

以对因治疗、抗菌消炎为治疗原则。

[处方1] 肌内注射青霉素80万单位/次，每日2次。

[处方2] 局部涂抹2%碘甘油。

[处方3] 对采食困难的病犬，可适量静脉滴注5%葡萄糖生理盐水溶液，进行补液。

[处方4] 肌内注射复合维生素B和维生素C，各2毫升，每日1~2次。

- 尽可能避免口腔投药，减少刺激。
- 对反复发作扁桃体炎的病犬，在炎症缓和期可施扁桃体摘除术。

第二节 肺、支气管及胸腔疾病

一、支气管炎

【临床症状】

支气管炎是犬、猫的支气管黏膜在各种致病因素作用下发生的急性或慢性炎症，临床上以咳嗽、胸部听诊有啰音为特征。本病可发生于任何年龄，老龄和幼龄犬、猫较为多见，多发于春秋季节和气温骤变时。各种应激因素是引起支气管炎的主要诱因，如寒冷以及机械、物理、化学因素刺激等。病毒性疾病和细菌性疾病也是诱发支气管炎的主要因素。犬、猫突发带有疼痛的干咳，以后随着渗出物增加而变为湿咳，两侧鼻孔流浆液、黏液乃至脓性鼻液，咳嗽后流出量增多。胸部听诊，肺泡呼吸音增强，发病2~3日可听见气管和支气管干、湿性啰音。叩诊无明显变化。发病动物有食欲减退，精神委顿，体温略有升高，如发展到细支气管炎则出现体温持续升高,脉搏增数,呼吸困难等全身症状。重症者可视黏膜绀,呈腹式呼吸。X线摄影可见较粗纹理的支气管和细支气管炎阴影。慢性气管支气管炎表现为顽固性的咳嗽,常为剧烈、粗粝的、突然发作的痉挛性咳嗽,运动、采食、夜间或早晚更为严重。如果支气管黏膜结缔组织增生变厚造成管腔狭窄,则发生呼吸困难。急性病例血液学检查可见白细胞总数增高,伴以嗜中性白细胞增多。

【治疗方案】▶▶▶

治疗以去除病因,平喘、止咳、化痰、抗菌消炎、抗过敏、补液、强心为原则。

[处方1] 氨茶碱,犬:10～15毫克/千克,口服,每日2～3次;犬:50～100毫克/次,肌内注射/静脉滴注。

[处方2] 可待因,犬:15～60毫克/次,口服/皮下注射,每日3次;猫:5～30毫克/次,口服/皮下注射,每日3次。

[处方3] 氯化铵,犬:0.2～1克/次,口服,每日2～3次。

[处方4] 乙酰半胱氨酸,犬:2～5毫升/次,口腔喷雾,每日2～3次。

[处方5] 复方甘草片,犬:1～2片/次,口服,每日3次。

[处方6] 青霉素、链霉素,犬:各80万单位/次,肌内注射,每日2次。

[处方7] 速诺(阿莫西林克拉维酸钾混悬剂),犬/猫:0.1毫升/千克,肌内注射/皮下注射,每日一次。

[处方8] 头孢唑啉钠,犬:15～30毫克/千克,静脉滴注/肌内注射,每日3～4次。

[处方9] 地塞米松,犬:0.2～1毫克/千克口服/肌内注射每日3次。

[处方10] 扑尔敏,犬:0.5毫克/千克,口服,每日2～3次;猫:2～4毫克,口服,每日2次。

[处方11] 苯海拉明,犬:2～4毫克/千克,口服,每日3次。

[处方12] 适量5%葡萄糖溶液或5%右旋糖酐、生理盐水,以及10%安钠咖,强心补液。

二、支气管肺炎

【临床症状】▶▶▶

支气管肺炎也称为小叶性肺炎或卡他性肺炎,是细支气管及肺泡的炎症。临床上以弛张热型,呼吸次数增多,叩诊有散在的局灶性浊音区,听诊有啰音和捻发音为特征。多见于老龄和幼龄犬、猫。原发性病因多为饥饿过劳、受寒感冒,物理、化学等因素刺激,降低了机体抵抗力,使外源性和内源性致病细菌大量繁殖以致引起发病。继发性支气管肺炎常发生在犬瘟热、犬腺病毒病、犬疱疹病毒病、猫呼吸道综合征过程中。患病犬、猫精神沉郁,眼睛无神,眼分泌物增多。食欲不振或废绝,体温升高(40℃以上),呈弛张热。脉搏随着体温的变化而改变,病初稍强,随着病程的发展,频率逐渐加快。病初鼻镜干燥、流鼻液、咳嗽。听诊局部肺泡音增强,以后减弱或消失,有支气管湿性啰音及捻发音。叩诊出现浊音区。重症犬、猫呼吸困难,出现明显的腹式呼吸,可视黏膜发绀。X线检查可见肺纹理增强,伴有小片状模糊阴影。血液学检查,白细胞总数大量增加,嗜中性白细胞增加。

【治疗方案】▶▶▶

主要以消炎、止咳、化痰、制止渗出为治疗原则。可参照支气管炎一些治疗方法。

[处方1] 阿米卡星,犬:5～15毫克/千克,肌内注射/皮下注射,每日1～3次;猫:10毫克/千克,肌内注射/皮下注射,每日3次。

[处方2] 四环素，犬：15～20毫克/千克，口服，每日3次；猫：10毫克/千克，口服，每日3次。

[处方3] 速诺（阿莫西林克拉维酸钾混悬剂），犬/猫：0.1毫升/千克，肌内注射/皮下注射，每日一次。

[处方4] 头孢噻肟钠，犬：20～40毫克/千克，静脉滴注/肌内注射/皮下注射，每日3～4次。

[处方5] 复方甘草合剂，犬：5～10毫升/次，口服，每日3次；猫：2～4毫升/次，口服，每日3次。

[处方6] 盐酸洛美沙星，犬：3～5毫克/千克，口服/肌内注射，每日2次。

[处方7] 10%葡萄糖酸钙，犬：10～15毫升/次静脉滴注。

[处方8] 麻黄碱，犬：5～15毫克，口服，每日2～3次；猫：2～5毫克，口服，每日2～3次。

[处方9] 碘化钾，犬：0.2～1克/次，口服，每日2～3次；猫：0.1～0.2克/次，口服，每日2～3次（慢性支气管炎）。

[处方10] 氯化铵，犬：0.2～1克/次，口服，每日2～3次。

三、猫支气管哮喘

【临床症状】▶▶▶

猫支气管哮喘又称猫过敏性支气管炎，是气管、支气管树对各种刺激物的高度敏感性所引起的急性、慢性、阻塞性支气管痉挛。是由各种机械的、化学的以及生物性因素刺激猫的呼吸道引起过敏所致，但确切的病因目前尚不完全清楚。可分为急性和慢性两种，急性者往往突然患病，患猫呼吸急促，张口呼吸，呈现出增强性或强迫性呼气，可视黏膜发绀，出现明显的缺氧症状，心跳加速，突然出现不安，喘鸣、窒息甚至休克等症状；慢性者阵发性干咳、频咳伴有喘鸣，发作时呈现不安、呼吸急促、缺氧等症状。气管触诊易诱发咳嗽，呼吸音增强；诱咳后通常喘鸣更加明显。

【治疗方案】▶▶▶

治疗以止咳平喘、抗过敏、防止继发感染为治疗原则。

[处方1] 氨茶碱，猫：10～15毫克/千克，口服/肌内注射/静脉滴注，每日2～3次。

[处方2] 供氧。对于呼吸困难、严重缺氧的患病动物，应予以吸氧。

[处方3] 可待因，猫：5～30毫克/次，口服/皮下注射，每日3次。

[处方4] 氯化铵，猫：0.2～1克/次，口服，每日2～3次。

[处方5] 地塞米松，猫：0.2～1毫克/千克，口服/肌内注射，每日3次。

[处方6] 扑尔敏，猫：2～4毫克，口服，每日2次。

[处方7] 苯海拉明，猫：2～4毫克/千克，口服，每日3次。

[处方8] 醋酸甲基氢化泼尼松，猫：10～20毫克，肌内注射，每2～8周一次。

[处方9] 泼尼松龙消炎抗变态反应，0.5～2毫克/千克，肌内注射/口服，每日2次。

四、肺炎

【临床症状】▶▶▶

肺炎是肺实质的急性或慢性炎症，临床上以高热稽留、呼吸障碍、低氧血症、肺部广泛浊音区为特征。本病的病因主要有：感染病毒、细菌侵害呼吸系统所致；饲养管理不良如受寒感冒、劳役过度等；变态反应，吸入某些过敏源、异物、花粉等都可能是本病的诱因；另外，部分被溶解了的细菌放出内毒素，以及细菌毒素和组织的分解产物被吸收后，可刺激机体产生特异性的免疫抗体，引起变态反应。患病动物精神不振，食欲减退或废绝，体温高达40℃以上，稽留不退，脉搏增数可达每分钟100～150次，结膜潮红或发绀，鼻镜干燥，流鼻液，先为浆液性，后为黏液性或脓性，有时可见铁锈色鼻液，常有剧烈的疼痛性咳嗽；动物呼吸急促，可达每分钟50次以上，并伴有明显的腹式呼吸，呈进行性呼吸困难，有严重的缺氧症状，可视黏膜发绀。肺部听诊病初肺泡呼吸音增强，可听到湿性啰音，随病程发展，肺泡呼吸音减弱直至消失，但肺泡呼吸音消失区周围的肺泡呼吸音增强；叩诊病变部呈浊音或半浊音，周围肺组织呈过清音。X线检查可见不同区域的大小不等的肺部阴影。白细胞总数增高，核左移，红细胞沉降反应加速；血小板减少；淋巴细胞减少。

【治疗方案】▶▶▶

以消炎、止咳、化痰、制止渗出为治疗原则，参照支气管炎和支气管肺炎的治疗方法。

［处方1］ 青霉素、链霉素，犬：各80万单位/次，肌内注射，每日2次。

［处方2］ 速诺（阿莫西林克拉维酸钾混悬剂），犬/猫：0.1毫升/千克，肌内注射/皮下注射，每日一次。

［处方3］ 硫酸卡那霉素，犬：10～15毫克/千克，口服，每日2次；5～7毫克/千克，肌内注射，每日2次，肾功能差者慎用。

［处方4］ 头孢噻吩，犬：10～30毫克/千克，肌内注射/静脉滴注，每日3～4次。

［处方5］ 复方新诺明，抗菌，15毫克/千克，口服/皮下注射，每日2次。

［处方6］ 阿奇霉素，犬：5～10毫克/千克，口服，每日1～2次；猫：7～15毫克/千克，口服，每日2次，连用5～7天。

［处方7］ 克林霉素，犬：10～12.5毫克/千克，口服，每日2次。

［处方8］ 两性霉素B，犬/猫：0.25～0.5毫克/千克，溶于0.5～1升5%葡萄糖溶液，静脉滴注，超过6～8小时，隔天一次，总剂量8～10毫克/千克，或不使尿素氮和肌酸肝水平升高。猫：0.25毫克/千克，静脉滴注，隔天一次，总剂量5～8毫克/千克。

［处方9］ 碳酸铵，犬：0.2～1克/次，口服，每日2～3次。

［处方10］ 10%葡萄糖酸钙5%氯化钙制止渗出，10～15毫升/次静脉滴注。

［处方11］ 速尿，犬：2～4毫克/千克，静脉滴注/肌内注射/口服，每4～12小时；猫：0.5～2毫克/千克，静脉滴注，每日3次。

［处方12］ 可待因，犬：15～60毫克/次，口服/皮下注射，每日3次；猫：5～30毫克/次，口服/皮下注射，每日3次。

［处方13］ 复方甘草片，犬：1～2片/次，口服，每日3次。

- 供氧。对于呼吸困难、严重缺氧的患病动物，应予以吸氧。

五、异物性肺炎

【临床症状】▶▶▶

异物性肺炎是由于吸入异物到肺内引起支气管和肺的炎症，统称为异物性或吸入性肺炎。灌药方法不当、吞咽障碍是异物性肺炎最常见的原因。当咽炎、咽麻痹、食道阻塞和伴有意识障碍的脑病史，由于吞咽困难，容易发生吸入或误咽现象，从而引起异物性肺炎。异物进入肺内，最初是引起支气管和肺小叶的卡他性炎症，表现为呼吸急速而困难，明显的腹式呼吸，体温升高40℃以上，精神沉郁，食欲下降或废绝，畏寒，有时战栗，心跳加快，脉搏快而弱，并出现湿性咳嗽。随后病理过程剧烈，最终陷于肺坏疽。由于肺坏疽的形成，病的后期呼出带有腐败恶臭味的气体，鼻孔流出有奇臭的污秽鼻液。显微镜检查鼻液时，可看到肺组织碎片、红白细胞、脂肪滴及大量微生物等。如鼻液加10%氢氧化钾溶液中煮沸，离心获得的沉淀物，在显微镜下检查，可见到由肺组织分解出来的弹力纤维。肺部检查，触诊胸部疼痛明显，听诊有明显啰音。叩诊呈浊音，后期可能出现肺空洞而发出灶性鼓音。若空洞周围被致密组织所包围，其中充满空气，叩诊呈金属音；若空洞与支气管相通则呈破壶音。

【治疗方案】▶▶▶

治疗以缓解呼吸困难、排出异物、制止肺组织腐败分解及对症治疗为原则。

- **供氧。对于呼吸困难、严重缺氧的患病动物，应予以吸氧。**
- **患病动物横卧，后腿抬高，利于异物咳出。**

［处方1］ 硝酸毛果芸香碱，犬：3～20毫克/次，皮下注射。

［处方2］ 氨苄西林，犬：20～30毫克/千克，口服，每日2～3次；10～20毫克/千克静脉滴注/皮下注射/肌内注射，每日2～3次。

［处方3］ 速诺（阿莫西林克拉维酸钾混悬剂），犬/猫：0.1毫升/千克，肌内注射/皮下注射，每日一次。

［处方4］ 头孢他定，犬：25～50毫克/千克，静脉滴注/肌内注射，每日2次。

［处方5］ 复方新诺明，犬：15毫克/千克，口服，每日2次。

六、肺气肿

【临床症状】▶▶▶

肺气肿是肺的肺泡气肿和间质性气肿的统称。该病是因肺组织内空气含量过多而致体积膨胀。肺泡性肺气肿是指肺泡内空气量增多。间质性肺气肿是气体进入间质的疏松结缔组织中使间质膨胀。有原发性和继发性两种。原发性的主要是因剧烈运动、急速奔跑、长期挣扎，由于强烈的呼吸所致。老龄犬因肺泡壁弹性降低较容易发生本病。继发性的常因慢性支气管炎、支气管狭窄、气胸时的持续咳嗽，因气体通过障碍而发生。呼吸困难、气喘，张口呼吸，明显的缺氧症状，可视黏膜发绀，精神沉郁，易于疲劳，脉搏细数，体温一般正常。听诊肺部肺泡音减弱，可听到碎裂性啰音及捻发音。在肺组织被压缩的部位，可听到支气管呼吸音。叩诊呈过清音，叩诊界后移。X线检查肺区透明、膈肌后移、支气管影像模糊。继发性肺气肿往往伴有原发病的症状。间质性肺气肿可伴发皮下气肿。

【治疗方案】▶▶▶

治疗以积极治疗原发病，改善肺的通气和换气功能，控制心力衰竭为原则。

［处方1］ 四环素，犬：15～20毫克/千克，口服，每日3次；猫：10毫克/千克，口服，每日3次。

［处方2］ 头孢噻肟钠，犬：20～40毫克/千克，静脉滴注/肌内注射/皮下注射，每日3～4次。

[处方3] 复方甘草合剂，镇咳祛痰，犬：5~10毫升/次，口服，每日3次；猫：2~4毫升/次，口服，每日3次。

- **供氧。对于呼吸困难、严重缺氧的患病动物，应予以吸氧。**

[处方4] 喷雾疗法。1%异丙肾上腺素0.6毫升、庆大霉素100毫克，卡那霉素500毫克，多黏菌素60毫升及生理盐水5毫升，溶解后经口腔喷雾，每日3次，每次20分钟。

七、肺水肿

【临床症状】 ▶▶▶

肺水肿是肺毛细血管内血液量异常增加，血液的液体成分渗漏到肺泡、支气管及肺间质内过量聚积所引起的一种非炎性疾病，临床上以极度呼吸困难，流泡沫样鼻液为特征。心源性的：多见于充血性左心衰竭、过量的静脉输液和肺毛细血管压增高。非心源性的：多见于低蛋白血症；肺泡-毛细血管渗透性增加。一般突然发病，高度混合性呼吸困难，弱而湿的咳嗽，头颈伸展，鼻翼扇动，甚至张口呼吸。呼吸数明显增多。眼球突出，静脉怒张，结膜发绀，体温升高，两侧鼻孔流出大量粉红色泡沫状的鼻液。胸部叩诊呈浊音，听诊可听到广泛的水泡音。胸部X线检查，肺视野的阴影呈散在性的增强，呼吸道轮廓清晰，支气管周围增厚。如为补液量过大所致，肺泡阴影呈弥漫性的增加，大部分血管几乎难以发现，如因左心机能不全者并发的肺水肿，肺门呈放射状。

【治疗方案】 ▶▶▶

治疗原则是，除去病因，保持病犬安静，减轻心脏负担，缓解肺循环障碍，制止渗出，缓解呼吸困难。

[处方1] 苯巴比妥，犬：1~2毫克/千克，口服/肌内注射，每日2~3次；猫：1毫克/千克，口服/肌内注射，每日2次。

[处方2] 羟吗啡酮，犬：0.05~0.1毫克/千克，静脉滴注，或0.1~0.2毫克/千克，肌内注射/皮下注射；猫：0.02毫克/千克，静脉滴注。

[处方3] 供氧。对于呼吸困难、严重缺氧的患病动物，应予以吸氧。

[处方4] 氨茶碱，犬：10~15毫克/千克，口服/肌内注射/静脉滴注，每日2~3次。

[处方5] 肾上腺素扩张气管，犬：0.1~0.5毫升/次；猫：0.1~0.2毫升/次皮下注射/静脉滴注/肌内注射，生理盐水稀释10倍。

[处方6] 地高辛，犬：0.005~0.01毫克/千克，口服，每日2次；猫：0.005~0.008毫克/千克，口服，隔天1次~每日1次。

[处方7] 双氢克尿噻，犬：2~4毫克/千克，口服，每日1~2次。

[处方8] 安体舒通，犬：1~2毫克/千克，口服，每日2次；猫：12.5毫克，口服，每日1次。

[处方9] 速尿，犬：2~4毫克/千克，静脉滴注/肌内注射/口服，每4~12小时；猫：0.5~2毫克/千克，静脉滴注，每日3次。

[处方10] 10%葡萄糖酸钙5%氯化钙，犬：10~15毫升/次，静脉滴注。

[处方11] 心得安，犬：0.01~0.10毫克/千克，静脉滴注，10分钟以上或0.2~1毫克/千克，口服，每日2~3次，最大1毫克/（千克·天）。

[处方12] 地塞米松，犬：0.2~1毫克/千克口服/肌内注射，每日3次。

[处方13] 泼尼松龙，犬：0.5~2毫克/千克，肌内注射/口服，每日2次。

八、肺出血

【临床症状】 ▶▶▶

　　肺出血是肺动脉壁损伤,变性并伴有肺动脉压增高等因素所引起的一种疾病,临床上以咯血为主要特征。咯出的血液主要来自肺脏,其次来自支气管黏膜。犬心丝虫病、肿瘤、结核、肋骨骨折、肺动脉压升高,可引起肺出血。突发性咳嗽、外伤、肺部炎症、淤血等也可成为肺出血的病因。突发性从鼻和口腔流出鲜红色血液,并混有泡沫。出血量的多少因出血部位而异,重症者精神沉郁,脉搏加快,呼吸促迫,咳嗽。出血过多者,可视黏膜苍白,皮肤变凉,心跳加快,血压下降。听诊时可于肺、气管处听到湿性啰音。

【治疗方案】 ▶▶▶

　　治疗以止血,清除原发病,防止继发感染为原则。

　　[处方1] 止血敏,犬:2～4毫升/次;猫:1～2毫升/次,肌内注射/静脉滴注。

　　[处方2] 维生素C,犬:100～500毫克/次,口服/肌内注射/静脉滴注,每日2次。

　　[处方3] 氨茶碱,犬:10～15毫克/千克,口服/肌内注射/静脉滴注,每日2～3次。

　　[处方4] 泼尼松龙,犬:0.5～2毫克/千克,肌内注射/口服,每日2次。

　　[处方5] 氨苄西林,犬:20～30毫克/千克,口服,每日2～3次;10～20毫克/千克,静脉滴注/皮下注射/肌内注射,每日2～3次。

　　[处方6] 速诺(阿莫西林克拉维酸钾混悬剂),犬/猫:0.1毫升/千克,肌内注射/皮下注射,每日一次。

　　[处方7] 头孢他定,犬:25～50毫克/千克,静脉滴注/肌内注射,每日2次。

九、胸膜炎

【临床症状】 ▶▶▶

　　胸膜炎是指由各种致病因素作用于胸膜而引起的炎症。其临床上以腹式呼吸,听诊胸膜摩擦音和胸部叩诊出现水平浊音为特征。病理特征为胸膜发生炎症渗出和纤维蛋白沉积的炎症过程。胸膜炎可有原发性和继发性两种,原发性的可因胸壁各种外伤、胸膜腔肿瘤、或受寒冷刺激等使机体防御机能降低时,病原微生物乘虚侵入而致病。继发性胸膜炎通常是呼吸道或胸腔器官感染蔓延所致,如结核病、猫传染性腹膜炎,肺、心包、淋巴结的炎症性感染蔓延到胸膜而发病。病初表现精神沉郁,食欲不振,体温升高,常达40℃以上。呼吸加快,出现明显的浅表呼吸,呈腹式呼吸,有时咳嗽;触诊胸壁有明显疼痛感,胸部听诊有摩擦音,这种摩擦音因胸膜渗出物而减弱,有时可能听到拍水音,胸部叩诊呈水平浊音。肺脏由于受大量渗出液压力而出现呼吸困难和部分萎陷。因渗出液对心脏和前后腔静脉造成压迫,心功能发生障碍,出现心力衰竭,外周循环淤血及胸、腹下水肿。慢性胸膜炎表现反复性微热、呼吸促迫。若胸膜已发生广泛粘连或高度增厚,听诊肺泡音微弱,多于胸后上部出现浊音。

【治疗方案】 ▶▶▶

　　治疗原则为消除病因,消炎止痛,制止渗出,促进渗出物吸收和排除,防止自体中毒。可参照肺炎和支气管肺炎的治疗方法。

　　[处方1] 氨苄西林,犬:20～30毫克/千克,口服,每日2～3次;10～20毫克/千克,静脉滴注/皮下注射/肌内注射,每日2～3次。

[处方2] 速诺（阿莫西林克拉维酸钾混悬剂），犬/猫：0.1毫升/千克，肌内注射/皮下注射，每日一次。

[处方3] 头孢唑啉钠，犬：15～30毫克/千克，静脉滴注/肌内注射，每日3～4次。

[处方4] 林可霉素，犬：15毫克/千克，口服，每日3次，连用21天。

[处方5] 阿米卡星（丁胺卡那霉素），犬：5～15毫克/千克，肌内注射/皮下注射，每日1～3次；猫：10毫克/千克，肌内注射/皮下注射，每日3次。

[处方6] 复方氨基比林，小型犬：1～2毫升/次，大型犬5～10毫升/次，皮下注射/肌内注射。

[处方7] 安痛定解热镇痛，小型犬：0.3～0.5毫升/次，大型犬：5～10毫升/次，皮下注射/肌内注射，每日2次，连用2天。

[处方8] 杜冷丁，犬：3～10毫克/千克，肌内注射，遵照医嘱，或2～4毫克/千克，静脉滴注，每2小时；猫：2～4毫克/千克，肌内注射/皮下注射，遵照医嘱。

[处方9] 镇痛新，犬：0.5～1毫克/千克，肌内注射/皮下注射/静脉滴注；猫：2.2～3.3毫克/千克，肌内注射/皮下注射/静脉滴注。

[处方10] 10%葡萄糖酸钙10～20毫升/次，地塞米松5～10毫克/次，维生素C 0.1～0.5克/次，静脉滴注，每日一次（制止炎性渗出）。

[处方11] 双氢克尿噻，犬：2～4毫克/千克，口服，每日1～2次。

[处方12] 速尿，犬：2～4毫克/千克，静脉滴注/肌内注射/口服，每4～12小时；猫：0.5～2毫克/千克，静脉滴注，每日3次。

[处方13] 去乙酰毛花苷，犬：0.3～0.6毫克/次，静脉滴注，混于10～20倍5%葡萄糖溶液，4～6小时，重复半量给药。

[处方14] 胸腔穿刺排出积液0.05%洗必泰或0.1%雷佛努尔冲洗胸腔，然后注入抗生素。

十、胸腔积水

【临床症状】 ▶▶▶

胸腔积水是指漏出液积于胸腔内，简称胸水，通常以呼吸困难为特征。本病常因某些疾病阻碍血液和淋巴循环所致。例如充血性心力衰竭、心内膜炎等心脏疾病；充血性肺水肿及肺脏的某些慢性病；肿瘤而使静脉干受到压迫导致血液循环障碍。长期消耗性疾病引起慢性贫血，可引起胸腔积水。此外，中毒、胸腔内淋巴管扩张等疾患均可引起本病。患病动物体温一般正常，且不表现临床症状，除非肺换气功能发生明显改变。比较特征的症状是呼吸困难，通常表现为吸气有力，呼气延迟，似乎动物有意抑制呼吸。严重时甚至呼吸急促，黏膜发绀，张口呼吸，呼吸浅表，咳嗽，肺呼吸音减弱等。患病动物也可出现体温升高，精神沉郁，食欲减退，体重减轻，黏膜苍白，心律不齐，心杂音和腹水症等。听诊在水平浊音区有时可听到心音，心音通常减弱，而有时心音消失。叩诊时两侧呈水平浊音，随着体位变化而改变。穿刺液检查为漏出液。

【治疗方案】 ▶▶▶

治疗以消除病因，减少积液，防止继发感染为原则。

[处方1] 胸腔穿刺排出积液0.1%雷佛诺尔冲洗胸腔，然后注入醋酸可的松35～300毫克。

[处方2] 双氢克尿噻，犬：2～4毫克/千克，口服，每日1～2次。

[处方3] 速尿，犬：2～4毫克/千克，静脉滴注/肌内注射/口服，每4～12小时；猫：0.5～2毫克/千克，静脉滴注，每日3次。

[处方4] 心得安，犬：0.01～0.10毫克/千克，静脉滴注，10分钟以上或0.2～1毫克/千克，口服，每日2～3次，最大1毫克/(千克·天)。

[处方5] 氨苄西林，犬：20～30毫克/千克，口服，每日2～3次；10～20毫克/千克，静脉滴注/皮下注射/肌内注射，每日2～3次。

十一、胸腔积血

【临床症状】▶▶▶

胸腔积血是胸膜壁层、胸腔内脏器官或横膈膜出血，使血液潴留于胸腔内的一种疾病。又称血胸。本病多见于外伤，如肋骨骨折、胸壁透创等胸部创伤，肺血管肉瘤、肺挫伤、胸腔手术时造成血管破裂、横膈膜疝引起肺脏或横膈膜出血，以及膈疝伴有脾脏或肝脏破裂等；此外，血液凝固异常、双香豆素中毒、骨髓机能降低以及犬恶丝虫侵害主动脉和肺动脉壁引起血管破裂也是引起胸腔积血的重要原因。患病表现为明显的腹式呼吸，呼吸浅表而困难，出血严重者可出现出血性休克，突然虚脱、四肢发凉、脉搏细而弱、可视黏膜苍白、精神沉郁。听诊肺泡音减弱、心跳快而弱；肺泡听诊区移向胸部背侧，叩诊呈水平浊音。穿刺检查为血液，可凝固，与外周血液性质相同。

【治疗方案】▶▶▶

治疗以抗休克、止血、改善血液循环和防止继发感染为原则。

[处方1] 氢化泼尼松琥珀酸钠，犬：11～30毫克/千克，静脉注射/肌内注射。

[处方2] 盐酸多巴胺，犬：20～40毫克/次，静脉滴注。

[处方3] 肾上腺素，犬：0.1～0.5毫升/次，皮下注射/静脉滴注/肌肉/心室；猫：0.1～0.2毫升/次，皮下注射/静脉滴注/肌内注射/心室注射，生理盐水稀释10倍。

[处方4] 止血敏，犬：10～40毫克/千克，肌内注射。

- 胸腔穿刺，排出积血，然后注入抗生素。
- 手术。出血量大的，结扎出血血管。
- 输血、补液、给氧等。

十二、胸腔积脓

【临床症状】▶▶▶

胸腔积脓是因化脓性感染而引起的胸腔内脓液潴留。也称脓胸，又称为化脓性胸膜炎。主要是胸膜、肺、纵隔、腹膜发生炎症，胸腔内肿瘤等继发感染化脓性细菌所致，如链球菌，双球菌、大肠杆菌、铜绿假单胞菌（绿脓杆菌）、放线菌、诺卡氏菌感染等。发生胸壁透创、咬伤、胸部食管破裂，手术感染等也易发生感染而引起本病。患病动物精神沉郁，行走无力，食欲废绝，体温升高，呈腹式呼吸和张口呼吸，呼吸急促，表情痛苦，可视黏膜发绀。胸部听诊可听到拍水音或摩擦音，伴有咳嗽，叩诊或触诊胸壁有疼痛感；肘外展、淋巴结肿大。胸腔穿刺液检查，有脓样渗出物。

【治疗方案】▶▶▶

治疗以消除病原，胸腔排脓，补液，全身应用抗生素为原则。

[处方1] 胸腔穿刺，排出积脓，0.1%雷佛努尔冲洗胸腔，然后注入细菌敏感抗生素和蛋白溶解酶加速浓汁溶解吸收。

［处方2］ 氨苄西林，犬：20～30毫克/千克，口服，每日2～3次；10～20毫克/千克，静脉滴注/皮下注射/肌内注射，每日2～3次。

［处方3］ 速诺（阿莫西林克拉维酸钾混悬剂），犬/猫：0.1毫升/千克，肌内注射/皮下注射，每日一次。

［处方4］ 头孢唑啉钠，犬：15～30毫克/千克，静脉滴注/肌内注射，每日3～4次。

［处方5］ 阿米卡星（丁胺卡那霉素），犬：5～15毫克/千克，肌内注射/皮下注射，每日1～3次；猫：10毫克/千克，肌内注射/皮下注射，每日3次。

十三、气胸

【临床症状】 ▶▶▶

气胸是指胸膜腔内贮积气体。外伤性的气胸因创口闭合情况不同而分为闭合性和开放性气胸，肺或支气管破裂后，气体不能排出，使胸膜腔内压力不断增高者，称为张力性气胸。主要由外伤性和自发性原因所致。外伤性的通常是由于外伤致使胸膜壁层、胸膜脏层或肺脏破裂，空气自裂孔进入胸膜腔，使肺脏萎缩。如锐器刺伤、胸壁透创、肋骨骨折等，使胸腔负压消失。自发性的如肺、支气管、气管自发性破裂，多见于肺结核、肺气肿、肺肿瘤等。若少量的胸膜腔内积气，可无明显症状，严重者表现为明显的腹式呼吸，呼吸困难、有疼痛表情，动物常保持久立不卧。可视黏膜发绀。患侧胸廓运动性差，肋间隙张开，胸廓扩大。听诊时呼吸音减低或消失，叩诊呈鼓音。开放性气胸症状发展快并且严重，在胸部创口可听见空气进入胸腔的"呼呼"声。X线检查，气胸部分透明度增强，肺纹理消失，肺向肺门收缩，其边缘可见线状阴影的脏层胸膜（肺膨胀不全，肺不张）。气管、心脏明显移位现象。其外围透明度增加。如胸壁透创或肋骨骨折引起空气大量进入胸腔，胸膜腔内压超过大气压，肺叶将萎缩，患病犬、猫可能因缺氧而很快死亡。

【治疗方案】 ▶▶▶

本病的治疗原则是对症治疗，防止继发感染。

- *开放性气胸，修复胸部创口，抽出胸部空气。*
- *闭合性气胸，情况较轻者，可自愈，严重者，可抽出胸部空气，治疗数日无效者，可探查性切开胸壁。*

［处方1］ 氨苄西林，犬：20～30毫克/千克，口服，每日2～3次；10～20毫克/千克，静脉滴注/皮下注射/肌内注射，每日2～3次。

［处方2］ 速诺（阿莫西林克拉维酸钾混悬剂），犬/猫：0.1毫升/千克，肌内注射/皮下注射，每日一次。

［处方3］ 头孢他定，犬：25～50毫克/千克，静脉滴注，每日2次。

- *输血、补液、给氧等。*

十四、乳糜胸

【临床症状】 ▶▶▶

本病是胸腔内贮留乳糜的疾病，临床上以胸腔内积有肠淋巴液、含乳糜微粒为特征。胸腔内贮留液外观上似乳糜样的液体叫假性乳糜胸。外伤、纵隔肿瘤等阻塞胸导管，是本病最常见的原因。纵隔部、横膈膜及心脏等外科手术后或胸导管及其分支的管壁受肿瘤、炎症、真菌性肉芽肿等的压迫、浸润、糜烂及坏死。右侧横膈膜疝、咳嗽、呕吐使胸腔内压变化，脆弱的淋巴管及扩张的淋巴管分支破裂等均可诱发本病。胸导管和前腔静脉联系不佳、胸导管静脉开口部形成血栓、纵隔部胸导管形成囊泡等，也可发生本病。由于乳糜丢失，患病动物体内发生一系列病理生理改变，主要表现为由于水和电解质丢失引起的脱水和电解质平衡紊乱，脂类和蛋白质的丢失引起营养不良和低蛋白血症。急性乳糜胸患病动物主要表现为精神沉郁，食欲下降或废绝，少数急性病脉搏快，体温低，较特征的症状是呼吸困难，呈腹式呼吸，可视黏膜苍白，突然虚脱。外伤性乳糜胸，数日至2周以后出现症状。听诊肺泡音减弱或消失，叩诊有浊音。有的胸部和腹侧浮肿。因肺炎或外科手术后感染等出现发热。

【治疗方案】▶▶▶

治疗以外科手术为原则，消除病因，防止全身性继发感染。
- 外科手术结扎胸导管。
- 有肿瘤的摘除肿瘤，先天性乳糜胸淋巴管扩张的不结扎胸导管。
- 胸腔穿刺，排出乳糜。
- 供氧。对于呼吸困难、严重缺氧的患病动物，应予以吸氧。
- 饲喂高蛋白高碳水化合物低脂肪食物。

十五、横膈膜疝

【临床症状】▶▶▶

横膈膜疝是一种内疝，是指肝、胃肠等腹腔脏器通过横膈膜裂隙进入胸腔的疾病。本病有先天性和后天性两种，先天性的是由于在胚胎期膈未能完全闭合所引起；后天性的多由于从高处坠落等剧烈的腹压压向胸腔或贯通性损伤等造成横膈膜破裂，而形成横膈膜疝。膈疝一般无特征性的临床症状，先天性病例多见于幼犬。表现为呼吸困难，尤其是在采食固体料时更为剧烈，病犬严重呕吐，腹痛，弓背收腹，精神沉郁，生长发育缓慢。如果小肠进入胸腔内，胸部听诊可闻肠蠕动音。肝脏嵌入较窄的横膈膜裂孔时，由于肝脏的损害，肝功能异常。血清转氨酶和碱性磷酸酶等升高，血清尿素氮升高。后天性的急性病犬多为外伤所致。根据腹腔脏器进入胸腔的多少，常出现不同程度的呼吸困难，腹式呼吸明显，腹围缩小，黏膜苍白，如有血管损伤，往往可有内出血，甚至出现休克症状，心跳加快，脉搏细数，并有轻度发烧。采用X线摄影可看到横膈膜阴影部分。硫酸钡造影可确认消化管位置移动或胸腔内是否有消化管影像等。

【治疗方案】▶▶▶

治疗以防止急性休克，手术治疗为原则。
[处方1] 氢化泼尼松琥珀酸钠，犬：11~30毫克/千克，静脉注射/肌内注射。
[处方2] 肾上腺素，犬：0.1~0.5毫升/次，皮下注射/静脉滴注/肌内注射/心室注射；猫：0.1~0.2毫升/次，皮下注射/静脉滴注/肌内注射/心室注射，生理盐水稀释10倍。
- 输血、补液、给氧。
- 手术修复闭锁破裂部，手术后进行相应的补液，抗生素等对症治疗。

第六章 犬、猫泌尿生殖系统疾病

第一节 生殖器官疾病

一、包茎

【临床症状】▶▶▶

由于损伤性病理过程,使包皮口狭窄、阴茎不能由包皮囊伸出叫包茎。常见的有炎性包茎和瘢痕性包茎。炎性包茎,局部温度增高,包皮水肿,有时包皮囊外翻,排尿困难或有包皮流出物,患犬不时舌舔该部。瘢痕性包茎,包皮囊腔内有尿液潴留膨胀,包皮口狭窄,用手挤压可排出尿液。

【治疗方案】▶▶▶

[处方1] 炎性包茎的治疗原则是抗菌、消炎、止肿、提高机体抵抗力。

[处方2] 对瘢痕性包茎的治疗,可以采用包皮部分切除术,即将包皮腹侧壁的三角皮瓣与包皮口外瘢痕组织一起切除,以达到扩大包皮口的目的。

二、阴茎包皮外损伤性疾病

【临床症状】▶▶▶

阴茎包皮外损伤性疾病,是指阴茎包皮的皮肤和筋膜层发生的损伤性疾病,临床上常见的为包皮外挫伤、包皮外创伤、包皮外蜂窝织炎和包皮外脓肿等几种。

【治疗方案】▶▶▶

包皮外挫伤的治疗原则为保持患部安静、控制血肿发展、缩短水肿时间和控制感染。

- 患犬隔离饲养和治疗,受伤的第1天局部进行冷敷。

- 普鲁卡因-青霉素，封闭疗法。
- 糖皮质类固醇类，肌内注射，连用 2~3 天。
- 2%碘酊或 5%蜂胶酊，第 4~5 天时患部外用。
- 包皮外蜂窝织炎的治疗原则为既要治疗本病，又要防治脓毒症的发生。应采取消炎、防腐剂的局部处理和补液和抗生素的全身疗法相结合的防治措施。
- 包皮外脓肿的治疗原则为抑制化脓菌的生命活力，及时切开排脓，提高机体抵抗力。具体方法为脓肿初期，可用普鲁卡因-青霉素封闭，同时涂擦酒精鱼石脂软膏，或进行热敷等，以促进脓肿的成熟。

三、包皮囊外翻

【临床症状】▶▶▶

包皮囊外翻，是指某些致病因素使包皮囊壁层露出在外面的病理现象。由于公犬性反射异常或不规范的人工采精时，造成的包皮多次机械性摩擦性损伤和炎症，促进包皮囊外翻。存在品种和个体差异。

包皮囊裸露部分呈圆筒状与外界接触，常被异物污染，呈现擦伤、紫血斑和皲裂等。病初，患犬阴茎头部的包皮囊定期外露，在采食、排尿、排粪和性兴奋时明显，尿呈小股溅出。随后，由于尿液浸渍包皮囊壁，使包皮囊外翻加重并引起发炎。若不及时治疗时，脱出的包皮囊壁层纤维组织增生，导致顽固性包皮囊外翻和包茎的形成。

【治疗方案】▶▶▶

- 对习惯性和非习惯性包皮囊外翻初期的患犬，可采用消除炎症，预防顽固性外翻和并发症。
- 上述疗法无效时，可采用锁扣状连续缝合法，将包皮囊壁层脱出部分固定在包皮囊壁上，以达到治愈目的。

四、嵌顿包茎或嵌闭包茎

【临床症状】▶▶▶

嵌顿包茎，是指由于某些致病因素使阴茎不能回复到包皮囊内的病理现象。严重的，可造成阴茎坏死。主要是由于阴茎外伤，而发生急性炎性水肿等病理过程，使其体积增大，同时造成阴茎缩肌的张力降低，从而发生嵌闭包茎。包皮口皮肤内翻、包皮囊外翻、阴茎头肿瘤和包皮龟头炎等，可引起嵌闭包茎。阴茎头部露出包皮囊外面，嵌闭部肿胀，呈弥漫性水肿，发绀，痛觉敏感，可出现擦伤、溃疡和坏死灶。以后肿胀部炎症由急性转为慢性，结缔组织增生，此时肿胀较硬，无热无痛。如果是由包皮口的肿瘤引起的嵌闭包茎，可呈现排尿困难、患犬不安等症状。如果是麻痹性嵌闭包茎，其垂下部无明显的损伤，局部温度正常或稍低，阴茎可以整复至包皮囊内后又立即露出，阴茎对疼痛刺激不敏感，会阴部皮肤、股后部表面和阴囊丧失知觉，肛门和尾巴松弛，甚至后肢运动失调。

【治疗方案】▶▶▶

消除病因，防止患犬舔咬患部。
- 对新发生和由炎性水肿引起的嵌闭包茎：用 0.1%高锰酸钾溶液清洗患部，涂以氢化可的松或抗生素软膏后，将其整复至包皮囊内。每日向包皮囊腔内注入抗生素乳剂，连用3~5天。
- 对瘢痕性狭窄或肿瘤引起的嵌闭包茎：将瘢痕或肿瘤切除后整复阴茎。
- 对麻痹性嵌闭包茎和进行性湿性坏疽、大面积的瘢痕或溃疡等嵌闭性包茎患犬不宜种用，必要时可进行阴茎截断术。

五、包皮龟头炎

【临床症状】 ▶▶▶

在包皮囊壁层发炎时通常伴发龟头炎，形成包皮龟头炎。急性包皮龟头炎主要由于包皮和龟头部遭受机械性损伤引起。损伤之后，原来隐存在包皮囊腔的病原微生物即可侵入而发生急性感染。慢性包皮龟头炎主要由于蓄积在包皮囊腔内的尿液和污垢分解产物长时间刺激引起，或由于急性炎症转化而成。包皮龟头炎的一般症状是包皮呈现炎性肿胀，包皮被毛处皮肤潮红，动物不断舔咬，局部温度增高，疼痛、敏感，有时出现小的溃疡和糜烂，从包皮口流出浆液性或脓性分泌物，并将包皮上的长毛黏附着，形成干固的痂皮，可见包皮囊壁层和龟头表面，常覆盖有炎性渗出物，其渗出物的性质因炎症类型而异。

【治疗方案】 ▶▶▶

- *3%明矾水清洗包皮腔。*

[处方1] 每日向包皮囊腔内注入抗生素乳剂如红霉素软膏1次，连用3~5天。

[处方2] 盐酸氯丙嗪，犬：2~5毫克/千克，肌内注射。

六、睾丸炎、睾丸鞘膜炎和附睾炎

【临床症状】 ▶▶▶

由于睾丸鞘膜炎、睾丸炎和附睾炎常常同时发生。该病有一侧性和两侧性的。可分为急性和慢性的。在急性经过时，睾丸体积明显增大、水肿、局部增温、疼痛。在患布氏杆菌病性睾丸炎时，除上述症状外，阴囊腔内积有大量渗出物。在化脓性和结核性睾丸炎时，可形成一个或几个脓肿，这些脓肿可向阴囊腔破溃，继而可发展成化脓性精索炎和腹膜炎。化脓性睾丸炎的特点是公犬精神萎靡不振，体温升高，性反射抑制。精液内有死精子和脓液。脓肿局部有波动区，穿刺时可排出脓汁。在慢性无菌性睾丸炎和附睾炎时，患犬症状常呈亚临床型，检查时可见精液质量逐渐恶化和睾丸硬度变化。在慢性睾丸鞘膜炎时，睾丸和阴囊壁发生粘连。

【治疗方案】 ▶▶▶

[处方1] 氨苄西林，犬：20~30毫克/千克，口服，每日2~3次；10~20毫克/千克，静脉滴注/皮下注射/肌内注射，每日2~3次，连续2周。

[处方2] 速诺（阿莫西林克拉维酸钾混悬剂），犬/猫：0.1毫升/千克，肌内注射/皮下注射，每日一次。

- *急性睾丸炎和附睾炎初期，采用抗生素疗法，同时注意维生素A、维生素C、维生素D和维生素E的投给。*
- *一侧性或双侧性慢性睾丸炎和附睾炎，可用抗生素疗法之后再将病患睾丸及附睾进行手术摘除，保留健侧睾丸和附睾。*

七、前列腺肥大

【临床症状】

前列腺肥大是老龄公犬前列腺功能障碍的常见病。6岁以上的公犬有60%都有不同程度的前列腺肥大。临床特征为排便困难。主要症状是里急后重、排便困难或便秘,患犬频频努责,仅排出少量黏液。偶有少尿、血尿和膀胱膨满现象。有的病例由于过度努责,腹压加大,致使肥大的前列腺进入骨盆腔而形成会阴疝。后肢明显跛行,全身症状不明显。

【治疗方案】

- 睾丸摘除术是最有效的治疗方法。

[处方1] 己烯雌酚(良性前列腺肥大),犬:0.1~1毫克,口服/肌内注射,每日1次,连用5天,然后,每5~14天重复。

[处方2] 醋酸甲地孕酮(良性前列腺肥大),犬:0.55毫克/千克,口服,每日1次,连用4周。

[处方3] 非那司提(良性前列腺增生症),犬:5毫克,口服,每日1次。

八、前列腺囊肿和前列腺炎

【临床症状】

在先天性前列腺畸形的条件下,伴发腺瘤型前列腺肥大时,称为前列腺囊肿。当囊肿大到足以压迫附近的直肠和尿道时,导致排便和排尿的障碍。当囊肿被感染时,则转为前列腺炎。前列腺炎主要继发于泌尿道感染,在公犬精液中曾分离出链球菌、葡萄球菌、铜绿假单胞菌、大肠杆菌、变形杆菌和放线菌等和全身感染的布氏杆菌和结核杆菌等。可分为急性和慢性。按炎症性质可分为卡他性和化脓性的。前列腺炎初期的典型症状是射精量增加,精液稀薄和pH值增加到8~8.5。检查精液时,可见精子的活力和浓度下降,精子凝集,有白细胞等。在精液中可分离出各种微生物。前列腺炎最初表现为疼痛反射,即通过直肠触摸患侧前列腺时,可发现睾丸被拉向阴囊内腹股沟管部。当两侧性发炎时,则有两侧睾丸被拉紧的现象。当有脓肿时,有波动感,此时,患犬精神沉郁、体温升高至40℃以上。随着化脓性前列腺炎的发展,精液品质不断恶化,患犬射出的精液呈黄色、褐色或灰绿色,精液呈黏液样、混有白色絮状物,并具有腐败气味。

【治疗方案】

前列腺囊肿可采用手术疗法。前列腺炎可采用抗生素一般在早期治疗效果良好。

[处方1] 氨苄西林,犬:20~30毫克/千克,口服,每日2~3次;10~20毫克/千克,静脉滴注/皮下注射/肌内注射,每日2~3次,连续2周。

[处方2] 速诺(阿莫西林克拉维酸钾混悬剂),犬/猫:0.1毫升/千克,肌内注射/皮下注射,每日一次。

[处方3] 诺氟沙星(前列腺炎),犬:10毫克/千克,口服,每日2次,5毫克/千克,肌内注射,每日2次。

[处方4] 拜有利(前列腺炎),犬:5~15毫克/千克,口服/皮下注射,每日2次。

[处方5] 复方新诺明(前列腺炎),犬:15~30毫克/千克,口服,每日2次。

[处方6] 阿米卡星(抗感染),犬:5~15毫克/千克,肌内注射/皮下注射,每日

1~3次。

[处方7] 头孢噻肟钠（抗感染），20~40毫克/千克，静脉滴注/肌内注射/皮下注射，每日3~4次。

[处方8] 青霉素，犬：40万~80万单位，肌内注射，每日2次，连用5~7天。

[处方9] 链霉素，犬：50万~100万单位，肌内注射，每日2次，连用5~7天。

九、隐睾症

【临床症状】▶▶▶

成年犬睾丸仍留在腹腔内或腹股沟管内，不下降到阴囊内即为隐睾症，又称睾丸下降不全。公犬隐睾多见于左侧，少见于右侧和左右两侧，当一侧隐睾时，留在阴囊的一侧睾丸仍能正常的起作用和维持公犬的性功能，当两侧隐睾时，公犬仍有明显的第二性征和性反射。另一方面，睾丸留在腹腔内在高温38.5℃条件下，可抑制精细管胚上皮的发育，所以，可显著地抑制精子的形成，两侧隐睾丸的公犬，在其射出的精液内没有精子，无生育能力。

【治疗方案】▶▶▶

- 不能做种用，必须淘汰或进行隐睾摘除。

十、外阴炎和阴道炎

【临床症状】▶▶▶

外阴炎是指母犬外阴部的炎症。是母犬常发病，但是往往被忽略。患犬不安，局部红肿、疼痛、发痒，出现阴道分泌物，经常用舌舔患部。有的病例因阴门周围常被炎性分泌物污染而诱发皮炎或湿疹。阴道炎是指母犬阴道和阴道前庭黏膜的炎症。多发生于经产母犬。病犬烦躁不安，经常舔阴门。阴道黏膜潮红、肿胀，并有炎性分泌物排出，从阴门流出的分泌物，散发出一种吸引公犬的气味，在非发情期可接受公犬交配，因此，常被误认为发情。阴道黏膜呈现充血、肿胀，并有分泌物附着于阴道黏膜表面。

【治疗方案】▶▶▶

局部清理应用抗生素，防止继发感染。

- 先用**0.1%高锰酸钾溶液**或**0.1%雷佛奴尔溶液**、生理盐水冲洗阴道。再用青霉素软膏、红霉素软膏或磺胺软膏、碘甘油涂布于黏膜上。

[处方1] 氨苄西林，犬：20~30毫克/千克，口服，每日2~3次；10~20毫克/千克，静脉滴注/皮下注射/肌内注射，每日2~3次，连续2周。

[处方2] 速诺（阿莫西林克拉维酸钾混悬剂），犬/猫：0.1毫升/千克，肌内注射/皮下注射，每日一次。

十一、阴道增生症

【临床症状】▶▶▶

阴道增生症是指母犬的阴道底或壁部分的黏膜增生性肥厚。发情母犬的阴道部分黏膜肥厚形成肿块，外阴肿胀。患犬交配或排尿发生困难。当突出的肿块被擦伤后，可导致感染、化脓或溃烂。肿胀通常在动情期后不久消退，但下次发情时可能复发。无其他明显症状。

【治疗方案】▶▶▶

[处方] 醋酸甲地孕酮，犬：2毫克/千克，口服，每日1次，连用7天。

- 轻微的肿胀或肿块，通常在动情后不久即可消退。当突出的肿块擦伤和感染时必须进行外科切除。

十二、阴道脱出

【临床症状】▶▶▶

阴道脱出是指阴道壁的一部分或全部外翻和脱出于阴门口或阴门之外。多见于发情前期和发情期的母犬，偶尔在妊娠末期发生。阴道部分脱出的患犬，初期阴道黏膜外露，站立时可纳入阴道。若脱出时间过久，脱出部位会进一步增大，犬站立也不能还纳入阴道。若脱出部位接触异物擦伤则可引起黏膜出血或糜烂。阴道全部脱出的患犬，整个阴道翻于阴门之外，呈红色球状物露出，如脱出时间过长则黏膜发紫，水肿，发热，表面干裂，裂口中有渗出液流出。

【治疗方案】▶▶▶

- 2%明矾水清洗后进行整复。
- 水肿严重，用50%葡萄糖水冷敷。
- 由于发情导致的轻度阴道脱出，于发情结束后可自然恢复。
- 阴道部分脱出，站立时可回纳阴道的病例，让其自行恢复或稍加整复即可。
- 阴道全脱不能回纳的，要求采取阴道整复和固定的方法。对于习惯性和保守疗法无效的可进行阴道脱切除术。术后2~3天，每天肌内注射抗生素。
- 若阴道脱出物发生严重糜烂时，要进行坏死组织切除术。
- 对于妊娠期发生的阴道脱出，会引起分娩困难，但一般采用保守疗法，若保守疗法无效，为保全母犬，可进行剖宫产术。这类病犬不宜再繁殖，因本病有遗传性，故推荐采取卵巢子宫切除术以根治本病。

十三、子宫内膜炎

【临床症状】▶▶▶

子宫内膜炎是指子宫黏膜及黏膜下层的一种急性或慢性炎症。主要是由于分娩或产后子宫内膜发生细菌感染所致。急性子宫内膜炎：体温升高，精神沉郁，食欲减少，烦渴贪饮，有时呕吐和腹泻，有时努责和排尿姿势。从阴道排出灰白色混浊含有絮状分泌物或脓性分泌物，特别是在卧下时排出较多。通过腹壁触诊时，子宫角增大、有疼痛反应，呈面团样硬度，有时有波动感。慢性子宫内膜炎：多无明显全身症状。主要以患犬、猫发情不正常或不发情、屡配不孕、孕后易发生流产，有时从阴道排出混浊带有絮状物的黏液或脓性分泌物。通过腹壁触诊时可触知子宫角粗大。有的由于子宫颈肿胀和增生，腔道变狭窄，脓性分泌物蓄积于子宫内，子宫角明显增大，触诊时子宫壁紧张有波动，患犬、猫有疼痛反应。

【治疗方案】▶▶▶

治疗以消除炎症、增强机体抵抗力和恢复子宫机能为治疗原则。

[处方1] 0.1%高锰酸钾溶液或0.1%雷佛努尔溶液清洗子宫。

[处方2] 向子宫内注入消炎抑菌药，犬：青霉素20万～80万单位和链霉素50万～100万单位或新霉素50～100毫克等。

[处方3] 己烯雌酚，犬：0.2～1毫克，口服/肌内注射。

[处方4] 马来酸麦角新碱，犬：0.1～0.5毫克/次，肌内注射/静脉滴注；猫：0.07～0.2毫克/次肌内注射/静脉滴注。

[处方5] 苄星青霉素，犬：4万～5万单位/千克，肌内注射，每2～3日1次。

[处方6] 红霉素，犬：5～10毫克/千克，口服，每日3次。

- 如上述疗法无效时，可考虑施行子宫切除术。

十四、子宫蓄脓综合征

【临床症状】▶▶▶

子宫蓄脓综合征是指子宫内蓄积大量脓液并伴有子宫内膜增生性炎症。临床上可呈现子宫蓄脓、子宫内膜炎、子宫脓肿等多种疾病的症候群。病犬精神沉郁，厌食，多数患犬、猫多饮多尿，有的犬呕吐。一般体温正常，发生脓毒血症时，体温升高。阴门排出分泌物较多，带有臭味。阴门周围、尾和后肢跗关节附近的被毛被阴道分泌物污染，有的犬频频舔阴门。子宫颈关闭的病例，其腹部膨大，触诊敏感，可摸到扩张的子宫角。子宫显著肥大的病例，可见其腹壁静脉怒张。临床血象检查其白细胞数增加，核左移显著，幼稚型达30%～50%以上。阴道涂片检查有大量的或成堆的嗜中性白细胞和微生物。

【治疗方案】▶▶▶

根据病情，可采取手术疗法或药物疗法。卵巢、子宫摘除术是本病的根治方法。以促使子宫颈开张和子宫收缩，消除子宫内感染的微生物，除去致病因素的来源为治疗原则。

[处方1] 睾酮，犬：200～300毫克/次，口服，2次/周，连用3周。

[处方2] 前列腺素，犬：0.25～1毫克/千克，肌内注射。

[处方3] 催产素，犬：10～20单位/次。

[处方4] β-内酰胺类抗生素，犬：35毫克/千克，每日3～4次，静脉注射，连用3～5天。

十五、子宫脱出

【临床症状】▶▶▶

子宫脱出是指分娩后子宫的一部分或全部翻转，脱出于阴道内或阴门外。多发生于分娩和流产期间或之后，多见于老龄犬。部分脱出的子宫停留在阴道内，从外表不易发现。患犬表现不安，努责，腹壁紧张，有轻度腹痛，姿势异常，阴道流出分泌物等现象。阴道检查时可发现子宫翻转脱出于阴道内。套叠不能复原时，易发生浆膜粘连和顽固性子宫内膜炎，引起不孕。有的为一侧性或双侧性全部脱出的子宫露出于阴门外。脱出的子宫黏膜淤血或出血、水肿，受伤及感染时可化脓、坏死，有的患犬咬破脱出的子宫可引起大出血，继发败血症。

【治疗方案】▶▶▶

采用手术修复的方法进行治疗，将脱出的子宫还纳复位。当脱出子宫发生破裂、大面积损伤或发生坏死或难以还纳以及反复脱出时，为挽救母犬的生命，可进行子宫卵巢摘除术。

十六、子宫捻转

【临床症状】▶▶▶

子宫捻转是指整个怀孕子宫围绕自身纵轴发生了不同程度的扭转,多发于临产前,也可发生于怀孕末期的任何时候。患犬精神沉郁、喜卧不愿活动、昏睡、呕吐、厌食、眼结膜暗红,并呈现树枝状充血、鼻镜干燥、腹部膨大、腹壁呈暗红色,扭转部紧张而有弹性,触之有痛感,并可感觉到腹部后方有肿物,阴门分泌物带血或呈黏液样。腹部听诊和触诊时,无子宫收缩和胎儿活动。阴道检查,产道内干涩、缺乏润滑感、子宫颈紧张、有牵拉感、并有较多的皱襞。

【治疗方案】▶▶▶

- 捻转初期,可提起患犬两后肢,急速的向子宫捻转方向旋转,力求子宫复位,否则可进行剖腹整复术或剖宫产术,并同时使用支持疗法,包括治疗休克或出血。
- 捻转时间过长,子宫破裂或子宫肌变性坏死、胎儿坏死时,多推荐卵巢子宫切除术。术前和术后应使用抗生素。

十七、卵巢囊肿

【临床症状】▶▶▶

卵巢囊肿是指卵巢组织中未破裂的卵泡或黄体,因其本身发生变性和萎缩而形成一球形空腔。前者为卵泡囊肿,后者为黄体囊肿。卵泡囊肿,由于卵泡素分泌过多,表现为性欲亢进,持续发情,阴门红肿,偶尔见有血样分泌物;神经过敏,表现凶恶,经常爬跨其他犬、猫、玩具或家庭成员,但母犬、猫却拒绝交配。黄体囊肿的母犬、猫,表现为长期不发情。

【治疗方案】▶▶▶

[处方1] 促黄体激素,犬:1毫克/次,皮下注射/静脉滴注,每日1次,连用7天。
[处方2] 绒毛膜促性腺激素,犬:50~100单位,肌内注射。
[处方3] 黄体酮,犬:2~5毫克,肌内注射,每日1次或隔日1次,连用2~5次。
[处方4] 17α-羟孕酮,犬:3~5毫克/千克,口服。

- 上述疗法无效时,进行卵巢摘除术。

十八、假孕

【临床症状】▶▶▶

已达性成熟,无论交配与否的未孕犬,发生了与妊娠相似的身体和行为变化称为假孕。临床表现与正常妊娠非常相似,性情温和,被毛光亮。发情间期的早期类似于妊娠早期:有的犬会出现呕吐、腹泻、食欲增加等症状。发情间期的中期类似于妊娠中期:乳腺发育;攻击性行为改变,例如小型犬攻击性增强及嗜睡;主人误认为犬妊娠而过度饲喂造成体重增加;腹围增大,腹部脂肪蓄积。到发情间期结束时有明显的围产期征兆:做窝、不安、厌食和攻击性增强;护理无生命的物品;泌乳,乳腺可产生正常的乳汁或棕黄色水样液体,可能因乳腺充盈而继发乳腺炎。由于内分泌紊乱所致假孕,在出现以上围产期征兆1~2周之后,其症状即可消失。若为子宫蓄脓则会排出多量脓性分泌物,要及时处理,以防转为慢性炎症经过。

【治疗方案】

有的假孕病例,往往不治自愈,有明显行为改变的犬才进行治疗。

[处方1] 甲基睾丸酮(抑制黄体孕酮),犬:1~2毫克/千克,每日1~2次,连用2~3天。

[处方2] 前列腺素(抑制黄体孕酮),犬:1~2毫克/次,每日1~2次,连用2~3天。

[处方3] 丙酸睾酮(假孕时减少乳汁分泌),犬:0.5~1.0毫克/千克,肌内注射。

- 对于精神异常兴奋的犬可给予缓慢镇静剂。突然减少犬的饮食和饮水供给 **24~48 小时**,可减少泌乳,同时给犬戴嘴罩防止吸吮自己的乳汁,并加强运动,均可以促使假孕现象早日消失。
- 对于有子宫蓄脓的病例,参照子宫蓄脓治疗方法进行治疗。对于再三发生假孕的犬可施行卵巢或卵巢子宫摘除术。

十九、流产

【临床症状】

流产是指由于胎儿或孕犬的异常,或它们之间的孕育关系受到破坏等多种原因导致妊娠的生理过程发生紊乱,引起妊娠中断。它可以发生于妊娠的各个阶段,但多发于妊娠早期。流产的原因极为复杂,可概括分为:生殖细胞缺陷、母体内环境异常、传染疾病、创伤等。

由于流产的发生时期、原因及孕犬的反应能力不同,流产的病理过程及所引起的胎儿变化和临床症状也很不相同。但基本分为五类:预兆性流产、隐性流产、排出不足月的活胎儿、排出死亡而未经变化的胎儿和延期流产。

预兆性流产:妊娠母犬从阴道内流出透明或半透明的胶冻样黏液,有时混有血液,临床稍有不安表现,呼吸粗糙,脉搏增快。腹部触诊或X线检查时,胎动不安。

隐性流产:发生于妊娠一个月之内,没有临床症状的流产,属于胚胎早期死亡的范畴。

排出不足月的活胎儿:即早产,母体在怀孕期满前排出成活的未成熟胎儿。

排出死亡而未经变化的胎儿:即小产,此种流产最为常见。胎儿死亡后,它对母体而言已成为外物,引起子宫收缩反应(胎儿干尸化例外),数天之内将死胎及胎膜排出。

延期流产(死胎停滞):胎儿死亡后,由于子宫阵缩微弱或无阵缩,子宫颈口不开或开张不大,死胎长期滞留于子宫内称为延期流产。胎儿死后,究竟发生浸溶还是干尸化,关键在于黄体是否萎缩及子宫颈开放与否。

【治疗方案】

[处方] 预兆性流产的治疗:安胎、保胎,及时投给保胎药和镇静剂。如肌内注射孕酮5~10毫克,每日1次,连用3~5次。

- 排出不足月活胎儿的治疗:胎儿排出缓慢时,需要人工加以协助;特殊护理早产儿,如保温、人工协助哺乳。
- 排出死亡而未经变化胎儿的治疗:治疗以尽快排出死胎为原则。若死胎不能自行排出,可使用催产素或前列腺素、雌激素等,促进子宫收缩,数天之内可将死胎和胎膜排出。
- 胎儿干尸化的治疗:可使用己烯雌酚,或子宫内注入前列腺素,均有较好疗效。如果干尸化胎儿较大或胎儿位置、姿势不正常,胎儿不能排出时,可进一步行牵引术或截胎术,将胎儿取出。

胎儿浸溶的治疗：对胎儿已经腐败或先分别肌内注射或皮下注射前列腺素和雌激素，以进一步消融黄体和促进子宫颈开张，因产道干涩，需同时在子宫及产道内灌入润滑剂，利于残存物排出，也可以采用手术方法扩张子宫颈口，将胎儿骨骼逐块取出。如胎儿软组织已基本液化，需尽可能将骨骼取净。因为子宫内常常还留有胎儿的分解组织和炎症产物，取净后须用温消毒液（0.1%高锰酸钾或新洁尔灭）或10%温盐水冲洗子宫，最后在子宫内放入广谱抗生素。因为此种流产可以引起慢性子宫内膜炎、腹膜炎、败血症或脓毒血症而导致死亡，所以必要时进行全身治疗。

二十、难产

【临床症状】▶▶▶

难产是指由于各种原因而使分娩的第一阶段开口期，尤其是第二阶段胎儿排出期明显延长，超过了正常的分娩时间，如不进行人工助产，则母犬难于或不能将胎儿娩出。主要原因有，胎儿异常、母体产道狭窄、母体分娩力不足。若阵缩和努责次数少、持续时间短、力量微弱，自分娩开始发动后3小时，胎儿仍尚未娩出则为难产，且多为原发性子宫乏力性难产。正常排出两仔的间隔从几分钟到几小时变化很大，但持续收缩1小时仍不排出仔犬为发生难产。

【治疗方案】▶▶▶

［处方1］ 进行剖宫产术。术后全身给予抗生素或磺胺类药物7～10天，调节机体酸碱平衡。

［处方2］ 垂体后叶素，犬：50～30单位/次，肌内注射/静脉滴注；猫：5～10单位/次，肌内注射/静脉滴注。

［处方3］ 10%葡萄糖酸钙，犬：10～100毫升/次，静脉注射。

二十一、胎衣不下

【临床症状】▶▶▶

母犬娩出胎儿后，胎衣在第三产程胎衣排出期的生理时限内未能排出，就称为胎衣不下或胎衣滞留。主要由于子宫收缩无力，而引起胎衣不下。妊娠期间子宫有炎症时，也可能引起胎衣不下。胎衣不下的母犬，病初有剧烈努责现象，但未见胎衣排出，腹部触诊时感知子宫呈节段性肿胀。若滞留在子宫内的胎衣在12～24小时内完全排出来，犬多半不会发生并发症，全身症状不明显。若胎衣不下超过1天则发生腐烂，发生急性子宫炎，微生物和毒素很快进入机体内，在第2天即表现出明显的全身症状，如体温升高，食欲废绝，呼吸和心跳增数，产道流出难闻的分泌物。若不及时进行治疗，往往并发败血症后很快死亡。

【治疗方案】▶▶▶

［处方1］ 0.1%高锰酸钾（防腐消毒），冲洗灌注子宫。

［处方2］ 0.1%雷佛努尔（防腐消毒），冲洗灌注子宫。

［处方3］ 青霉素，冲洗灌注子宫，可促进胎衣的排出和控制子宫内感染。

［处方4］ 垂体后叶素（胎衣不下），犬：50～30单位/次，肌内注射/静脉滴注；猫：5～10单位/次，肌内注射/静脉滴注。待宫颈张开后再用上述子宫收缩药。

［处方5］ 马来酸麦角新碱（胎衣不下），犬：0.1～0.5毫克/次，肌内注射/静脉滴注；猫：0.07～0.2毫克/次，肌内注射/静脉滴注。待宫颈张开后再用上述子宫收缩药。

第六章 犬、猫泌尿生殖系统疾病

- 部分胎衣滞留时，可用两指伸入阴道内夹住胎衣牵引出。也可用产科钳伸入产道内夹住胎衣并加以旋转，将其拉出。但不可以强制粗暴行事，以防子宫破裂或脱出。
- 对无法取出胎衣，如子宫颈已紧闭或子宫已坏死的病例，可进行剖腹剥离胎衣或卵巢子宫切除术。
- 对全身症状较明显的病例，应根据病情实施全身性对症治疗和支持治疗。

二十二、产后败血症

【临床症状】▶▶▶

产后败血症是由于子宫或阴道严重感染而继发的全身性感染疾病。其特点是细菌进入血液并产生毒素。产道感染和胎衣不下是本病的主要原因。

根据机体的抵抗力和病原菌在机体内繁殖的特征不同而异。一般临床呈现严重的全身症状为体温升高很快，24小时内可比常温高出2℃以上，呈稽留热，食欲废绝，时有呕吐，脉搏细而快，呼吸快而浅，恶寒战栗，皮肤冰冷，尤其是耳朵、四肢和乳房处等，血便，对周围环境十分淡漠。直肠检查可发现子宫复旧延迟、子宫壁增厚而弛缓。从产道内排出巧克力色难闻的分泌物，阴道黏膜干燥、肿胀。

【治疗方案】▶▶▶

治疗以局部处理、全身用药和对症治疗为原则。

[处方1] 氨苄西林，犬：20～30毫克/千克，口服，每日2～3次，10～20毫克/千克，静脉滴注/皮下注射/肌内注射，每日2～3次。

[处方2] 速诺（阿莫西林克拉维酸钾混悬剂），犬/猫：0.1毫升/千克，肌内注射/皮下注射，每日一次。

[处方3] 阿米卡星，犬：5～15毫克/千克，肌内注射/皮下注射，每日1～3次；猫：10毫克/千克，肌内注射/皮下注射，每日3次。

[处方4] 青霉素，冲洗灌注子宫，可促进胎衣的排出和控制子宫内感染。

[处方5] 四环素，冲洗灌注子宫，可促进胎衣的排出和控制子宫内感染。

[处方6] 垂体后叶素（促进子宫内物排出），犬：50～30单位/次，肌内注射/静脉滴注；猫：5～10单位/次，肌内注射/静脉滴注。待宫颈张开后再用上述子宫收缩药。

[处方7] 马来酸麦角新碱（促进子宫内物排出），犬：0.1～0.5毫克/次，肌内注射/静脉滴注；猫：0.07～0.2毫克/次，肌内注射/静脉滴注。待宫颈张开后再用上述子宫收缩药。

[处方8] 前列腺素F_2（促进子宫内物排出），犬：0.1～0.25毫克/千克，皮下注射，每日1～2次；猫：0.1～0.25毫克/千克，皮下注射，每日1～3次。

- 对症治疗。根据病情配合输液或输血、强心和抗酸中毒等疗法。

二十三、产后抽搐

【临床症状】▶▶▶

产后抽搐指多胎母犬孕期低钙血症，产后发生全身痉挛，亦称乳热症或低血钙症。此病以产后2～4周期间发生的最多，且多见于多胎、泌乳量高的母犬和小型、兴奋型的犬。多由于低血钙症引起。

母犬的早期症状包括：突发抽搐，喘气，呼吸困难，口吐白沫可视黏膜呈蓝紫色，偶尔发出哀叫声，有的也会出现步态僵直，甚至卧地不起。没有被发现或进行治疗的病例，母犬体温会上升到41～42℃。母犬从出现症状到发生痉挛，短的约15分钟，长的约12小时，经过较急，如不及时救治，多于1～2天后窒息死亡，快速诊断十分重要。

【治疗方案】▶▶▶

治疗以及时补充血钙、进行对症治疗和减少泌乳为原则。

[处方1]　10％葡萄糖酸钙低血钙，0.5～1毫克/千克体重加入10毫升5％葡萄糖溶液中静滴。

[处方2]　安定，犬：0.5毫克/千克，静脉滴注；猫：0.2～0.6毫克/千克体重，静脉滴注。

[处方3]　戊巴比妥钠，3～5毫克/千克，静脉滴注。

[处方4]　盐酸氯丙嗪，0.5～1毫克/千克，静脉滴注。

[处方5]　10％葡萄糖，5～10毫克/千克体重，静脉滴注。

[处方6]　钙制剂（乳酸钙、碳酸钙、葡萄糖酸钙等），补钙，口服。

[处方7]　维生素D制剂，犬：0.2万～0.5万单位/次，口服。

[处方8]　25％硫酸镁，犬：0.1毫克/千克，肌内注射。

- 加强营养，给予全价日粮，最好是专门用于泌乳和生长期犬的犬粮。
- 母仔分开饲养，或考虑给仔犬断奶或给仔犬补充食物以减少乳汁需要量。

二十四、乳房炎

【临床症状】▶▶▶

乳房炎是指乳腺受到病原微生物的感染而发生的急性或慢性炎症。慢性乳房炎，可由急性乳房炎转变而来，但更常见于老龄犬、猫，其发生可能与体内激素代谢紊乱或失调有关。急性乳房炎：病初，乳房潮红、肿胀、皮肤紧张，触诊坚实，并有热痛，母犬、猫常不让仔犬、猫吮奶，泌乳量减少或停止。随后，在患病乳房内形成一些小肿块，此时体温升高、精神沉郁、食欲减退，从乳房中可挤出稀薄、混浊、含有絮状物或血液的乳汁。慢性乳房炎：临床上以乳腺内结缔组织增生而形成硬块，乳腺萎缩，泌乳功能丧失等为主要症状，其他全身症状不明显。

【治疗方案】▶▶▶

治疗以抗菌消炎为主要治疗原则。

[处方1]　头孢拉定，犬：25～50毫克/千克，肌内注射/静脉注射，每日2次，连用2～3天。

[处方2]　地塞米松，犬：0.2～1.0毫克/千克，静脉注射/皮下注射/口服，每日1～2次，连用2～3天。

[处方3]　林可霉素，犬：15毫克/千克，口服，每日3次，连用21天。

[处方4]　头孢噻吩，犬：10～30毫克/千克，肌内注射/静脉滴注，每日3～4次。

- 慢性乳房炎：参照上述方法无效时，可考虑患病乳腺切除。

二十五、缺乳症

【临床症状】▶▶▶

缺乳症或称无乳症是指母犬、猫分娩后乳量不足或全无的病理状态。由于母犬、猫泌乳量少或无乳，临床呈现乳房松软、缩小（若为乳房炎时是炎性肿胀的）用手挤不出乳汁。仔犬、猫哺乳次数增加但吃不饱，经常追赶母犬、猫吮乳，有时乳头被咬破，甚至发炎、溃烂。仔犬、猫常因饥饿而鸣叫、乱啃咬，很快消瘦，甚至全窝仔犬、猫死亡。

【治疗方案】▶▶▶

应改善饲养管理，补充营养，消除病因，治疗原发病，必要时进行药物催乳。

［处方1］ 垂体后叶素，犬：5～30单位/次，肌内注射/皮下注射，每日1次，连用2～3天。

［处方2］ 促甲状腺释放激素，犬：0.005～0.03毫克/次，肌内注射/皮下注射，每日1次，连用2～3天。

二十六、脐炎

【临床症状】▶▶▶

脐炎是指幼犬、猫脐带断端被感染而发生的炎症、化脓或坏疽等病理现象。一般多发生于仔犬、猫生后3～6天。本病主要是由于助产时脐带消毒不严，或产房卫生不良致使脐带污染，或仔犬、猫相互舐吸脐带所致。此外，初生幼犬、猫脐带闭合不全或有脐尿管瘘时，被感染所致。病初脐带肿胀、疼痛，有时肿胀可蔓延至脐带周围的腹部。局部温度增高。随后，由于脐带断端被腐败物所堵塞，在脐带中央能触感到索状物，并可挤出恶臭的脓汁。这表明脐部已化脓或坏死，此时会有体温反应。严重者可引起全身感染，甚至死亡。

【治疗方案】▶▶▶

［处方1］ 对于较轻病例：0.25%普鲁卡因溶液10～30毫升，内加青霉素40万～80万单位，脐孔周围封闭注射，或青霉素、链霉素等肌内注射。

［处方2］ 已发生化脓和坏死时：清洗消毒后，涂抹消炎粉（如冰片散），肌内注射抗生素。

- **已发生败血症或破伤风的病例**：局部治疗与全身处理同时进行。

第二节　泌尿器官疾病

一、尿道损伤

【临床症状】▶▶▶

尿道损伤是指多种因素直接或间接地作用于尿道所造成的伤害。多发生于公犬、猫。多因会阴部受到直接或间接地打击、碰撞或跳越障碍物时发生的挫伤。根据损伤部位和损伤程度的不同，临床症状也有差异。阴茎部尿道挫伤时，局部发生肿胀、增温、疼痛，皮肤呈紫色。触诊十分敏感。病犬、猫常用舌舔患部，排尿不畅或尿频等。若尿道发生创伤时，除有上述症状外，尿中混有血液和出现漏尿等症状。常因感染引起排尿障碍或尿闭，甚至膀胱破裂。会阴部尿道损伤时，尿液可渗入骨盆腔和腹腔，下腹部肌肉紧张，并呈现水肿现象。严重者可呈现腹膜炎、休克等全身症状。

【治疗方案】▶▶▶

镇静止痛、抗休克、抗感染、疏通尿路为治疗原则。

［处方1］ 吗啡，犬：0.2～0.5毫克/千克，皮下注射/肌内注射，每4～6小时一次，或0.1毫克/千克，静脉滴注，每日2～4次；猫：0.05～0.1毫克/千克，皮下注射/肌内注射，每日2次。

• 为了保证尿路畅通，可安置导尿管。

［处方2］ 地塞米松，犬/猫：1～4毫克/千克，缓慢静脉注射。

［处方3］ 0.25%～0.5%普鲁卡因溶液，犬：10～20毫升与青霉素20万～40万单位，在尿道损伤部位进行封闭疗法。

［处方4］ 头孢拉定，犬：25～50毫克/千克，肌内注射/静脉注射，每日2次。

［处方5］ 速诺（阿莫西林克拉维酸钾混悬剂），犬/猫：0.1毫升/千克，肌内注射/皮下注射，每日一次。

二、尿道炎

【临床症状】▶▶▶

尿道炎是指尿道黏膜发生炎症，临床上以排尿困难、导尿管插入疼痛、排出尿液混浊为特征。病犬、猫频频排尿，但排尿困难，排尿时动物痛苦不安，尿液呈线状、断续排出。由于尿中混有炎性分泌物，所以尿液混浊，严重者混有脓液或血液，有时排出脱落的黏膜。触诊患部敏感，探诊时导尿管插入困难，病犬、猫有疼痛不安表现。一般全身症状不明显。

【治疗方案】▶▶▶

治疗以消除病因，控制感染为治疗原则。

［处方1］ 0.1%雷佛努尔或0.1%洗必泰冲洗尿道。

［处方2］ 呋喃坦啶，犬：5毫克/千克，口服，每日2～3次。

［处方3］ 乌洛托品，犬：0.5～2克/次，口服，静脉滴注。

［处方4］ 氨苄西林，犬：20～30毫克/千克，口服，每日2～3次，10～20毫克/千克，静脉滴注/皮下注射/肌内注射，每日2～3次。

［处方5］ 速诺（阿莫西林克拉维酸钾混悬剂），犬/猫：0.1毫升/千克，肌内注射/皮下注射，每日一次。

［处方6］ 拜有利，犬：5～15毫克/千克，口服/皮下注射，每日2次。

• 尿道有阻塞时应进行手术，必要时进行膀胱插管。

三、尿道狭窄和尿道阻塞

【临床症状】▶▶▶

尿道狭窄是指尿道内异物或炎症产物的存在，尿道周围组织器官病变的压迫，或尿道壁的挛缩等，使尿道呈现狭窄状态。公犬和公猫发病率较高。尿道阻塞是指具有排尿障碍、尿闭等特征的多种疾病的综合征。尿道狭窄和尿道阻塞，犬多发生在接近阴茎口处、前列腺沟或坐骨弓处；猫多发生在阴茎头和坐骨弓处。当尿道不全阻塞或狭窄时，尿液呈滴状、线状或淋漓断续排出，尿中有时带有血液。尿道完全阻塞时，则尿液完全不能排出，即发生尿闭。并时常舔尿道外口，严重病例可出现食欲减退、呕吐，若不及时治疗，可继发膀胱破裂、腹膜炎、肾衰竭或尿毒症。

【治疗方案】▶▶▶

治疗以排除病因，排除积尿为原则。

- 导尿，缓解膀胱压力。

  [处方1] 头孢拉定 抗生素，25~50毫克/千克，肌内注射/静脉注射，每日2次。

  [处方2] 氨苄西林 抗生素，10~20毫克/千克，肌内注射/静脉注射，每日2~3次。

  [处方3] 速诺（阿莫西林克拉维酸钾混悬剂），犬/猫：0.1毫升/千克，肌内注射/皮下注射，每日一次。

- 当尿道狭窄仍不能缓解时，可施行尿道造口术。
- 对于有结石堵塞尿道的病例，要取出结石。
- 对于膀胱破裂、腹膜炎或急性肾衰史的病例，进行相应的对症治疗。

四、膀胱炎

【临床症状】▶▶▶

膀胱炎是指膀胱黏膜和黏膜下层的炎症。多由病原微生物感染所致，临床上以疼痛性频尿、尿沉渣中见有多量膀胱上皮、脓细胞、红细胞为特征。常发于雌性犬、猫。病犬、猫频频排尿或做排尿姿势，排尿时表现疼痛不安，每次排出的尿量很少，或呈滴状流出。尿液混浊，有强烈的氨臭味，并混有多量黏液、血液或血凝块和大量的白细胞等。触诊膀胱疼痛，多呈空虚状态。一般无明显全身症状，当炎症波及深部组织，或同时伴有肾炎、输尿管炎时，出现体温升高，精神沉郁、食欲不振等不同程度的全身症状。

【治疗方案】▶▶▶

改善饲养管理，抗菌消炎和对症治疗为原则。

[处方1] 0.1%雷佛努尔溶液或0.1%高锰酸钾溶液消毒，冲洗膀胱。

[处方2] 1%~2%明矾溶液或鞣酸溶液收敛，冲洗膀胱。

[处方3] 直接注入青霉素溶液40万~80万单位溶于5~10毫升注射用水中。

[处方4] 恩诺沙星（拜有利），皮下注射或静脉注射，2.5~5毫克/千克体重，每日2次。

[处方5] 止血敏，5~15毫克/千克体重，肌内注射，每日2次。

[处方6] 安络血，0.1~0.3毫克/千克，肌内注射，每日2次。

五、膀胱痉挛

【临床症状】▶▶▶

膀胱痉挛是指膀胱平滑肌或膀胱括约肌痉挛性收缩，无炎症病变。临床上以尿淋漓、暂时性闭尿和尿性腹痛为特征。膀胱括约肌痉挛时，由于尿液滞留，病犬、猫呈现腹痛、常做排尿姿势，但无尿液排出，触诊膀胱充盈，按压亦不见排尿，导尿管探诊时插入困难。膀胱平滑肌痉挛时，尿液不断流出，膀胱只有少量尿液或空虚，导尿管容易插入膀胱。

【治疗方案】▶▶▶

治疗以消除病因，解除痉挛为治疗原则。

[处方1] 导尿缓解膀胱压力,并同时注入2%普鲁卡因溶液5~10毫升,解痉作用。
[处方2] 氢溴酸山莨菪碱 抗痉挛,肌内注射或静脉注射,3~10毫克/次。

六、膀胱麻痹

【临床症状】

膀胱麻痹是指膀胱肌的紧张度降低和收缩力丧失,并导致膀胱尿液滞留。临床上以不随意排尿、膀胱充盈、无疼痛等为特征。

因尿道阻塞和膀胱括约肌痉挛引起的膀胱麻痹初期或膀胱不全麻痹时,病犬、猫常有频频排尿动作,只有少量尿液呈滴状或线状排出或无尿排出。因脊髓、脑损伤引起的膀胱麻痹或膀胱完全麻痹时,病犬、猫常缺乏排尿反射,亦无频频排尿动作出现,当膀胱高度充满尿液时才不随意地少量排出,通过腹壁压迫膀胱和插入导尿管时,可排出大量尿液。当同时伴有膀胱括约肌麻痹的病例,则尿液不随意地、时断时续地呈线状或滴状排出,呈现排尿失禁症状。触诊膀胱内少尿或空虚。膀胱麻痹病犬、猫,除有上述排尿反射、动作和排尿量的变化症状外,由于大量尿液滞留于膀胱内,腹压增高,致使腹部膨胀,但是腹部触诊按压膀胱时无任何疼痛反应。

【治疗方案】

治疗以消除病因,对症治疗为原则。

- **导尿或按压排尿每日定时进行,缓解膀胱压力。**

[处方1] 0.1%硝酸士的宁,皮下注射,0.5~1.0毫克,每日1次或隔日1次。
[处方2] 恩诺沙星(拜有利),皮下注射或静脉注射,2.5~5毫克/千克,每日2次。

七、膀胱破裂

【临床症状】

膀胱破裂是指膀胱壁发生裂伤,尿液和血液流入腹腔所引起的以排尿障碍、腹膜炎、尿毒症和休克为特征的一种膀胱疾患。本病公犬多发。膀胱破裂后尿液立即进入腹腔,膨胀的膀胱抵抗感突然消失,多量尿液积聚腹腔内,可引起严重腹膜炎,病犬、猫表现腹痛和不安,无尿或排出少量血尿。触诊腹壁紧张,且有压痛。导尿管导尿时尿液明显减少,尿液中混有血液。腹腔穿刺有大量带尿味的混浊或带血色液体流出。随着病程的进展,可出现呕吐、腹痛、体温升高、脉搏和呼吸加快、精神沉郁、血压降低、昏睡等尿毒症和休克症状。

【治疗方案】

手术修补膀胱、控制腹膜炎、防止尿毒症和治疗原发病为原则。

[处方1] 膀胱修补术,腹腔散撒氨苄西林0.5~1克。
[处方2] 氨苄西林,20~30毫克/千克,口服,每日2~3次,10~20毫克/千克,静脉滴注/皮下注射/肌内注射,每日2~3次。
[处方3] 速诺(阿莫西林克拉维酸钾混悬剂),犬/猫:0.1毫升/千克,肌内注射/皮下注射,每日一次。
[处方4] 拜有利(恩诺沙星),5~15毫克/千克,口服/皮下注射,每日2次。

- **采取大量输液疗法,防止尿毒症。**

八、急性肾功能衰竭

【临床症状】

急性肾功能衰竭是指各种致病因素造成的肾实质急性损害，是一种危重的急性综合征。临床上以少尿或无尿，氮质血症、水和电解质代谢失调、血钾含量增高等为特征。根据症状可分为少尿期、多尿期和恢复期三个时期。

少尿期：病的初期，病犬、猫在原发病症状的基础上，排尿量明显减少，甚至无尿。由于水、盐、氮质代谢产物的潴留，可表现水肿、心力衰竭、高血压、高钾血症、低钠血症、酸中毒和尿毒症等症状，并易继发或并发感染。

多尿期：病犬、猫经过少尿期后尿量开始增多而进入多尿期。此时水肿开始消退、血压逐渐下降，但是血中氮质代谢产物的浓度在多尿初期反而上升，同时因水、钾、钠丧失，病者可表现四肢无力、瘫痪，心律紊乱甚或休克，重者可因室性颤动等而猝死。病犬、猫多死于多尿期，故又称为危险期。此期持续时间约 1~2 周，病者若能耐过此期，便进入恢复期。

恢复期：病犬、猫排尿量逐渐恢复正常，各种症状逐渐减轻或消除。但由于机体蛋白质消耗量大，体力耗损甚巨，故在恢复期中仍表现四肢乏力、肌肉萎缩、消瘦等，因此应根据病情，继续加强调养和治疗。重症犬、猫，若肾小球功能迟迟不能恢复时，可转为慢性肾功能衰竭。

【治疗方案】

治疗以消除病因，防止脱水和休克，纠正高血钾和酸中毒，缓解氮血症为治疗原则。

[处方1] 速尿，2~6 毫克/千克，静脉注射，每日 3 次，或 0.1~1.0 毫克/(千克·小时)。

[处方2] 碳酸氢钠（纠正酸中毒），酸中毒时，1~2 克/千克体重，静脉注射。

[处方3] 生理盐水或乳酸林格液（高钾血症时使用），静脉注射，10~20 毫升/千克。

[处方4] 25%葡萄糖溶液（高氮血症时使用），1~3 毫升/千克，静脉注射。

[处方5] 氨苄西林，10~20 毫克/千克，肌内注射/静脉注射，每日 2~3 次。

[处方6] 速诺（阿莫西林克拉维酸钾混悬剂），犬/猫：0.1 毫升/千克，肌内注射/皮下注射，每日一次。

[处方7] 地塞米松，0.3~0.6 毫克/千克，肌内注射，每日 1 次。

- 根据症状进行其他对症治疗。
- 恢复期补充营养、给予高蛋白、高碳水化合物和维生素丰富的饮食。

九、慢性肾功能衰竭

【临床症状】

慢性肾功能衰竭是由于功能性肾组织长期或严重损伤，多种慢性肾脏病晚期的严重综合征。因肾脏排泄和调节功能失常，临床出现许多代谢严重紊乱和水、电解质与酸碱平衡失调的表现，常危及患者生命，需要积极救治。慢性肾功能衰竭多由急性肾功能衰竭转化而来。亦见于多种肾病，如肾小球肾炎、肾盂肾炎、肾性糖尿病等的晚期，尿道结石。

症状：根据本病的发展过程和症状表现程度，可将慢性肾功能衰竭分为四期（见表 6-1）。

表 6-1 慢性肾功能衰竭四期

病期	Ⅰ期（储备能量减少期）	Ⅱ期（代偿期）	Ⅲ期（非代偿期）	Ⅳ期（尿毒症期）
肾小球滤过率	>50%	50%～30%	30%～50%	<5%
尿量	正常	多尿	少尿	尿闭
钠	正常	有时降低	多降低	降低
钾	正常	正常	有时降低	升高
钙	正常	正常	降低	降低
磷酸根	正常	正常	升高	升高
酸碱平衡	正常	正常	代谢性酸中毒	代谢性酸中毒
其他	血清肌酐和血液尿素氮（BUN）轻度升高	轻度贫血，脱水，心力衰竭等	中度和重度贫血	出现多种临床症状，尤以神经症状和骨骼变形明显

【治疗方案】▶▶▶

参照急性肾功能衰竭的治疗方法进行治疗。

十、肾小球肾炎

【临床症状】▶▶▶

肾小球肾炎简称肾炎，是一种由感染后或中毒后变态反应引起的肾脏弥散性肾小球损害为主的疾病。临床上以肾区敏感、疼痛、水肿、高血压、血尿和蛋白尿为特征。犬、猫均可发生，可分为急性和慢性两种肾小球肾炎。

急性肾小球肾炎的患犬、猫，精神沉郁，体温升高，食欲不振，有时发生呕吐、腹泻、肾区敏感、触诊疼痛，肾脏肿大。不愿活动，步态强拘，站立时背腰拱起，后肢集拢于腹下。患犬、猫频频排尿，但尿量较少，有的病例有血尿或无尿。随病程延长，由于血液循环障碍和全身静脉淤血，可见眼睑、胸腹下发生水肿。当发展为尿毒症时，则出现呼吸困难，衰竭无力，肌肉痉挛，昏睡，体温低下，呼出气体中有尿臭味。

慢性肾小球肾炎发展缓慢，食欲不振，消瘦，被毛无光泽，皮肤失去弹性，体温正常或偏低，可见黏膜苍白。有的出现明显的水肿、高血压、血尿或尿毒症。病初期多尿后期少尿，发展为尿毒症时意识丧失、肌肉痉挛、昏睡。有的反复发作。

【治疗方案】▶▶▶

以加强护理，抗菌消炎，利尿消肿，抑制免疫反应，和防止尿毒症为治疗原则。

[处方1] 速尿 利尿剂，2～6毫克/千克，静脉注射，3次/日，或0.1～1.0毫克/（千克·小时）。

[处方2] 双氢克尿塞，2～4毫克/千克，口服，每日1～2次。

[处方3] 环孢霉素A，犬：15毫克/千克，口服，每日1次。

[处方4] 硫唑嘌呤，犬：1～2.5毫克/千克，口服，每日1次，隔天1次。

[处方5] 环磷酰胺，犬：2.2毫克/千克，口服，每日1次，连用4天/周。

[处方6] 氨苄西林，10～20毫克/千克，肌内注射/静脉注射，每日2～3次。

[处方7] 拜有利（恩诺沙星），2.5～5毫克/千克，皮下注射或静脉注射，每日2次。

[处方8] 头孢拉定，犬：50～100毫克/千克，口服，每日2次。25～50毫克/千克，肌内注射/静脉滴注，每日2次。

[处方9] 速诺（阿莫西林克拉维酸钾混悬剂），犬/猫：0.1毫升/千克，肌内注射/皮下注射，每日一次。

[处方10] 地塞米松，1～4毫克/千克，缓慢静脉注射。
- 如并发急性心力衰竭、高血压、血尿或尿毒症时，则进行对症治疗。

十一、肾病综合征

【临床症状】▶▶▶

肾病综合征又称肾小球肾病，是一组由多种致病因素引起肾小球轻微病变为主的非炎性肾脏疾患综合征。临床上以蛋白尿、浮肿、低蛋白血症和高脂血症为特征。本病轻者仅见尿中有少量蛋白和肾上皮细胞。重者表现渐进性全身水肿，严重时胸腔和腹腔积水。尿量减少、尿比重增高、尿蛋白试验呈强阳性反应，尿沉渣检查可见大量肾上皮管型。血液学检查呈现血清总蛋白量降低、总胆固醇含量增高、血脂增高、血液尿素氮升高。患病犬、猫表现贫血、衰弱、消瘦。

【治疗方案】▶▶▶

以消除病因，改善营养，利尿消肿，抗炎抗过敏，增强免疫力为治疗原则。
[处方1] 速尿，静脉注射，2～6毫克/千克，每日3次，或0.1～1.0毫克/（千克·小时）。
[处方2] 双氢克尿塞，2～4毫克/千克，口服，每日1～2次。
[处方3] 氨苄青霉素，10～20毫克/千克，肌内注射/静脉注射，每日2～3次。
[处方4] 速诺（阿莫西林克拉维酸钾混悬剂），犬/猫：0.1毫升/千克，肌内注射/皮下注射，每日一次。
[处方5] 拜有利（恩诺沙星），皮下注射或静脉注射，2.5～5毫克/千克，每日2次。
[处方6] 地塞米松，1～4毫克/千克，缓慢静脉注射。
[处方7] 白蛋白，静脉注射，5～10克/次，每日1次或隔日1次。
- 如并发急性心力衰竭、高血压、血尿或尿毒症时，则进行对症治疗。

十二、肾盂积水

【临床症状】▶▶▶

肾盂积水是指一侧或两侧肾的尿液排出受阻，尿液滞留于肾盂内，引起肾盂扩张状态。肾盂积水主要由于尿路机械性或功能性阻塞所引起。一侧性肾盂积水时，一般可由另一侧肾脏起着代偿性功能，故临床上无明显症状。当两侧性肾盂积水时，患犬、猫表现出肾功能不全和尿毒症症状。继发细菌感染时，可出现体温升高、白细胞数增加等全身症状。滞留液转为脓液时，表明肾盂积水已转为脓肾症。

【治疗方案】▶▶▶

治疗以清除病因，消除阻塞，恢复排尿功能为治疗原则。
- 一侧性肾盂积水，其病情严重时，可施行外科手术除去病因，切除病变部，当健侧肾有充分代偿功能时，也可摘除病侧肾脏。
- 两侧性肾盂积水的治疗方法，参照肾功能衰竭和肾小球肾炎的治疗。

十三、尿毒症

【临床症状】▶▶▶

尿毒症是由于肾功能衰竭，致使代谢产物和其他有毒物质在体内蓄积而引起的一种自身中毒综合征。是肾功能衰竭的最严重表现。尿毒症可引起机体各组织器官发生机能障碍，因此，临床症状也复杂多样。

神经系统：主要表现为精神极度沉郁、意识紊乱、昏迷和抽搐等症状。

循环系统：往往出现高血压、左心室肥大和心力衰竭，晚期可引起心包炎和听到心包摩擦音。

消化系统：主要表现消化不良和肠炎症状，如食欲不振或废绝、呕吐、腹泻、口有氨味和口腔黏膜溃疡等。

呼吸系统：由于酸中毒，可使呼吸加快加深，呈现周期性呼吸困难。由于代谢产物蓄积，可引起尿毒症性支气管炎、肺炎和胸膜炎，并呈现相应的症状。

血液系统：有不同程度的贫血，晚期可见鼻、齿龈和消化道出血，皮下有淤血斑等。

电解质平衡失调：可伴发高钾低钠血症、高磷低钙血症和高镁低氯血症。

皮肤：皮肤干皱，弹性减退，有脱屑、瘙痒症状。皮下往往发生水肿。

【治疗方案】▶▶▶

- 治疗方案参考急性肾功能衰竭的治疗。

  ［处方1］ 当发生呕吐时，可肌内注射或口服胃复安或维生素B_6，每日2次。

  ［处方2］ 有抽搐者可静脉注射或肌内注射安定或苯巴比妥钠等。

  ［处方3］ 贫血或出血时，可考虑输血。

十四、尿石症

【临床症状】▶▶▶

尿石症又称尿路结石，是肾结石、输尿管结石、膀胱结石和尿道结石的统称。临床上以排尿困难、阻塞部位疼痛和血尿为特征。尿结石形成的原因，尚未完全清楚。一般认为与食物单调或矿物质含量过高、饮水不足、矿物质代谢紊乱、尿液pH值的改变、尿路感染和病变等因素有关。

【治疗方案】▶▶▶

［处方1］ 饮食药物治疗 可用于不完全阻塞或病情较轻的病例，如给予处方食品，促进结石的溶解。

［处方2］ 醋羟胺酸/乙酰氧肟酸 阻止鸟粪石尿结石的形成，口服，12.5毫克/千克，每日2次。

［处方3］ D-青霉胺/二甲基半胱氨酸：阻止胱氨酸盐结石的形成，15毫克/千克，口服，每日2次。

- **外科手术治疗** 对体积较大的结石，必须及时施行膀胱切开术取出结石。

第七章 犬、猫血液循环系统疾病

第一节 心血管疾病

一、心律不齐

【临床症状】▶▶▶

心律不齐是犬、猫脉搏异常和出现不规则心音的病理表现。临床上表现为脉搏异常和不规则心音并引起虚弱、衰竭、癫痫样发作或突然死亡。因窦房结引起整个心脏的搏动，故称为"正常起搏点"，所产生的节律称为"窦性节律"。当心脏的起搏能力或兴奋传导发生障碍时，则可引起心律不齐。见于先天性WPW综合征、后天性心脏疾病、中毒、电解质紊乱等。根据病性不同，有的犬、猫无明显危害，有的可突然死亡。轻症的心音和脉搏异常，易疲劳，运动后呼吸和心跳次数恢复缓慢。重症则表现为无力，安静时呼吸促迫，严重心律不齐，呆滞，痉挛，昏睡，衰竭，甚至突然死亡。听诊和触诊时可发现心音和脉搏不规则。死后剖检无明显肉眼可见变化。

【治疗方案】▶▶▶

根据诊断结果，在治疗原发病的同时，加强饮食管理并结合药物治疗（见表7-1）。

表7-1 心律不齐的处置方法

心律失常的类型	处 理 方 法
窦性心动过速	不必采取特殊处理，除去病因，注意管理
窦性心动过缓	不必采取特殊处理，除去病因，注意管理
室上性心动过速	洋地黄、心得安、普鲁卡因胺
室性心动过速	普鲁卡因胺、利多卡因、硫酸奎尼丁
室上性过早搏动	心得安

续表

心律失常的类型	处 理 方 法
室性过早搏动	利多卡因,普鲁卡因胺、硫酸奎尼丁
心房纤颤	异羟基洋地黄毒苷、硫酸奎尼丁治疗,除颤器除颤
心室纤颤	电击除颤,左心室内注入肾上腺素或去甲肾上腺素,使用氯化钙、维生素B、维生素E
逸搏或逸搏心律	利多卡因、心得安
窦房传导阻滞	肾上腺素、硫酸阿托品、麻黄碱
房室传导阻滞	改善管理,去除病因,使用硫酸阿托品、异丙基肾上腺素
心房传导阻滞	治疗原发病
心室传导阻滞	治疗原发病
WPW综合征	普鲁卡因酰胺、阿托品、亚硝酸异戊酯、硫酸奎尼丁

各种药物用法用量

[处方1] 利多卡因(室性心律失常),犬:①1~4毫克/千克,静脉滴注,最大剂量8毫克/千克10分钟;②25~80微克/(千克·分钟),静脉滴注,连续注入。猫:①0.25~0.75毫克/千克,静脉滴注,缓慢推入;②10~40微克/(千克·分钟),静脉滴注,连续注入。

[处方2] 奎尼丁(室性心律失常),6~20毫克/千克,肌内注射/口服,每日3~4次。

[处方3] 普鲁卡因胺(室性心律失常),犬:①10~20毫克/千克,肌内注射/口服,每日3~4次;②6~20毫克/千克,缓慢静脉滴注;③25~50微克/(千克·分钟),或到见效,静脉滴注加入5%葡萄糖溶液。猫:①3~8毫克/千克,口服,每日3~4次;②1~2毫克/千克,静脉滴注,推注;③10~20微克/(千克·分钟),静脉滴注加入5%葡萄糖溶液。

[处方4] 心得安(室性心律失常),犬:0.15~1.0毫克/千克,口服,每日3次,或0.01~0.1毫克/千克,静脉滴注5~10分钟以上。猫:2.5~5毫克,口服,每日2~3次。

[处方5] 洋地黄毒苷(心房纤颤),犬:①0.006~0.012毫克/千克,全效量,静脉滴注,维持量为全效量的1/10;②0.11毫克/千克,口服,每日两次,全效量,维持量为全效量的1/10,每日1次。

[处方6] 硫酸阿托品(窦房传导阻滞),0.01~0.04毫克/千克,肌内注射/皮下注射/静脉滴注,遵照医嘱。

[处方7] 异丙肾上腺素(心脏传导阻滞),0.01~0.02微克/(千克·分钟),静脉滴注,或0.2~0.5毫克,加入250毫升5%葡萄糖溶液。

[处方8] 肾上腺素(心脏骤停),犬:0.1~0.5毫升/次,皮下注射/静脉滴注/肌内注射/心室注射;猫:0.1~0.2毫升/次,皮下注射/静脉滴注/肌内注射/心室注射。

[处方9] 去甲肾上腺素(心脏骤停),0.4~2毫克/次,肌内注射/静脉滴注/心室。

[处方10] 10%氯化钙(心脏骤停),1~2毫升,左心室内注射。

二、心力衰竭

【临床症状】▶▶▶

心力衰竭是心肌收缩力减弱,使心脏排血量减少、静脉回流受阻、动脉系统供血不足而呈现的全身血液循环障碍的一系列症状和体征的综合征。心脏负荷加重,心肌发生病变,继发于急性传染性、中毒性疾病、慢性肾炎及慢性肺泡水肿等,在治疗疾病过程中,过快或过量的输液以及不常剧烈运动的犬、猫突然运动量过大等都能引起心力衰竭。急性心力衰竭的犬、猫表现高度呼吸困难,精神极度沉郁,脉搏细数而微弱,可视黏膜发绀,体表静脉怒张。神志不清,突然倒地痉挛,体温降低,并发肺水肿,胸部听诊可见广泛性湿性啰音,两侧鼻孔流出泡沫样鼻汁。慢性心力衰竭的犬、猫其病程发展缓慢,精神沉郁,不愿活动,易疲劳,呼吸困难,黏膜发绀。四肢末端发生水肿,运动后水肿会减轻或消失。听诊心音减弱,出现机械性杂音和心律不齐。心脏叩诊浊音区扩大。左心衰竭时,犬、猫主要呈现肺循环淤血,由于肺脏毛细血管内压急剧升高,可迅速发生肺水肿,表现为呼吸加快和呼吸困难,听诊有各种性质的啰音,并发咳嗽等。右心衰竭时,犬、猫主要呈现体循环淤血和心脏性水肿(全身性水肿),由于肾脏血液量不足,肾小球的滤过减低,使尿的生成减少。同时由于有效循环血液量不足,引起钠和水在组织内潴留,进一步加重了心脏性水肿,引起脑、胃肠、肝、肾等实质脏器的淤血,并表现出各实质脏器功能障碍的一系列症状。

【治疗方案】

急性心力衰竭的治疗,应采取胸部按压心脏、输氧、心脏内注射肾上腺素或10%氯化钙或葡萄糖酸钙,把舌拉出口腔外以利于呼吸,必要时进行气管插管。慢性心力衰竭的治疗原则是减轻心脏负担,提高心肌收缩力。使用强心剂、利尿剂和血管扩张剂,辅之以对症治疗。

[处方1] 安定(镇静),犬:0.2~0.6毫克/千克,静脉滴注;猫:0.1~0.2毫克/千克,静脉滴注。

[处方2] 洋地黄毒苷(心房纤颤),犬:①0.006~0.012毫克/千克,全效量,静脉滴注,维持量为全效量的1/10;②0.11毫克/千克,口服,每日两次,全效量,维持量为全效量的1/10,每日1次。

[处方3] 毛花丙苷(充血性心力衰竭),0.3~0.6毫克/次,静脉滴注,混于10~20倍5%葡萄糖溶液4~6小时,重复半量给药。

[处方4] 双氢克尿噻,2~4毫克/千克,口服,每日1~2次。

[处方5] 速尿,犬:2~4毫克/千克,静脉滴注/肌内注射/口服,每4~12小时;猫:0.5~2毫克/千克,静脉滴注,每日3次。

[处方6] 补液、供氧。

[处方7] 络活喜(血管扩张),犬:0.05~0.25毫克/千克,口服,每日1次;猫:0.625~1.25 毫克/猫,口服,每日1次。

[处方8] 开博通(血管扩张),犬:0.5~2毫克/千克口服,每日2~3次。

三、窦性心动过速

【临床症状】

犬、猫的正常一心律为窦性节律和不规则的窦性节律,因年龄、品种、体重、体温及精神等因素的影响而出现不同的变化。初生幼犬和幼猫可发生窦性心动过速。见于生理性、疾病性和药物性。此外,犬尚有原因不明的心动过速。常表现为心率和脉搏快,听诊出现快而规则的节律。单纯的窦性心动过速无临床症状。

【治疗方案】

以治疗原发病,对症治疗为原则。

[处方1] 心律平(早搏、心动过速),50~100毫克/次,口服,每日2~3次;100~200

毫克/次，静脉滴注，每日1次。

[处方2] 心得安（室性心律失常），犬：0.15～1.0毫克/千克，口服，每日3次，或0.01～0.1毫克/千克，静脉滴注5～10分钟以上；猫：2.5～5毫克，口服，每日2～3次。

四、窦性心动过缓

【临床症状】▶▶▶

本病是一种慢性心率，当犬的窦性心律低于45～55次/分钟，猫的窦性心律低于90次/分钟时则为窦性心动过缓。本病常见于甲腺功能减退症、洋地黄中毒、缺氧、低钾血症及肾上腺皮质功能减退症。心率和脉搏减慢。

【治疗方案】▶▶▶

治疗原发病。

五、期前收缩

【临床症状】▶▶▶

本病是由窦房结以外的异位起搏点提前发出激动所致。按异位激动起源，通常将其分为房性、结性及室性三种。前两者统称为室上性。期外收缩为心律不齐中最常见者，正常犬也可见到。其对循环系统的影响决定于期前收缩的次数、出现时期及出现部位等，一般室上性比室性严重。房性期外收缩，所有心房的疾病都可发生。常见于二尖瓣闭锁不全引起的心房扩张和导致右房负荷的心丝虫病。此外，三尖瓣闭锁不全、动脉导管未闭等先天性心脏畸形也可发生。结性期外收缩，除房性原因外，洋地黄中毒及迷走神经紧张等也可发生。室性期外收缩，见于淤血性心功能不全、心肌病、外伤性心肌炎、洋地黄中毒、植物神经紧张以及心脏手术等心室肌受到刺激。此外，犬尚有原因不明的期外收缩。通常犬不表现症状。听诊可发现在正常心搏动出现前有一提早的心搏动，其后有一较长间歇，表现为第一心音强，第二心音减弱或消失。触诊为脉搏脱漏。频繁出现期外收缩时，犬、猫的精神沉郁，有时呈神志不清状态。

【治疗方案】▶▶▶

治疗原发病，对症治疗为原则。

[处方1] 利多卡因（室性心律失常），犬：①1～4毫克/千克，静脉滴注，最大剂量8毫克/千克10分钟；②25～80微克/（千克·分钟），静脉滴注，连续注入。猫：①0.25～0.75毫克/千克，静脉滴注，缓慢推入；②10～40微克/（千克·分钟），静脉滴注，连续注入。

[处方2] 奎尼丁（室性心律失常），6～20毫克/千克，肌内注射/口服，每日3～4次。

[处方3] 普鲁卡因胺（室性心律失常），犬：①10～20毫克/千克，肌内注射/口服，每日3～4次；②6～20毫克/千克，静脉滴注，缓慢；③25～50微克/（千克·分钟），或到见效，静脉滴注，加入5%葡萄糖溶液。猫：①3～8毫克/千克，口服，每日3～4次；②1～2毫克/千克，静脉滴注，推注；③10～20微克/（千克·分钟），静脉滴注加入5%葡萄糖溶液。

[处方4] 心得安（室性心律失常），犬：0.15～1.0毫克/千克，口服，每日3次，或0.01～0.1毫克/千克，静脉滴注5～10分钟以上；猫：2.5～5毫克，口服，每日2～3次。

六、心房间隔损伤

【临床症状】 ▶▶▶

本病是心房间隔有缺损孔的先天性心脏畸形。犬多见于卵圆窝形。本病确切病因不明,常见于西摩族犬,一般认为与近亲繁殖的遗传因素有关。无并发症的房间隔缺损不表现临床症状,常在健康检查时,被偶然发现。听诊在肺动脉瓣口处有最强点的驱出性杂音。这种杂音是由于心房短路,通过肺动脉瓣血流增加,肺动脉瓣血流增加,肺动脉瓣相对狭窄而产生的。此外,尚可听到第二心音的分裂音。但肺高压时,肺血流减少而无分裂音。主要表现虚弱,不耐运动和呼吸急促,可视黏膜发绀,呼吸困难以至体表静脉扩张、皮肤浮肿、肝脏肿大和腹腔积水等右心衰竭体征,直至死亡。当并发动脉导管未闭或心室间隔缺损等时,可出现早期心功能不全。并发主动脉狭窄和二尖瓣闭锁不全时,症状则加重。

【治疗方案】 ▶▶▶

改善心功能不全症,重症犬可进行房间隔修补术。

[处方1] 洋地黄毒苷(心功能不全),犬:①0.006~0.012毫克/千克,全效量,静脉滴注,维持量为全效量的1/10;②0.11毫克/千克,口服,每日2次,全效量,维持量为全效量的1/10,每日1次。

[处方2] 地高辛(充血性心力衰竭、室上心律过速),犬:0.005~0.01毫克/千克,口服,每日2次;猫:0.005~0.008毫克/千克,口服,隔天1次或每日1次,或0.031毫克口服,隔天1次或每日1次。

七、心室间隔缺损

【临床症状】 ▶▶▶

心室间隔缺损是由于室间隔未能将心室间隔孔完全闭锁遂导致的一种先天性心脏病。犬的心室间隔缺损发病率为先天性心脏疾病的6%~15%。本病有明显的遗传性素质,在英国斗牛犬等品种中有家族史。有人试验性对妊娠20~24日的雌犬投予醋酸氢化可的松10~25毫克/千克体重,生出的仔犬可发生本病。在一定的动物品系内呈家族性发生,通常在初生期或幼年期发病,病程数周、数月或数年不等。轻症病犬常能存活至成年或老年而不显心衰体征,也有少数缺损逐渐闭合而自行康复。临床症状由于分流不同而不同。最常见是尖锐的全缩期杂音、生长迟滞、容易疲劳、不耐运动以及咳嗽、呼吸窘迫、肺充血、肺水肿等左心衰竭体征;或黏膜发绀、静脉怒张、皮肤浮肿、肝肿大、胸腹腔积液等右心衰竭体征。听诊可闻响亮的全收缩期吹风样心内杂音。心电图无明显改变,但在肺动脉高压时,心电轴右偏,表明右心室增大。X射线胸透影像显示,右心室、左心房、左心室增大,肺动脉、肺静脉以及肺阴影清晰。

【治疗方案】 ▶▶▶

改善心功能不全症,防止继发感染为原则。

[处方1] 洋地黄毒苷,犬:①0.006~0.012毫克/千克,全效量,静脉滴注,维持量为全效量的1/10;②0.11毫克/千克,口服,每日2次,全效量,维持量为全效量的1/10,每日1次。

[处方2] 速尿,犬:2~4毫克/千克,静脉滴注/肌内注射/口服,每4~12小时;猫:

0.5~2毫克/千克，静脉滴注，每日3次。

[处方3] 氨苯喋啶，0.3~3毫克/千克，口服，每日1~3次，3~5天一个疗程。

[处方4] 氨苄西林，20~30毫克/千克，口服，每日2~3次；10~20毫克/千克，静脉滴注/皮下注射/肌内注射，每日2~3次。

[处方5] 速诺（阿莫西林克拉维酸钾混悬剂），犬/猫：0.1毫升/千克，肌内注射/皮下注射，每日一次。

[处方6] 头孢羟氨苄，10~20毫克/千克，口服，每日1~2次，连用3~5天。

八、动脉导管未闭

【临床症状】

动脉导管未闭是动脉导管于出生后仍继续保留的病理状态，是一种先天性心脏病。动脉导管未闭在犬较为常见，发病率占先天心脏病的25%~36%。病因尚不明确。易患本病的犬种有长毛狮子犬、柯利牧羊犬、波美拉尼亚犬和雪特兰牧羊犬。症状取决于动脉管的短路量和肺动脉压的高低。主要表现为左心功能不全和右心功能不全。出生后的幼犬肺动脉压低于主动脉和短路血量多时，血液可由主动脉流入肺动脉，不表现临床症状。随着年龄增加，逐渐出现左心功能不全。听诊在动脉瓣有持续性杂音。当肺动脉压高时，幼犬哺乳能力差，发育迟缓，出现腹水和四肢浮肿。由于血液由右向左短路，后躯可出现轻度发绀。听诊无持续性杂音，但投予升压剂后，杂音变得明显。股动脉触诊呈跳跃脉。成年犬当短路血量少时，无明显的征候，可听到心杂音。短路量多时，则表现为不同程度的呼吸困难。如安静时呼吸困难、夜间发作性呼吸困难，甚至并发呼吸器官反复感染。

【治疗方案】

- 外科手术结扎动脉导管是根本的治疗原则。术后防止继发感染。

九、永久性右主动脉弓

【临床症状】

本病是犬在胚胎期主动脉弓发生异常的先天性血管畸形，临床上以持续性呕吐为特征。本病时，左主动脉弓不发育成主动脉，而右主动脉弓变成主动脉。导致食道闭塞和食物通过困难。但气管功能不受影响，呼吸无异常。本病为德国牧羊犬的遗传性疾病，多发生于20~60日龄的幼犬。爱尔兰塞特犬和猎犬偶有发生。患犬精神和食欲正常，流体食物可通过食道进入胃内，但固体和半固体食物则停留在心脏水平面的食道内。进食后数分钟即发生持续性呕吐，然后又将呕吐物重新食入。颈部食道出现可逆性隆起，且呼气或压迫胸部时更为明显。病犬表现营养不良，瘦小和脱水。持续性呕吐可造成异物性肺炎。

【治疗方案】

- 本病以早期手术治疗为原则，同时防止异物性肺炎引起的继发感染。（参照异物性肺炎）

十、肺动脉瓣狭窄

【临床症状】

本病根据狭窄部位分为瓣上狭窄、瓣性狭窄和瓣下狭窄。犬的该病发病率占先天性心脏疾病的 11%～20%。易患本病的犬种有英国斗牛犬、狐梗、比格犬、奇娃娃犬、小型史劳策犬及西摩族犬。用比格犬做实验性交配证明，本病是与多基因有关的遗传性疾病。有无临床症状决定于狭窄程度和心肌的代偿能力。轻度患犬不表现临床症状。中度患犬运动时呈呼吸困难，但平时与正常犬一样。重度病犬出生后发育正常，但很快出现右心功能不全，多在断乳前死亡。成活的犬以后表现为运动时呼吸困难、肝脏肿大、腹水及四肢浮肿等右心功能不全的征候，有的运动时突然出现昏迷而死。中度和重度患犬，因心房短路和末梢循环不全而表现发绀。

【治疗方案】▶▶▶
- **手术修复为最根本的治疗原则。**

十一、主动脉狭窄

【临床症状】▶▶▶

本病根据狭窄部位分为瓣上型、瓣下型和瓣型三种。犬多为瓣下形成纤维环型。由于心肌冠状循环障碍，导致心肌坏死和纤维化。犬发病率较高，占先天性心脏疾病的 6%～12%。纽芬兰犬的瓣下狭窄与多基因有关。本病多见于牧羊犬和拳狮犬。轻度患犬无临床症状，但可听到驱出性杂音。中度和重度患犬表现为不耐运动，早期可视黏膜发绀、咳嗽，运动时呼吸困难和昏迷。冠状循环发生障碍时，心肌发生缺血性变性，导致心功能不全或突然死亡。

【治疗方案】▶▶▶

限制运动和防止继发感染为主要治疗原则。

十二、法乐四联症

【临床症状】▶▶▶

又称先天性紫癜四联症。本病是包括肺动脉瓣口狭窄、心室间隔缺损、主动脉右位骑跨于缺损的心室间隔上和右心室肥大等四种改变的先天性心血管畸形。犬的发病率占先天性心脏病的 3%～10%。一般认为荷兰狮子犬有本病的遗传基因，试验性交配其后代的 70% 发生本病。主要由于缺氧而引起发育迟缓、发绀、多血细胞血症等。根据漏斗部狭窄程度而表现症状轻重不等。漏斗部轻度狭窄时，有的发绀。重度狭窄或闭锁时，有阵发性气喘，严重发绀和活动能力很差。心室间隔缺损自然封闭时，可出现心功能不全。听诊第一心音正常，第二音亢进，在肺动脉口处有特征性的驱出性心杂音。

【治疗方案】▶▶▶

治疗以低氧血症为重点。同时对症治疗。

[处方1] 心得安（室性心律失常），犬：0.15～1.0 毫克/千克，口服，每日 3 次，或 0.01～0.1 毫克/千克，静脉滴注 5～10 分钟以上；猫：2.5～5 毫克，口服，每日 2～3 次。

[处方2] 限制运动，供氧，给予低钠食物。

[处方3] 硫酸亚铁，犬：100～300 毫克，口服，每日 1 次；猫：50～100 毫克，口服，每日 1 次。

- **手术修复。**

十三、二尖瓣闭锁不全

【临床症状】

本病是瓣膜增厚、腱索伸长等瓣膜发生改变，使心缩期的左心室血流逆流入左心房的现象，主要表现为左心功能不全的变化。本病约占犬心脏病的75%～80%。病因有病毒感染、细菌性心内膜炎继发和遗传学说，目前多认为与遗传基因有关。本病主要发生于老龄犬，多见于长毛狮子犬、史劳策犬、西班牙长耳犬、奇娃娃犬、杜伯曼犬等犬种。雄犬比雌犬易患本病。临床症状主要是由左心功能不全所表现出来的一系列症状。初期表现为运动时气喘，以后发展为安静时呼吸困难以及夜间发作性呼吸困难。夜间发作性呼吸困难主要发生于深夜11时到凌晨2时左右，早晨和傍晚发作的少。以此可与慢性支气管炎的咳嗽和阵发性喘息相鉴别，不过并发感染慢性支气管炎时，则难以诊断和治疗。

【治疗方案】

治疗原则为强心、利尿、减轻心负荷。可参照心力衰竭治疗方法。

［处方1］洋地黄毒苷（心房纤颤），犬：①0.006～0.012毫克/千克，全效量，静脉滴注，维持量为全效量的1/10；②0.11毫克/千克，口服，每日两次，全效量，维持量为全效量的1/10，每日1次。

［处方2］速尿，利尿，犬：2～4毫克/千克，静脉滴注/肌内注射/口服，每4～12小时；猫：0.5～2毫克/千克，静脉滴注，每日3次。

［处方3］补液、供氧。

［处方4］开博通（血管扩张），犬：0.5～2毫克/千克，口服，每日2～3次。

十四、犬扩张性心肌病

【临床症状】

犬扩张性心肌病指以心室扩张为特征，并伴有心室收缩功能减退、充血性心力衰竭和心律失常的心肌病。本病主要发生在中型犬，并随年龄的增加而增多；中年犬多发，雄犬发病率几乎是雌犬的2倍。本病的确切病因尚不清楚。有人提出其病因包括病毒性感染、微血管反应性增加、营养缺乏、免疫介导、心肌毒素和遗传缺陷或几种疾病共同作用等。病犬常表现不同程度的左心或左、右心力衰竭的体征。病史调查为精神委顿、虚弱、体重减轻和腹部膨胀。临床检查可见咳嗽、呼吸困难、晕厥、食欲减退、体重下降、烦渴和腹水。心区触诊可感心搏动快速而节律失常，听诊可见奔马调，左房室瓣有微弱或中度的收缩期杂音。右心衰竭表现腹部扩张、厌食、体重下降、易疲劳。拳师犬和多伯曼犬常发生左心衰竭或晕厥。工作犬因活动有耐受性，病情逐渐发生，出现临床症状需几个月以上，而非工作犬仅需几天或几周。

【治疗方案】

治疗心肌病的治疗原则是减轻心脏负荷，矫正心律失常，增强心脏功能，增加血流灌注，解除充血性心力衰竭。根据心力衰竭的情况选择疗法。限制任何剧烈的训练，在心力衰竭稳定以前，强制实施严格的休息。饲喂低钠食物，补充维生素和矿物质。

［处方1］洋地黄毒苷（心功能不全），犬：①0.006～0.012毫克/千克，全效量，静脉滴注，维持量为全效量的1/10；②0.11毫克/千克，口服，每日2次，全效量，维持量为全效量

的 1/10，每日 1 次。

[处方 2] 地高辛（充血性心力衰竭、室上心律过速），犬：0.005～0.01 毫克/千克，口服，每日 2 次；猫：0.005～0.008 毫克/千克，口服，隔天 1 次～每日 1 次，或 0.031 毫克，口服，隔天 1 次或每日 1 次。

[处方 3] 双氢克尿噻，2～4 毫克/千克，口服，每日 1～2 次。

[处方 4] 速尿，犬：2～4 毫克/千克，静脉滴注/肌内注射/口服，每 4～12 小时；猫：0.5～2 毫克/千克，静脉滴注，每日 3 次。

[处方 5] 多巴酚丁胺，犬：2～25 微克/（千克·分钟），静脉滴注，注入；猫：1～2 微克/（千克·分钟），静脉滴注，注入。

[处方 6] 络活喜（血管扩张），犬：0.05～0.25 毫克/千克，口服，每日 1 次；猫：0.625～1.25 毫克/猫，口服，每日 1 次。

[处方 7] 开博通（血管扩张），犬：0.5～2 毫克/千克，口服，每日 2～3 次。

十五、犬肥厚性心肌病

【临床症状】▶▶▶

犬肥厚性心肌病是一种以左心室中隔与左心室游离壁不相称肥大为特征的综合征，以左心室舒张障碍、充盈不足或血液流出通道受阻为病理生理学基础的一种慢性心肌病。本病的病因与遗传有关。犬的肥厚性心肌病临床症状变化较大，有些犬无症状表现。临床表现主要包括精神委顿、食欲废绝、胸壁触诊感有强盛的心搏动，心区听诊有心杂音、奔马律和心律失常。急性发作时呼吸困难，肺部听诊有广泛分布的捻发音或大小水泡音，叩诊呈浊鼓音，表明有肺淤血和肺水肿。有些显示过度疲劳、呼吸急促、咳嗽、晕厥或突然死亡。通常在进行物理检查评价心杂音或心率失常时做出诊断。这些杂音在静息状态下不易发现或缺乏，但运动、兴奋、应用增加心收缩力药物时可明显加强。

【治疗方案】▶▶▶

治疗 目的是改善舒张期充盈，减轻充血症状，减少或消除阻塞成分，控制心律失常和防止突然死亡。

[处方 1] 心得安（室性心律失常），犬：0.15～1.0 毫克/千克，口服，每日 3 次，或 0.01～0.1 毫克/千克，静脉滴注 5～10 分钟以上；猫：2.5～5 毫克，口服，每日 2～3 次。

[处方 2] 维拉帕米 室上性心律失常，犬：0.05 毫克/千克，静脉滴注，推注超过 5 分钟，每 10～30 分钟重复，最大剂量 0.2 毫克/千克。

十六、猫肥厚性心肌病

【临床症状】▶▶▶

猫肥厚性心肌病，现在认为猫发生本病是家族性常染色体显性遗传形式传递，如缅因长毛蓬尾猫外显率达 100%。据报道，有关美国短毛猫也有常染色体显性遗传形式传递。许多患猫病初无明显症状。有的猫因肺水肿，出现严重呼吸困难和端坐呼吸。但此前 1～2 天动物有过厌食和呕吐症状。急性轻瘫为常见继发性临床症状，多与动脉栓塞有关。因快速心律失常或左心室血流通道动力性阻塞而出现晕厥症状，但少见。常因应激、急速活动、人工导尿或排粪而突然死亡。有 2/3 的猫可听到缩期杂音。在主动脉或左房室瓣区可听到柔和的心杂音，其强度、持续时间和位置变化较大。40% 可见奔马调，约 25% 可见心律失常。

【治疗方案】▶▶▶

- *呼吸困难的供氧，并给予低钠食物。*

　　[处方 1]　心得安　室性心律失常，犬：0.15～1.0 毫克/千克，口服，每日 3 次，或 0.01～0.1 毫克/千克，静脉滴注 5～10 分钟以上；猫：2.5～5 毫克，口服，每日 2～3 次。

　　[处方 2]　地尔硫卓　肥厚性心肌病、室上过速心律失常，犬：0.5～1.5 毫克/千克，口服，每日 3 次；猫：1.5～2.4 毫克/千克，口服，每日 2～3 次。

十七、猫限制性心肌病

【临床症状】▶▶▶

　　猫限制性心肌病是以心内膜弹力纤维弥漫性增生、变厚为特征，并以抑制正常心脏收缩和舒张为基础的一种慢性心肌病。猫患本病具有家族遗传性倾向。动物常在成年时出现临床症状，发病年龄平均为 6～8 岁。其症状主要包括呼吸困难、结膜发绀、肺淤血、肺水肿、胸腹腔积液等心力衰竭的体征。心区听诊可发现心内杂音、奔马调、节律失常等。心电图检查可发现期前收缩、房颤、心动迟缓、传导阻滞等。胸部 X 线摄影和心血管造影显示胸腔积液、肺水肿、左心房扩张增大、左心室腔窄小且充盈不足等。

【治疗方案】▶▶▶

　　本病的治疗目前尚无根治方法。可对症治疗。

　　[处方 1]　心得安（室性心律失常），犬：0.15～1.0 毫克/千克，口服，每日 3 次，或 0.01～0.1 毫克/千克，静脉滴注 5～10 分钟以上；猫：2.5～5 毫克，口服，每日 2～3 次。

　　[处方 2]　双氢克尿噻，2～4 毫克/千克，口服，每日 1～2 次。

　　[处方 3]　速尿，犬：2～4 毫克/千克，静脉滴注/肌内注射/口服，每 4～12 小时；猫：0.5～2 毫克/千克，静脉滴注，每日 3 次。

十八、肺源性心肌病

【临床症状】▶▶▶

　　肺源性心脏病又称肺心病是由于肺组织、胸廓或肺动脉系统病变所引起的肺动脉压力增高，右心负荷增加，进而发生右心肥厚，最后可发展为右心衰竭的心脏病。根据起病缓急和病程长短的不同，可分为急性和慢性两类。急性，由犬血丝虫引起的急性腔静脉综合征所致；慢性主要有三方面因素：①肺和支气管疾病见于慢性丝虫感染、肺气肿、慢性支气管炎、间质性肺炎、支气管扩张等；②胸廓运动障碍性疾病见于胸部的肌肉或骨骼异常、脊椎后侧弯曲症及漏斗胸等；③肺血管疾病见于肺肿瘤等。在心脏发生异常之前，病犬咳嗽、呼吸困难、腹式呼吸，呈头颈前伸、前肢开张姿势。听诊第二心音亢进。代偿不全期，则出现浮肿、腹水、胸水及肝肿大。

【治疗方案】▶▶▶

　　治疗以治疗肺脏疾病为主，去除原发病，同时保护心脏，镇静，调节代偿。

[处方1] 安定，犬：0.2~0.6毫克/千克，静脉滴注；猫：0.1~0.2毫克/千克，静脉滴注。

[处方2] 可待因，犬：15~60毫克/次，口服/皮下注射，每日3次；猫：5~30毫克/次，口服/皮下注射，每日3次。

[处方3] 氯化铵，0.2~1克/次，口服，每日2~3次。

[处方4] 乙酰半胱氨酸，2~5毫升/次，口腔喷雾，每日2~3次。

[处方5] 痰咳净，犬：0.2克/次，口服，每日2~3次。

[处方6] 复方甘草片，镇咳，1~2片/次，口服，每日3次。

[处方7] 地塞米松，0.2~1毫克/千克，口服/肌内注射每日3次。

[处方8] 氢化可的松，4毫克/千克，口服，每日1次。

[处方9] 洋地黄毒苷，犬：①0.006~0.012毫克/千克，全效量，静脉滴注，维持量为全效量的1/10；②0.11毫克/千克，口服，每日2次，全效量，维持量为全效量的1/10，每日1次。

十九、心肌炎

【临床症状】 ▶▶▶

本病是伴发心肌兴奋性增加和心肌收缩功能减弱为特征的心肌炎症。多为其他疾病继发或并发，单独发生较少。按其炎症的性质可分为化脓性和非化脓性；按其炎症的病程可分为急性和慢性。临床上常见急性非化脓性心肌炎。心肌炎主要并发于某些传染病、寄生虫病、代谢病、内分泌疾病、均可并发急性心肌炎。脓毒败血症、毒物中毒的经过中及严重贫血，也可发生心肌的炎症和变性。慢性心肌炎是由于急性心肌炎、心内膜炎反复发作而引起的。急性心肌炎以心肌兴奋的症状开始，脉搏快速而充实，心悸亢进，心音高朗。运动后心率次数和力量仍维持一个时期而后降低。冠状循环障碍和心肌变性时，脉搏增强，第二心音减弱，伴发收缩期杂音，常出现期前收缩和心律不齐。重症心肌炎可见全身衰竭、震颤、昏迷、突然死亡。慢性心肌炎呈周期性心脏衰竭，心脏代偿能力丧失时，体表浮肿，病犬、猫剧烈运动后，出现呼吸困难，黏膜发绀，脉搏加快，节律不齐。

【治疗方案】 ▶▶▶

治疗原则是去除病因，减轻心脏负担，增加心肌营养，抗感染和对症治疗。

[处方1] 乙酰丙嗪，犬：0.025~0.2毫克/千克，静脉滴注，最大2.5毫克，或0.1~0.25毫克/千克，肌内注射/皮下注射/口服；猫：0.025~0.1毫克/千克，静脉滴注，最大1毫克。

[处方2] 供氧，解决呼吸困难。

[处方3] 补液，加入维生素C、维生素B_1、ATP、辅酶A、改善心肌代谢，修复损伤心肌。

[处方4] 心得安（室性心律失常），犬：0.15~1.0毫克/千克，口服，每日3次，或0.01~0.1毫克/千克，静脉滴注5~10分钟以上；猫：2.5~5毫克，口服，每日2~3次。

[处方5] 氨苄西林0.5~1.6克，地塞米松1.5~12毫克，注射用水4毫升，肌内注射，每日2次，连用3~4天。

[处方6] 速诺（阿莫西林克拉维酸钾混悬剂），犬/猫：0.1毫升/千克，肌内注射/皮下

注射，每日1次。

［处方7］ 头孢噻肟钠，犬：20～40毫克/千克，静脉滴注/肌内注射/皮下注射，每日3～4次。

［处方8］ 洋地黄毒苷（心功能不全），犬：①0.006～0.012毫克/千克，全效量，静脉滴注，维持量为全效量的1/10；②0.11毫克/千克，口服，每日2次，全效量，维持量为全效量的1/10，每日1次。

［处方9］ 双氢克尿噻利尿，2～4毫克/千克，口服，每日1～2次。

［处方10］ 速尿消水肿，犬：2～4毫克/千克，静脉滴注/肌内注射/口服，每4～12小时1次；猫：0.5～2毫克/千克，静脉滴注，每日3次。

二十、心内膜炎

【临床症状】▶▶▶

本病是心内膜和瓣膜的炎症，犬、猫的房室瓣膜和心内膜慢性纤维变性是心脏病的常见原因，分为感染性和非感染性两类。全身性细菌感染、病毒感染、心丝虫和原虫等感染均可发生心内膜炎。犬的尿毒症也常见心房壁层心内膜炎。瓣膜性心内膜炎常见于细菌持续感染、慢性脓血症、胸膜炎、风湿病、乳房炎、子宫炎及前列腺炎等。真菌和立克次体等也能引起心内膜炎。此外，雄性猫肥大性心肌病也常伴随着严重的心内膜炎。患病犬、猫食欲减退，倦怠，运动耐力降低，运动后气喘、咳嗽。而且夜间咳嗽剧烈，间歇时间短。猫突然发生后肢运步困难，并伴有左心室肥大、左心房扩张及心房肥大，主动脉和心房形成栓塞。听诊可见全缩期杂音及奔马律心杂音。

【治疗方案】▶▶▶

治疗以有效抗生素足够剂量和疗程，控制脓毒败血症，防止心力衰竭、肾衰竭和心律失常等为原则。

［处方1］ 青霉素，2万～5万单位/千克，静脉滴注，每日3次，连用6～7周。

［处方2］ 速诺（阿莫西林克拉维酸钾混悬剂），犬/猫：0.1毫升/千克，肌内注射/皮下注射，每日1次。

［处方3］ 头孢唑啉钠，15～30毫克/千克，静脉滴注/肌内注射，每日3～4次，连用6～7周。

［处方4］ 丁胺卡那霉素，犬：5～15毫克/千克，肌内注射/皮下注射，每日1～3次；猫：10毫克/千克，肌内注射/皮下注射，每日3次。连用4～6周。

［处方5］ 替卡西林钠-克拉维酸钾，犬：40～50毫克/千克，静脉滴注，每日3～4次，连用4～6周。

［处方6］ 两性霉素B，犬：0.25～0.5毫克/千克，溶于0.5～1升5%葡萄糖溶液，静脉滴注，超过6～8小时，隔天一次，总剂量8～10毫克/千克或不使尿素氮和肌酸肝水平升高。猫：0.25毫克/千克，静脉滴注，隔天一次，总剂量5～8毫克/千克。

［处方7］ 速尿，犬：2～4毫克/千克，静脉滴注/肌内注射/口服，每4～12小时1次；猫：0.5～2毫克/千克，静脉滴注，每日3次。

［处方8］ 安体舒通，犬：1～2毫克/千克，口服，每日2次；猫：12.5毫克，口服，每日1次。

［处方9］ 利多卡因（室性心律失常），犬：①1～4毫克/千克，静脉滴注，最大剂量8毫

克/千克，②25～80微克/（千克·分钟），静脉滴注，连续注入。猫：①0.25～0.75毫克/千克，静脉滴注，缓慢推入；②10～40微克/（千克·分钟），静脉滴注，连续注入。

［处方10］ 奎尼丁（室性心律失常），6～20毫克/千克，肌内注射/口服，每日3～4次。

二十一、腔静脉综合征

【临床症状】▶▶▶

本病也称为后腔静脉栓塞、急性肝性综合征、肝不全综合征或犬血丝虫病的急性型，临床上以突发性血尿、黄疸、精神沉郁、食欲减退和虚脱等为特征。多见于2～7岁青年犬，春季多发。本病的直接原因是感染犬血丝虫。本病的溶血原因尚不十分明确，可能为血丝虫本身引起瓣膜障碍或循环紊乱，潜在性使红细胞脆性增加所致。患犬突然精神沉郁，食欲减退，虚脱，突然排泄黄褐色至红葡萄酒样或咖啡样尿液，可视黏膜苍白或黄染，四肢发凉，步态跟跄，腹围增大，呼吸急促，腹部触诊呈鼓音。

【治疗方案】▶▶▶

手术清除心内虫体为根本治疗手段，同时对症治疗。

［处方1］ 开胸手术清除心脏和静脉中的虫体。

［处方2］ 输血，全血量的10%～20%/次，或5～7毫克/千克。

［处方3］ 泼尼松龙，0.5～2毫克/千克，肌内注射/口服，每日2次。

［处方4］ 洋地黄毒苷，犬：①0.006～0.012毫克/千克，全效量，静脉滴注，维持量为全效量的1/10；②0.11毫克/千克，口服，每日2次，全效量，维持量为全效量的1/10，每日1次。

［处方5］ 肝泰乐，犬：50～200毫克/次，口服，每日3次；100～200毫克/次，肌内注射/静脉滴注，每日1次。

二十二、心包炎

【临床症状】▶▶▶

本病是由多种致病因素引起的心脏包膜脏层和壁层的炎症，既可单独发生，也可能是全身性疾病的一个症状，或是附近组织病变如心肌炎、心内膜炎等蔓延所致。犬和猫的心包炎不多见。多为继发引起，常见于传染病、细菌感染、心脏肿瘤、血管肉瘤、风湿、尿毒症等。犬的心包炎时常伴有大量血性渗出。心区疼痛，体温升高，呼吸困难，可视黏膜发绀，四肢水肿，易疲劳和腹水。听诊呈现摩擦音和拍水音，叩诊心浊音区扩大。

【治疗方案】▶▶▶

以抗生素为主要治疗手段，参照心肌炎的治疗方法。并且给予对症治疗。

［处方1］ 青霉素，2万～5万单位/千克，静脉滴注，每日3次，连用6～7周。

［处方2］ 速诺（阿莫西林克拉维酸钾混悬剂），犬/猫：0.1毫升/千克，肌内注射/皮下注射，每日1次。

［处方3］ 头孢唑啉钠，15～30毫克/千克，静脉滴注/肌内注射，每日3～4次，连用6～7周。

［处方4］ 丁胺卡那霉素，犬：5～15毫克/千克，肌内注射/皮下注射，每日1～3次；猫：10毫克/千克，肌内注射/皮下注射，每日3次。连用4～6周。

[处方5] 替卡西林钠-克拉维酸钾，犬：40~50毫克/千克，静脉滴注，每日3~4次，连用4~6周。

[处方6] 曲马多，5~10毫克/千克，口服。

[处方7] 杜冷丁，犬：3~10毫克/千克，肌内注射，遵照医嘱，或2~4毫克/千克，静脉滴注；猫：2~4毫克/千克，肌内注射/皮下注射，遵照医嘱。

[处方8] 双氢克尿噻，2~4毫克/千克，口服，每日1~2次。

[处方9] 速尿，犬：2~4毫克/千克，静脉滴注/肌内注射/口服，每日3次；猫：0.5~2毫克/千克，静脉滴注，每日3次。

[处方10] 乙酰丙嗪镇静，犬：0.025~0.2毫克/千克，静脉滴注，最大2.5毫克，或0.1~0.25毫克/千克，肌内注射/皮下注射/口服；猫：0.025~0.1毫克/千克，静脉滴注，最大1毫克。

二十三、心包积液

【临床症状】▶▶▶

本病是指心包腔内有大量液体聚积，根据液体性质可分为渗出性、漏出性及出血性三种。常见于充血性心力衰竭、寄生虫感染、贫血、心脏肿瘤、血管肉瘤及心包炎等。患病犬、猫表现呼吸困难，易疲劳，腹水。听诊可听到心音遥远。

【治疗方案】▶▶▶

治疗以去除原发病，对症治疗为原则。

[处方1] 穿刺放出心包渗出液或漏出液。

[处方2] 出血性心包积液，要手术去除血凝块。

二十四、淋巴管炎和淋巴结炎

【临床症状】▶▶▶

本病是由各种病原微生物及肿瘤、免疫因子的浸润而使淋巴管和淋巴结发生炎性病变或体积增大的疾病，根据炎性病变的分布不同而分为全身性和局部性；根据发病的快慢而分为急性和慢性。病因主要有病原菌感染，免疫功能异常，肿瘤等。根据炎症发生的部位而表现出不同的临床症状。初期无明显临床症状，发病多为慢性经过。

（1）体表淋巴管炎和淋巴结炎，犬、猫发生局部或全身感染、肿瘤及癌变时，体表相关部位的淋巴管和淋巴结则出现炎性变化。幼犬脓皮病时，头面部出现水肿、囊泡、瘙痒及化脓。颌下淋巴结肿大时，多为口腔牙周疾病、口炎、口腔肿瘤、脓肿或赘生物等。肩胛前淋巴结或咽淋巴结肿大时，表现四肢疼痛，形成瘘管，跛行等相应的症状。

（2）胸腔内淋巴结炎，犬、猫全身性真菌感染如放线菌病、芽生菌病、隐球菌病、组织胞浆菌病等时，多表现发热、精神沉郁、昏睡、体重减轻、咳嗽。结核菌病感染时，犬则表现肺炎、胸水和气胸的症状，猫多表现皮肤慢性溃疡。

（3）腹腔内淋巴结炎，患病犬、猫多不表现明显的临床症状，常见的真菌感染有放线菌病、组织胞浆菌病等，此外，胃肠和泌尿生殖系统炎症、肿瘤等都能引起腹腔内淋巴结炎。

（4）全身性淋巴管炎和淋巴结炎，多见于全身性疾病和淋巴肉瘤，患病犬、猫表现持续发热，贫血，全身水肿，体表有多数肿块。听诊可听到心脏杂音和心律不齐。常见的疾病有败血症、弓形体病、蠕形螨病、疥螨病、埃利希体病、鲑中毒综合征、全身性红斑狼疮等。

【治疗方案】▶▶▶

以治疗原发病为原则，采取相应的对症和支持疗法。

第二节 血 液 病

一、血小板减少性紫癜

【临床症状】▶▶▶

本病是因血小板减少而引起的疾病，临床主要表现以自发性皮肤和黏膜的出血斑、淤血点及内脏出血为特征。引起血小板减少的原因常见有：生物性因素，如病毒、细菌、原虫、真菌；药物性因素，如一些抗生素及抗炎药；通常认为本病是一种与免疫状况有关的疾病。现已证明部分病犬有抗血小板抗体。已知抗血小板抗体除可引起血小板寿命缩短，血小板与原核细胞有共同抗原，故血小板抗体可抑制原核细胞，影响或干扰原核细胞发育成熟，使血小板生成减少；猎水獭猎犬和矮脚猎犬为遗传性血小板功能缺陷。患病犬、猫全身皮肤和黏膜出现淤血斑。口腔黏膜和阴道黏膜有点状出血，皮下注射出血多见于腹部、股内侧、四肢等部位。尚可见齿龈、前眼房和眼底出血。有时吐血、便血及尿血。当受到外伤时，易出现淤血斑及出血不止。此外，由于出血部位不同，表现出受损伤脏器特有的症状。出血严重的犬、猫则发生贫血，可视黏膜苍白。

【治疗方案】▶▶▶

治疗以止血，抗过敏，抗出血为治疗原则。
- 输血或静脉输注血小板。
- 禁用能降低血小板功能的药物（如阿司匹林、保泰松等）。

[处方1] 地塞米松 消炎抗变态反应，0.2～1毫克/千克，口服/肌内注射，每日3次。

[处方2] 泼尼松龙 消炎抗变态反应，0.5～2毫克/千克，肌内注射/口服，每日2次。

[处方3] 长春新碱 免疫性血小板减少症，犬：0.02毫克/千克，静脉滴注，间隔7～10天。

[处方4] 环磷酰胺 免疫性血小板减少症，犬：2毫克/千克，口服，每日1次，连用4天/周，或隔天1次，连用3～4周。

二、先天性凝血功能障碍

【临床症状】▶▶▶

本病是由内、外凝血径路中的某一凝血因子先天缺乏而引起的出血性疾病。犬近亲繁殖较多，因而本病的发病率较高。病因主要是动物获得性和遗传性凝血因子缺乏。典型症状是黏膜出血，消化道出血，血尿，鼻出血，齿龈出血，体表血肿。剪爪过短、断尾、断耳等手术时，出血大量或不止而死亡。

【治疗方案】

治疗以止血、补血、防止外伤为原则。

- **防止外伤，禁喂骨头等硬质食物，防止消化道划伤，禁用妨碍止血的药物。**
- **输全血，贫血不严重可输血浆。**

［处方1］ 硫酸亚铁，犬：100～300毫克，口服，每日1次；猫：50～100毫克，口服，每日1次。

［处方2］ 叶酸，犬：1～5毫克/天，口服/皮下注射；猫：2.5毫克/天，口服。

［处方3］ 维生素K_1维生素K，犬：0.5～1.5毫克/千克，皮下注射/口服，每日2～3次，连用7～14天，然后1毫克/（千克·天），口服4～6周；猫：①5毫克，口服，每日1次，或10毫克，口服，每周2次；②5～20毫克，皮下注射，每日2次，针对凝血紊乱。

三、播散性血管内凝血

【临床症状】

本病是发病机理和临床经过均较复杂的一组出血征候群，是许多疾病发展过程中的一种病理状态。其特征是全身播散性血管内纤维蛋白沉积和血小板凝集，形成播散性微血栓，消耗大量凝血因子和血小板，在病程中可继发纤维蛋白溶解亢进，从而引起微循环障碍、出血、血栓和溶血等临床表现。病因较为复杂。凡是能破坏机体凝血系统和抗凝血系统之间的平衡，导致血管内淤血和血管内皮损伤的疾病，均可引起本病的发生。患病犬、猫初期以原发症状为主，病的后期才表现出本病的症状。以广泛性自发性出血为主，见于皮肤、可视黏膜、消化道、呼吸道及尿道等出血，肺和肾脏易形成血栓。

【治疗方案】

- **消除病因和诱因，控制感染，缓解原发病。**

［处方1］ 肝素 防血栓，犬：200单位/千克，静脉滴注，或75～200单位/千克，皮下注射，每日3～4次；猫：100单位/千克，皮下注射，每日3次。

［处方2］ 输血，补充凝血因子。

［处方3］ 应用抗血小板药物，阿司匹林，保泰松等。

四、贫血

【临床症状】

本病是指一定容积的循环血液中红细胞数、血红蛋白及红细胞压积值低于正常以下，红细胞向组织输送氧的能力降低的异常状态。贫血不是特定的疾病，而是各种原因引起的不同疾病的一种症状。根据贫血可再生与否，分为再生障碍性贫血和可再生性贫血（见表7-2）。

表7-2 贫血的分类

是否再生性	贫血类型	常见病因
再生性	失血性贫血	创伤、外科手术、胃肠道出血
	溶血性贫血	生物性：巴贝斯虫病、血巴尔通氏体、钩端螺旋体 遗传性：丙酮酸激酶缺乏、细胞色素b_5还原酶缺乏、椭圆红细胞增多症 理化性：脾功能亢进、除臭剂中毒 免疫性：异型输血、幼畜同族红细胞溶血

续表

是否再生性	贫血类型	常见病因
非再生性	缺铁性贫血	铁吸收障碍、铁丢失过多
	慢性病性贫血	慢性炎症
	肾病性贫血	肾衰
	营养缺乏性贫血	叶酸、钴胺缺乏
	低增生性贫血	骨髓坏死、骨髓纤维化
	再生障碍性贫血	化学物质、生物因素、电离辐射

患病犬、猫根据贫血的程度不同而表现出轻重不同的临床症状，常见的有可视黏膜苍白，精神沉郁，嗜睡，不耐运动，心跳和脉搏数明显增加，气喘，血压下降，严重者可休克。被毛粗乱，血色素尿或血尿。黄疸，肝肿大，感染性疾病则出现体温升高。

【治疗方案】▶▶▶

治疗以消除原发病，补血，对症治疗，防止继发感染。

［处方1］ 康力龙（刺激红细胞生成），犬：1～4毫克/次，口服，每日2次；猫：1～2毫克/次，口服，每日2次。

［处方2］ 促红细胞生成素，犬：100单位/千克，隔日一次，皮下注射，连用10日。

［处方3］ 羟甲烯龙（刺激红细胞生成），1毫克/千克，口服，每日1～2次。

［处方4］ 泼尼松龙（免疫性溶血性贫血），1～2毫克/（千克·天），口服每日2次。

［处方5］ 输全血，贫血不严重可输血浆。

［处方6］ 硫酸亚铁，犬：100～300毫克，口服，每日1次；猫：50～100毫克，口服，每日1次。

［处方7］ 叶酸，犬：1～5毫克/天，口服/皮下注射；猫：2.5毫克/天，口服。

［处方8］ 头孢噻肟钠，犬：20～40毫克/千克，静脉滴注/肌内注射/皮下注射，每日3～4次。

［处方9］ 氨苄西林，20～30毫克/千克，口服，每日2～3次；10～20毫克/千克，静脉滴注/皮下注射/肌内注射，每日2～3次。

五、白血病

【临床症状】▶▶▶

本病是造血系统的恶性肿瘤，其特征是骨髓中有广泛的幼稚白细胞增生，并进入血液浸润破坏其他组织。本病根据增生的细胞不同，可分为骨髓性白血病和淋巴性白血病；根据病程不同可分为急性白血病和慢性白血病；根据血液中白细胞多少分为白血性白血病和非白血性白血病。本病的病因与发病机理尚未完全明确。通常认为引起发病的因素有病毒感染、致癌物质及遗传三方面的原因。犬的粒细胞性白血病、淋巴性白血病、肥大细胞性白血病是由病毒感染引起的，猫的淋巴肉瘤、粒细胞性白血病等是由猫白血病病毒引起的。临床症状根据白血病类型有所不同。

（1）粒细胞性白血病 此型白血病多见于1～3岁犬，但发病率很低。表现为食欲不振或废绝，体温升高，严重贫血，有的犬呕吐，腹泻，饮欲增加，多尿，肝、脾、淋巴结肿大，贫血，临床症状超过1个月的犬，多预后不良。血象检查，白细胞计数逐渐增高，最高可达4万以上，个别病例白细胞数有减少的，但白细胞比例变化明显，粒细胞可达70%～90%，主要为中性粒细胞。淋巴细胞的比例急剧降低,而单核细胞有所增加。骨髓象检查,幼稚粒细胞和各种未成熟的粒细胞显著增加,涂片上可见大量的不成熟和不正常的嗜中性粒细胞,骨髓中的其他成分如幼红细胞系和单核细胞系均被这种异常原始细胞所取代。

(2)淋巴性白血病　此型白血病多见于4岁以下的青年犬,猫的发生较少。患犬、猫表现为精神沉郁,食欲不振,消瘦,呼吸急促或轻度呼吸困难,体表淋巴结如颌下淋巴结、咽部淋巴结、浅颈淋巴结、膝窝淋巴结、腋窝淋巴结、腹股沟淋巴结等肿大,并出现跛行,呕吐,腹泻,皮下注射组织形成多发性小结节,腹水增多。腹部触诊,脾肿大。剖检肠系膜淋巴结有肿瘤块。血象检查,红细胞数减少,呈轻度低色素性贫血,多染性红细胞和幼稚红细胞增加。白细胞总数高达3万~6万,个别犬、猫白细胞正常或减少。在白细胞分类上,淋巴细胞绝对增加,出现分化型和未分化型淋巴细胞。骨髓象检查,多数病犬、猫出现异型淋巴细胞和大量幼稚淋巴细胞。

(3)单核细胞性白血病　表现为精神沉郁,食欲废绝,可视黏膜苍白,发热,咳嗽,扁桃体肿大,体表淋巴结和脾脏肿大。血象检查,红细胞数轻度减少,白细胞中度或高度增加,最高达8万。单核细胞增加,出现大量各分化过程的单核细胞。骨髓象检查,可见未分化和分化型的各种单核细胞增生。

(4)肥大细胞性白血病　多见于老龄犬、猫。表现为食欲不振,体温稍升高,烦渴,多饮,呕吐,腹泻,呼吸急促。特征变化为皮肤出现结节,结节直径多为3厘米以下,单发或多发,先出现于躯干,再向四肢和头颈部蔓延,有时可并发表层化脓性炎症及溃疡性变化。血象检查,红细胞数稍降低,白细胞数增加,肥大细胞明显增多。骨髓象检查,肥大细胞增高可达70%以上。

【治疗方案】▶▶▶

治疗以抗肿瘤,支持疗法,对症治疗为治疗原则。

[处方1]　阿糖胞苷,2.5毫克/(千克·天),静脉滴注,连用4天,或7.5毫克/千克,皮下注射,每日2次,连用2天。

[处方2]　甲氨蝶呤,犬:0.5毫克/千克,口服,每日1~2次,或0.6~0.8毫克/千克,静脉滴注,每3周1次;猫:8毫克/千克,静脉滴注/口服,每4周1次。

[处方3]　长春新碱,犬:0.02毫克/千克,静脉滴注,间隔7~10天。

[处方4]　环磷酰胺,犬:2毫克/千克,口服,每日1次,连用4天/周,或隔天1次,连用3~4周。

[处方5]　泼尼松龙,1~2毫克/千克,口服,每日1次,连用2~4周,然后,隔天1次。

[处方6]　干扰素,10万~20万单位/次,皮下注射,肌内注射,隔2日1次。

六、灰色柯利综合征

【临床症状】▶▶▶

本病是特定被毛颜色的柯利牧羊犬的遗传性致死性疾病,以周期性中性粒细胞减少和对细菌感染的抵抗力降低为特征。本病的遗传形式是单纯的常染色体性隐性遗传。患犬的父母被毛颜色为黑色或杂色,因近亲交配而引起。本病发生于2~8月龄的银灰色、深灰色、灰色柯利牧羊犬。患犬精神沉郁,食欲减退,发热,结膜炎。关节疼痛,跛行。齿龈严重发炎和出血。本病并发细菌感染时,病情逐渐加重,多因败血症、肺炎、出血性胃肠炎或各种化脓性疾病而致死。

【治疗方案】▶▶▶

对症治疗，防止继发感染，应用抗生素，以及犬球蛋白和维生素C。病犬不能用作繁殖。

七、红细胞增多症

【临床症状】▶▶▶

红细胞增多症指循环血液的红细胞压积、血红蛋白浓度和单位体积中红细胞数量高于正常水平。既可以是相对的，也可以是绝对的。相对的是由于血浆减少，而红细胞相对增多；绝对性红细胞增多是指体内红细胞总数增多。相对性红细胞增多症主要见于体液的大量丢失，如严重呕吐、腹泻、出汗、烧伤、休克等，若补液不足，即可引起血浆容量减少，导致相对性红细胞增多症。继发性红细胞增多症，主要见于缺氧情况，如高原性、先天性心脏病引起的全身性低氧血症、肺疾病。原发性红细胞增多症系克隆性造血干细胞疾病，发病机制尚未阐明，近年来的研究主要集中在造血因子上。红细胞数量增加导致血黏度上升、血流缓慢、毛细血管再充盈时间延长，引起心肌肥大、局部缺氧、黏膜发绀。严重者甚至发生脑循环损伤，出现运动失调、肌肉震颤等神经症状。可视黏膜高度充血，静脉怒张，多饮，多尿，出血，吐血，出血性肠炎，血尿。癫痫样发作，运动失调，闭眼或嗜睡，脾肿大，因荨骨病及血栓而导致跛行。

【治疗方案】▶▶▶

- *相对性红细胞增多，治疗原发病，补充体液为治疗原则。*

[处方1] 绝对性红细胞增多，可以静脉放血，10～20毫克/千克。

[处方2] 环磷酰胺 抑制骨髓，犬：2毫克/千克，口服，每日1次，连用4天/周，或隔天1次，连用3～4周。

第八章 犬、猫神经系统疾病

第一节 中枢神经系统疾病

一、脑震荡及脑挫伤

【临床症状】▶▶▶

脑震荡及脑挫伤都是由于颅骨受到钝性暴力物直接或间接的作用，致使脑组织受到全面损伤的疾病，表现为昏迷、反射机能减退或消失等脑机能障碍。脑震荡只是脑组织受到过度的震动，无肉眼可见的病变。但脑挫伤比脑震荡更为严重，多伴发脑组织破损、出血和水肿。病因主要由于扑打、冲撞、跌倒、坠落、交通事故等而引起。由于脑震荡的轻重程度与脑挫伤部位和病变的不同，所表现的临床症状也不一样。其中脑震荡表现为，一瞬间倒地昏迷，知觉和反射机能减退或消失，瞳孔散大。呼吸变慢，有时发哮喘音，脉搏增快，脉律不齐，有时呕吐且伴有大小便失禁等。经过几分钟至数小时后，会慢慢醒过来，反射机能也逐渐恢复，并表现异常兴奋，全身各部肌肉纤维收缩，引起抽搐和痉挛，眼球震颤，病犬抬头向周围巡视，经过多次挣扎，终于站立。脑挫伤的一般脑症状和严重的脑震荡大致相似，但意识丧失时间较长，恢复较慢，由于脑组织破损所形成的瘢痕，常遗留些灶性病状，发生癫痫等。如小脑、小脑脚、前庭、迷路受损害时，则运动失调，身向后仰滚转，有时头不自主地摆动。大脑皮层颞、顶叶运动区受到损害时，病犬向患侧转圈，对侧眼睛失明。当脑干受损害时，体温、呼吸、循环等重要生命中枢都受到影响，出现呼吸和运动障碍，反射消失，四肢痉挛，角弓反张，眼球震颤，瞳孔散大，视觉障碍。大脑皮层和脑膜损害时，意识丧失，呈现周期性癫痫发作。当硬脑膜出血形成血肿时，因脑组织受压迫，而出现偏瘫，出血侧瞳孔散大。蛛网膜下出血，立即出现明显的脑症状。

【治疗方案】▶▶▶

治疗以加强护理，镇静安神，保护大脑，防止脑出血，降低颅内压，促进脑细胞恢复为原则。

- **供氧，保持呼吸通畅，必要时作气管切开术。**

[处方1] 止血敏，犬：2～4毫升/次；猫：1～2毫升/次，肌内注射/静脉滴注。

[处方2] 维生素 K_3，犬：10～30毫克/次；猫：5～10毫克/次，肌内注射。

[处方3] 安络血，1～2毫升/次，肌内注射，每日2次；2.5～5毫克/次，口服，每日2次。

[处方4] 甘露醇，0.5～1克/千克，缓慢静脉滴注，每日3～4次。

[处方5] 50%葡萄糖，犬：1～4毫升/千克，静脉滴注。

[处方6] 山梨醇，1～2克/千克，缓慢静脉滴注，每日3～4次。

[处方7] 速尿，犬：2～4毫克/千克，静脉滴注/肌内注射/口服，每4～12小时；猫：0.5～2毫克/千克，静脉滴注，每日3次。

[处方8] 细胞色素C，犬：15～30毫克/次，静脉滴注，溶于10%葡萄糖溶液。

[处方9] 三磷酸腺苷，10～20毫克/次，肌内注射/静脉滴注，生理盐水稀释，常与辅酶A合用。

[处方10] 苯巴比妥，犬：1～2.5毫克/千克，口服，每日2次，有时要求20毫克/（千克·天）；猫：2.5毫克/千克，口服，每日1次。

[处方11] 氯丙嗪，3毫克/千克，口服，每日2次；1～2毫克/千克，肌内注射，每日1次；0.5～1毫克/千克，静脉滴注，每日1次。

二、日射病和热射病

【临床症状】▶▶▶

犬汗腺不发达，对热的耐受性弱，日射病是日光直接照射头部而引起脑及脑膜充血和脑实质的急性病变。热射病尽管不受阳光照射，但体温过高，这是由于过热过劳及热量散失障碍所致的疾病。日射病和热射病在临床上统称中暑，都能最终导致中枢神经系统机能严重障碍或紊乱，且两者的症状较难区别。本病多见于大型、短头品种犬。关在高温通风不良的场所或在酷暑时强行训练，环境温度高于体温，热量散发受到限制，从而不能维持机体正常代谢，以致体温升高。此外，麻醉中气管插管的长时间留置、心血管和泌尿生殖系统疾病以及过度肥胖的机体也可阻碍热的散发。体温急剧升高达41～42℃，呼吸急促以至呼吸困难，心跳加快，末梢静脉怒张，站立不稳、兴奋不安、恶心、呕吐。黏膜初呈鲜红色，逐渐发绀，瞳孔散大，随病情改善而缩小。肾功能衰竭时，则少尿或无尿。如治疗不及时，很快衰竭，表现痉挛、抽搐或昏睡以至急性死亡。

【治疗方案】▶▶▶

治疗以消除病因、促进降温和对症治疗为原则。

- **将患病动物以至阴凉处，通风保持安静，用冷水冲洗身体、冰块敷头，促进散热。**

[处方1] 氯丙嗪，3毫克/千克，口服，每日2次；1～2毫克/千克，肌内注射，每日1次；0.5～1毫克/千克，静脉滴注，每日1次。

[处方2] 5%碳酸氢钠和林格液静脉滴注

[处方3] 地塞米松，0.2～1毫克/千克，口服/肌内注射，每日3次。

[处方4] 洋地黄毒苷，犬：①0.006～0.012毫克/千克，全效量，静脉滴注，维持量为

全效量的 1/10；②0.11 毫克/千克，口服，每日两次，全效量，维持量为全效量的 1/10，每日 1 次。

三、脑膜脑炎

【临床症状】▶▶▶

脑膜脑炎是指脑膜和脑实质的一种炎症性疾病。以伴有一般脑症状、灶性脑症状和脑膜刺激症状为特征。小动物脑膜脑炎由感染性和非感染性因素引起。感染因素包括病毒感染，病毒沿神经干或经血液循环进入神经中枢，引起非化脓性脑炎；细菌感染，细菌经血液转移引起继发性化脓性脑膜脑炎；以及原虫感染和霉菌感染。非感染因素包括中毒、颗粒性脑膜脑炎、免疫性疾病、创伤、肿瘤等。

神经症状大体上可分为脑膜刺激症状、一般脑症状和灶性脑症状。

（1）脑膜刺激症状 是以脑膜炎为主的脑膜脑炎，常伴发前数段脊髓膜炎症，背神经受到刺激，颈、背部敏感。轻微刺激或触摸该处，则有强烈的疼痛反应，肌肉强直痉挛。

（2）一般脑症状 表现兴奋、烦躁不安、惊恐。有的意识障碍、不认识主人，捕捉时咬人，无目的地奔走，冲撞障碍物。有的以沉郁为主，头下垂，眼半闭，反应迟钝，肌肉无力，甚至嗜睡。

（3）灶性脑症状 与炎性病变在脑组织中的位置有密切的关系。大脑受损时表现行为和性情的改变，步态不稳，转圈，甚至口吐白沫，癫痫样痉挛；脑干受损时，表现精神沉郁，头偏斜，共济失调，四肢无力，眼球震颤；炎症侵害小脑时，出现共济失调，肌肉颤抖，眼球震颤，姿势异常。炎症波及呼吸中枢时，出现呼吸困难。

单纯性脑炎，体温升高不常见，但化脓性脑膜脑炎体温升高，有的达 41℃。犬瘟热脑炎的神经症状则常见嘴角、头部、四肢、腹部单一肌群或多肌群出现阵发性有节奏的抽搐。一般脑炎死亡率高，偶尔恢复也容易留下后遗症。

【治疗方案】▶▶▶

治疗原则为加强护理、降低颅内压、抗菌消炎、对症治疗。

- **病犬应置于阴凉通风处，犬舍保持安静，光线要暗。给予牛奶、鸡蛋、肉汤等易消化的营养丰富的食物。**

  [处方 1] 甘露醇，0.5～1 克/千克，缓慢静脉滴注，每日 3～4 次。

  [处方 2] 山梨醇，1～2 克/千克，缓慢静脉滴注，每日 3～4 次。

  [处方 3] 头孢噻肟钠，20～40 毫克/千克，静脉滴注/肌内注射/皮下注射，每日 3～4 次。

  [处方 4] 氨苄西林，20～30 毫克/千克，口服，每日 2～3 次；10～20 毫克/千克，静脉滴注/皮下注射/肌内注射，每日 2～3 次。

  [处方 5] 速诺（阿莫西林克拉维酸钾混悬剂），犬/猫：0.1 毫升/千克，肌内注射/皮下注射，每日 1 次。

  [处方 6] 复方新诺明，15～20 毫克/千克，口服/肌内注射，每日 2 次。

  [处方 7] 苯巴比妥，犬：1～2.5 毫克/千克，口服，每日 2 次，有时要求 20 毫克/（千克·天）；猫：2.5 毫克/千克，口服，每日 1 次。

  [处方 8] 氯丙嗪，3 毫克/千克，口服，每日 2 次；1～2 毫克/千克，肌内注射，每日 1 次；0.5～1 毫克/千克，静脉滴注，每日 1 次。

四、脑积水

【临床症状】 ▶▶▶

由于颅腔内贮留大量脑脊髓液,导致颅内压升高,引起意识、感觉、运动障碍的疾病,称为脑室积水。脑脊髓液蓄积于脑室内称为脑内积水;积聚在蛛网膜下腔则称为脑外积水。脑积水有先天性和后天性两种。先天性脑积水,与胚胎的大脑导水管和某一脑室间孔或蛛网膜下腔发育缺陷有关;后天性脑积水,多因维生素A缺乏而引起。脑膜脑炎、脑充血、脑囊尾蚴以及肺脏、心脏、肝脏的慢性疾病的经过中,常伴发脑积水。先天性脑积水,初生的仔犬颅膨胀、变软,呈半球形,眼球突出,眼睑震颤,不能站立;后天性脑积水,多为慢性经过,呈现特异的意识障碍,感觉迟钝,运动扰乱。并出现心脏、呼吸和消化器官机能紊乱现象。

(1) 意识障碍　病犬表现神情痴呆,目光无神,垂头站立,眼睑半开半闭,似睡非睡,犹似嗜睡,对周围环境缺乏反应,不认主人,不听呼唤。

(2) 感觉迟钝　皮肤敏感性降低,轻微刺激,全无反应。听觉扰乱,耳不随意转动,常常转向声音相反的方向。微弱音响不致引起任何反应,但有较强的音响时,往往引起高度惊恐和战栗。视力模糊。

(3) 运动障碍　运动反常,步态不稳,后躯摇晃,盲目奔走,圆圈运动,碰到障碍物不知躲避。在病发过程中,心搏动徐缓,呼吸缓慢,节律不齐,肠蠕动减弱。有时发生癫痫样惊厥。

【治疗方案】 ▶▶▶

尚无特效疗法。一般只有加强护理,降低颅内压,促进脑脊髓液吸收,缓和病情。

使用维生素A或多种维生素复合剂,改善营养和利尿,对个别病例可能有效。

具体治疗方法参照脑挫伤的治疗。

五、晕车症

【临床症状】 ▶▶▶

晕车症是犬乘坐汽车、火车、飞机等交通工具时,表现为流涎、恶心、呕吐等为主要特征的病症。晕车是由于受到持续颠簸振动,前庭器官的机能发生变化而引起的。如果犬高度紧张或恐惧,更易发生晕车症。主要表现为流涎、干呕和呕吐,也有不停地打呵欠的。

【治疗方案】 ▶▶▶

- 让犬下车,将犬带到清静环境下休息症状即可减退,可提前预防。

　[处方1]　氯丙嗪　镇静,1~2毫克/千克,肌内注射。
　[处方2]　苯巴比妥,犬:1~2.5毫克/千克,口服,每日1次,提前预防。
　[处方3]　乙酰丙嗪,犬:2毫克/千克,口服,每日1次,上车前12小时。
　[处方4]　茶苯海明,犬:25~50毫克/口服,每日1~3次。

六、癫痫

【临床症状】 ▶▶▶

癫痫是由于脑部兴奋性过高的某些神经元,突然或过度地重复放电,所引起的突然性脑功能短暂异常；根据过度放电神经元的部位不同，临床上出现短暂的感觉障碍，如肢体抽搐、意识丧失、行为障碍或自主神经的功能异常，称为癫痫发作。癫痫有原发性和继发性两种。原发性癫痫又称真性癫痫或自发性癫痫，是犬的一种遗传性疾病，占犬癫痫的绝大多数。病犬的脑结构正常，但脑功能不正常。其原因可能是由于长期的近亲繁殖，导致大脑皮质和皮质下中枢对外界刺激过敏，容易感受外界极轻微的刺激；也可因偶然的声响、光线照射或受到惊吓等而发病。病犬一般表现为成年性运动癫痫，随着年龄的增长，其发作有更频繁和更严重的倾向。继发性癫痫又称为症状性癫痫，发病原因可能是脑器质性病变，传染病或寄生虫，代谢失调，中毒等。此外，外周神经的损害、过敏反应以及极度的刺激也会促使癫痫发作。癫痫发作有3个特点，即突然性、暂时性和反复性。按临床症状，癫痫发作主要可分为大发作、小发作和局限性发作。大发作是最常见的一种发作类型。原发性癫痫的大发作可分为3个阶段，即先兆期、发作期和发作后期。先兆期表现不安、烦躁、点头或摇头、吠叫、躲藏暗处等，仅持续数秒钟或数分钟，一般不被人所注意。发作期意识丧失，突然倒地，角弓反张，先肌肉强直性痉挛，继之出现阵发性痉挛，四肢呈游泳样运动，常见咀嚼运动。此时瞳孔散大，流涎，大小便失禁，牙关紧闭，呼吸暂停，口吐白沫。一般持续数秒钟或数分钟。发作后期知觉恢复，但表现不同程度的视力障碍、共济失调、意识模糊、疲劳等，此期持续数秒钟或数天。癫痫发作的时间间隔长短不一，有的1天发作多次，有的数天、数月或更长时间发作一次。在间歇期一般无异常表现。小发作动物罕见。通常无先兆症状，只发生短时间的晕厥或轻微的行为改变。局限性发作：肌肉痉挛仅限于身体的某一部分，如面部或一肢。原发性癫痫多数不能治愈，继发性癫痫疗效与其原发病有关，如原发病能彻底治愈，癫痫或许可以停止或逐渐减轻，否则预后不良。

【治疗方案】 ▶▶▶

治疗以消除原发病，镇静，抗癫为治疗原则。

［处方1］ 加强管理，防止过度惊吓和剧烈运动。给予易消化食物。

［处方2］ 溴化钾（抗癫），犬：20～40毫克/千克，口服，每日1次，或分开每日2次，拌食物。

［处方3］ 苯妥英钠（癫痫大发作），犬：100～200毫克/次，口服，每日1～2次，或5～10毫克/千克，静脉滴注。

［处方4］ 安定（抗癫），犬：0.2～0.5毫克/（千克·小时），静脉滴注0.9%氯化钠；猫：0.3毫克/（千克·小时），静脉滴注，0.9%氯化钠。

［处方5］ 扑痫酮（癫痫大发作），犬：55毫克/千克，口服，每日1次；猫：20毫克/千克，口服，每日2次。

［处方6］ 抗癫灵（癫痫小发作），犬：60毫克/千克，口服，每日3次。

［处方7］ 苯巴比妥（癫痫大发作），犬：1～2.5毫克/千克，口服，每日2次，有时要求20毫克/（千克·天）；猫：2.5毫克/千克，口服，每日1次。

七、肝性脑病

【临床症状】 ▶▶▶

肝性脑病是由肝病引起的代谢异常而导致中枢神经障碍的病理状态。本病在临床上较犬常见。主要有先天性门脉异常和肝实质性损害。前者多见于青年犬，后者多见于老龄犬。此外，摄取大量蛋白质、胃肠道出血、碱中毒、低钾血症、尿毒症、感染症、脱水、投予利尿剂、镇静剂等,都可成为本病的诱因。患犬与同窝犬相比,发育不良,食欲不振,呕吐,腹泻,口臭,流涎,发热,泪盈眶,多饮多尿,有泌尿系统结石的出现血尿。腹围膨满,有腹水,随之出现周期性神经症状。表现沉郁,运动失调,步态跟跄,转圈,癫痫样发作,且有异常鸣叫,沿墙壁行走,震颤,昏睡以至昏迷。

【治疗方案】▶▶▶

加强饲养管理,对症治疗为治疗原则。

[处方1] 溴化钾,犬:20~40毫克/千克,口服,每日1次,或分开每日2次,拌食物。

[处方2] 扑痫酮,犬:55毫克/千克,口服,每日1次;猫:20毫克/千克,口服,每日2次。

[处方3] 阿米卡星,犬:5~15毫克/千克,肌内注射/皮下注射,每日1~3次;猫:10毫克/千克,肌内注射/皮下注射,每日3次。

[处方4] 硫酸镁 便秘、排出肠道毒物,犬:10~20克/次,口服,6%~8%溶液;猫:2~5克/次,口服,6%~8%溶液。

[处方5] 防止碱中毒,输乳酸林格液。

八、脊髓受压

【临床症状】▶▶▶

由脊髓炎、骨囊肿、椎骨肿瘤、脊髓膜脓肿、脊椎前移、椎骨畸形、脊椎脱位、椎间盘突出、脊椎骨折、椎管或脊髓中的寄生虫移行、脑硬膜下和脊髓内出血等原因引起,可导致脊髓受压,因而产生对脊髓和神经根的持续或反复的机械性刺激。多见于北京犬、法国喇叭犬、猎獾犬。主要表现为自发的疼痛症状。在站立、卧地、跳跃和抚摸时,都会不时地出现呻吟和"汪汪"叫。有时脊柱僵硬或呈弯曲状。有些病例,颈部不能自行转动。开始后肢摇摆无力,尤其在转弯时步态不稳,起立困难,不能跳跃。行走时,四肢提举和屈曲度较小,使足趾背侧着地或擦地而行。随病程发展,可出现站立不稳,在臀部加一轻度抚摸即可跌倒,几乎不能自行站立或以前肢支撑而拖着后肢行走,最后瘫卧。有些病例,在未出现临床症状时,突然出现弛缓性或紧张性麻痹。紧张性麻痹是指在麻痹区域内所有反射都增高,可见阴茎异常勃起、尿闭和便秘。弛缓性麻痹,则所有反射迟钝、尿淋漓、肛门松弛等。如果病变在胸椎和腰椎连接部,一般有膝反射过度,足尖夹痛反射正常或消失,出现轻瘫现象。如果足尖夹痛反射消失,无论用什么方法治疗无效,均预后不良。

【治疗方案】▶▶▶

由于引起该病原因较多,应根据病因决定治疗方法。

- 针灸疗法。
- 激光疗法。
- 局部封闭疗法。

九、脊髓挫伤及脊髓震荡

【临床症状】▶▶▶

椎体因受挫折而发生脱位或骨折,压迫或损害脊髓时,称为脊髓挫伤。椎体在直接或间接暴力作用下,脊髓受到强烈震动,称为脊髓震荡。脊髓挫伤是由于冲撞、跌倒、坠落、挣扎或奔驰跳跃时肌肉的强烈收缩,致使脊椎骨骨折、脱位或捻挫而损伤脊髓所致。最常发生的部位为颈椎、胸椎和腰椎。当患佝偻病、骨软症、骨质疏松症时,因骨质的韧性降低极易发生椎骨骨折而引起脊髓挫折。脊髓震荡:多由于钝性物体的打击、跌倒或坠落致使脊髓发生震动和溢血,而脊椎未受到损害。由于椎骨骨折、脱位、变形或因出血性压迫,致使脊髓的一侧或其他个别的神经束,乃至脊髓整个横断面通向中枢与外周神经纤维束的传导作用中断,其后部的感觉、运动机能,都陷入麻痹。泌尿生殖器官及直肠机能也发生障碍。由于脊髓受损害的部位和程度不同,所表现的症状也不尽相同。颈部脊髓损害:在延髓和膈神经的起始部之间引起全横径损害时,四肢麻痹,瘫痪。膈神经与呼吸中枢联系中断,呼吸停止,立即死亡。如果部分受损害,前肢反射机能消失,全身肌肉抽搐或痉挛,大小便失禁,或发生便秘和尿闭。有时可能引起延髓麻痹;发生吞咽障碍,脉搏徐缓,呼吸困难,体温升高。胸部脊髓损害:全横径损害时,引起损害部位的后方运动麻痹和感觉消失,反射机能正常或亢进。后肢发生痉挛性收缩。大小便失禁,或发生便秘和尿闭。腰部脊髓损害:当腰脊髓的前1/3受损害时,引起臀部、荐部、后肢的运动和感觉麻痹;当腰部的中1/3受损害时,因股神经运动核被侵害,则引起膝与腱反射消失,股四头肌麻痹,后肢不能站立;当腰脊髓的后1/3受损害时,通常荐脊髓也被侵害,引起坐骨神经支配的区域感觉和运动麻痹。大小便失禁,肛门反射消失。尿淋漓。

【治疗方案】▶▶▶

治疗以镇静,止痛为主要原则。

- 早期可冷敷,后期可热敷按摩,针灸。

[处方1] 安定,犬:0.2~0.6毫克/千克,静脉滴注;猫:0.1~0.2毫克/千克,静脉滴注。

[处方2] 芬太尼,犬:0.02~0.04毫克/(千克·小时),静脉滴注/肌内注射/皮下注射;猫:0.01~0.03毫克/(千克·小时),静脉滴注/肌内注射/皮下注射。

[处方3] 杜冷丁,犬:5~10毫克/千克,肌内注射;猫:1~4毫克/千克,肌内注射。

十、脊髓炎和脊髓膜炎

【临床症状】▶▶▶

脊髓炎为脊髓实质的炎症。脊髓膜炎则是脊髓软膜、蛛网膜和硬膜的炎症。临床上以感觉、运动机能和组织营养障碍为特征。脊髓炎和脊髓膜炎可单独发生也可同时发生。脊髓炎按炎性渗出物性质,可分为浆液性、浆液纤维素性及化脓性。按炎症过程的分布,可以分为局限性、弥漫性、横贯性、散布性脊髓炎。本病病因与脑膜脑炎大致相似。除因椎骨骨折、脊髓震荡、脊髓挫伤及出血等引起外,多继发于传染病,及其他外在诱因。急性脊髓炎病初,表现发热,精神沉郁,四肢疼痛,尿闭,以后逐渐出现肌肉抽搐和痉挛,步态强拘,反射机能障碍,尿失禁。横断性脊髓炎,初期不全麻痹,数日后陷入全麻痹。颈部脊髓炎引起前后肢麻痹,腱反射亢进,伴有呼吸困难。胸部脊髓炎,引起后肢、膀胱和直肠括约肌麻痹,表现截瘫、不能站立。荐部脊髓炎表现尾部麻痹,大小便失禁。

【治疗方案】▶▶▶

治疗以消除原发病,对症治疗为原则。

[处方1] 氨苄西林,20~30毫克/千克,口服,每日2~3次;10~20毫克/千克,静脉滴注/皮下注射/肌内注射,每日2~3次。

[处方2] 速诺（阿莫西林克拉维酸钾混悬剂），犬/猫：0.1毫升/千克，肌内注射/皮下注射，每日1次。

[处方3] 头孢唑啉钠，15～30毫克/千克，静脉滴注/肌内注射，每日3～4次。

[处方4] 复方新诺明，15～20毫克/千克，口服/肌内注射，每日2次。

[处方5] 磺胺嘧啶，50～100毫克/千克，肌内注射/静脉滴注/口服，每日1～2次，连用3～5天。

[处方6] 泼尼松龙，犬：4毫克/（千克·天），口服，连用7～14天，逐减到0.5毫克/千克，口服，隔天1次，连用6月。

[处方7] 维生素B，ATP，辅酶A，静脉滴注，营养神经。

十一、舞蹈病

【临床症状】 ▶▶▶

本病是头部或四肢躯干的某块肌肉或肌群剧烈地间歇性痉挛和较规律无目的地不随意运动。因痉挛发生于颈部和四肢，行走时呈舞蹈样步态，所以称为舞蹈病。主要为脑炎所致。见于犬瘟热、一氧化碳中毒、脑肿瘤、脑软化、脑出血等。患病肌群多为颜面、颈部、躯干等，严重的可波及全身各肌群。多伴以癫痫样发作、运动失调、麻痹或意识障碍，很快进入全身衰竭。头部抽搐发生于口唇、眼睑、颜面、咬肌、头顶及耳等。颈部抽搐时，颈部肌肉上下活动和点头运动。横膈膜抽搐可见沿肋骨弓的肌肉间歇性痉挛。四肢抽搐限于单肢或一侧的前后肢同时抽搐。

【治疗方案】 ▶▶▶

对症治疗，防止继发感染为治疗原则，可参照犬瘟治疗方法。

[处方1] 犬瘟单抗 犬瘟治疗，0.5～1毫升/千克，皮下注射/肌内注射，每日1次，连用3天，严重者可加倍。

[处方2] 抗病毒口服液抗病毒，10毫升/次，每日2～3次。

[处方3] 干扰素抗病毒，10万～20万单位/次，皮下注射/肌内注射，隔2日1次。

[处方4] 静脉输注复方生理盐水，葡萄糖，维生素C和抗菌药。

[处方5] 胃复安 止吐，犬：0.2～0.5毫克/千克，口服/皮下注射，每日3～4次，或0.01～0.08毫克/（千克·小时），静脉滴注；猫：0.1～0.2毫克/千克，口服，每日3次，或0.01毫克/（千克·小时），静脉滴注，作为连续灌注。

[处方6] 庆大霉素 抗菌，3～5毫克/千克，皮下注射/肌内注射，每日2次，连用2～3天；肠道感染，10～15毫克/千克，口服。

[处方7] 维迪康 病毒性腹泻，0.02～0.08克/千克，口服，每日2次，连用2～4天

十二、颈椎脊髓病

【临床症状】 ▶▶▶

颈椎脊髓病指颈椎后位畸形而不同程度压迫脊髓产生的神经综合征，又名摇摆综合征、颈部畸形—颈椎关节变形、颈椎病、颈椎不稳定、颈椎狭窄等。本病以进行性四肢轻瘫和共济失调为特征。最常见于青年大丹犬和中年或老年多伯曼犬。也见于其他大型品种犬。公犬比母犬多发。确切病因不详。依据某些品种犬的高发病率，提示遗传可能是一个重要因素；根据颈椎

畸形、骨软发育不良、骨软骨病，认为与营养过多有关，包括幼年期饲喂过多的高蛋白、高能量、高钙或高磷性食物等；动物体型可能也是重要的原因，因这些患病犬都有颈细长、头大而重的特征。颈长难承受来头部的重量，易使正在生长的颈椎发生畸形。临床上表现为慢性脊髓压迫的征候，即多数为逐步进行性，长达数月或数年。偶见急性症状或突然恶化。最初两后肢步态失常，由轻度逐步发展到严重的共济失调，直至出现高度外展、趾节着地或拖曳前进等，或后肢蜷缩、摇摆。动物起立、转弯、爬楼梯或越路缘时，这些异常现象更具明显。后肢本体定位反应丧失，脊反射扩大；前肢的异常步态常发生在后肢之后，但症状则没有后肢那样严重。行走僵硬、不稳，颈屈曲不灵活，颈疼痛不常见。岗上肌和岗下肌出现神经源性萎缩。病程长可见尿、粪失禁。

【治疗方案】▶▶▶

治疗以保守疗法和手术疗法为主。
- **地塞米松、2%普鲁卡因、注射用水、局部多点注射。**
- **限制动物活动，固定头部和颈部。**
- **维生素 B_1 和维生素 B_{12} 全身应用。**
- **手术减压或固定锥体，复发可能性高。**

十三、椎间盘疾病

【临床症状】▶▶▶

椎间盘疾病又称椎间盘突出，是指纤维环破裂、髓核突出，压迫脊髓，引起的一系列症状。临床上以疼痛、共济失调、麻木、运动障碍或感觉运动的麻痹为特征。本病为小动物临床常见病，多见于体型小、年龄大的软骨营养障碍类犬，非软骨营养障碍类犬也可发生。本病发生部位主要于胸腰段脊椎。一般认为椎间盘疾病是因椎间盘退变所致，但引起其退变的诱因仍不详，本病与下列因素有关：品种与年龄、遗传因素、外伤因素、椎间盘因素。Ⅰ型椎间盘疾病主要表现疼痛、运动或感觉缺陷，发病急，常在髓核突出几分钟或数小时内发生。也有在数天内发病，其症状或好或坏，可达数周或数月之久。颈部椎间盘疾病主要表现颈部敏感、疼痛。站立时颈部肌肉呈现疼痛性痉挛，鼻尖抵地，腰背弓起；运步小心、头颈僵直、耳竖起；触诊颈部肌肉极度紧张或痛叫。重者颈部、前肢麻木，共济失调或四肢截瘫。少数急性、严重病例出现一侧霍尔综合征和高热症。第2～3和第3～4椎间盘发病率最高。如胸腰部椎间盘突出，病初动物严重疼痛、呻吟、不愿运步或行动困难。以后突然发生两后肢运动障碍（麻木或麻痹）和感觉消失，但两前肢往往正常。病犬尿失禁，肛门反射迟钝。上运动原病变时，膀胱充满，张力大，难挤压；下运动原损伤时，膀胱松弛，容易挤压。犬胸腰椎间盘突出常发部位为胸第11～12至腰第2～3椎间盘。Ⅱ型椎间盘疾病主要表现四肢不对称性麻痹或瘫痪，发病缓慢，病程长，可持续数月。不过，某些犬也有几天的急性发作。颈Ⅱ型椎间盘疾病最常发生在颈后椎间盘。

【治疗方案】▶▶▶

治疗以消炎、止痛、激光等为治疗原则。

〔处方〕 地塞米松、2%普鲁卡因、注射用水、局部多点注射。
- **激光局部照射。**
- **针灸疗法。**
- **开窗术和脊髓减压术。**

十四、寰、枢椎不稳症

【临床症状】▶▶▶

本病又称寰、枢椎不全脱位和牙状突畸形。指第1、2颈椎不全脱位、先天性畸形及骨折等引起寰、枢椎不稳定、压迫颈部脊髓的现象。临床以颈部敏感、僵直、四肢共济失调、轻瘫为特征。外伤引起头颈过度的屈曲常是本病的重要原因。可发生于任何品种、年龄的犬、猫。由于寰、枢椎过度屈曲，造成其背侧韧带损伤、断裂、齿突骨折、关节脱位等，破坏寰、枢椎的稳定，压迫脊髓，占位性地引起脊髓的损伤。本病也发生于先天性齿突发育不全、畸形，寰枢椎背侧韧带发育不全或缺损等，多见于小型品种犬。症状，捕捉时，动物颈部敏感、疼痛、伸颈、僵硬。前、后肢共济失调、轻瘫或瘫痪。严重者，导致呼吸麻痹而死亡。本病常突然发生，也可能是进行性。触摸颈部可感到枢椎变位。先天性寰、枢关节异常的犬一般在1岁前出现临床症状，有的犬甚至到老年创伤时才表现症状。

【治疗方案】▶▶▶

治疗以抗炎、固定或手术为主要治疗原则。

［处方1］ 泼尼松龙，犬：4毫克/（千克·天），口服，连用7～14天，逐减到0.5毫克/千克，口服，隔天1次。

［处方2］ 地塞米松，0.2～1毫克/千克，口服/肌内注射，每日3次。

［处方3］ 外夹板固定，限制活动。严重者可手术治疗。

第二节　外周神经疾病

一、面神经麻痹

【临床症状】▶▶▶

面神经麻痹是面神经干及其分支，在各种致病因素影响下，发生的传导机能障碍，多发于6～9岁的西班牙长耳狗和拳狮犬。按损害程度分为全麻痹和不全麻痹。面神经分支损害如中耳炎或外耳炎、面神经中枢延髓的障碍或肿瘤占位性病变；犬之间争斗造成前庭功能障碍、传染病及某些中毒病的经过，均可引起本病的发生。一过性特发性神经炎也可引起本病。完全麻痹头部浅表肌肉变软，颊周围和鼻部皱襞消失，颜面变平，耳朵下垂，对声音刺激无反应。眼睑反射消失，下眼睑下垂，形成眼袋。口唇下垂，有唾液滴下。采食困难，吞咽障碍，颊、齿之间有食物滞留。病情严重时，病犬出现流涎，口腔、眼睑干燥，甚至发展为角膜炎和结膜炎。不完全麻痹患侧肌肉变软失去紧张性，比正常侧下垂，鼻歪向健侧。病侧鼻孔塌陷，唇弛缓。皮肤和黏膜无知觉。

【治疗方案】▶▶▶

治疗的原则是消除病因，恢复神经传导机能和预防肌肉萎缩。

［处方1］ 泼尼松龙，犬：4毫克/（千克·天），口服，连用7～14天，逐减到0.5毫克/千克，口服，隔天1次，连用6个月。

[处方2] 红霉素眼膏，外用，眼部涂抹。
[处方3] 面部按摩、针灸、理疗。
[处方4] 硝酸士的宁（面部瘫痪），犬：0.5~0.8毫克/次，皮下注射；猫：0.1~0.3毫克/次，皮下注射，隔日1次，5次为一个疗程。

二、多发性神经根炎

【临床症状】▶▶▶

本病主要发生于浣熊咬伤或搔抓后，以弛缓性麻痹为特征。也称急性多发性神经炎。本病病因尚不明确，可能与自身免疫有关。近年来发生于美国的狩猎犬。犬被浣熊咬伤后7~14日发病，表现后肢无力反射减弱，很快发展为麻痹状态，有的可出现呼吸肌麻痹、四肢厥冷、鸣叫声微弱。患病10日内症状严重，以后逐渐好转，病程3~6周，且易并发泌尿系统疾病和胃肠功能障碍。

【治疗方案】▶▶▶

主要是对症治疗。为了防止肌肉萎缩。
[处方1] 氨苄西林，20~30毫克/千克，口服，每日2~3次；10~20毫克/千克，静脉滴注/皮下注射/肌内注射，每日2~3次。
[处方2] 速诺（阿莫西林克拉维酸钾混悬剂），犬/猫：0.1毫升/千克，肌内注射/皮下注射，每日1次。
[处方3] 地塞米松，0.2~1毫克/千克，口服/肌内注射，每日3次。
[处方4] 甲硫酸新斯的明（肌无力），犬：0.25~1毫克/次，皮下注射/肌内注射。
[处方5] 新斯的明（肌无力），犬：0.05毫克/千克，肌内注射，每日3~4次。

三、外周神经损伤

【临床症状】▶▶▶

本病是由于动物机体受到外界暴力的挤压、冲撞，或跌落于硬地等致病因素的作用而导致的。神经干周围或神经本身中的肿瘤也可引发此病。神经干周围注射刺激性药物，也可引起神经的损伤。外周神经损伤可分为开放性和非开放性两种。开放性损伤常伴随着软组织和硬组织的创伤而引起神经的部分断裂或完全断裂。非开放性损伤常伴随着软、硬组织的挫伤而发生神经干的震荡、挫伤、压迫、牵张和断裂。神经干的震荡，肉眼看不到神经的明显变化，仅引起神经的暂时性麻痹，症状很快消失。神经干的挫伤，受伤神经干仍保持解剖学上的连续性，神经纤维完整，神经内发生小溢血和水肿或神经纤维发生变性，表现为反射减弱，所支配的肌肉发生机能减退或丧失，或出现神经过敏。神经干受压，表现为神经组织的退行性变性，所支配的组织发生麻痹。神经干的牵张和断裂，多因暴力或超生理范围的外力作用所致。神经牵张时，神经的完整性保持正常，神经所支配的组织表现为部分麻痹症状。神经干断裂，可出现神经完全麻痹症状，神经机能完全丧失，时久会使所支配的肌肉发生萎缩，如为感觉神经断裂，则知觉完全丧失。

【治疗方案】▶▶▶

除去病因，防止感染，辅以温热疗法为治疗原则。
[处方1] 氨苄西林，20~30毫克/千克，口服，每日2~3次；10~20毫克/千克，静脉

滴注/皮下注射/肌内注射，每日2～3次。

[处方2] 速诺（阿莫西林克拉维酸钾混悬剂），犬/猫：0.1毫升/千克，肌内注射/皮下注射，每日1次。

[处方3] 地塞米松，0.2～1毫克/千克，口服/肌内注射，每日3次。

[处方4] 复方新诺明，15～20毫克/千克，口服/肌内注射，每日2次。

[处方5] 硝酸士的宁，犬：0.5～0.8毫克/次，皮下注射；猫：0.1～0.3毫克/次，皮下注射，每日1次，8次为一个疗程。

[处方6] 维生素B_1和维生素B_{12}全身应用。

[处方7] 按摩，红外线热敷。

四、三叉神经麻痹

【临床症状】▶▶▶

多因三叉神经被肿瘤、血肿、脓肿、异物压迫所致。当犬咬住沉重巨大的物体或咀嚼硬骨时，三叉神经运动支受到剧伸或挫伤时，常引起三叉神经麻痹。另外，桥脑挫伤、炎症，犬瘟热或维生素B缺乏也能继发此病。当三叉神经全麻痹时，其分布区域感觉完全丧失，呈现咀嚼障碍。眼神经麻痹时，额部至耳根、眼睑和角膜全无感觉，角膜反射消失，触摸角膜不引起眨眼，也不引起眼球转动及瞬膜露出。上颌和下颌神经麻痹时，颜面、鼻梁、颊部、嘴唇、口腔黏膜和舌黏膜感觉丧失，口腔张开，下颌下垂，舌伸出口外，口吐白沫，采食和饮水困难。咀嚼发生扰乱。

【治疗方案】▶▶▶

应加强护理，注意营养，恢复神经机能，消除原发病。参考面神经麻痹的治疗。

五、舌下神经麻痹

【临床症状】▶▶▶

一般是由于颌下间隙的深部创伤及神经周围的血肿、脓肿、肿瘤压迫所致。有些脑病也可伴发舌下神经麻痹。舌脱出于口外，不能缩回，故而引发采食、饮水、咀嚼和吞咽困难。病久犬舌发生水肿、创伤，乃至萎缩，表面出现皱褶。

【治疗方案】▶▶▶

- 参考面神经麻痹的治疗。

六、臂神经丛撕脱

【临床症状】▶▶▶

臂神经丛缺乏神经外膜，当其受到牵引或外展时，均可造成这些神经根的撕脱。本病常发生于犬，猫少见。多数因车祸撞击或高处摔落等外力作用于肩部或肩关节，使肩胛骨背缘向后下方移位，或在跑越中前肢过度外展，均可造成臂神经向外牵引，神经鞘内轴突断裂或神经鞘撕裂。如牵拉张力发生在椎间孔，则可引起神经根撕脱。临床特征为急性、非进行性单肢轻瘫。随臂丛神经撕脱范围不同，也表现不同的运动和感觉机能障碍，最明显的表现是运动功能障碍。

【治疗方案】▶▶▶
- 参考桡神经麻痹治疗方法。

七、桡神经麻痹

【临床症状】▶▶▶

主要由外伤所致，如臂骨外踝部损伤、前臂骨骨折、第一肋骨骨折、前肢向前外方剧伸及侧卧保定长时间压迫。有时也可发生于麻痹性肌红蛋白尿、过劳等疾病经过中。还可因肿大腋淋巴结的压迫而发病。桡神经麻痹时，所支配的肘关节、腕关节和指关节的伸展肌失去作用。全麻痹：站立时肩关节伸展过度，肘关节下沉，腕关节及指关节屈曲，掌部向后、爪尖着地，患肢变长。被动固定住腕、球关节，患肢能负重。运步时，患肢提举伸扬不充分，爪尖拖地。着地负重时，除肩关节外，其余关节均过度屈曲。触诊臂三头肌及腕、指伸肌弛缓无力，其后逐渐萎缩。皮肤感觉通常无变化，麻痹区内间或感觉减退，或感觉过敏。不全麻痹：站立时，患肢尚能负重，有时肘肌发生震颤。运步时，患肢关节伸展不充分，运步缓慢，呈现运跛。负重时，关节稍屈曲，软弱无力，常发生蹉跌，地面不平和快步运动时尤为明显。部分麻痹：主要见于支配腕桡侧伸肌和指总伸肌的桡深神经麻痹。站立时无明显异常，或由于指关节不能伸展而呈类似突球姿势。运步时，患肢虽能提举，但腕、指关节伸展困难或不能伸展，以致患肢蹄迹与对侧蹄迹并列。快步运动时，常常蹉跌而以系部的背面触地。桡神经的臂三头肌肌支麻痹时，因臂三头肌松弛无力，致肩关节开张，肘关节下沉，前臂部伸向前方，腕关节屈曲，掌部与地面垂直，呈尺骨肘突全骨折的类似症状。快步时，侧望患肢在垂直负重的瞬间，肩关节震颤，臂骨倾向前方。

【治疗方案】▶▶▶

治疗以消炎、温敷、营养为主要治疗原则。

[处方1] 氨苄西林，20~30毫克/千克，口服，每日2~3次；10~20毫克/千克，静脉滴注/皮下注射/肌内注射，每日2~3次。

[处方2] 速诺（阿莫西林克拉维酸钾混悬剂），犬/猫：0.1毫升/千克，肌内注射/皮下注射，每日1次。

[处方3] 地塞米松，0.2~1毫克/千克，口服/肌内注射，每日3次。

[处方4] 针灸抢风穴及肘俞穴，对不全麻痹或部分麻痹疗效显著。

[处方5] 按摩，红外线热敷。

[处方6] 维生素B_1和维生素B_{12}全身应用。

八、尺神经麻痹

【临床症状】▶▶▶

引起犬前腿支配神经损伤的常见病因是直接创伤、因保定或持续麻醉时侧卧造成的缺血，偶尔见肿瘤波及臂丛的神经或小神经根。过度牵拉前肢，使肩部过度外展，可致整个神经丛撕脱或过度牵张。臂神经丛完全麻痹的动物，其特征表现为静立时肘关节下沉、腕关节和掌关节不完全屈曲。麻痹肢呈拖拉状，如负重可见肘部和腕部塌陷。

【治疗方案】▶▶▶

治疗以固定、消炎、温敷、营养为主要治疗原则。治疗方法参照桡神经麻痹。

九、坐骨神经损伤

【临床症状】▶▶▶

　　坐骨神经损伤常因髂骨干骨折、髋臼骨折和股骨极端骨折等所致,并同时伴发腓神经和胫神经的损伤。患肢膝关节可伸展,但不能屈曲,跗关节和趾关节不能屈曲或伸展。站立趾背屈,跗部一般下垂。膝关节以下的感觉严重受到损害,但肢或趾内侧面感觉正常(由股神经支配),常因脚背着地而破溃。近端坐骨神经损伤诊断患肢屈肌反射,即刺激趾端,膝、跗、趾各关节均无屈曲反应。刺激肢或趾内侧面有疼痛反应,且髋关节能屈曲,但其他关节均呈屈曲反应。大腿和膝关节后方肌肉萎缩。腓神经和胫神经麻痹将分别在下面描述。

【治疗方案】▶▶▶

- 治疗以消炎、按摩、营养为主要治疗原则。治疗方法参照桡神经麻痹。

十、胫神经麻痹

【临床症状】▶▶▶

　　站立时,跗关节、球关节及冠关节呈屈曲状态,患肢稍踏于前方并能负重。运步时,患肢仍可提伸,各关节过度屈曲,爪向上抬举过高,随后痉挛样地向后向下迅速着地(轻击地面)。病畜不能进行快步运动。患肢股后及胫后部肌肉弛缓无力,并逐渐萎缩。

【治疗方案】▶▶▶

- 针灸百会、路骨、大胯、小胯、巴山、牵肾、仰瓦、邪气和汗沟等穴位。

十一、腓神经麻痹

【临床症状】▶▶▶

　　全麻痹时,患肢关节下沉,跗关节过度屈曲,并以爪前壁接触地面,患肢好像变长。被动地将趾关节伸直,尚能负重;一旦行进则球、冠关节又复屈曲。运动时,由于趾关节不能伸展,而以爪前壁接地拖拉前进。后退时,屈曲的球关节被拉直,爪踵接触地面,呈拖拉样后退。触诊时跗关节的屈肌和趾关节的伸肌弛缓无力,有时小腿前外侧感觉消失,腓神经支配区内的反射消失,肌肉萎缩。不全麻痹时,症状较轻微。站立时无明显异常或有时出现球关节掌屈状态;运步时亦表现球节掌屈及爪前壁接地负重,转弯或患肢踏着不确实时,球节掌屈更易发生。

【治疗方案】▶▶▶

- 参照胫神经麻痹治疗方法。

十二、肩胛上神经麻痹

【临床症状】▶▶▶

　　发病原因多为外伤性,如肩前部被打击、冲撞或拉伸伤。目前新论点认为由于肩部突然受到剧烈过度向后伸展拉伤，致该神经导致麻痹的论点。临床特征，肩胛上神经完全麻痹病犬站立时肩向外展，离开胸壁，胸前出现凹陷，肩关节明显向外支出，表现为负重肩外偏，当举起健肢时，肩外展更明显。病程长时，肩部肌肉萎缩。不完全麻痹时，症状轻微不易发现，病久肩部肌肉出现渐进性萎缩。

【治疗方案】▶▶▶

- 治疗以消炎、温敷、营养为主要治疗原则。参照桡神经麻痹治疗方法。

第九章 犬、猫内分泌系统疾病

一、幼仔脑垂体功能不全

【临床症状】▶▶▶

幼仔脑垂体功能不全又称垂体性侏儒症,是指因一种、几种或者全部垂体激素缺乏而导致的靶器官激素合成和分泌降低的一类疾病,此类激素包括可的松、甲状腺素（T_4）或生长激素。本病是常染色体隐性遗传病,是由于近亲繁殖导致的,最常见于德国牧羊犬,猫很少发生。一般患犬猫从出生到2月龄时与同窝仔生长无差异,以后发育明显迟缓,胎毛换毛不全和刚毛缺乏逐渐明显,体格矮小,但整个体型生长均称。两侧对称性脱毛,色素沉着,皮肤变薄、没有弹性,脱屑。乳牙久不脱落,永久齿发育延迟或完全缺乏,骨骼骺化延迟。睾丸小和无精,阴茎亦较小,阴茎骨钙化延迟或不完全,阴茎鞘松弛。卵巢皮质发育不良,发情周期不规则或不发情。甲状腺和肾上腺皮质等内分泌功能都减退,患犬猫保持像幼犬、猫一样的尖锐叫声,且寿命明显缩短。

【治疗方案】▶▶▶

本病以激素治疗为原则。

［处方1］ 生长激素（垂体性侏儒症）,犬：0.1单位/千克,皮下注射,每日1次,每周3日,连用4~6周。

［处方2］ 甲状腺素（继发性甲状腺机能减退）,犬：22微克/千克,口服,每日2次；猫：20~30微克/(千克·天),口服,每日1~2次。

［处方3］ 可的松（继发性肾上腺皮质机能减退）,犬：0.5~1毫克/(千克·天),口服,每日3~4次。

二、脑下垂体功能减退症

【临床症状】▶▶▶

脑下垂体功能减退症是由丘脑下部或垂体前叶功能障碍引起相应的靶腺和脏器功能下降的

疾病。本病一般见于垂体前叶坏死、萎缩、肿瘤、炎症、放射性照射、创伤、先天性不足等。有单一激素分泌障碍（单独缺陷症）、两种以上激素分泌障碍（部分脑下垂体功能减退症）和七种前叶激素分泌降低（广泛性脑下垂体功能减退症）三种，目前，多把这三种统称为脑下垂体功能减退症。七种激素为肾上腺皮质刺激激素、黑色素细胞刺激激素、甲状腺刺激激素、生长激素、卵泡刺激激素、黄体激素和催乳激素。激素缺乏的种类和程度不同，临床表现差异很大。幼年犬、猫的脑下垂体功能减退症称为垂体性侏儒症。成年犬、猫的脑下垂体功能减退症还伴有各种促性腺激素缺乏，也称为广泛脑下垂体功能减退症，表现为生殖器官明显萎缩的肥胖和尿崩症样多饮、多尿。被毛脱落，皮肤易损伤和继发感染。

【治疗方案】 ▶▶▶

以激素补充疗法和对症治疗为原则。

［处方1］ 生长激素（垂体性侏儒症），犬：0.1单位/千克，皮下注射，每日1次，每周3日，连用4～6周。

［处方2］ 甲状腺素（继发性甲状腺机能减退），犬：22微克/千克，口服，每日2次；猫：20～30微克/（千克·天），口服，每日1～2次。

［处方3］ 可的松（继发性肾上腺皮质机能减退），犬：0.5～1毫克/（千克·天），口服，每日3～4次。

［处方4］ 丙酸睾丸酮（雄性激素缺乏），犬：2毫克/千克，皮下注射/肌内注射，3次/周；猫：5～10毫克，肌内注射。

［处方5］ 苯甲酸雌醇制剂（雌性激素缺乏），犬：0.1～1毫克，口服/肌内注射，每日1次，连用5天，然后每5～14天重复一个疗程。猫：0.05～0.1毫克/次，口服/肌内注射。

［处方6］ 手术或放射治疗：对腺垂体肿瘤和头颅咽头肿瘤可进行手术或放射线治疗。

三、甲状腺功能亢进症

【临床症状】 ▶▶▶

甲状腺功能亢进症简称甲亢，是由于甲状腺激素分泌过多所引起的一种内分泌疾病，临床上以基础代谢增加、神经兴奋性增高、甲状腺肿为特征，最初认为与碘缺乏有关，最常见于中老年猫，偶见于犬。一般犬是由于甲状腺肿瘤所致，猫多是由于双侧对称性甲状腺瘤样增生所致，偶尔也有甲状腺癌而引起。此外，本病可能与自身免疫、内分泌功能紊乱、精神刺激等有关。病犬、猫代谢综合征表现为食欲增加，体重减轻，腹泻，排便次数或大便量增加，多饮多尿，体乏无力。随后出现不安，运动活泼，易兴奋，程度不同地眼球突出，听诊可闻心动过速，心脏杂音，脉搏及呼吸数增加，心房颤动，血压升高，血液检查血清蛋白结合碘增高。部分患猫表现厌食、嗜睡、抑郁及体重减轻症状。可在颈腹侧触摸到两侧对称的肿大的甲状腺体，腺体质软，触之有弹性，疾病后期可出现咽下困难和呼吸困难。

【治疗方案】 ▶▶▶

运用抑制甲状腺素合成药，对症治疗，手术疗法为原则。

［处方1］ 丙硫氧嘧啶（抑制甲状腺素的合成），用量为10毫克/千克，口服，每日2次。

［处方2］ 他巴唑（甲巯咪唑，抑制甲状腺素的合成），作用较丙硫氧嘧啶约强10倍，且奏效迅速，维持作用时间较久，国外主要用于治疗猫的甲状腺机能亢进。猫用量5毫克/次，每日3次，口服。

［处方3］ 甲抗平（抗甲状腺药），5毫克/千克体重，口服，每日2次或3次。

[处方4] 放射性碘，减少甲状腺素的合成。

[处方5] 对症治疗。抗心率失常、限制病犬、猫运动，补充高能量食物、维生素、钙、磷等。

[处方6] 心得安（抗心率失常），犬：0.15~1.0毫克/千克，口服，每日3次或0.01~0.1毫克/千克，静脉滴注；猫：2.5~5毫克/次，口服，每日2~3次。

[处方7] 化疗（甲状腺癌）。阿霉素，30毫克/米^2，静脉滴注，每3周1次。

- 对未发生转移的甲状腺癌、长期服药无效或停药后复发的犬猫应做甲状腺部分切除。但手术后可能会出现甲状腺机能减退。

四、甲状腺功能减退症

【临床症状】▶▶▶

甲状腺功能减退症是由于甲状腺激素合成或分泌不足而导致全部细胞的活性与功能降低的疾病。本病常见于犬，猫偶有发生。犬原发性甲状腺功能减退症90%以上是由甲状腺萎缩或甲状腺的滤泡细胞持续坏死而引起的，如先天性甲状腺发育不全、结构缺陷或缺乏以及遗传性甲状腺炎、淋巴性甲状腺炎和自发性甲状腺萎缩。继发性甲状腺功能减退常由于占位性病变如肿瘤引起脑垂体促甲状腺细胞损伤。猫的甲状腺功能减退并不常见，最常见的原因是对甲状腺机能亢进治疗所引发的医源性甲状腺机能减退。甲状腺激素缺乏可影响所有器官系统的功能，临床表现是多方面的。先天性病犬、猫主要表现呆小，四肢短，皮肤干燥，体温降低。后天性病犬、猫表现为精神呆滞，嗜睡，畏寒，运动易疲劳。皮肤和被毛干枯，呈两侧对称性无瘙痒的脱毛，皮肤光滑干燥，触之有冷感。便秘或者腹泻，贫血。重病犬猫发生黏液性水肿，面部和头部皮肤形成皱纹，触之有肥厚感和捻粉样，但无指压痕。雌犬猫无发情期延长，发情减退或停止。雄犬猫的性欲或精子活力降低。心率缓慢，虚弱，反射减弱，肌肉僵硬，共济失调，眼球震颤。

【治疗方案】▶▶▶

以投予左旋甲状腺素钠（T_4）和三碘甲状腺氨酸钠（T_3），对症治疗为原则。

[处方1] 左旋甲状腺素钠（T_4）（甲状腺素样作用），犬：22微克/千克，猫：0.05~0.1毫克，口服，每日1~2次。应用此药常并发肾上腺皮质机能减退、糖尿病或肝肾功能不全等。

[处方2] 三碘甲状腺氨酸钠（T_3）（甲状腺素样作用），犬：4~6微克/千克，猫4微克/千克，口服，每日2次。

[处方3] 对症治疗：对出现的任何并发症进行对症治疗，加强护理，注意保暖，适当应用抗生素，及时补充铁制剂、叶酸、维生素B_{12}等。

[处方4] 醋酸可的松（肾上腺皮质功能减退，降低血中T_3、T_4浓度），犬：0.5~1毫克/千克，口服；每日3~4次或25~100毫克/次，肌内注射。

[处方5] 维生素B_{12}，犬：0.5~1毫克，猫：0.1~0.2毫克，皮下注射，每日1次，连用7天。

[处方6] 硫酸亚铁，犬：100~300毫克，猫：50~100毫克，口服，每日1次。

[处方7] 叶酸，犬：1~5毫克/天，猫：2.5毫克/天，口服。

五、甲状旁腺功能亢进症

【临床症状】▶▶▶

甲状旁腺功能亢进症是由于甲状旁腺激素分泌过多而导致机体钙磷代谢紊乱的疾病。常见病因有甲状腺瘤的增生、肥大或腺癌等引起的甲状旁腺激素分泌过多；骨和甲状旁腺以外的肿瘤细胞分泌骨吸收性物质，结果表现甲状旁腺分泌亢进样的高钙血症和低磷血症；长期饲喂缺乏矿物质和维生素（主要是钙磷维生素D）或钙磷比例不当的食物而使血钙降低，继而引起甲状旁腺激素分泌过；慢性肾功能不全所致钙磷比例失调而刺激甲状旁腺分泌增加等。病犬猫食欲不振，呕吐，便秘；肌无力，走路摇晃，定向力丧失，反应迟钝，步态僵硬，颤抖；心律不齐；多饮，多尿，有时出现血尿和尿路结石，常伴有代谢性酸中毒。肿瘤引起的还伴有病理性骨折以及恶性肿瘤等其他综合症状。营养缺乏的犬猫则主要表现骨质疏松，骨密度降低，多发性骨病和骨折，可见跛行和步态异常，颌骨明显脱钙，齿槽硬膜消失。肾功能不全引起的犬猫除表现全身骨吸收外，常伴有尿毒症和肾衰竭症状。仔犬、猫的先天性肾功能异常，可见头部肿胀和乳齿异常。

【治疗方案】 ▶▶▶

治疗原发病和对症治疗。

［处方1］ 原发性甲状旁腺瘤和其他肿瘤：手术摘除法。甲状旁腺瘤手术后常迅速出现血钙浓度降低，出现低钙性抽搐。

［处方2］ 10%葡萄糖酸钙：低血钙，0.5～1毫升/千克，加入10%葡萄糖溶液中静脉滴注。

［处方3］ 生理盐水（纠正体液不足，促进钙经尿排泄），每日按130～200毫升/千克，静脉滴注。

［处方4］ 速尿，1～2毫克/千克，静脉滴注/肌内注射/皮下注射/口服，每日2～3次。

［处方5］ 降钙素（高钙血症），4～6单位/千克，皮下注射/肌内注射，每2～12小时1次。

［处方6］ 羟乙二磷酸二钠（低血磷症），按7.5毫克/千克，溶于250毫升生理盐水中静脉滴注，连用3天。肾衰竭者禁用。

［处方7］ 强的松龙（增加钙从粪中排出），2毫克/千克体重，口服/皮下注射，每日2次。

［处方8］ 其他对症治疗。恢复肾脏功能，给予高能量低蛋白质饲料；调整日粮中钙磷比例为2∶1，纠正水、电解质紊乱和酸碱平衡；使用抗生素控制感染。

［处方9］ 林格液（补充体液），20～70毫升/千克，静脉滴注。

［处方10］ 葡萄糖生理盐水（补充体液），20～70毫升/千克，静脉滴注。

［处方11］ 5%碳酸氢钠（调节酸碱平衡，缓解酸中毒），1～2克/千克体重，静脉滴注。

［处方12］ 氨苄西林，10～20毫克/千克，静脉滴注/皮下注射/肌内注射，每日2～3次。

［处方13］ 头孢噻肟钠，20～40毫克/千克，静脉滴注/肌内注射/皮下注射，每日3～4次。

六、甲状旁腺功能减退症

【临床症状】 ▶▶▶

甲状旁腺功能减退症是由于甲状旁腺激素分泌不足或不分泌、或者分泌的甲状旁腺激素不能正常地与靶细胞作用或者靶器官对甲状旁腺激素反应降低的疾病。甲状旁腺损伤是本病发生的主要原因，如甲状腺手术时损伤及摘除甲状旁腺，放射性同位素照射、颈部外伤、感染、恶性肿瘤转移和浸润等引起甲状旁腺脱落或破坏。另外高钙血症及骨内钙释放增加（甲状腺功能亢进症、甲状旁腺腺体肿瘤摘除后等）可一过性抑制甲状旁腺激素的分泌、病毒损伤如犬瘟热、某些品种先天性甲状旁腺发育不全或发育不良等也可引起本病的发生。该病主要表现为严重的低钙高磷血症、神经和肌肉兴奋性增加，全身性肌肉抽搐、共济失调、步态不稳，体温升高、极度气喘、多尿多饮、呕吐等，行为反常、神经质、有攻击行为、不安、兴奋、过度瘙痒，厌食、偶尔有流涎或咽下困难，心肌受损时则表现心动过速。病程长时，常出现皮肤粗糙，色素沉着，被毛脱落，牙齿钙化不全。

【治疗方案】▶▶▶

治疗原则是提高血钙浓度，促进血磷的排泄，缓解抽搐症状。

［处方1］ 10%葡萄糖酸钙，0.5～1毫升/千克体重加入10%葡萄糖溶液中静脉滴注，2次/日。

［处方2］ 5%氯化钙，0.5～1.5克/次，加入10%葡萄糖溶液中静脉滴注，2次/日。

［处方3］ 维生素D_3（胆骨化醇）（促进肠道钙吸收），1500～3000单位/千克体重，1次/日，肌内注射。

［处方4］ 维生素D_2（骨化醇）（低血钙、促进钙吸收），2500～5000单位/次，皮下注射/肌内注射。

［处方5］ 双氢速固醇（低血钙、促进钙吸收），0.02毫克/（千克·天），口服，连用3天，然后0.01～0.02毫克/千克，口服，每日1次或隔天1次。

［处方6］ 鱼肝油（内含维生素AD，促进钙吸收），5～10毫升/次，口服。

［处方7］ 氢氧化铝（胃舒平）（减少肠道对磷的吸收），1～2片/次，口服，每日2～3次。

· 加强护理，给予高钙低的饲料。

七、肾上腺皮质功能亢进症

【临床症状】▶▶▶

肾上腺皮质功能亢进症又称库兴氏综合征，是由于肾上腺皮质增生或因垂体分泌促肾上腺皮质激素过多而引起糖皮质激素（主要是皮质醇）分泌过量的一种病理现象。本病85%以上见于下丘脑-垂体功能紊乱或垂体病，垂体分泌过多的促肾上腺皮质激素，引起双侧肾上腺皮质增生而分泌过多的皮质醇；另有部分见于肾上腺皮质腺瘤及皮质癌，腺体肿瘤自主性分泌大量的皮质醇导致本病发生；本病也可由外分泌腺肿瘤等癌细胞分泌类似ACTH活性物质所致；另外长期大量投予促肾上腺皮质激素及皮质醇类激素也可导致医源性肾上腺皮质机能亢进。本病的病理发展过程缓慢，一般需数年才表现出临床症状，病初患病犬表现多饮多尿，有时可出现尿频、血尿和尿急痛；约80%的病犬食欲增强，体重无明显变化或下降；肌肉肌蛋白异化加剧，肌肉萎缩无力，肝脏肿大，肚腹悬垂、胀大呈锅底肚或木桶状，运动耐受力下降、肌肉痉挛、共济失调；气喘，呼吸困难；70%的病犬皮肤变薄，形成皱襞，表皮和真皮萎缩，出现身体两侧对称性脱毛，无瘙痒，大量沉着黑色素；雌性犬发情周期延长或不发情，雄性犬性欲减退，睾丸萎缩；少数病犬出现视力障碍，偶见骨质疏松症和骨折。

【治疗方案】▶▶▶

可进行药物治疗、手术治疗和放射治疗，本病常常需要终身治疗。

［处方1］ 邻对滴滴滴（o,p-DDD，邻对氯苯二氯乙烷）（减少糖皮质激素的分泌），可用

于垂体依赖性肾上腺皮质机能亢进和肾上腺皮质肿瘤。病初按 30～50 毫克/（千克·天），口服，每日 1 次，连用 5～10 天；当血清皮质醇浓度正常后，按维持剂量 25 毫克/（千克·天）给予，每周 2 次。

［处方 2］ 酮康唑（抑制肾上腺类固醇的产生），7.5～15 毫克/（千克·天），口服，每日 2 次。

［处方 3］ 盐酸司来吉兰（抑制肾上腺类固醇的产生，用于垂体依赖性肾上腺机能亢进），1 毫克/（千克·天），口服。

［处方 4］ 米托坦，初始用量 50 毫克/（千克·天），分两次饭后给药；一般一周左右症状有明显恢复至正常，此时停药进行 ACTH 刺激试验，当刺激后可的松浓度介于 10～50 纳克/毫升时改用维持剂量 25～50 毫克/（千克·天）。

［处方 5］ 曲洛斯坦（抑制肾上腺合成可的松），2.2～6.7 毫克/千克，口服。

［处方 6］ 手术疗法。当是由垂体肿瘤、肾上腺皮质增生及肿瘤引起时，可手术摘除垂体或肾上腺。但术后常会继发肾上腺皮质机能减退；垂体切除手术难度和费用很大，故很少实施。

- **放射治疗**。适用于垂体肿瘤引起的肾上腺皮质功能亢进的病例。

八、肾上腺皮质功能减退症

【临床症状】▶▶▶

肾上腺皮质功能减退症是肾上腺皮质分泌的糖皮质激素和盐皮质激素不足所致的综合征，也称为阿狄森综合征。各种原因导致的肾上腺皮质本身病变引起原发性肾上腺皮质功能减退的发生；丘脑-垂体前叶功能减退、肾上腺切除、长期用糖皮质激素治疗过程时突然停药也可引起继发性肾上腺皮质机能减退的发生。急性病犬、猫虚弱、精神沉郁、发热、心律失常、低血容量、昏睡甚至休克，若治疗不及时则很快死亡；亚急性或慢性病犬、猫抑郁、嗜睡、精神不振、食欲减退、呕吐、便秘、腹痛、腹泻、体重减轻，皮肤和黏膜色素沉着，血压下降，低血糖症候。

【治疗方案】▶▶▶

糖皮质激素治疗和其他对症治疗如缓解酸中毒、低血糖和高血钾症等为治疗原则。

［处方 1］ 磷酸钠地塞米松，0.5～2 毫克/千克，静脉滴注，如果需要，可在 2～6 小时内重复给药。

［处方 2］ 生理盐水，40～80 毫升/（千克·天），最初的 1～2 小时快速静脉滴注，之后减慢输液速度。

［处方 3］ 醋酸可的松，0.5～1 毫升/（千克·天），口服。

［处方 4］ 强的松龙，0.2～0.4 毫克/（千克·天），口服。

［处方 5］ 三甲醋酸去氧皮质酮（盐皮质激素），犬：1～2 毫克/千克，肌内注射/皮下注射，每 25～28 天 1 次；猫：12.5 毫克，肌内注射，每 21～28 天 1 次。

［处方 6］ 氟氢可的松（盐皮质激素），0.02 毫克/（千克·天），口服。

［处方 7］ 5%碳酸氢钠（调节酸碱平衡，缓解酸中毒），1～2 克/千克，静脉滴注。

［处方 8］ 10%葡萄糖酸钙（对抗高血钾症），按 0.5～1 毫升/千克，加入 5%葡萄糖溶液中静脉滴注。

［处方 9］ 50%葡萄糖：低血糖，按 0.5～1 毫升/千克，缓慢静脉滴注。

九、胰岛素分泌过少症

【临床症状】▶▶▶

胰岛素分泌过少症是由于胰腺受各种原因引起功能障碍而导致的胰岛素分泌不足的疾病。常见原因是过度肥胖或饲喂过高热量食物而运动量不足、苯妥英钠等药物和静脉内营养疗法都可抑制胰岛素的正常分泌、胰腺实质病变(如胰腺炎、胰腺癌、胰高血糖素瘤及胰腺切除等),另外内分泌功能紊乱也能反向性抑制胰腺分泌胰岛素,常见的有肾上腺皮质功能亢进、嗜铬细胞瘤、甲状腺功能亢进、垂体功能亢进等。患病犬猫表现为原发糖尿病症状,食欲亢进、多饮多尿、消瘦、体重下降,患犬眼睛可出现白内障,有的则表现精神沉郁、厌食、呕吐。

【治疗方案】▶▶▶

加强饲养管理,以激素治疗和对症治疗为原则。
　　[处方]　胰岛素,0.1~0.2单位/千克,肌内注射。应注意监测血糖。

- **加强饲养管理。**饲喂高蛋白、低碳水化合物、低脂肪的食物,加强犬、猫运动。
- **对症治疗。**纠正电解质平衡,防止糖尿病性酸中毒。
- **治疗原发病。**如果是由于使用苯妥英钠等药物引起的,停止使用该药;如果是由胰腺实质病变或内分泌紊乱等引起的,治疗其原发病。

十、胰岛素分泌过多症

【临床症状】▶▶▶

胰岛素分泌过多症是胰腺的胰岛β-细胞瘤使胰岛素分泌过剩,血糖浓度降低而表现神经功能障碍的疾病。本病常由于胰岛的肥大细胞增生而引起,也多见于功能性胰岛细胞肿瘤引起,如胰腺瘤、胰癌、胰腺增生、微小胰腺瘤、胰岛非β-细胞瘤等。过多的胰岛素使血液中的葡萄糖进入细胞内而导致低血糖。轻症病犬猫表现不安,常常边走边叫,颜面肌肉痉挛,后肢无力,四处排粪、排尿,重症病犬猫表现恶心、呕吐、心跳加快,全身间歇性或强直性痉挛,神志不清,视力障碍、昏睡等。

【治疗方案】▶▶▶

治疗原发病,升血糖和对症治疗为原则。

- **治疗原发病。**如果是由胰腺腺体肿瘤引起的功能性亢进,可进行手术切除。

　　[处方1]　葡萄糖。10%~20%葡萄糖0.5~1克/千克,快速静滴。重症者可用50%的葡萄糖。

　　[处方2]　泼尼松(肾上腺皮质激素药,缓解低血糖),0.25~2毫克/千克,口服,每日1~2次。

　　[处方3]　地塞米松(肾上腺皮质激素药,缓解低血糖),0.5~2毫克/千克,肌内注射。

　　[处方4]　苯妥英钠(抗心律失常),10毫克/千克,口服。

　　[处方5]　心得安(低血糖,抗心律失常),犬:10~40毫克,口服,每日3次。

十一、雌性激素过多症

【临床症状】▶▶▶

雌性激素过多症是犬、猫血清雌性激素水平明显高于健康犬、猫的一种病理现象。雌性犬、猫和雄性犬、猫均可发生，雌性犬猫表现为卵巢功能不均衡，雌性犬猫表现为雌性化综合征，但多发于5岁以上的雌性犬猫。一般因卵泡囊肿、卵巢肿瘤及雌激素投予过量所致。雌性犬、猫表现与发情无关的异常子宫出血、子宫内膜增生和发情样征候，外阴部肿胀，阴道流出分泌物，乳头变大，皮肤左右对称性脱毛（常见于肷部、周围、乳房和会阴部）、色素沉着和脂溢性皮炎。脱毛可波及全身，但头部和四肢末端多无变化。子宫内膜增生的犬表现多饮多尿，当继发感染时，可引起子宫蓄脓症。雄性犬、猫表现为乳房乳头增大，性机能障碍，性格雌性化，似雌性犬、猫发情样引诱其他雄性犬、猫。

【治疗方案】▶▶▶

以激素治疗和对症治疗为原则。

- **停止投喂雌激素。**

  [处方1]　甲状腺素（继发性甲状腺机能减退，对称性脱毛犬），犬：22微克/千克，口服，每日2次；猫：20～30微克/（千克·天），口服，每日1～2次。

  [处方2]　孕酮（诱导黄体退化，子宫内膜增生），2毫克/千克，肌内注射，每3天1次。

  [处方3]　人绒毛膜促性腺激素（卵巢机能不全、卵巢囊肿、子宫内膜增生、雄性性机能不全），100～150单位/天，口服/肌内注射。

- **手术治疗。摘除卵巢、子宫是根治本病的最可靠的办法。**

十二、雌性激素缺乏症

【临床症状】▶▶▶

雌性激素缺乏症是卵巢或子宫切除后造成雌激素分泌障碍的疾病，多见于做过避孕手术的雌犬猫。一般是因卵巢囊肿、卵巢肿瘤或卵巢切除后使雌激素分泌减少所致。雌激素具有增加尿道括约肌紧张性的作用，雌激素严重缺乏时，虽然支配膀胱的神经及膀胱功能正常，但病犬、猫在膀胱还未充满尿液时仍会不自主地排尿或每次排少量尿液。

【治疗方案】▶▶▶

激素治疗为原则。

　　[处方1]　雌二醇，犬：0.2～1毫克/次，肌内注射；猫：0.2～0.5毫克/次，肌内注射。

　　[处方2]　己烯雌酚二磷酸酯，犬：0.1～1毫克口服/肌内注射，每日1次，连用5天，然后每5～14天重复；猫：0.05～0.1毫克/次口服/肌内注射。

　　[处方3]　苯甲酸雌二醇，0.5～1毫克/次，肌内注射，2～3日一次。

十三、雄性激素过多症

【临床症状】▶▶▶

雄性激素过多症是病理性雄性激素分泌亢进的疾病。雄性和雌性犬猫都可发生。原发性的睾丸肿瘤、脑下垂体萎缩病变、雌犬猫切除卵巢以及医源性的雄性激素投予过量，都可引起本病的发生。患病犬猫性欲强烈，不断爬跨公母犬猫。全身对称性脱毛，并有色素沉着。

【治疗方案】▶▶▶

对因治疗。

- **停喂雄性激素，对药物引起的停喂雄性激素后即可逐渐恢复正常。**

- 手术治疗，对由睾丸肿瘤引起的病犬、猫进行去势摘除睾丸。

十四、雄性激素过少症

【临床症状】▶▶▶

雄性激素过少症是犬猫由于各种原因使睾丸分泌睾酮不足或精子生成障碍的疾病。原发性的有先天性睾丸发育不全、双侧隐睾、电离辐射或放射线照射等，继发性的有下丘脑-垂体肿瘤、过度肥胖、甲状腺功能减退等。患病犬猫性欲低下，发育障碍，繁殖力弱或无繁殖力。

【治疗方案】▶▶▶

- 手术治疗：对隐睾犬猫实行睾丸摘除术。
  [处方1] 睾丸酮，1毫克/千克，肌内注射，每周1次。
  [处方2] 泼尼松（甲状腺机能减退引起的雄激素过少症），1毫克/千克，隔日口服1次。

十五、雄性犬雌性化综合征

【临床症状】▶▶▶

雄性犬雌性化是由睾丸曲细精管上皮细胞瘤（支持细胞瘤）所引起的雌激素分泌过多或医源性雌激素投予过量所致的一种综合征。一般是睾丸肿瘤和雌激素投予过量所致。公犬无性欲，乳房和乳头肿大，有的分泌乳汁，重症犬似发情母犬样，引言诱其他公犬。皮肤角化，色素过度沉着，左右对称性苔藓化，有的发生耳垢性外耳炎。阴茎和非肿瘤侧睾丸萎缩，慢性病犬发生脂溢性皮炎和脱屑。前列腺肥大犬可出现血尿和脓尿。

【治疗方案】▶▶▶

激素疗法、对症治疗和手术治疗为原则。
[处方1] 睾酮，0.5毫克/千克体重，皮注，每周1次。
[处方2] 地塞米松，0.5~1毫克/次，肌内注射，连用3~5日。
[处方3] 水杨酸，皮肤苔藓化，外用。
[处方4] 新霉素滴耳液，外耳炎，滴耳。
[处方5] 手术治疗。去势，摘除病理性睾丸。
[处方6] 对症治疗。停喂雌性激素，前列腺肥大犬、猫投喂前列康、止血药和消炎药。

十六、尿崩症

【临床症状】▶▶▶

尿崩症是由于下丘脑——神经垂体机能减退所引起的抗利尿激素分泌不足或缺乏，或肾小管对抗利尿激素的反应性降低的一种疾病，表现为严重的失控性多饮、多尿和尿比重降低。脑部的垂体神经部、漏斗柄、下丘脑、视上神经核受到压迫或破坏时，使抗利尿激素分泌和释放减少导致本病的发生；各种肾病或代谢性疾病时，肾小管对加压素的反应完全或部分障碍也会引起本病的发生。临床症状主要表现为大量饮水，多尿，尿频和夜间排尿，由肿瘤引起的呈渐进性，由外伤或髓膜炎引起的为突发性症状。日饮水量大于每千克体重100毫升以上，排尿量可达80~300毫升/千克体重以上，尿比重明显降低，多为1.010以下。患病犬、猫，尽管渴感强烈，大量饮水，但仍表现轻度到中度脱水。限制饮水，尿量不减，尿呈水样清亮透明，不含蛋白质，病犬初期肥胖，后表现厌食和体重逐渐减轻消瘦，生殖器官萎缩。

【治疗方案】▶▶▶

治疗原发病和抗利尿激素替代疗法为治疗原则。

［处方1］ 单宁酸后叶加压素（丘脑-垂体性尿崩症，此药对肾性尿崩症无效），0.02～0.1单位/千克，肌内注射，隔2～3日肌内注射1次，若摄水量不减少，可增加药量。

［处方2］ 氯磺丙脲（肾性尿崩症），犬：125～250毫克/天，口服，每日1次。一般不建议猫用此药，且注意用药后的低血糖副作用。

［处方3］ 双氢氯噻嗪（肾性尿崩症），0.5～1.0毫克/千克，口服，每日2次。

［处方4］ 氯噻嗪（肾性尿崩症），10～40毫克/千克，口服，每日2次。

［处方5］ 氯化钾（纠正低血钾症），2～10毫克/（千克·天），加入5%葡萄糖内稀释成0.1%的浓度静脉滴注，根据血清钾浓度适当使用。

- 手术治疗。能丘脑或垂体瘤的患病犬、猫，可进行手术治疗，但一般愈后不良。
- 创伤治疗。脑部有创伤的，可进行对症治疗，消炎和促进炎症吸收，一般愈后良好，但有些创伤是永久性的，愈后不良。
- 加强护理。逐渐限制饮水，纠正嗜饮行为。配合无钠日粮，纠正电解质平衡。

第十章 犬、猫免疫性疾病

一、新生犬黄疸症

【临床症状】▶▶▶

本病是由母犬和父犬的血型不同，胎犬具有某一特定血型的显性抗原，通过妊娠和分娩而侵入母体，刺激母体产生免疫抗体，当仔犬出生后，通过吸吮初乳获得移行抗体，使红细胞发生破坏产生的黄疸症，临床上表现为贫血、黄疸或急性死亡。这是同种免疫性溶血性疾病。新生仔犬出生后完全正常，吸吮初乳后开始发病。病情与吸吮初乳量有关。初乳中的抗体效价越高，吸吮的初乳量越多，则发病越重。因而出生时越大、活力越强的仔犬多先发病死亡。超急性重度患犬，未出现本病的特征症状，就可在短时间内衰竭死亡。此时，多见血色素血症和血色素尿症。通常，患犬精神沉郁，吸吮力减弱，出生后2天口腔和眼结膜出现明显的贫血症状。黄疸症状从第3天开始加重。尿液肉眼观察呈红色，潜血反应阳性。出生2～3日后的尿胆红素为阳性。

【治疗方案】▶▶▶

治疗以隔离、断乳、对阵治疗为原则。

- 隔离、断乳，改为人工哺乳。

　　[处方1]　泼尼松龙，1～2毫克/（千克·天），口服，每日2次。
　　[处方2]　地塞米松，0.2～1毫克/千克，口服/肌内注射，每日3次。
　　[处方3]　饲喂2%～3%葡萄糖液，稀释排泄血红素。

- 重症贫血，可腹腔输血。

二、血小板减少症

【临床症状】▶▶▶

本病以血小板减少、皮肤和黏膜的淤血点和淤血斑及鼻出血为特征。由于骨髓疾病免疫介导的破坏作用、消耗性凝血病造成血小板生成减少,也可能因某些病毒感染或使用某种致弱的活病毒疫苗而引起。此外,雌激素疗法是引起本病的一种潜在因素。在皮肤或黏膜上突然出现淤血斑和淤血点,伴有鼻出血、大便呈深褐色及血尿,严重病犬、猫黏膜苍白。

【治疗方案】▶▶▶

本病以激素、输血等方法治疗为原则。

[处方1] 泼尼松龙(免疫性血小板减少症),2～3毫克/(千克·天),口服/肌内注射,每日2次,逐减到0.5～1毫克/千克,口服,每2～3天1次。

[处方2] 长春新碱(免疫性血小板减少症),犬:0.02毫克/千克,静脉滴注,间隔7～10天1次。

[处方3] 环磷酰胺(免疫性血小板减少症),犬:2毫克/千克,口服,每日1次,每周连用4天,或隔天1次,连用3～4周。

- 输新鲜全血或静脉输注血小板。

三、特发性皮炎

【临床症状】▶▶▶

本病是一种发生于多种动物的瘙痒性、慢性皮肤病,犬的特应性皮炎是由于吸入变应原引起,故此病又称吸入抗原过敏或吸入过敏性皮炎。约10%的犬易患本病,大麦町的发病率较高。病犬具有产生大量反应素抗体(IgE)的遗传倾向。由吸入变应原如花粉、霉菌、皮屑而引发本病。任何年龄的犬都可发病,但1～3岁多发。猫和犬的耳和面部也可见到与昆虫叮咬有关的过敏性皮炎。此病的发生有一定的季节性,但慢性特应性皮炎常年可发病。在猫与吸入性过敏原相比,食物性过敏原是皮肤损害更常见的原因。患犬常舔嚼趾部和腋下,尤其是无毛部位和汗液过多部位更为明显。皮肤损害可因舔嚼、抓搔和继发细菌感染而加重。形成苔藓性红斑。有时可见结膜炎、鼻炎和打喷嚏。猫的特发性皮肤损害表现为粟疹或大面积局部性反应。

【治疗方案】▶▶▶

治疗关键是管理上尽量避免又有害抗原接触,可用低至敏性的方法治疗。

- 适量诱发变应原,每隔月1次,大约60%有效。

[处方] 泼尼松龙(犬遗传性过敏症),犬:0.5毫克/千克,口服,每日2次,连用5～10天,后逐减;猫:1～2毫克/千克,口服,每日1次,连用5～10天,后逐减。

四、食物性变态反应

【临床症状】▶▶▶

本病是由某些特异性食物抗原刺激机体引起的过敏反应,以犬、猫皮肤瘙痒及胃肠炎为特征。如在猫的粟粒状皮炎、嗜曙红性斑、无痛性溃疡的病因中,食物过敏反应所致约占10%;在犬的不明原因的过敏性皮肤病中,62%的病例是由食物过敏反应造成的。本病是由致敏原(变应原)通过黏膜进入机体而发生的局部性过敏反应。患病犬、猫表现剧烈而持久的皮肤瘙痒,猫的过敏性胃炎表现在进食后1～2小时发生呕吐,呕吐物呈胆汁色,粪便被覆新鲜血液及带血点。猫的皮肤损伤主要发生在头部和颈部,出现红斑、脱毛、粟粒状皮炎、耳炎和耳郭皮炎、表皮脱落,少数病灶发生在背部、股部、趾(指)、四肢、会阴等处。犬的过敏性肠炎表现小肠的轻微炎症,频频地间歇性排出稀软恶臭并附有黏膜和血液的粪便,有时伴发呕吐、黏液样便的胃肠炎综合征。犬的皮肤病变表现脱毛、苔藓化、色素沉着过多等亚临床症状。

【治疗方案】▶▶▶

治疗关键是找出过敏原,抗炎和抗过敏为主要治疗原则。

[处方1] 泼尼松龙(食物性过敏),0.5毫克/千克,口服,每日1~2次。

[处方2] 苯海拉明(过敏性皮肤病),犬:2毫克/千克,口服/肌内注射,每日2~3次;猫:0.5毫克/千克,口服/肌内注射,每日2次。

[处方3] 扑尔敏(过敏性皮肤病),犬:0.5毫克/千克,口服,每日2~3次;猫:2~4毫克,口服,每日2次。

[处方4] 吡咯醇胺(过敏性皮肤病),犬:0.05~0.1毫克/千克,口服,每日2次;猫:0.67毫克/猫,口服,每日2次。

- 禁喂高过敏刺激性食物,也可选用过敏处方粮。

五、寻常性天疱疮

【临床症状】▶▶▶

寻常性天疱疮是由免疫机制异常而引起的典型的自身免疫性皮肤病,病变多发于皮肤和黏膜交界部。本病常见于中年犬、发病率无性别和品种差异。一般认为病毒附着、化学药物或酶的作用,使自身组织的抗原性发生改变;侵入的微生物与某些组织有共同抗原,可起交叉免疫反应;免疫活性细胞的突变和免疫稳定功能失调等,都可产生自身抗体而发生免疫性疾病。多呈急性经过,初期病犬表现溃疡性口炎、齿龈炎及舌炎。随之,黏膜和皮肤交界部,及指趾内侧很快出现水疱。爪角质部分可由于严重的爪沟炎而脱落。水疱破裂形成溃疡、继发感染时,表现严重的皮肤炎症变化,患部瘙痒、疼痛,有时发热,精神沉郁。

【治疗方案】▶▶▶

治疗以抗炎、抗菌、免疫抑制为治疗原则。

[处方1] 曲安西龙(抗炎,抗过敏),犬:0.05毫克/千克,口服/肌内注射,每日2~3次;猫:0.4~0.8毫克/(千克·天),口服/肌内注射。

[处方2] 泼尼松龙(过敏症),犬:0.5毫克/千克,口服,每日2次,连用5~10天,后逐减;猫:1~2毫克/千克,口服,每日1次,连用5~10天,后逐减。

[处方3] 土霉素,犬:20~40毫克/千克,口服,每日3次连用3天;猫:15~30毫克/千克,口服,每日2~3次,连用3天;5~10毫克/千克,静脉滴注,每日2次,连用2~3天。

[处方4] 环磷酰胺,犬:2毫克/千克,口服,每日1次,连用4天/周,或隔天1次,连用3~4周。

[处方5] 依木兰(免疫抑制),犬:2.2毫克/千克,口服,每日1次或隔天1次。

六、落叶性天疱疮

【临床症状】▶▶▶

本病与寻常性天疱疮相同,属于自身免疫性皮肤病。落叶性天疱疮与寻常性天疱疮主要不同点是症状轻,黏膜与皮肤交界处病变少。除犬外,猫也发生。犬的发病率无品种、年龄及性别的差异。皮肤与黏膜处突然形成水疱,短时间内破溃形成痂皮,以后取慢性经过。病变多发生于面部,尤其是鼻、眼周围及耳部,病变范围扩大时,见于指(趾)周围、腹股沟部,甚至波及全身。病变呈水疱性、溃疡性、脓疱性变化。患部脱毛、发红、渗出,形成广范围痂皮。本病无全身症状,也很少有细菌感染,但表现出程度不同的瘙痒。

【治疗方案】

[处方1] 泼尼松龙,犬:2~6毫克/千克,口服,每日2次,连用5~10天,后逐减;猫:1~2毫克/千克,口服,每日1次,连用5~10天,后逐减。

[处方2] 环磷酰胺,犬:2毫克/千克,口服,每日1次,每周连用4天,或隔天1次,连用3~4周。

[处方3] 金硫葡糖(天疱疮综合征),测试剂量1毫克,肌内注射,然后1毫克,肌内注射,每周<10千克或5毫克,肌内注射;每周>10千克。连用3月,后每月1次。

七、类天疱疮

【临床症状】

类天疱疮是自身免疫性疾病,发病率较高,常见于长毛牧羊犬及其相关的品种犬。临床上分为急性型和慢性型2种。急性型患犬精神沉郁,不食,发热。皮肤黏膜交界部、口腔黏膜、头部及耳郭突然出现不易破溃的水疱,此型与寻常性天疱疮的临床表现不同。慢性型,患犬下腹部和腹股沟部出现短时间的灶性水疱,并形成溃疡,若病灶局部无刺激,则病灶不会扩散。

【治疗方案】

抗炎、抗菌、防止继发感染是本病的治疗原则。

[处方1] 泼尼松龙,犬:2~6毫克/千克,口服,每日2次,连用5~10天,后逐减;猫:1~2毫克/千克,口服,每日1次,连用5~10天,后逐减。

[处方2] 氨苄西林,20~30毫克/千克,口服,每日2~3次;10~20毫克/千克,静脉滴注/皮下注射/肌内注射,每日2~3次。

[处方3] 去炎松,外用。

八、自身免疫性溶血性贫血

【临床症状】

本病是某种原因产生的红细胞自身抗体加速红细胞的破坏而引起的溶血性贫血,多发于2~8岁的雌犬。溶血可发生在血管内,也可发生在血管外。自身抗体的产生机制尚不清楚。有人认为是抗原性物质变化及产生抗体的组织机能紊乱所致。药物、疫苗接种或感染也可引发。突然贫血,可视黏膜苍白,2~3日后逐渐出现黄疸。患犬精神沉郁,不愿活动,心悸和呼吸加速。约半数患犬发病初期体温升高,由于致敏的红细胞在脾脏内淤滞和崩解加快,造成脾肿大,出现溶血、血色素血症和血色素尿症。皮肤主要变化是四肢出现浅在性皮炎,发绀,尾、趾、阴囊和耳的尖端部坏死。有寒冷症状的患犬病情较重。

【治疗方案】

治疗以消除原发病,防治急性贫血等为治疗原则。

[处方1] 泼尼松龙（溶血性贫血），1~2毫克/千克，口服，每日2次，连用5~10天，后逐减。

[处方2] 环磷酰胺（免疫抑制），犬：2毫克/千克，口服，每日1次，连用4天/周，或隔天1次，连用3~4周。

[处方3] 环孢霉素A（免疫性溶血性贫血），犬：10毫克/千克，口服，每日1~2次。

- 激素无效者，可摘除脾脏。
- 必要时输血、供氧、强心、补液。

九、全身性红斑狼疮

【临床症状】▶▶▶

本病是一种由于对自身组织不能识别而引起的全身性非化脓性慢性炎症的自身免疫性疾病。主要侵害关节、皮肤、造血系统、肾脏、肌肉、胸膜和心肌等，多见于雌犬，一般预后不良。多发于犬，猫比较少见。病因尚未明确。一般认为与遗传因素、病毒感染、长期服用某些药物，如普鲁卡因酰胺、苯妥英钠等，阳光和紫外线照射等有关，这是外界致病因子作用于有遗传免疫缺陷的机体，使免疫功能失调，产生大量自身抗体所致。患犬表现多器官组织损伤的各种变化。通常，有对抗生素无反应的持续发热，倦怠，嗜睡，食欲不振，体重减轻。多数患犬发生多发性关节炎，尤其跗关节和腕关节，表现红、肿、热、痛、站立困难，咀嚼肌和四肢肌肉进行性萎缩。半数患犬呈出血性素质和脾脏肿大。少数患犬出现皮肤病变和肾、心、肺及中枢神经系统的功能障碍。皮肤对称性脱毛、丘疹、大疱红斑性损伤。口腔黏膜的糜烂和溃疡。另外溶血性贫血、水肿、淋巴结肿大、肾小球肾炎等症状。

【治疗方案】▶▶▶

治疗以激素抗炎为主要治疗原则。

[处方1] 泼尼松龙（红斑狼疮），1~2毫克/千克，口服，每日1~2次，连用10天，逐减到≤1毫克/千克，口服，隔天1次。

[处方2] 硫唑嘌呤（免疫抑制），犬：2毫克/千克，口服，每日1次，连用7~10天，然后1毫克/千克，口服，每日1次或隔天1次。

[处方3] 环磷酰胺（免疫抑制），犬：2毫克/千克，口服，每日1次，连用4天/周，或隔天1次，连用3~4周。

[处方4] 长春新碱（免疫性血小板减少症），犬：0.02毫克/千克，静脉滴注，每周1次。

十、重症肌无力

【临床症状】▶▶▶

重症肌无力是神经肌肉传递功能异常，表现为病变肌组织容易疲劳的疾病。本病累及功能活跃的骨骼肌，严重者，全身肌肉均可波及。本病病因尚不清楚。多发于犬，有遗传倾向。全身性肌无力是重症肌无力的重要表现，稍加活动病情加重，患犬常有食管扩张。晚期表现为肌肉萎缩及结缔组织替代性增生。

【治疗方案】▶▶▶

治疗以免疫抑制剂及抗胆碱酯酶为治疗原则。

[处方1] 新斯的明（重症肌无力），犬：0.05毫克/千克，肌内注射，每日3～4次。

[处方2] 溴吡斯的明（重症肌无力），犬：0.2～2毫克/千克，口服，每日2～3次。

[处方3] 硫唑嘌呤（免疫抑制），犬：2毫克/千克，口服，每日1次，连用7～10天，然后1毫克/千克，口服，每日1次或隔天1次。

[处方4] 环磷酰胺（免疫抑制），犬：2毫克/千克，口服，每日1次，连用4天/周，或隔天1次，连用3～4周。

十一、免疫缺陷病

【临床症状】

免疫缺陷病或称免疫缺陷综合征是机体对各种抗原刺激的免疫应答不足或缺乏而引起的一系列病症。其原因可为B细胞系统缺陷，也可为T细胞系统缺陷，或两系统的联合缺陷；可为先天性，也可为后天获得性。各型免疫缺陷综合征的共同特征是抗感染能力匮乏，或表现为抗细菌感染能力障碍，或主要表现为抗病毒和抗真菌感染能力的不足或两者均不足。由于体液免疫或细胞免疫障碍，导致机体对细菌性、病毒性、真菌性感染的抵抗力下降，故极易发生各种伴发及继发感染，且治疗效果不佳。小动物免疫缺陷病表现多样，有人提出如有下列情况时，可考虑存在免疫缺陷：①慢性或反复感染，药物治疗效果不佳，易复发；②常发生机会性感染，一些不常致病的病原菌，甚至是弱毒疫苗的免疫注射，也可以引发严重的疾病；③实验室检查体液免疫和细胞免疫指标，长时间呈不同程度的低下；④每胎新生动物都有相似的早期死亡率。

【治疗方案】

清除原发病，对症治疗，做好选育工作是治疗的根本原则。

- 对于先天性的目前没有有效的治疗方法。

十二、丙球蛋白病

【临床症状】

本病是一类血清免疫球蛋白水平过量增高的疾病，可分为多克隆性和单克隆性，前者涉及所有主要免疫球蛋白的增高，后者仅涉及单一的均质免疫球蛋白。多克隆丙球蛋白病见于慢性脓皮病、慢性病毒病、细菌或真菌感染，肉芽肿，慢性寄生虫感染，慢性立克次体病，慢性免疫性疾病等。单克隆丙球蛋白病以血清中存在一种均质的免疫球蛋白和无关的免疫球蛋白降低为特征。症状取决于原发性肿瘤的部位和病理变化程度以及分泌免疫球蛋白的量和类型。在头颅、肋骨、骨盆和脊椎的平滑的骨髓腔经常发生浆细胞骨髓瘤，病骨的病理性骨折可导致中枢神经系统或脊柱疾病而引起疼痛和跛行。淋巴肉瘤常涉及实质器官。

【治疗方案】

治疗以抗肿瘤，对症治疗为原则。

[处方1] 泼尼松龙，1～2毫克/(千克·天)，口服，每日2次。

[处方2] 地塞米松，0.2～1毫克/千克，口服/肌内注射，每日3次。

[处方3] 博来霉素，犬：0.25毫克/千克，静脉滴注/皮下注射，每日1次，连用4天，然后0.25毫克/千克，每周，最大剂量5毫克/千克。

[处方4] 白消安（化疗），犬：0.1毫克/千克，口服，每日1次。

第十一章 犬、猫营养及代谢性疾病

第一节 代谢性疾病

一、母犬低血糖症

【临床症状】▶▶▶

母犬低血糖症是指妊娠母犬分娩前后，血糖降低到一定程度而发生的一系列综合征。引起母犬血糖降低的主要原因是胎仔数过多，胎儿迅速发育或分娩后初生仔犬大量哺乳造成营养消耗过高，同时机体对糖代谢的调节功能下降而致病。发病一般较突然，患犬表现为体温升高达41～42℃，呼吸和心搏加快，全身呈强直性或间歇性颤抖或抽搐，四肢肌肉痉挛，共济失调，虚脱，甚至昏迷。严重的低血糖母犬其尿液有酮臭味，这是低血糖时，机体动员大量的体内脂肪代谢而产生的酮体。本病多见于分娩前后1周左右的母犬，检测血糖值低于正常血糖值，血液酮体升高。

【治疗方案】▶▶▶

治疗以提高血糖，缓解酸酮血症，加强营养为原则。
［处方1］ 20%葡萄糖，1.5毫升/千克，静脉滴注。
［处方2］ 葡萄糖粉，250毫克/千克，口服。
［处方3］ 地塞米松，1～4毫克/千克，缓慢静注。
［处方4］ 胰高血糖素，0.03毫克/千克，静脉滴注/肌内注射/皮下注射。
• 加强营养。分娩前后注意增强营养，喂饲高碳水化合物的食物。

二、幼犬一过性低血糖症

【临床症状】▶▶▶

幼犬一过性低血糖症是指幼犬发生的低血糖现象，多见于3月龄左右的小型玩赏犬。幼年犬糖原储备不足，或葡萄糖生成酶不足，所以常常发生低血糖症。主要是寒冷或饥饿诱发了幼犬的低血糖；或因母犬产仔多，奶水少或质量差而引起幼犬低血糖；或仔犬受凉体温过低使体内消化吸收功能停止而引起；有时也见于消化器官障碍影响糖的吸收而导致低血糖。病初精神沉郁，虚弱，不愿活动，嘶叫，心跳缓慢，反应迟钝，对危险的反应降低；可视黏膜苍白，步态不稳，共济失调，抽搐，全身出现阵发性痉挛，很快陷入昏迷状态。

【治疗方案】▶▶▶

治疗以补充血糖，适当应用糖皮质激素，加强饲养管理为原则。
［处方1］　10％葡萄糖，5～10毫升/千克，缓慢静脉滴注至维持血糖到正常范围。
［处方2］　氢化泼尼松，0.5毫克/千克，皮下注射，每日1～2次。
［处方3］　氢化可的松，1～2毫克/千克，肌内注射，每日1～2次。
- 加强饲养管理。注意保暖，少食多餐，对母乳不足的幼犬可每天给予 **2～3克白糖或其他母乳替代品**，均可有效防止发生低血糖。

三、猎犬功能性低血糖症

【临床症状】▶▶▶

猎犬功能性低血糖症是指神经质的猎犬在狩猎1～2小时后发生的低血糖现象。神经敏感型猎犬进入狩猎活动后，神经高度兴奋，处于应激状态，机体代谢特别是糖代谢发生障碍，而突然发生血糖降低。一般突然发病，不辨方向，步态不稳，共济失调，癫痫样抽搐，绝大多数发病犬可在数分钟后自行恢复。

【治疗方案】▶▶▶

治疗以补充血糖，在捕猎前提供适当训练，加强营养为原则。
- **患犬立即停止捕猎，并喂给含高糖的食物。**
［处方］　10％～20％葡萄糖提高血糖，用于严重的低血糖猎犬，5～10毫升/千克，静脉注射。
- **加强营养。**给予高蛋白食物，狩猎过程中，可少量多次地饲喂含高糖的食物预防本病的发生。

四、不耐乳糖症

【临床症状】▶▶▶

不耐乳糖症是指犬肠黏膜中的乳糖分解酶先天性不足或缺乏，而导致的食物中的乳糖不能被消化分解而直接进入下部肠道所引起的腹泻现象。不耐乳糖症是一种消化不良综合征，多发生于成年犬，或者犬断乳后，肠黏膜中乳糖酶活性迅速降低，特别是长期不吃乳品的犬也会使乳糖酶逐渐缺乏。由于缺乏乳糖分解酶，食物中的不被消化分解的乳糖进入下部肠道，使下部肠道形成高渗状态或乳糖异常发酵而导致犬的腹泻。一般在食入牛奶或其他乳制品后，数小时之内出现腹泻、肠音高朗或肠鸣以及腹痛不安等症状。

【治疗方案】▶▶▶

立即停喂牛奶或其他乳制品，一般会自行恢复。对于从没有喂过牛奶的犬，要先少量喂给，逐渐加量，不要一次性突然大量给予。

五、糖尿病

【临床症状】▶▶▶

糖尿病是由各种原因造成胰岛素相对或绝对缺乏以及不同程度的胰岛素抵抗,造成机体内碳水化合物代谢紊乱的疾病。根据病因分Ⅰ型(原发型)和Ⅱ型(继发型)糖尿病。Ⅰ型即为胰岛素依赖型糖尿病,Ⅱ型为非胰岛素依赖型糖尿病。糖尿病病因复杂,遗传、免疫介导性胰岛炎、胰腺炎、肥胖症、感染、并发症、药物和胰岛淀粉样变等均有可能引起糖尿病的发生。糖尿病发病缓慢,主要发生于较年老的犬、猫,其典型症状是"三多一少",即多饮、多食、多尿和体重减轻。早期不易被发现,白天尿频,夜间也排尿,随之出现代偿性多饮。病犬猫体重逐渐减轻,日趋消瘦,倦怠、喜卧、不耐运动。病情严重时,尿量增加3~5倍,尿比重增高达1.060~1.068,尿液和呼出气带有特殊的芳香甜味(类似烂苹果味、酮臭味),进一步发展由于机体发生代谢性酸中毒和酮体对神经系统的直接毒害作用,则可见顽固性呕吐和黏液带血性腹泻,脱水,最后极度虚弱而陷入糖尿病性昏迷或酮酸中毒性昏迷。约有半数患犬早期即开始出现白内障,角膜溃疡,晶体混浊,视网膜脱落,最终导致双目失明。部分雌性患犬猫会发生尿路感染。有些病例尾尖发生坏死。

【治疗方案】▶▶▶

改善饮食,运用降糖药进行药物治疗和对症治疗为原则。

- **改善饮食,饲喂高蛋白低脂肪类食物,限制碳水化合物的摄入。**
- **运用降糖药,降低血糖,注意:** 使用降糖药时要进行清晨尿糖的监测,药物用量可由少到多逐渐加量至控制尿糖为阴性。

[处方1] 鱼精蛋白锌胰岛素(PZI),长效胰岛素,降低血糖,犬:0.5~1单位/千克,皮下注射,每日1次;猫:3~5单位/次,皮下注射,每日1次。

[处方2] 中性鱼精蛋白锌胰岛素(NPH)中效胰岛素,降低血糖,犬:0.5~1单位/千克,皮下注射,每日1次;猫:3~5单位/次,皮下注射,每日1次。

[处方3] 氯磺丙脲,降血糖药,刺激胰β细胞释放胰岛素,2~5毫克/千克,口服,每日1次。

[处方4] 降糖灵,促进周围组织对葡萄糖的利用,降低血糖,20~30毫克/日,口服。

- **对症治疗,防止用胰岛素后继发低血糖,补充体液,缓解酸中毒和低血钾症。**

[处方1] 等渗溶液 包括生理盐水、林格液和5%葡萄糖生理盐水等。糖尿病因多尿而使体液大量丢失,故可根据尿量多少静脉补充体液。

[处方2] 5%碳酸氢钠 缓解酸中毒,一般用量为1.5毫升/千克,静脉滴注。

[处方3] 10%氯化钾 低血钾,根据血钾的测定情况在输液中适当添加氯化钾,以维持正常血钾水平。

六、糖元蓄积症

【临床症状】▶▶▶

糖元蓄积病是由于肝糖原分解酶先天性缺乏,而使肝、肾、以及肌肉、网状内皮系统和中枢神经系统内的糖原发生异常蓄积的代谢性疾病。多见于小型品种的犬。主要病因是肝脏内的葡萄糖-6-磷酸酶先天性不足,而肝脏合成糖元的功能正常,致使糖元在肝脏等器官内异常蓄积。此外，成年犬的胰岛β-细胞瘤时，由于大量分泌胰岛素，使血糖大量进入细胞，也可造成糖元蓄积。长途运输、高热、寒冷等因素以及体内外寄生虫感染、腹泻、呕吐等是本病发生的诱因。本病发病迅速，患犬突然精神沉郁，呆滞，间或不安、呻吟、嚎叫、运动共济失调，四肢呈蛙泳状。有时出现呕吐、流涎、稀便呈煤焦油样。病犬持续长期的低血糖，可导致不可逆的脑损伤。有时癫痫样发作、大小便失禁。抽搐缓解后又能正常饮水。体温降低或正常，食欲稍减或正常。

【治疗方案】

治疗愈加强饲养管理，对症治疗和手术治疗为原则。

- 加强饲养管理　增加饲喂次数，少食多餐，以高碳水化合物为主。同时注意保温和避免应激刺激。
  ［处方1］5%～20%葡萄糖（提高血糖水平），用量为5～10毫升/千克，静脉滴注，连用数日。
  ［处方2］氢化泼尼松，0.25～2毫克/千克，口服，每日1～2次。
- 给予大剂量高渗葡萄糖而血糖仍持续在较低水平者，多系先天性葡萄糖-6-磷酸酶缺乏所致，这种患犬多无治疗价值。
- 外科手术治疗：进行门腔静脉吻合术，使血糖转移到全身，可使患病犬的生长发育和营养物质代谢明显得到改善。

第二节　维生素代谢障碍病

一、维生素A缺乏症

【临床症状】

维生素A缺乏症是由于维生素A长期摄入不足或吸收障碍所引起的一种慢性营养缺乏病。主要是饲料中缺乏维生素A和A原（胡萝卜素）所致，若犬、猫长期患胃肠疾病，亦可诱发本病。维生素A是犬猫维持上皮组织的正常结构和机能促进骨骼的正常生长发育所必需的脂溶性维生素，而且还与犬猫的生殖功能有密切的关系。维生素A缺乏时，犬猫主要表现为视觉障碍、神经症状和发育受阻。临床上常见成年犬猫角膜干燥，视敏度降低，夜盲、干眼病，怕光羞明，严重者，角膜软化、角膜混浊、角膜溃疡和穿孔，虹膜脱出以致失明。皮肤干燥，毛囊角化，皮屑增多，贫血和体力衰弱。公犬猫睾丸萎缩，精液中精子少或无，母犬猫不发情或易发生流产或死胎等。幼龄犬猫，骨骼畸形，颅骨和椎骨发育异常，运动共济失调，震颤，反复发作性痉挛，严重者瘫痪。最后多死于继发性呼吸道疾病。

【治疗方案】

治疗以补充维生素A，加强饲养管理为原则。

［处方1］　维生素A制剂，犬：10000单位/（千克·日），口服，连用7日后，改为400单位/（千克·周），口服，连用1个月。猫：400单位/（千克·日），口服，连用10天为一疗程。

［处方2］　维生素AD注射液，犬：0.2～2毫升/次肌内注射；猫：0.5毫升/次，肌内注射。

[处方3] 鱼肝油（内含维生素AD），5～10毫升/次，口服。
- 加强饲养管理。治疗胃肠道疾病，饲喂富含维生素A的食物，如鱼肝油、鸡蛋、肝脏等。

二、维生素A过多症

【临床症状】▶▶▶

维生素A过多症是长期喂饲含大量维生素A如动物肝脏的食物，引起的犬猫维生素A中毒的现象。此外，长期大量投予维生素A制剂，也可造成医源性维生素A中毒。维生素A在犬、猫体内蓄积，会抑制成骨细胞的功能，使韧带和肌腱附着处的骨膜发生增殖性病变。中毒犬猫食欲减退、体重减轻、感觉过敏，骨质疏松，四肢关节周围生成外生性骨疣，关节骨骼融合，疼痛，行走困难，跛行，甚至不能行走。有的病犬、猫出现齿龈炎和牙齿脱落。

【治疗方案】▶▶▶

立即停止给予维生素A以及含维生素A的食物，对症治疗。

[处方] 地塞米松（缓解关节肿胀和疼痛），0.5～1.0毫克/千克，肌内注射，每日1次，连用3～5日。

- 加强护理。使病犬猫保持安静，避免长期大量喂饲动物肝脏和鱼肝油。

三、维生素B_1缺乏症

【临床症状】▶▶▶

维生素B_1又称为硫胺素，维生素B_1缺乏症是由于饲料中硫胺素不足或含有分解、拮抗硫胺素的物质所引起的一种营养缺乏病。维生素B_1是糖代谢过程所必需的物质，当其缺乏时，糖代谢发生障碍，能量供应减少，使全身细胞，特别是脑和末梢神经发生明显的功能障碍，从而出现以神经病变为主的一系列症状。生鱼肉中含有硫胺酶，可分解破坏硫胺素，所以犬、猫若食入过多能引起体内维生素B_1的不足；此外，当犬、猫患腹泻病、肝病时能导致对维生素B_1的吸收和利用障碍；当动物妊娠、哺乳、发热、运动量过大、甲状腺功能亢进等机体对维生素B_1需要量增加时，而摄入维生素B_1不足，均会引发本病。犬、猫维生素B_1缺乏时，食欲减退、消瘦、生长缓慢。严重时伴有多发性神经炎，心脏机能障碍，后躯无力，共济失调，不能站立，甚至麻痹，阵发性抽搐。有些犬猫感觉过敏，角弓反张，呕吐，昏迷等，最后心力衰竭死亡。

【治疗方案】▶▶▶

治疗以补充维生素B_1，加强饲养管理为原则。

[处方1] 维生素B_1，犬：10毫克/千克，静脉滴注/皮下直射/肌内注射，每日1次，连用3～4天。症状减轻后，可改为口服，每日用量25～50毫克，每日1次。猫：25～50毫克/次，肌内注射/皮下注射，每日1次，到症状减轻，减为10毫克/次，口服，每日1次，连用21天。严重病例，由于大脑受损，疗效较差。

[处方2] 呋喃硫胺，10～25毫克/次，肌内注射。

- 加强饲养管理，治疗胃肠道疾病，投喂富含维生素B_1的食物，忌喂生鱼。

四、维生素 B_2 缺乏症

【临床症状】▶▶▶

维生素 B_2 缺乏症是由于犬猫体内维生素 B_2 不足所引起的机体一系列物质和能量代谢紊乱的现象。维生素 B_2 又称核黄素,是动物体内许多酶系统的重要辅基成分,具有参与机体生物氧化还原反应的机能。富含于酵母、肝、肾、麸皮、大豆和青绿饲料中,动物消化道内的微生物可以合成维生素 B_2,所以一般犬猫很少发生本病。但犬猫如果长期饲料单一,饲料中缺乏维生素 B_2,或胃肠道吸收障碍时,也能发生维生素 B_2 缺乏症。犬猫维生素 B_2 缺乏时,表现厌食,生长停滞,消瘦。皮肤干燥有皮屑,出现红斑、皮炎、脱毛、口炎、眼炎、结膜炎、角膜混浊甚至白内障。贫血、痉挛和虚脱,后腿肌肉萎缩,睾丸发育不全,繁殖力下降,有的出现阴囊炎。

【治疗方案】▶▶▶

治疗以补充核黄素和加强日粮的平衡营养为原则。

[处方 1] 核黄素(维生素 B_2 缺乏,口炎、皮炎、角膜炎),犬:10~20 毫克/次,口服/肌内注射/皮下注射;猫:5~10 毫克/次,口服/肌内注射/皮下注射,连用 10 天。

[处方 2] 复合维生素 B 维生素 B 族缺乏,犬:片剂,1~2 片/次,口服,每日 3 次,针剂,0.5~2 毫升/次,肌内注射;猫:片剂,0.5~1 片/次,口服,每日 3 次,针剂,0.5~1 毫升/次,肌内注射。

• 加强营养,治疗胃肠道疾病,保持日粮含有适量的维生素 B_2。

五、维生素 B_6 缺乏症

【临床症状】▶▶▶

维生素 B_6 缺乏症是指犬猫体内由于维生素 B_6 缺乏而引起的各种代谢障碍,临床表现以贫血、神经症状和皮炎为主要特征。维生素 B_6 又称吡哆醇,是多种酶系统中的活性辅基,参与机体内多种生化反应,与胆固醇和中枢神经系统的代谢有重要关系。维生素 B_6 缺乏。富含维生素 B_6 的饲料有酵母、谷物种子的外皮、青绿饲料、肉类、肝脏等。当喂给犬猫的饲料长期维生素 B_6 不足,或当慢性腹泻等吸收不良、妊娠、哺乳等对维生素 B_6 需求量增加或使用有拮抗维生素 B_6 作用的药物如异烟肼等,均可引发本病。当维生素 B_6 缺乏时幼犬猫发育不良,成年犬猫体重减轻。由于正铁血红素合成障碍,发生小红细胞性低色素性贫血,食欲不振,消瘦,胃肠功能障碍。同时还发生神经退行性病变和肝脏脂肪浸润,可出现癫痫样发作,共济失调,甚至昏迷。有的出现皮炎症状,反应过敏,眼睑、鼻、口唇、耳根后部、面部发生瘙痒性红斑样皮炎或脂溢性皮炎,有时舌、口角发炎。

【治疗方案】▶▶▶

治疗以补充核黄素、对症治疗和加强日粮的平衡营养。

[处方] 维生素 B_6:用量 60~80 毫克/次,口服/皮下注射/肌内注射/静脉注射。

• 治疗原发病:对慢性腹泻等疾病要及时治疗原发病。
• 加强营养,投喂富含维生素 B_6 的日粮。

六、维生素C缺乏症

【临床症状】▶▶▶

维生素C缺乏症也称坏血病，是由于维生素C（抗坏血酸）缺乏而使毛细血管壁通透性增大，引起皮下、黏膜、肌肉出血的一种疾病。维生素C具有广泛的生理功能，可促进机体内物质的氧化还原反应，增强机体解毒及抗病能力，还参与结缔组织的生成，促进胶原蛋白质的合成。维生素C广泛地存在于青绿饲料、胡萝卜和新鲜乳汁中。当日粮中缺乏青绿饲料，或饲料干燥或蒸煮过度，贮存致使维生素C被破坏等可能会引起维生素C缺乏症。此外，在慢性病症和应激过程中，动物体内维生素C消耗增加，也可发生维生素C相对性缺乏。当维生素C缺乏时，延缓疾病痊愈，增加了机体对疾病的易感性，易出血和贫血。病犬、猫齿龈肿胀、紫红、光滑而脆弱、易出血，常继发感染形成溃疡。生长缓慢，体重下降，贫血，心动过速，黏膜和皮肤易出血、发炎。大量皮屑脱落，发生蜡样痂皮、脱毛和皮炎。有的病犬、猫四肢长骨骨骺端肿胀，疼痛，表现为跛行。

【治疗方案】▶▶▶

治疗以补充维生素C，对症治疗和增加日粮中维生素C含量为原则。

［处方1］ 维生素C，100~500毫克/次，口服/肌内注射，每日3次，连用2周。必要时可静脉注射100~200毫克/次，每日1次。

［处方2］ 对症治疗。对有慢性消耗性疾病引起的维生素C缺乏要及时治疗原发病；对于贫血犬猫可补充硫酸亚铁，对于有四肢肿胀和疼痛的犬猫，可投与肾上腺皮质激素和镇痛剂。

［处方3］ 硫酸亚铁，犬：100~300毫克，口服，每日1次，猫：50~100毫克，口服，每日1次。

［处方4］ 泼尼松（关节炎，全骨炎），0.2毫克/千克体重，口服。

［处方5］ 阿司匹林（发热、风湿、神经、肌肉、关节痛），犬：0.2~1克/次，口服。猫慎用。

- 加强日粮中维生素C的含量　对犬猫日粮的加工要合理，不要过度蒸煮和干燥，适当喂饲富含维生素C的水果蔬菜等青绿饲料。

七、维生素D缺乏症

【临床症状】▶▶▶

维生素D缺乏症是动物饲料中维生素D缺乏或光照不足，使动物体内维生素D原转变为维生素D减少所引发的一种营养性疾病。犬猫食品中含维生素D较丰富的是鱼肝油、乳、肝、蛋黄等。当犬猫饲料中维生素D缺乏、寄生虫、慢性消化不良时能引起维生素D缺乏症，另外动物体的皮下组织中含有7-脱氢胆固醇，在紫外线或日光照射下，可转变为维生素D_3，当犬猫很少晒到太阳时，其体内合成的维生素D就会不足，也会发生维生素D缺乏症。维生素D的主要作用是促进小肠及肾小管对钙磷的吸收及再吸收、增加血钙和血磷，促进骨、牙的磷和钙的沉淀。当缺乏维生素D，钙、磷的吸收和再吸收减少，血钙、血磷含量下降，骨中钙和磷沉积不足，乃至骨盐溶解，最后导致成骨作用障碍。因此当发生维生素D缺乏时，在幼犬猫主要表现为佝偻病，早期症状呈现食欲减退，消化不良，可见有异嗜癖，如啃吃墙土、泥沙、污物等。幼犬猫发育停滞，消瘦，下颌骨增厚和变软，出牙期延长，齿形不规则，齿质钙化不足,齿面易磨损,不平整。肋骨与肋软骨结合部肿胀,呈串珠状,胸骨下沉,脊柱骨弯曲。关节疼痛,步态强拘、跛行,患犬往往呈膝弯曲姿势、O 形腿、X 形腿,可见有骨变形,关节肿胀。在成年犬猫主要表现为骨软化症,上颌骨肿胀,口腔变狭窄,咀嚼障碍,易发生龋齿和骨折。

【治疗方案】▶▶▶

治疗以补充维生素 D 和加强怀孕犬猫和幼犬猫的营养管理为原则。

［处方 1］ 鱼肝油:维生素 AD 制剂,5～10 毫升/次,口服。

［处方 2］ 维生素 D_3 注射液(低血钙、促进钙吸收),1500～3000 单位/千克,肌内注射。

［处方 3］ 维生素 D_2 注射液(低血钙、促进钙吸收),2500～5000 单位/次,皮下注射/肌内注射。

［处方 4］ 维生素 AD 注射液(佝偻病、软骨病),犬:0.2～2 毫升/次,肌内注射,猫:0.5 毫升/次,肌内注射。

- 对症治疗。对有寄生虫的犬猫要及时驱虫,对有消化道疾病的犬猫要及时治疗消化道疾病。
- 加强犬猫的营养管理给予犬猫充足的户外活动,多晒太阳,饲料中注意补充钙制剂。

八、维生素 E 缺乏症

【临床症状】▶▶▶

维生素 E 缺乏症是维生素 E 摄取不足引起的代谢病。维生素 E 又叫生育酚、抗不孕维生素,广泛存在于各种谷物、植物种子胚芽、植物油、麦皮及蛋黄、乳汁、动物肝脏中,属脂溶性维生素,对热和酸稳定,对碱不稳定,当对饲料加工、贮存不当时,可破坏维生素 E,饲料中加入过量不饱和脂肪酸,也能促进维生素 E 的氧化和破坏。当饲料中维生素 E 含量不足、长期腹泻时脂质吸收不良,均可导致维生素 E 缺乏。另外,快速生长的动物和妊娠母畜,消耗维生素 E 增加,或者硒缺乏时,维生素 E 的需要量也增大,这些情况下,如若维生素 E 的摄取不能相应增加,也易发生维生素 E 缺乏症。维生素 E 是一种天然抗氧化剂,保护食物和动物机体中脂肪,保护并维持肌肉及外周血管系统结构完整性和生理功能,同时还与提高免疫功能、生殖和神经有关。维生素 E 缺乏时临床上表现为骨骼肌变性萎缩、脂肪织炎和不孕。犬维生素 E 缺乏时,母犬的受精卵发育不全,造成胎儿被吸收而不孕;公犬的精母细胞变性,发生睾丸萎缩。猫维生素 E 缺乏时,发生小脑软化症,出现运动失调。维生素 E 缺乏也能引起体内脂肪变性,质度变硬,发生脂肪织炎又称黄脂病,触摸可感知皮下结节状的脂肪或纤维素性沉积物且有疼痛感,临床表现为食欲不振,无精神,发热,嗜睡。

【治疗方案】▶▶▶

治疗以补充维生素 E 和投喂富含维生素 E 的食物为原则。

［处方 1］ 醋酸维生素 E 注射液,30～100 毫克/千克,隔天肌内注射/皮下注射。

［处方 2］ 维生素 E 片剂,犬:200～400 单位口服,每日 2 次,猫:10～20 单位/千克,口服,每日 2 次。

［处方 3］ 对症治疗。对有肠道疾病的犬猫要治疗消化道原发病,当硒缺乏时要及时补充硒元素。

［处方4］ 亚硒酸钠，维生素E缺乏症伴有硒缺乏，0.5～3毫升/次，肌内注射，隔15天给药1次。
- 加强营养管理，投喂富含维生素E的日粮，对妊娠犬猫在每千克日粮中添加维生素*E*10毫克。

九、维生素K缺乏症

【临床症状】▶▶▶

维生素K缺乏症是由于犬猫体内维生素K不足而引起的营养代谢性疾病。宠物日粮中缺乏青绿饲料或肝脏、植物油或水果等富含维生素K的成分，易引发本病，正常情况下，动物消化道内的微生物能合成维生素K，所以不易造成维生素K的缺乏，但当动物患胃肠病症时，脂肪类物质吸收障碍，致使脂溶性的维生素K吸收减少；另外，大量或长期服用磺胺类药物与抗生素，可使胃肠内微生物数量减少，也会因维生素K合成不足而引起本病发生。主要表现为凝血时间延长和具有出血性素质，各种动物都会表现出程度不同的贫血、厌食、衰弱等。主要在各部位皮下组织甚至腹腔、胸腔内发生出血，严重者发生管理方式贫血，眼结膜苍白，皮肤苍白而干燥，同时出现全身代谢紊乱。

【治疗方案】▶▶▶

治疗以补充维生素K、治疗原发病和加强营养管理为原则。

［处方1］ 维生素K_3注射液（维生素K缺乏症，抗凝血），犬：10～30毫克/日；猫：1～5毫克/日，肌内注射。

［处方2］ 维生素K_1注射液：维生素K缺乏症，抗凝血，犬猫用量：0.5～2毫克/千克，肌内注射/静脉滴注/皮下注射。

- 加强护理，及时治疗胃肠道和肝脏疾病，合理运用抗生素，投喂富含维生素*K*的日粮。

十、生物素缺乏症

【临床症状】▶▶▶

生物素缺乏症是由于犬猫体内生物素不足而引起的营养代谢性疾病。生物素又称维生素H，是羧化酶的辅酶，参与体内固定或脱去CO_2的过程，起CO_2载体的作用，并能促进动物生长。生物素广泛存在于动、植物性饲料中，酵母、肝脏、肾脏中含量较高，而且哺乳动物的胃肠道内微生物可以合成生物素，所以一般不易造成生物素的缺乏。但如对饲料调制保存不当，会使饲料中产生拮抗生物素的物质，例如链球菌可产生抗生物素蛋白，能影响动物对生物素的利用。特别是当犬猫患胃肠疾病，或长时间投服磺胺、抗生素等药物破坏了胃肠道内正常菌群的平衡，都会减少机体内生物素的获得。另外，生的蛋清中存在抗生物素蛋白，所以过多采食生也能引发本病。当生物素缺乏时，主要表现为鳞屑样皮炎，脱毛，厌食，口和眼周围有干性分泌物，身上有臭气。生长发育受阻，贫血，消瘦，发育不良。后期虚弱、腹泻，进行性痉挛和后肢麻痹。

【治疗方案】▶▶▶

治疗以合理营养，治疗原发病，补充生物素为原则。

［处方1］ 合成生物素（生物素缺乏症），每千克饲料中添加生物素350～500毫克。

［处方2］ 干酵母（补充生物素），犬：8～12克/次，猫：2～4克/次，口服，每日2次。

[处方3] 及时治疗胃肠道疾病，合理运用抗生素。
- 适当投喂富含生物素的食物如肝、鱼粉、黄豆粉等，禁用生蛋清。

十一、叶酸缺乏症

【临床症状】▶▶▶

叶酸缺乏症是由于犬猫体内叶酸不足而引起的营养代谢性疾病。叶酸又称维生素B_{11}或维生素M，在体内参与多种氨基酸的代谢，对核酸的合成有直接影响。叶酸广泛存在于植物绿叶、花生、大豆以及肝肾、乳汁等食物中，犬猫消化道内微生物可合成叶酸，所以正常情况下，不易缺乏叶酸，但在长期喂饲低蛋白性饲料或煮熟时间过长的饲料会引起发病；大量投服抗生素等抑菌性药物，能使叶酸在体内的合成量减少；患胃肠疾病的动物，也能影响叶酸的吸收和利用；另外，妊娠和哺乳母犬和母猫，对叶酸需求量增加，易患本病。患病犬、猫主要表现是食欲不振、消化不良、腹泻、消瘦、生长缓慢、繁殖力下降、皮肤发疹、口炎、巨幼红细胞性贫血和白细胞总数减少。

【治疗方案】▶▶▶

[处方] 叶酸制剂，0.1～0.2毫克/千克，口服/肌内注射，连用5～10天。
- 及时治疗胃肠道疾病，合理运用抗生素。
- 加强营养管理，注意饲料的合理加工，适当投喂富含叶酸的食物。

十二、烟酸缺乏症

【临床症状】▶▶▶

烟酸（又称维生素PP、抗癞皮病维生素）缺乏症是由于犬猫长期饲喂缺乏烟酸的食物而引起的营养代谢性疾病。烟酸在体内转变为烟酰胺才能发挥作用，烟酰胺是组成脱氢酶的辅酶。烟酸在许多动植物饲料中都有，在谷类、酵母、种子外皮、肝肾等食物中含量丰富，但在玉米中含量很少，而且玉米中含有抗烟酸作用的乙酰嘧啶，所以长期用玉米喂饲犬时，易发生烟酸缺乏症，低蛋白日粮可加剧烟酸缺乏。犬的烟酸缺乏症可发生糙皮病和黑舌病，患病后表现为口腔和食管上皮发炎，并有溃疡，舌和口腔黏膜发黑，唾液黏稠，呼出气恶臭，腹泻、食欲减退、贫血、体重减轻。皮肤粗糙，癞皮症，呈对称性皮炎，皮炎多见于肘、颈及会阴部。猫常发生腹泻、新生仔死亡、口腔黏膜炎和溃疡、大量流黏稠唾液。

【治疗方案】▶▶▶

补充烟酸和加强营养管理为原则。

[处方1] 烟酰胺片，犬：0.2～0.6毫克/（千克·次），猫：2.6～4.0毫克/次，口服。

[处方2] 烟酸注射液，犬：0.2～0.6毫克/（千克·次），猫：2.6～4.0毫克/次，皮下注射/肌内注射。

[处方3] 干酵母片（预防烟酸缺乏），犬：8～12克/次，猫：2～4克/次，口服，每日2次。
- 对症治疗，及时治疗胃肠道疾病。
- 加强营养管理，防止日粮单一，给予丰富的动物性蛋白食物，保证全价日粮。

十三、胆碱缺乏症

【临床症状】▶▶▶

胆碱缺乏症是由于犬猫体内胆碱缺乏而引起的营养代谢性疾病。胆碱也称维生素 B_4，属于抗脂肪肝维生素，它能促进氨基酸的再生合成，防止肝脂肪变性，胆碱还是胆碱能神经传递冲动所必需的。胆碱的自然来源是动物性饲料鱼粉、肉骨粉等、青绿饲料和饼粕等。日粮中胆碱含量不足是主要病因，日粮中烟酸含量过高或锰缺乏都可能导致胆碱缺乏症。胆碱缺乏时犬猫生长发育受阻，消化不良，肾脂肪变性，脂肪肝，肝功能降低，低白蛋白血症，肾脏、眼球及其他器官出血，繁殖力下降，运动障碍。胆碱缺乏时，即使日粮中锰、生物素、叶酸含量充足也能引起骨短粗病，关节肿胀及变形，步态不稳，肝脂肪变性。幼犬和幼猫关节、韧带和肌腱往往发育不全。

【治疗方案】▶▶▶

治疗以补充胆碱和给予全价日粮为原则。

[处方1] 氯化胆碱粉剂（补充日粮中的胆碱），0.2～0.5克/次，口服。每千克饲料中添加1克，长期食用。

[处方2] 复方胆碱注射液（胆碱缺乏症），4～6毫克/次，肌内注射。

- 调整日粮组成，提供胆碱含量丰富的全价饲料。

第三节 矿物质及微量元素代谢病

一、佝偻病

【临床症状】▶▶▶

佝偻病是快速生长的幼龄犬、猫由于机体内维生素D缺乏或钙磷比例失调所致的软骨骨化障碍，骨钙化不全，骨基质钙盐沉积不足的一种慢性病。本病的主要原因是维生素D不足或缺乏；饲料内钙、磷不足或比例不当也是发生本病的重要原因；凡影响钙、磷正常吸收的疾病，如甲状旁腺机能异常、寄生虫、胃肠机能障碍等，也能引发本病；断乳过早可促进本病的发生。早期症状是食欲减退，消化不良，精神沉郁，异嗜癖，经常卧地，不愿站立和运动，运步时，步样强拘。发育停滞，消瘦，头骨、鼻骨肿胀，下颌骨增厚和变软，出牙期延长，齿形不规则，齿质钙化不足，齿面不整齐且易磨损，严重的硬腭肿胀突出，口腔常闭合不全，舌突出，流涎，吃食困难。最后躯干和四肢骨骼变形，肋骨和肋软骨结合部肿胀呈捻珠状，肋骨扁平，胸廓狭窄，胸骨舟状突起而呈鸡胸状。四肢关节肿胀，四肢骨骼弯曲，呈内弧呈"O"形或外弧呈"X"形的肢势。脊柱弯曲变形。此外，有的出现腹泻和咳嗽，严重的可发生贫血。

【治疗方案】▶▶▶

治疗以补充钙剂和维生素D剂，调整日粮中钙磷比例，加强营养管理为原则。

[处方1] 鱼肝油：维生素AD制剂，5～10毫升/次，口服。

[处方2] 维生素 D_3 注射液，1500～3000单位/千克，肌内注射。

[处方3] 维生素D_2胶性钙注射液，2500～5000单位/次，皮下注射/肌内注射。

[处方4] 碳酸钙，100～150毫克/千克，每日2～3次或1～3克/天，口服。

[处方5] 乳酸钙，130～200毫克/千克，口服，每日3次。

[处方6] 葡萄糖酸钙，20毫克/千克，加入5%葡萄糖溶液中静脉滴注；或150～250毫克/千克，口服，每日2～3次。

- 加强护理，多晒太阳，及时驱虫，对妊娠母犬猫要经常补钙，积极防治胃肠道疾病。

二、骨软病

【临床症状】▶▶▶

骨软病是指成年犬猫由于体内缺钙而引起的骨质进行性脱钙，未钙化的骨基质过剩，而使骨质疏松的一种慢性骨营养不良性疾病，临床上以骨骼变形为特征。维生素D摄取不足及紫外线照射不足可导致本病的发生。日粮中钙、磷比例失调、甲状旁腺功能异常也会造成本病的发生。犬食物中钙磷最合适的比例为(1.2～1.4)∶1，猫为(0.9～1.1)∶1，长期大量喂食钙剂，而忽视了补磷，造成了钙、磷比例失调，而引发本病。另外犬猫慢性消化不良及寄生虫感染、食物中蛋白不足及镁过量等，也会引起机体对维生素D及矿物质的吸收障碍，而导致本病。病初发生消化机能紊乱，喜食泥土、破布、塑料等，有的甚至因异嗜而发生胃肠阻塞，随后出现运动障碍，运步强拘，腰腿僵硬，拱背，跛行，喜卧，不愿起立，继之则出现骨骼肿胀变形，四肢关节肿大，易发生骨折和肌腱附着部的撕脱。

【治疗方案】▶▶▶

本病以预防为主，注意补充钙剂和维生素D剂为原则。

[处方1] 磷酸氢钙，0.6克/次，口服。

[处方2] 鱼肝油，5～10毫升/次，口服。

[处方3] 碳酸钙，100～150毫克/千克，每日2～3次或1～3克/天，口服。

[处方4] 乳酸钙，130～200毫克/千克，口服，每日3次。

- 加强营养，调整日粮中的钙磷比例，给予全价饲料，饮料中要补充钙制剂和优质蛋白质，经常带犬到户外活动，多晒太阳。
- 积极治疗犬猫的慢性消化道疾病，及时驱虫。

三、产后癫痫

【临床症状】▶▶▶

产后癫痫又称产后抽搐症、产后子痫，是指母犬猫分娩后发生的低钙血症。普遍发生于产后2～4周的泌乳量高的母犬和小型、兴奋型犬。由于分娩前后钙补充不足，或母体动用骨骼中钙的能力下降或本身骨钙不足或从肠道吸收钙量减少，而分娩后大量泌乳和大量的钙进入乳汁中，致使血钙浓度显著下降，神经肌肉兴奋性增高，从而引起肌肉发生抽搐性或战栗性的痉挛。饲养管理不善、矿物质不足、肥胖、妊娠后期日粮中食盐过多等，也可引起本病的发生。临床上以癫痫样痉挛、低血钙症和意识障碍为特征。病初表现烦躁不安、气喘、缓慢走动、流涎，继而出现运步蹒跚、后躯僵硬、运步失调，然后突然倒地，四肢伸直，肌肉战栗性痉挛，病犬张口呼吸并流出泡沫状唾液，呼吸急迫，脉搏细而快，眼球向上翻动，可见黏膜充血，体温升高达40℃左右。痉挛呈现间歇性发作，症状逐次加重，如不及时治疗，患犬通常在癫痫

第十一章 犬、猫营养及代谢性疾病

样痉挛发作中死亡，少数是在昏迷状态中死亡。

【治疗方案】▶▶▶

治疗以及时补充血钙、进行对症治疗和减少泌乳为原则。

［处方1］ 10％葡萄糖酸钙，0.5～1毫升/千克体重加入10毫升5％葡萄糖溶液中静滴。

［处方2］ 安定，犬：0.5毫克/千克体重，静脉滴注；猫：0.2～0.6毫克/千克体重，静脉滴注。

［处方3］ 10％葡萄糖，缓解低血钙时继发的低血糖，5～10毫升/千克体重，静脉滴注。

［处方4］ 钙制剂。乳酸钙、碳酸钙、葡萄糖酸钙等，补钙，口服。

［处方5］ 维生素D制剂，促进钙的吸收，0.2万～0.5万单位/次，口服。

- 加强营养，给予全价日粮，最好是专门用于泌乳和生长期犬的犬粮。
- 母仔分开饲养，或考虑给仔犬断奶或给仔犬补充食物以减少乳汁需要量。

四、镁代谢病

【临床症状】▶▶▶

镁代谢病包括镁缺乏症和镁中毒。在动物体内70％以上的镁是以磷酸盐形式存在于骨骼和牙齿中，其余的则存在于软组织中，主要与蛋白质结合生成络合物。镁在体内可作为多种酶的激活剂，同时，镁离子也是糖代谢及细胞呼吸酶系统不可缺少的辅助因子。细胞外液中的镁还能与钙、钾离子等协同，维持肌肉、神经的兴奋性和心肌的生理功能。正常情况下，宠物采食的肉类、豆类、谷物等均含有较多的镁，故一般不易缺乏。但是当犬猫从食物中吸收的镁不足、食物过于单一，或当犬猫慢性腹泻、大量泌乳时，镁会从粪、乳中大量流失，或是当患胃肠道疾病时，动物吸收镁的功能障碍时，都会发生镁缺乏症。镁缺乏时，犬猫发育迟缓，肌肉无力，指间缝隙增大，爪外展，腕关节和跗关节过度伸展，软组织钙化，长骨的骨端肥大。缺镁可使神经兴奋性失去控制，因而肌群呈制约性兴奋性收缩，表现为对外界反应过于敏感，耳竖起，头颈高抬，行走时肌肉抽动，最后宠物表现出惊厥，并可能迅速死于抽搐之中。

当投给犬猫过多的镁制剂时会引起镁中毒。镁中毒的主要表现为腹泻，采食量减少，呕吐，生长速度下降，甚至昏睡。应用含大量镁的食物喂猫时，可发生泌尿系统综合征，特征是排尿困难、血尿、膀胱炎，甚至尿石性尿道阻塞。

【治疗方案】▶▶▶

对症治疗，防止食物单一，保证日粮中镁的合适含量为原则。

［处方1］ 10％硫酸镁注射液，1～2g/次，用5％葡萄糖液稀释成1％的浓度，缓慢静注。

［处方2］ 氧化镁，0.1～0.5克/次，口服，每月3次。

- 镁中毒者，应立即停止投喂镁制剂，增加犬猫饮水量，并给予利尿剂，促进镁从尿中排出。
- 积极治疗胃肠道疾病，防止食物过于单一，保证日粮中镁的合适含量。

五、铜代谢病

【临床症状】▶▶▶

铜为犬猫必需的微量元素，分布在动物体内的所有组织中，其中浓度最高的器官是肝脏，肝是铜的主要储存器官，铜也储存于红细胞、脑组织、肾脏、心脏和被毛、骨骼和肌肉等组织器官内。铜的主要生理功能是构成酶的辅基或活性成分，参与构成细胞色素氧化酶、铜蓝蛋白、赖氨酰氧化酶等，从而影响机体的物质代谢；铜通过影响铁的代谢而影响血红蛋白的合成，参与造血活动；铜参与色素沉着，毛和羽的角化，促进胶原形成和骨骼的发育；铜还参与维持神经细胞正常结构与功能。犬猫食物中都含有铜，而铜含量最多的是肝脏、肾脏和甲壳类等，奶类中铜含量很少。

犬、猫发生铜中毒者较少。急性铜中毒多因一次性注射或大剂量可溶性铜而引起，如给犬大量硫酸铜溶液催吐时易引发本病，急性铜中毒犬、猫可出现呕吐，粪及呕吐物中含银色或蓝色黏液，呼吸加快，脉搏频数，后期体温下降，虚脱，休克，严重者在数小时内死亡。慢性铜中毒主要是饲料中长期含铜量过高，犬、猫慢性铜过多症时，呼吸困难，昏睡，可视黏膜苍白或黄染，肝脏萎缩，体重下降，腹水增多。食物中铜浓度过高时，也能引起贫血，这是由于铜和铁在小肠吸收中竞争的结果。

原发性铜缺乏主要是因为宠物日粮中长期缺乏铜。继发性铜缺乏则是因为饲料中含铁、锌、钼、硫、铅、铬、银、镍、锰等过多，干扰了动物对铜的吸收。铜缺乏症犬、猫虽然不缺铁，但也表现出贫血症状，因缺铜造成含铜酶活性降低，血浆铜蓝蛋白活性降低影响血红蛋白的合成表现出贫血；铜缺乏时赖氨酰氧化酶活性降低导致骨骼胶原的坚固性和强度下降，发生骨骼疾患，表现为骨骼弯曲、关节肿大、跛行、四肢易骨折；铜缺乏时深色被毛的宠物易造成毛色变淡、变白，尤以眼睛周围为甚，状似戴白边的眼镜，故有"铜眼镜"之称。

【治疗方案】 ▶▶▶

治疗以调整日粮中铜的比例，对症治疗为原则。

［处方1］ 硫酸铜（铜缺乏症），按1%的比例混入食盐中，再将此盐按正常量混入食物中饲喂犬猫。

［处方2］ 20%硫代硫酸钠（铜中毒），0.2毫升/千克体重，肌内注射。

- **合理配制犬猫日粮，防止铜过高或过低，保证日粮中其他金属元素的正常含量，防止饲料单一，避免长期饲喂动物肝脏。**

六、铁代谢病

【临床症状】 ▶▶▶

机体中的铁主要存在于两类物质中，一类物质是血红蛋白、肌红蛋白以及一些酶系统，如细胞色素酶、过氧化氢酶和过氧化物酶等。前两者作用是运输氧和二氧化碳；后者作用是参与组织呼吸，推动生物氧化还原反应。另一类物质存在于铁传递蛋白、铁蛋白和含铁血黄素中，铁蛋白是机体铁储存的主要形式，含铁血黄素是铁过量时的沉积物。机体中约60%～70%的存在于血红蛋白中，3%的铁存在于肌红蛋白中，其他存在于各种酶系统和铁蛋白中，游离的铁离子极微。

犬、猫的铁缺乏症较为常见。铁缺乏症的主要原因是铁的需要量大、供应不足，特别对仔犬、仔猫，因生长发育迅速，靠母乳已不能满足对铁的需求，此时若不能从补饲饲料中获得足够的铁，就易患铁缺乏症。多种因素可影响食物中铁的吸收，通常植物性食物中由于其中含有较多的植酸盐、草酸盐等，将影响铁的吸收；动物性食物中蛋白质具有促进铁的吸收作用，但牛奶、奶酪和蛋类则无此作用；因消化道慢性炎症，或饲料中含钴、锌、铬、铜和锰过多，也会使铁的吸收减少；铜缺乏时，也能使铁的吸收减少。长期应用牛奶或奶制品饲喂犬猫，动物体内外寄生虫和慢性出血等都可引起铁缺乏症。犬猫缺铁时的主要表现小红细胞低色素性贫血、红细胞大小不同症、异形性红细胞增多症等，临床表现为无力和易疲劳，发懒，稍运动后则喘息不止，可视黏膜色淡以至微黄染，饮、食欲下降。幼犬猫生长停滞，对传染病抵抗力下降，易感染、易死亡。

铁过多症多因偶食过多铁剂或饲料中被铁剂污染而引发，临床上少见。急性铁中毒时表现为厌食，体重减轻，低蛋白血症，少尿，胃肠炎，体温下降，代谢性酸中毒，最终死亡。慢性铁过多症则表现为食欲下降、生长缓慢，有的发生慢性胃肠炎。

【治疗方案】▶▶▶

治疗以调整日粮中铁的比例，对症治疗为原则。

［处方1］ 硫酸亚铁（补铁、缺铁性贫血），犬：100～300毫克，猫：50～100毫克，口服，每日1次。

［处方2］ 枸橼酸铁（轻度缺铁性贫血），犬：100～300毫克，猫：50～100毫克，口服，每日1次。

［处方3］ 乳酸亚铁（补铁、缺铁性贫血），犬：100～300毫克，猫：50～100毫克，口服，每日1次。

［处方4］ 葡聚糖铁（缺铁性贫血），10～20毫克/千克体重，口服/皮下注射/肌内注射。

［处方5］ 积极治疗犬猫消化道疾病，及时驱虫。

［处方6］ 加强对仔犬猫的饲养管理，保证它们从母乳或食物中获取充足的铁。

［处方7］ 给予全价营养，除了保证饲料中铁含量外，还要保证其他微量元素的正常含量。

［处方8］ 去铁胺/去铁敏：铁中毒，40毫克/千克体重，肌内注射，每日4次；或15毫克/(千克·小时)，静脉滴注，连用1～2天。

七、锰代谢病

【临床症状】▶▶▶

锰是犬猫的必需的微量元素，是多种酶的组成成分和激活剂，参与系列化反应，锰对脂肪代谢和蛋白质生物合成都起着重要作用，促进骨骼的形成与发育，维护繁殖功能。犬猫锰缺乏症时有发生。饲料中锰长期不足是锰缺乏症的主要原因。当犬猫长期食用缺锰的土壤中种取的玉米等植物性饲料时，则易发生本病。另外，日粮中含有过多锰的拮抗剂，如钙、铁、钴等时，也会影响锰的吸收利用，造成缺锰。犬、猫发生锰缺乏时，正常的发育、繁殖和成骨作用受影响，主要表现为骨骼畸形，运动失调，跛行，腿短而弯曲，关节肿大，站立困难，不愿行走。患病犬、猫往往生长停滞，生殖机能紊乱，母犬猫发情延迟甚至不发情，不易受孕；公犬猫性欲下降，精子形成困难。锰中毒极罕见，表现生殖力降低和局部皮肤白化病，另外，食物中过多锰在消化道，还能与铁竞争吸收，使铁吸收减少，影响血红蛋白的生成，出现贫血。

【治疗方案】▶▶▶

治疗以补充锰元素，调整日粮中的锰含量为原则。

- 硫酸锰：锰缺乏症，混饲于饲料中，不低于**40毫克/千克日粮**。
- 高锰酸钾：锰缺乏症，配成万分之一的高锰酸钾溶液，饮水数日。

八、锌代谢病

【临床症状】▶▶▶

锌是多种金属酶的组成成分或是酶的激活剂;参与动物机体 DNA、RNA 和蛋白质的合成;参与激素的合成或调节活性,与胰岛素的活性有关;与免疫功能密切相关;维持正常的味觉功能。动物体中的锌主要存在于骨骼、皮肤和被毛中,血液中的锌大部分在红细胞中。一般蛋白质类食物中锌含量较高,海产品是锌的主要来源,奶类和蛋类次之,蔬菜及水果中锌含量少。锌缺乏症主要原因是饲料中锌含量不足,长期以碳水谷物类饲料喂饲宠物,易患本病。但食物中某些成分比例不当或存在过多锌的拮抗剂,也会影响对锌的需求量和吸收。食物中高钙能减少犬对锌的吸收而造成缺锌症。锌缺乏症的主要症状是:幼畜食欲减退、腹泻、消化紊乱、消瘦、发育停滞。皮肤角化不全,脱毛,犬猫被毛粗糙,眼、口、耳、下颌、肢端、阴囊、包皮和肛门周围出现厚的痂片,趾(指)垫增厚龟裂。身体上有色素沉着。另外,还表现有生殖能力下降,公犬和公猫睾丸变小萎缩,母犬猫性周期紊乱,屡配不孕,有的发生骨骼变形。食物中锌含量过多时,犬猫会发生嗜睡、呕吐、腹痛、虚脱,长时间或较大剂量多次投喂可影响犬猫对铜和铁的吸收与利用,贫血,发育迟缓,食欲下降,胃炎、肠炎及肠系膜充血。

【治疗方案】▶▶▶

以对症治疗,调整食物中锌元素的含量为原则。

[处方1] 硫酸锌(锌缺乏症),10 毫克/(千克·天),口服,连用 2 周。

[处方2] 依地酸钙钠(锌中毒),100 毫克/(千克·天),连用 5 天。

[处方3] 10%葡萄糖酸钙(锌中毒),0.5~1 毫升/千克体重加入 10 毫升 5%葡萄糖溶液。

- 饲喂全价日粮,调整日粮中锌、钙等微量元素的比例,尤其对生长期幼犬猫和种公犬猫要保持日粮中足够的锌含量。

九、碘代谢病

【临床症状】▶▶▶

碘是合成甲状腺素所必需的元素,主要以甲状腺素的形式发挥其生理作用,小剂量碘能促进甲状腺激素的合成,大剂量的碘反面抑制其合成。碘在机体内主要存在于甲状腺中。原发性碘缺乏,主要起因是从食物中摄取碘的量不足,食物中碘与土壤和水中碘的含量密切相关,所以长期喂饲从缺碘地区产出的食物就易患此病。继发性缺碘:某些化学物质或致甲状腺肿物质可影响碘的吸收,干扰碘与酪蛋白结合而引发缺碘。碘缺乏时,使甲状腺代偿性机能增强,结果腺体增生,即发生甲状腺肿。在犬、猫于喉后方及第 3、4 气管环内侧可触及肿大的甲状腺,比正常大 2 倍,肿大明显时,可见颈腹侧隆起,吞咽困难,叫声异常,还伴有颈部血管受压的症状。长时间碘缺乏,甲状腺活力严重降低,可使正在生长发育的犬猫发生呆小病,使成年犬猫出现黏液水肿,临床上呈现被毛短而稀疏,皮肤硬厚脱屑,精神迟钝,呆板,嗜睡,钙代谢也发生异常。成年母犬猫不易妊娠或胎儿被吸收。碘剂给予量过大时可引起碘中毒,犬猫呕吐、肌肉痉挛、体温下降、心脏抑制、呼吸和脉搏增快、厌食和消瘦。

【治疗方案】▶▶▶

以对症治疗,保证日粮中合适的碘含量为治疗原则。

[处方1] 碘化钾/碘化钠(碘缺乏症),4.4 毫克/千克体重,口服,每日 1 次。

［处方2］ 复方碘液（含碘5%、碘化钾10%）碘缺乏症，每日10~12滴，20天为1疗程，间隔2~3个月再用药1个疗程。
- 碘中毒的对症治疗。口服淀粉浆保护胃肠黏膜，对抗碘的刺激作用；呼吸抑制时应用尼可刹米等。
- 应用全价日粮，保证日粮中合适的碘含量，避免碘缺乏或是碘过量。

十、硒代谢病

【临床症状】▶▶▶

硒是维持动物机体正常生理功能的必需微量元素，是谷胱甘肽过氧化物酶的组成成分，具有抗氧化和保护细胞膜的完整性；能够促进抗体的形成、增强机体的抗病力；硒还具有降低毒物的毒性的作用。用缺硒地区生产的动植物性饲料饲喂犬猫是硒缺乏症的主要原因；维生素E的缺乏能加重硒的缺乏；应激反应可诱发硒缺乏症；饲料中铜、锌、砷、镉及硫酸盐含量过高，可使硒的吸收和利用率下降而发生硒缺乏症。硒缺乏时会引起的肌营养不良，又称为白肌病，主要发生骨骼肌、心肌、胃肠平滑肌等各种肌组织的变性，因而动物表现不爱运动、跛行，甚至不能站立；有时出现心率快、脉搏无力、心性水肿等；有的出现消化功能紊乱、生长停滞；有的表现为生殖功能下降等；有的病例在剧烈运动、受到惊吓、过度兴奋、互相追逐中突然发生心猝死。硒的毒性比较大，犬猫摄入过量的硒可引起中毒。急性中毒时可见有呼吸困难、臌气、腹痛、发绀等。慢性中毒时出现视力障碍、神经肌肉麻痹、肝坏死或硬变、肾炎、肠道炎等。

【治疗方案】▶▶▶

保证日粮中合适的硒含量，对症治疗。

［处方1］ 1%的亚硒酸钠（硒缺乏症），犬：0.5~3毫升/次，肌注，隔15天给药1次，和维生素E合用。

［处方2］ 二巯基丙醇（硒中毒），2.5~5毫克/千克体重，肌注，但此药对肾脏有增加毒性的作用。

［处方3］ 氨基苯砷酸溶液（硒中毒），50~2000毫克/升，饮水。

- 给予全价日粮，在缺硒地区要注意测定饲料中的硒含量，尤其要防止幼犬猫的硒缺乏。

第四节 其他代谢病

一、肥胖症

【临床症状】▶▶▶

肥胖症是一种脂肪代谢障碍性疾病，是指体内脂肪组织过剩的状态，是由于机体摄入的总能量超过消耗，过多部分以脂肪形式在体内蓄积的一种疾病。饲养过剩，犬猫摄食过量，获得的营养物质超过营养需求，加上运动不足，致使脂肪在全身均匀大量地沉积而发生肥胖又称为单纯性肥胖；当中枢神经系统对物质代谢的调节发生紊乱时也易引起肥胖亦称为脑型肥胖；当犬猫的内分泌器官紊乱如脑下垂体瘤、甲状腺机能减退、肾上腺皮质机能亢进、生殖腺功能减退、胰岛素分泌过剩等时易发生肥胖，称为内分泌型肥胖；另外肥胖症与遗传因素也有密切关系，犬猫的父母代肥胖时，其后代也易发生肥胖。一般肥胖呈渐进性发展，其特征是皮下和腹膜下积聚大量过剩的脂肪，致使体重增加、体形改变，并影响运动和其他生理功能。患犬猫食欲亢进或减退，易疲劳，不耐热；体形丰满，浑圆，皮下脂肪丰富，腹、肩、颈、股部常形成柔软而富有弹性的皱褶。随着脂肪量增加，体力逐渐减弱，行动变得迟钝不灵活，不愿活动，走路摇摆，嗜睡，易病菌，稍加运动即喘息不止，易患心脏病、糖尿病、生殖功能下降、消化不良等，呈现呼吸困难，心搏强劲，脉搏增数，有时发生肝、肾功能障碍，并出现相应症状，生命缩短。内分泌异常引起的肥胖除上述肥胖的一般症状外，还有各种原发病的症状如特征性的皮肤病变和脱毛等。患肥胖症的犬猫血液胆固醇和血脂升高。

【治疗方案】▶▶▶

肥胖症应以预防为重点，有继发性肥胖者要治疗原发病。

- 改变饮食习惯。限制饮食，定时定量饲喂，少食多餐，饲喂高蛋白、低碳水化合物和低脂肪的食物，并逐渐增加运动量，注意补给矿物质和维生素类。

［处方1］ 甲状腺素（甲状腺素机能减退性肥胖），犬：22微克/千克，口服，每日2次；猫：20~30微克/（千克·天），口服，每日1~2次。

［处方2］ 生长激素（脑垂体病），提高机体代谢率，0.1单位/千克，皮下注射，每日1次，3天/周，连用4~6次。

［处方3］ 药物减肥：给予缓泻剂、食欲抑制剂、催吐剂、淀粉酶阻断剂等消化吸收抑制剂等改善胃肠道功能。

二、高脂血症

【临床症状】▶▶▶

高脂血症是指血液中脂类（胆固醇、磷脂质、甘油三酯、游离脂肪酸）含量升高的一种代谢性疾病，以肝脏脂肪浸润、血脂升高、血液外观异常为特征，犬、猫有时发生本病。高脂血症多由内分泌和代谢性疾病引起，当甲状腺功能减退、肾上腺皮质功能亢进、糖尿病、急性胰腺炎、胆汁阻塞、肝机能降低、肾病综合征等病症时，可因脂肪代谢异常而引发本病；长期食入高脂肪食物、运动不足和肥胖可诱发本病。犬、猫高脂血症表现为体躯肥胖，皮下脂肪丰富，不愿活动，容易疲劳，消化不良，有易患糖尿病的倾向；血液如奶茶状，血清呈牛奶样。

【治疗方案】▶▶▶

治疗以饲喂低脂肪或无脂肪的食物，治疗内分泌性和代谢性疾病为原则。

- 食物疗法：饲喂低脂肪高纤维性食物。

［处方1］ 烟酸（降血脂），0.2~0.6毫克/千克，口服，每日3次。

［处方2］ 苷糖脂片（降血脂），1片/日，口服，连用1周。

［处方3］ 巯酰甘氨酸（降血脂），100~200毫克/日，静脉滴注/口服，连用2周。

三、黏液水肿

【临床症状】▶▶▶

黏液水肿是指因甲状腺机能减退而引起的黏液蛋白样物质积于黏膜、皮下等部位的一种内分泌疾病。甲状腺炎、甲状腺萎缩、甲状腺肿瘤、甲状腺摘除等可引发本病；脑下垂体肿瘤、出血、坏死等引起的甲状腺刺激激素分泌减少也可继发黏液水肿。黏液水肿时病犬猫头部、眼睑皮肤增厚，四肢浮肿，肥胖，脱毛，被毛无光泽、脆弱，皮肤干燥、落屑，瘙痒，皮肤色素过度沉着。精神沉郁，嗜睡，怕冷，耐力下降；有的发生流产、不育、性欲减退，发情不正常。

【治疗方案】 ▶▶▶

运用激素治疗，但当病犬猫已出现不可逆性病理变化时预后不良。

［处方1］ 左旋甲状腺素钠（T_4）甲状腺素，犬：22微克/千克；猫：0.05～0.1毫克，口服，每日1～2次。

［处方2］ 三碘甲状腺氨酸钠（T_3）甲状腺素，犬：4～6微克/千克；猫：4微克/千克，口服，每日2次。

四、异嗜

【临床症状】 ▶▶▶

异嗜是一种病症，是动物吞食食物以外的异物的病态，是犬、猫常发生的一种营养代谢病。主要是营养失衡，缺乏某些矿物质、维生素等而引起。处于生长发育期的幼犬猫，在食物过于单一，不能全价饲养时易发生异嗜；胰脏疾病、慢性消化功能障碍或患寄生虫病也可发生异嗜。常见犬、猫吞食石子、砖头、碎布、青草、塑料、橡胶等。根据吞吃异物的性状和在消化道内滞留与否或滞留的部位，临床表现不尽相同。锐利的异物可能损伤口腔，可见流涎和口腔出血；有的可造成食道、胃、肠内异物，造成梗阻，进而继发肠套叠，犬猫表现为厌食或绝食、呕吐等症状，严重者引起消化道穿孔。

【治疗方案】 ▶▶▶

给予全价日粮，及时驱虫，促进消化道异物的排出，对出现梗阻的犬猫要进行手术治疗。

- 全价日粮。调整日粮结构，最好饲喂全价犬粮。对生长期的幼犬猫，还要额外补充多种微量元素和各种维生素。
- 及时治疗消化系统疾病。对有胰腺疾病、慢性消化道疾病等的犬猫要进行及时治疗，改善消化机能，并定期驱虫
- 促进异物的排出。对已经吞食异物的犬猫，可通过催吐和缓泻的方法，促进异物的排出；对经此法而无法排出的犬猫要及时进行手术方法取出异物。
- 加强管理。注意纠正犬猫偏食或随处排便的习惯，及时制止异嗜行为；改变饲养方法和生活环境，有助于纠正异嗜的恶习。

五、吸收不良综合征

【临床症状】 ▶▶▶

吸收不良综合征是小肠黏膜功能障碍引起的各种营养物质吸收不良，导致营养异常低下的病理状态的统称，它包括引起消化不良和吸收不良的多种疾病。根据病因可把本病分为三种，即原发性吸收不良、继发性吸收不良和消化障碍性吸收不良。原发性吸收不良是由于小肠黏膜本身损害所致，如小肠绒毛萎缩、融合或消失，黏膜面变平，造成吸收障碍。继发性吸收不良见于各种消化器官疾病或全身性疾病的经过中，如浸润增生性疾病、先天性异常、肠淋巴管扩

张症等。消化障碍性吸收不良见于胰腺疾病、肝胆疾病等。犬猫吸收不良综合征大部分是胰腺外分泌障碍所致。原发性吸收不良又称口炎性腹泻,常取慢性经过。一般食欲较好,但体重逐渐减轻,多有呕吐,顽固性消化不良的犬长期排酸性恶臭的脂肪便或灰白色便,每天排便4～6次,病犬低蛋白血症、低钠血症,有的呈低血糖症。继发性吸收不良的临床表现与原发病有关,通常,病犬精神沉郁,但食欲较旺盛,排泄大量脂肪便,腹部胀满,渐进性消瘦,贫血。消化障碍性吸收不良的特征是食欲增加,体重却减轻,消瘦腹泻,有轻度或重度的脂肪便,排便次数增加。

【治疗方案】▶▶▶

查明病因,对症治疗。改善食物结构,依据不同病因治疗不同日粮。

[处方1] 淀粉酶(食欲不振、消化不良),0.2～0.4克/次,口服,每日2次。

[处方2] 胰酶(消化不良,食欲不振及肝、胰腺疾病所致的消化障碍),促进蛋白质、淀粉、脂肪的分解和吸收,口服一次量:0.2～0.5克。

[处方3] 胃蛋白酶(促进蛋白分解,助消化),口服,一次量,犬:80～800单位;猫:80～240单位。

[处方4] 维生素B_{12}(维生素B_{12}吸收不良、胰腺外分泌机能不全、贫血),犬:0.5～1毫克,肌内注射,每日1次,连用7天;猫:0.1～0.2毫克,皮下注射,每周1次。

[处方5] 叶酸 叶酸缺乏、贫血,犬:1～5毫克/天,口服/皮下注射;猫:2.5毫克/天,口服。

[处方6] 碱式硝酸铋:肠黏膜保护剂,口服,一次,犬0.3～2克;猫:0.4～0.8克,口服。

- 加强饲养管理,停止喂饲含有麸质的饲料,改喂高蛋白、低脂肪的食物。

第十二章
犬、猫中毒性疾病

一、有机磷农药中毒

【临床症状】 ▶▶▶

有机磷农药中毒是由于犬猫接触、吸入或采食某种有机磷农药或舔食被其污染的食物器械等所致的病理过程。有机磷农药是磷和有机化合物合成的一类农用杀虫剂的总称，属于剧烈的接触毒，可经消化道、呼吸道和皮肤进入猫机体内，与体内胆碱酯酶结合，使其失去水解乙酰胆碱作用，导致体内乙酰胆碱蓄积，从而导致一系列的神经生理机能紊乱。中毒轻重受毒物进入机体的途径影响，中毒症状多在毒物进入机体后几小时内出现。急性中毒表现为呼吸困难，呼吸衰竭，最后死于呼吸麻痹。临床上将其归纳为三类症候群：

1. 毒蕈碱样症状：唾液分泌增多，流涎、呕吐、腹泻、尿频、尿失禁、瞳孔缩小，支气管分泌增多，呼吸困难。

2. 烟碱样症状：肌肉无力或自发性收缩，面部肌肉、舌肌抽搐，进而扩散至全身肌肉组织，麻痹。

3. 中枢神经系统症状：极度沉郁或兴奋不安，运动失调、惊恐、抽搐样症状。

【治疗方案】 ▶▶▶

治疗原则是以切断毒源、阻止或延缓机体对毒物的吸收、排出毒物、运用特效解毒药和对症治疗为主。

- 切断毒源。立即停止毒物的继续摄入或接触。
- 因皮肤接触引起的中毒，可用清洁水充分冲洗猫的接触部位的毛发和皮肤，避免继续吸收加重病情。
- 因口服引起的中毒，未超过2小时的可用催吐剂催吐或洗胃，同时配合吸附剂促进毒物排出。

［处方1］ 0.2%～0.5%硫酸铜（催吐），犬：0.1～0.5克/次口服，猫：0.05～0.1克/次，口服。

[处方 2] 1%硫酸锌（催吐），0.2～0.4 克/次，口服。

[处方 3] 0.1%～0.2%高锰酸钾洗胃。20～50 毫升灌肠洗胃。

[处方 4] 活性炭（吸附有机磷杀虫药使之从粪便中排出），3～6 克/千克，口服。

[处方 5] 硫酸阿托品（阻断乙酰胆碱的毒蕈样症状），0.2～0.5 毫克/千克；1/4 静脉滴注，剩下的皮下注射/肌内注射。

[处方 6] 氯解磷定（特效解毒药），20 毫克/千克，静脉滴注/肌内注射，每日 2 次。

[处方 7] 碘解磷定（特效解毒药），20 毫克/千克，静脉滴注，每日 2 次，到症状减轻。

[处方 8] 双复磷（特效解毒药），15～30 毫克/千克，静脉滴注，每日 2 次，到症状减轻。双复磷对急性内吸磷、对硫磷、甲拌磷等中毒的疗效良好，但对慢性中毒效果不佳。

[处方 9] 双解磷（特效解毒药），15～30 毫克/千克，静脉滴注，每日 2 次，到症状减轻。

- 呕吐、腹泻严重者需静脉输液治疗。
- 加强肝脏解毒功能，使用保肝药，适量静脉滴注葡萄糖液、维生素 C、肝泰乐等。
- 发生肺水肿时，静脉滴注高渗葡萄糖液。
- 出现呼吸衰竭时，将犬猫移置于通风处，给氧。
- 给予抗生素、镇静剂、强心剂、呼吸兴奋剂等。
- 药物禁忌：禁用吗啡、琥珀酰胆碱、吩噻嗪、安定、肾上腺素等药物。

二、毒鼠磷中毒

【临床症状】 ▶▶▶

毒鼠磷亦称对氯苯酚，为有机磷类灭鼠药。犬、猫常因误食本品毒饵，染毒的食物或饮水，毒死鼠类而中毒。急性中毒：病犬、猫恶心、呕吐、食欲废绝、呼吸困难、流涎、多痰、大汗、缩瞳孔缩小；继之，可见肌肉震颤、步态蹒跚、共济失调。可视黏膜发绀、心率加快、心音混浊、血压升高、鼻流细泡沫状液体；肺区可听到湿性啰音、支气管呼吸音和肺泡呼吸音减弱或消失，肠音先高朗后低沉；时见稀水便、眩晕、嗜睡、昏迷、抽搐、瘫痪，因心力衰竭和呼吸麻痹而致死。慢性中毒：少数犬、猫呈现慢性中毒，眩晕、精神沉郁、四肢无力、喜卧或蹲伏、恶心、呕吐、缩瞳、肌肉震颤、多汗、心悸、呼吸困难等。如及时治疗多康复。

【治疗方案】 ▶▶▶

- 参照有机磷中毒治疗方案。

三、磷化锌中毒

【临床症状】 ▶▶▶

磷化锌中毒是由于犬猫食入含有磷化锌的毒饵或被其毒死的老鼠而引起一系列病理过程。磷化锌亦称二磷化三锌，是一种杀鼠药。磷化锌进入胃后遇酸产生磷化氢，主要作用于神经系统，破坏代谢机能。一般在食后 15 分钟至 4 小时内呈现中毒症状。首先是食欲减退、昏睡、流泡沫状唾液；继而发呕吐，呕吐物发蒜臭味，在暗处发磷光；腹痛、腹泻、粪便中混有血液，粪便在暗处也发磷光；呼气和呕吐物发出乙炔气味或发蒜臭味；烦躁不安、心律不齐、呼吸困难、痉挛、共济失调甚至强直性惊厥，后期可能处于昏迷状态。

【治疗方案】

磷化锌中毒时无特效解毒药，治疗原则是促进毒物排出和对症治疗。

［处方1］ 催吐。0.2%～0.5%硫酸铜，犬：0.1～0.5克/次口服，猫：0.05～0.1克/次，口服。

- 洗胃。用5%碳酸氢钠洗胃。
- 对症治疗。缓解呼吸困难和神经症状，防止肝脏损伤、缓解酸中毒和低钙血症。
- 对呼吸困难者，给予氧气。

［处方2］ 苯巴比妥，解痉，2～4毫克/千克，静脉滴注，重复到见效。

［处方3］ 安定，犬：0.5毫克/千克静脉滴注；猫：0.2～0.6毫克/千克，静脉滴注。

［处方4］ 支持疗法。静脉输入高渗葡萄糖溶液、葡萄糖酸钙溶液、5%碳酸氢钠。

［处方5］ 民间解毒法。仙人掌10～15克，捣碎后拌入100～150克花生油，一次灌服；猫适当减量。严重中毒时隔8小时可再服用一次。

四、敌鼠钠中毒

【临床症状】

敌鼠钠中毒是指犬、猫误食含敌鼠钠的毒饵或被其毒死的老鼠而引起的中毒。敌鼠钠属抗凝血杀鼠药，对犬、猫毒性较大。当敌鼠钠被吸收后主要干扰肝脏对维生素K的利用，降低血液的凝固性，使凝血的时间延长；此外，敌鼠钠可直接损伤毛细血管壁，发生无菌性炎症，使管壁渗透性和脆性增高而晚破裂出血。因此敌鼠钠中毒后的特点是犬、猫全身各部自发性地大块出血，创伤、针扎后出血不止。急性中毒，无任何明显症状而死亡，死后剖检，多见脑内、心包内、胸腹腔内有出血。亚急性中毒，从吃入毒物到引起动物死亡，一般需经2～4天时间，中毒初期精神不振、厌食、不愿活动、黏膜苍白、贫血、有出血点，皮肤紫斑，体温下降，继续发展表现为持续呕血、血便、血尿、眼内出血，共济失调，最后痉挛、昏迷而死亡。妊娠母犬、猫流产，死后剖检全身广泛性出血。病程较长的犬、猫可见体温升高和黄疸。

【治疗方案】

治疗原则是排出毒物、运用特效解毒药和对症治疗。

［处方1］ 促进毒物排出。催吐、洗胃和导泻。导泻可用盐类泻剂硫酸镁，其作用是排出肠道毒物，犬：10～20克/次，口服，6%～8%溶液；猫：2～5克/次，口服，6%～8%溶液。

［处方2］ 运用特效解毒药维生素K_1，按0.5～1.5毫克/千克剂量加入葡萄糖或生理盐水静脉注射，每12小时注射一次，或每日2～3次，连用一周左右。可同时肌内注射维生素K_3，2～4毫克/次，每日2次，连用一周左右。维生素K_1和维生素K_3联合给予可提高疗效。

［处方3］ 输血治疗。对出血过多贫血严重的犬、猫，需进行输血治疗，输血量按10～20毫升/千克，开始输入时速度可快些，输入一半后，速度要放慢。

［处方4］ 其他对症支持疗法。根据病情给予安络血、强心剂、护肝药、皮质类固醇类药，同时配合能量合剂ATP、辅酶A、维生素C加入高渗葡萄糖液静脉输液。

［处方5］ 安络血，1～2毫升/次，肌内注射，每日2次；2.5～5毫克/次，口服，每日2次。

［处方6］ 肌苷（增强肝细胞活性、提高蛋白合成），25～50毫克/次静脉输液或肌内注射。

［处方7］ 促肝细胞生长素（促进肝细胞修复），5～20毫克/次，肌内注射，每日2次，或10～20毫克/次，用5%葡萄糖溶液溶解缓慢静脉滴注，每日1次。

[处方8] 肝泰乐（护肝），100~200毫克/次，肌内注射/静脉滴注，每日1次。

[处方9] 恩托尼（S-腺苷甲硫氨酸），0.1克/5.5千克，0.2克/6~16千克，口服，每日1次。

[处方10] 地塞米松（抗休克、抗毒素、保护心血管系统），用量为1~4毫克/千克，缓慢静脉滴注。

五、氟乙酰胺中毒

【临床症状】▶▶▶

氟乙酰胺中毒是犬、猫由于误食含本药的毒饵或被氟乙酰胺污染的食物或被氟乙酰胺毒死的老鼠而引起中毒。氟乙酰胺是一类剧毒农药，主要用于防治农林蚜螨及鼠害。该毒可经消化道、呼吸道及皮肤进入动物体内。氟乙酰胺进入机体后，因其代谢分解和排泄较慢，极易引起蓄积中毒，而且因氟乙酰胺残害期较长，因其中毒而死亡的动物组织，在相当长的时间内还可以对另外的动物发生毒害作用，引起二次中毒，因此本药的危害较大。氟乙酰胺在机体脱胺成氟乙酸，氟乙酸在体内生成氟柠檬酸，阻断三羧酸循环的进行，导致体内柠檬酸蓄积和ATP生成不足，其毒性作用对脑和心脏危害最重。

氟乙酰胺进入机体，一般30分钟后就中毒发病，毒物主要侵害猫的中枢系统和心脏。急性中毒表现为精神沉郁、呕吐、喘息、大小便失禁。严重中毒时，主要表现为兴奋、嚎叫、痉挛、突然倒地，全身震颤，四肢划动，抽搐，角弓反张，呼吸加快，黏膜发绀，心搏快而弱，节律失常，安静片刻后又重复发作，如此3~4次后，往往强直后死亡，整个病程只有十几分钟或数小时。

【治疗方案】▶▶▶

本病预后不良，应尽早抢救。以促进毒物排出，运用特效解毒药和对症治疗为治疗原则。

- 促进毒物排出，皮肤中毒者用清水彻底冲洗皮毛。
- 经口中毒者，可催吐、洗胃和导泻。

[处方1] 特效解毒（解氟灵），解毒，犬：50~100毫克/千克；猫：30~50毫克/千克，肌内注射，每日2次，连续5~7天。解氟灵效果可靠，不良作用小，还有预防发病的作用，故应及早用药。

[处方2] 20%硫代硫酸钠1~2克/次，肌内注射/静脉滴注。

[处方3] 单乙酸甘油酯（氟中毒），0.55毫克/千克，肌内注射，每小时1次，总量达2~4毫克/千克。

[处方4] 氯丙嗪，3毫克/千克，口服，每日2次；1~2毫克/千克，肌内注射，每日1次；0.5~1毫克/千克，静脉滴注，每日1次。

[处方5] 尼克刹米（解除呼吸抑制用），7.8~31.2毫克/千克，皮下注射或肌内注射，必要时2小时后重复1次。

[处方6] 葡萄糖酸钙（解除肌肉痉挛），静脉注射。

[处方7] 20%甘露醇溶液 控制脑水肿，静脉注射。

六、氟乙酸钠中毒

【临床症状】▶▶▶

氟乙酸钠为剧毒杀鼠药，通常制成丸剂作毒饵，用于杀灭田间、草原、厂矿、仓库、粮仓周边的野鼠。犬、猫常因误食本药的毒饵或吞食中毒死鼠而导致中毒。犬、猫多在食后2~3小时发生中毒。初见不安,食欲减少,呕吐,精神沉郁,腹痛,频排粪尿;继之,可见发热,腹泻,粪尿失禁、狂吠、骚动不安、感觉过敏、盲目奔跑、转圈运动,可视黏膜发绀,喘,心律失常,抽搐,痉挛,昏迷,多在10余分钟至数小时内死亡。

【治疗方案】▶▶▶

- 参照氟乙酰胺中毒的治疗方案。

七、砷中毒

【临床症状】▶▶▶

砷及其化合物多用做农药、灭鼠药、兽药和医药等,砷本身毒性不大,但其化合物的毒性却极其剧烈,用药不慎时可引起人和动物中毒。犬猫常因误食含砷的灭鼠药而中毒,或用含砷药剂治疗犬猫疾病时,由于剂量过大或用法不当而引起中毒,也有因长期吸入或饮用金属冶炼厂排出的含砷废气废水而导致的慢性中毒。急性中毒时,迅速出现中毒症状,流涎、呕吐、口腔黏膜潮红、肿胀,重症病例黏膜出血、脱落或溃烂,齿龈呈黑褐色,有蒜臭味。继而出现胃肠炎症状,如呕吐、腹痛、腹泻、粪便混有血液和脱落黏膜,且带腥臭气味。随毒物进一步吸收后,则出现神经症状和重剧的全身症状,患病动物表现兴奋不安、反应敏感,随后转为沉郁,低头闭眼,驻立不动,衰弱乏力,肌肉震颤,共济失调,呼吸迫促,体温下降,瞳孔散大,一般经数小时至1~2天,终因呼吸或循环衰竭而死亡。由于神经细胞受损,中毒动物精神高度沉郁,皮肤感觉减退,四肢乏力或发生麻痹,最后肝、心、肾等实质器官受损而引起少尿、血尿或蛋白尿以及机能障碍和呼吸困难,最终死亡。慢性中毒犬猫由于机体内的氧化过程受到过度抑制,导致营养不良,逐渐消瘦,骨髓造血功能障碍,精神沉郁,痛觉和触觉减退,脱毛、脱爪甲,黄疸,腹痛,腹泻,粪便呈暗黑色,不孕,流产,麻痹,瘫痪,病程可达1~2年。

【治疗方案】▶▶▶

治疗以促进毒物排出、运用特效解毒药和对症治疗为原则。

- 促进毒物排出,对急性中毒者,就立即催吐、洗胃;投服吸附剂和导泻剂如鸡蛋清、活性炭、硫酸钠等。对慢性中毒者可给予利尿剂以促进毒物的排出。

[处方1] 二硫基丙醇(砷中毒的特效解毒药),犬、猫用量3~5毫克/千克,肌内注射,每日4次,连用5天。

[处方2] 20%硫代硫酸钠:砷中毒解毒药,40~50毫克/千克,静脉滴注。

[处方3] 维生素K,2~4毫克/次,每日2次。肌内注射。

[处方4] 贫血时,按5~10毫升/千克输血,给予补血剂。

[处方5] 氢溴酸山莨菪碱(解除内脏平滑肌痉挛),犬:3~10毫克/次,肌内注射/静脉滴注。

[处方6] 腹泻时,在补液的同时给予胃肠黏膜保护剂如铋制剂,胃肠道保护剂,口服,每日3~4次,犬:0.25~2克/次,猫:0.3~0.9克/次。

[处方7] 安定,犬:0.5毫克/千克,猫:0.2~0.6毫克/千克,静脉滴注。

[处方8] 安钠咖,犬:0.2~0.5克/次,猫:0.1~0.2克/次,口服;犬:0.1~0.3克/次,猫:0.05~0.1克/次,皮下注射/肌内注射/静脉滴注,均每日1~2次。

[处方9] 尼克刹米（兴奋呼吸中枢），7.8～31.2毫克/千克，皮下注射/肌内注射，必要时2小时后重复1次。

八、灭鼠灵中毒

【临床症状】▶▶▶

灭鼠灵亦称华法令，属双香豆素类强力抗凝血性杀鼠药。本品无臭无味，对鼠类、犬、猫毒性较强。犬、猫因接触其毒饵而致发中毒，也可因食入被毒饵污染的食物或被毒死的鼠类而中毒。灭鼠灵在肝内能抑制维生素K的活性，引起急性维生素K缺乏，使肝脏制造凝血酶原发生障碍和合成某些凝血因子如Ⅶ、Ⅳ、Ⅹ减少，降低血液凝固性，使血凝时间延长，血小板黏附性降低，并能损害毛细血管，使管壁脆性增加，通透性增加，从而导致中毒犬、猫易发生广泛性出血。急性中毒时无任何前驱症状，因内出血而突然死亡；亚急性中毒，犬、猫贫血、虚弱，结膜、巩膜、眼内、口舌黏膜、齿龈等部出血；天然孔出血如鼻出血、呕血、尿血、便血；胸内、腹腔内出血时出现呼吸困难；脑出血时出现神经症状，步态蹒跚，共济失调；关节内出血时，关节肿胀，有压痛，跛行；体表大面积血肿，稍有外伤即出现皮下血肿、淤血；病犬、猫后期心律不齐，心搏微弱，全身虚脱，抽搐，痉挛，麻痹而死亡。病程较长者可出现黄疸症状。

【治疗方案】▶▶▶

精心护理，避免受伤；应用止血剂维生素K_1和对症治疗为原则。

• *精心护理，喂入高营养易消化的食物和补血剂；保持动物安静，避免受伤。*

[处方1] 应用特效止血剂维生素K_1，按0.5～1.5毫克/千克剂量加入葡萄糖或生理盐水静脉注射，每12小时注射一次，或每日2～3次，连用1周左右。可同时肌内注射维生素K_3，2～4毫克/次，每日2次，连用一周左右。维生素K_1和维生素K_3联合给予可提高疗效。

[处方2] 输血。危重犬、猫可输注全血，按10～20毫升/千克给予，前一半快速注入，后一半缓慢输入。

[处方3] 对症支持疗法。呼吸困难者可及时吸氧；出现神经症状者可用镇静药；静脉输注营养液和能量合剂；强心保肝治疗。可参照敌鼠钠中毒治疗方案。

九、铅中毒

【临床症状】▶▶▶

铅中毒主要犬、猫误食过多含铅物质而引起的中毒，本病是世界范围的一种常见的重金属中毒病，多发生于幼年犬、猫，含铅物可经消化道、呼吸道和皮肤进入犬、猫体内。犬、猫常因舔食含铅化合物的颜料、油漆、电池、润滑油等，或吸入过多汽油燃烧的尾气，或长期饮用含铅量超标的自来水等而引起中毒。急性中毒表现厌食，流涎，贫血，腹痛，呕吐和腹泻，神经过敏，意识不清，发抖，痉挛及麻痹或歇斯底里，狂叫，咬牙，狂奔乱跑，运动失调。慢性铅中毒表现为贫血，多动，好斗和易激怒，反复呼吸道和泌尿系统损伤等。铅中毒以慢性中毒多见。

【治疗方案】▶▶▶

治疗原则是加速毒物排出，运用特效解毒药，对症治疗。

- **急性中毒时，可采用催吐，洗胃和导泻等措施以促进毒物尽快从体内清除。**

　　[处方1]　依地酸钙钠注射液（特效解毒药），每天用量100毫克/千克，分4等份，加入100毫升生理盐水或5%葡萄糖溶液中，静脉滴注，连用5天。

　　[处方2]　D-青霉胺铅中毒解毒药，犬、猫用量为35~50毫克/(千克·天)，口服，每日4次连用1~2周。

　　[处方3]　二巯基丙醇（解毒药），用量：3~5毫克/千克，肌内注射，每日4次，连用5天。

　　[处方4]　对有神经症状者，需用镇静药。出现循环虚脱时，需要运用强心剂和大量补充电解质、右旋糖酐、调节酸碱平衡等。

　　[处方5]　安定，犬：0.5毫克/千克，猫：0.2~0.6毫克/千克，静脉滴注。

　　[处方6]　安钠咖，犬：0.2~0.5克/次，猫：0.1~0.2克/次，口服；犬：0.1~0.3克/次，猫：0.05~0.1克/次，皮下注射/肌内注射/静脉滴注，均每日1~2次。

十、洋葱中毒

【临床症状】▶▶▶

　　洋葱中毒是当犬采食熟的洋葱或混有洋葱汁的熟食后发生的贫血现象。洋葱中的有毒成分为正丙基二硫化物，它可氧化红细胞内的血红蛋白，形成海恩茨小体，网状内皮系统可吞噬含有此种小体的红细胞而引起贫血。急性中毒一般发生在食入洋葱后1~2天，病犬出现明显的红尿，尿的颜色深浅不一，从浅红色、深红色、咖啡色至酱油色。食欲下降，精神沉郁、心悸亢进、呕吐、腹泻，不及时治疗，可能导致死亡。慢性中毒多见于长期饲喂含有少量洋葱或葱汁的犬，常呈轻度贫血和黄疸。

【治疗方案】▶▶▶

　　立即停喂洋葱、促进毒素排出、对症治疗为原则。

- **立即停喂洋葱，轻度中毒者停喂后即可自然康复。重度中毒者可进一步治疗。**
- **促进毒素排出，减少溶血的发生。**

　　[处方1]　呋噻咪，促进体内血红蛋白随尿排出。肌内注射，犬：2~4毫克/千克，猫：1~3毫克/千克，每日2~3次。

　　[处方2]　地塞米松，犬、猫用量1~2毫克/千克，静脉滴注/肌内注射。

　　[处方3]　维生素E（抗氧化剂，防止红细胞破裂溶血，延长红细胞寿命），犬：200~400单位，口服，每日2次。

　　[处方4]　恩托尼（S-腺苷甲硫氨酸），0.1克/5.5千克，0.2克/6~16千克，口服，每日1次。

　　[处方5]　输血。溶血引起贫血严重的犬，可进行静脉输血，10~20毫升/千克。

　　[处方6]　对严重溶血的病犬，可静脉滴注葡萄糖液或林格液，ATP、辅酶A、维生素C等，也可适当给予抗生素防止继发感染。

十一、食物中毒

【临床症状】▶▶▶

　　食物中毒是犬、猫食入腐败变质的食物而引起的中毒现象。在温暖季节，所有食物，尤其是肉、蛋、奶等富含营养和水分的食品极易被细菌污染而腐败变质,大量繁殖的细菌能产生毒素引起犬、猫的中毒。食物变质引起中毒的毒素,包括肠毒素、内毒素和真菌毒素等。食入变质的食物越多的犬猫症状越重,严重者可在食后 12 小时内死亡。而多数犬、猫则呈现精神沉郁、食欲减少或废绝、口渴、呕吐、腹泻,粪便腐臭并含有黏液或血凝块,腹壁紧张,触压疼痛,肠蠕动变弱,肠内充气,肚腹胀大,有的出现体温升高。重病犬猫,可见呼吸困难、心搏动加快、抽搐、后躯麻痹,终至虚脱而致死。

【治疗方案】

停止饲喂腐败变质食物,催吐,抗菌消炎和其他对症治疗。

- 催吐,立即停喂腐败变质食物,出现呕吐的犬、猫,先不要止吐,等其将已食入的变质食物呕吐完后,才可应用止吐药;未出现呕吐的犬、猫,要尽早进行催吐或洗胃。
- 促进毒素的排出,应用吸附剂和缓泻剂,如活性炭、硫酸钠等,加速毒素从消化道排出。
- 抗菌消炎,为了防止肠道内细菌继续生长繁殖,产生毒素,及时给予广谱抗生素。

[处方 1] 庆大霉素,10~15 毫克/千克,口服;3~5 毫克/千克,肌内注射/静脉滴注,每日 2 次,连用 3~5 天。

[处方 2] 阿莫西林,口服,10~20 毫克/千克;皮下注射/静脉滴注/肌内注射,5~10 毫克/千克,均每日 2~3 次,连用 5 天。

[处方 3] 环丙沙星,口服,5~10 毫克/千克,肌内注射 2~2.5 毫克/千克,均每日 2 次。

[处方 4] 对症治疗,后期止泻,保护胃肠道,防脱水,防休克,静脉输液,调节电解质平衡。

[处方 5] 硫酸阿托品,犬 0.3~1 毫克/次,猫 0.05 毫克/千克,皮下注射/肌内注射。

[处方 6] 氢溴酸东莨菪碱,犬:3~10 毫克/次,肌内注射/静脉滴注。

[处方 7] 白陶土(胃肠道黏膜保护剂),1~2 毫克/千克,口服,每日 2~4 次。

[处方 8] 地塞米松(抗休克、抗毒素、保护心血管系统),用量为 1~4 毫克/千克,缓慢静脉滴注。

[处方 9] 静脉输液。林格液中加入 10%~25% 葡萄糖、维生素 C、5% 碳酸氢钠等以补充水分和调节体内电解质的酸碱平衡。

十二、食盐中毒

【临床症状】

食盐中毒是因犬、猫过量采食过咸的食物、咸鱼、咸肉等而引起的中毒。当犬、猫采食大量食盐后,即有一部分被吸收入血,其大部分则仍存留于消化道内,且直接刺激胃肠黏膜并引起炎症反应,同时由于血浆中的一价钠离子、氯离子显著增多时,呈现严重的中枢神经兴奋状态。因此食盐中毒的主要临床特征是神经症状和消化紊乱。一般突然发生,烦躁不安,转圈,肌肉震颤,口渴喜饮,少尿,口流涎水,厌食,呕吐,腹泻,脱水,体温正常,脉搏快而弱,呼吸浅表。运动失调,四肢麻痹,最后因心力衰竭而死。慢性中毒可见犬、猫喜饮、食欲减少,消瘦,流涎,瘙痒,失明,精神沉郁,转圈运动,昏迷,经 2~3 天因呼吸衰竭致死。

【治疗方案】

停喂过咸食物和对症治疗为原则。

● 立即停喂过咸食物，给予充足的饮水。

[处方1] 静脉注射5%葡萄糖酸钙或10%氯化钙，补液，缓解脱水状态；恢复血液中一价和二价阳离子平衡，以缓解中枢神经的兴奋状态。

[处方2] 缓解脑水肿，可静脉滴注25%山梨醇，按1～2克/千克体重的剂量缓慢静脉滴注，每日3～4次。

[处方3] 速尿，促进毒物的排除。犬：2～4毫克/千克，静脉滴注/肌内注射/口服，每4～12小时；猫：0.5～2毫克/千克，静脉滴注，每日3次。

[处方4] 安定，犬：0.2～0.6毫克/千克，静脉滴注；猫：0.1～0.2毫克/千克，静脉滴注。

[处方5] 安钠咖，犬：0.2～0.5克/次，猫：0.1～0.2克/次，口服；犬：0.1～0.3克/次，猫：0.05～0.1克/次，皮下注射/肌内注射/静脉滴注，均每日1～2次。

[处方6] 氨苄西林，20～30毫克/千克，口服，每日2～3次；10～20毫克/千克，静脉滴注/皮下注射/肌内注射，每日2～3次。

十三、黄曲霉素中毒

【临床症状】▶▶▶

黄曲霉素中毒是犬猫采食了被黄曲霉或寄生曲霉污染并产生毒素的食物后所引起的一种急性或慢性中毒。黄曲霉素是黄曲霉菌的代谢产物，能影响核酸控制下的蛋白质合成，从而影响酶的合成和脂肪代谢。大剂量时可引起肝功能异常、黄疸、脂肪肝、胆囊发育异常。急性中毒时，犬、猫食欲下降、呕吐、黄疸、出血。亚急性中毒初期，可见食欲减退、逐渐消瘦、贫血、委靡不振、对周围事物淡漠、体温正常；进一步发展可出现盲视、嗜睡、流涎、吞咽困难、可视黏膜及皮肤黄染、肌肉震颤、排稀水便或血便；后期贫血进一步加重，白细胞总数增多，凝血时间延长，转氨酶活性升高，烦躁不安，转圈运动，不久转为昏睡、昏迷，甚至死亡。多数中毒犬、猫呈慢性经过，数天或10余天后致发心力衰竭而死亡。

【治疗方案】▶▶▶

黄曲霉素中毒尚无特效解毒剂，主要在于预防，一旦出现中毒，应停止饲喂被黄曲霉毒素污染的饲料，以促进毒素排出，和对症治疗为原则。

[处方1] 促进毒素排出，口服活性炭吸附肠内毒素，口服硫酸钠或人工盐缓泻。

[处方2] 高渗葡萄糖和维生素C加强肝脏的解毒机能，静脉滴注。

[处方3] 强力宁，5～20毫升/次，静脉滴注。

[处方4] 肌苷（增强细胞活性、提高蛋白合成），25～50毫克/次，口服/肌内注射。

[处方5] 恩托尼（S-腺苷甲硫氨酸），0.1克/5.5千克，0.2克/6～16千克，口服，每日一次。

[处方6] 安络血，1～2毫升/次，肌内注射，每日2次。

[处方7] 氨苄西林，20～30毫克/千克，口服，每日2～3次；10～20毫克/千克，静脉滴注/皮下注射/肌内注射，每日2～3次。

十四、亚硝酸盐中毒

【临床症状】▶▶▶

亚硝酸盐中毒是指当犬、猫过量食入或饮入含有硝酸盐或亚硝酸盐的食物和水后所引起的中毒现象。亚硝酸盐可使血中正常的氧合血红蛋白迅速地氧化成高铁血红蛋白，从而使血红蛋白丧失了正常的携氧功能，使机体组织广泛性缺氧。在许多饲料或饮水中，常含有硝酸盐，当其贮放不当、发热、腐烂或调制方法失误时，在硝化细菌的作用下，可使硝酸盐转化为亚硝酸盐。误食误饮含有此种盐类的饲料、食物、饮水时，均可使犬猫发生急性中毒。采食后不久突然发病，食欲旺盛的犬猫发病更快且较严重。主要表现为不安、尖叫、流涎、呕吐、呼吸加快、心搏增速、走路摇摆、时起时卧或呆立不动；严重中毒的犬猫，可见张口伸舌，呼吸困难，全身发绀，体温偏低，瞳孔散大，心搏细弱；全身震颤、抽搐、共济失调、卧地不起中毒后数十分钟至4小时内，因窒息而死，死亡后的犬、猫血液呈酱油色、凝固不良。

【治疗方案】▶▶▶

立即停喂含有亚硝酸盐的食物和饮水，促进毒物的排出，运用特效解毒药和对症治疗。

- **立即停喂变质食物和饮水，洗胃和投入硫酸钠缓泻，促进毒物从体内排出。**

［处方1］ 1％美蓝溶液（特效解毒药），1～2毫克/千克，静脉滴注。

［处方2］ 5％甲苯胺蓝（特效解毒药），5毫克/千克体重，静脉滴注。

［处方3］ 加强肝脏解毒能力可静脉滴注10％～25％葡萄糖液、维生素C、ATP、辅酶A等；

［处方4］ 尼克刹米（兴奋呼吸中枢），7.8～31.2毫克/千克，皮下注射/肌内注射，必要时2小时后重复1次。

［处方5］ 安钠咖，犬：0.2～0.5克/次，猫：0.1～0.2克/次，口服；犬：0.1～0.3克/次，猫：0.05～0.1克/次，皮下注射/肌内注射/静脉滴注，均每日1～2次。

［处方6］ 出现严重溶血时，可静脉滴注高渗葡萄糖液、维生素C，口服或静脉滴注肾上腺皮质激素。

［处方7］ 预防酸中毒，可静脉滴注或口服碳酸氢钠。

［处方8］ 缓解呼吸困难可给予吸氧。

十五、阿托品类药物中毒

【临床症状】▶▶▶

阿托品类药物中毒一般是治疗时应用本类药物剂量过大或连续多次给药而引起的中毒，有些过敏体质病犬、猫虽用治疗量亦可致发中毒。阿托品类药物为M胆碱受体阻断药，兽医临床主要用作解痉剂和散瞳剂。常用制剂有硫酸阿托品、颠茄酊、氢溴酸东莨菪碱、氢溴酸山莨菪碱等。中毒初期犬猫口干舌燥、吞咽困难、肠音减弱；继之，兴奋不安，结膜潮红，瞳孔散大，视物不清，肠音消失，腹胀，腹痛，不见排粪、少尿或排尿困难，尿液混浊；后期体温升高，脉搏急速，呼吸数增加，狂暴不安，阵发性痉挛，严重时，体温下降、昏迷、呼吸浅表、运动麻痹、括约肌松弛、四肢厥冷，因呼吸麻痹窒息而死亡。

【治疗方案】▶▶▶

立即停用阿托品类药；运用阿托品类药拮抗剂和对症治疗为原则。

［处方1］ 毛果芸香碱（阿托品类药拮抗剂），3～20毫克/次，皮下注射，每6小时一次。

［处方2］ 甲基硫酸新斯的明（阿托品类药拮抗剂），0.25～1毫克/次，皮下/肌内注射。

［处方3］ 0.2％～0.5％水杨酸毒扁豆碱缩瞳药，点眼。

［处方4］ 毒扁豆碱，0.02毫克/千克体重，肌内注射。

［处方5］ 尼克刹米（兴奋呼吸中枢），7.8～31.2毫克/千克，皮下注射/肌内注射，必要时2小时后重复1次。

［处方6］ 安定，犬：0.2～0.6毫克/千克，静脉滴注；猫：0.1～0.2毫克/千克，静脉滴注。

［处方7］ 安钠咖，犬：0.2～0.5克/次，猫：0.1～0.2克/次，口服；犬：0.1～0.3克/次，猫：0.05～0.1克/次，皮下注射/肌内注射/静脉滴注，均每日1～2次。

- 缓解呼吸困难可给予吸氧。

十六、巴比妥类药物中毒

【临床症状】▶▶▶

巴比妥类药物中毒多因犬、猫主人滥用本类药物或临床治疗上用药剂量过大、疗程过长而使犬猫发生的中毒现象。巴比妥类药物均为巴比妥酸的衍生物，主要制剂有巴比妥、苯巴比妥钠、戊巴比妥、硫喷妥钠等。兽医临床广泛应用本类药物作镇静剂、催眠剂、解痉剂、抗惊厥剂、麻醉剂，本类药物久用可产生耐药性和依赖性。中毒犬猫主要表现为中枢神经系统过度抑制等一系列症状，犬、猫精神沉郁，四肢倦怠无力，瞳孔散大，呼吸浅表或喘息，血压下降，时见皮炎、皮疹、出血性皮疱、剥脱性皮炎；严重中毒的犬猫，可见昏睡、意识及反射消失、昏迷、休克、因呼吸抑制而衰竭致死。

【治疗方案】▶▶▶

治疗原则是加速毒物排泄；给予解毒药和中枢兴奋剂；对症支持疗法为原则。

- **加速毒物排泄**，经口服用中毒的犬、猫，可洗胃、催吐、导泻，运用利尿剂。

［处方1］ 尼可刹米，兴奋呼吸中枢，犬：0.125～0.5克/次，猫：7～30毫克/千克体重，皮下注射/肌内注射/静脉滴注。

［处方2］ 美解眠，巴比妥类药物中毒解毒药，15～20毫克/千克体重，溶于5%葡萄糖溶液中静脉滴注。

［处方3］ 速尿，利尿，犬：2～4毫克/千克，静脉滴注/肌内注射/皮下注射，每日2～4次，然后减量到1～2毫克/千克，口服，每日1～2次；猫：1～3毫克/千克，静脉滴注/肌内注射/皮下注射，每日2～3次，然后减量。

［处方4］ 甘露醇，脑水肿，0.5～1克/千克，缓慢静脉滴注，每日3～4次。

十七、氨基糖苷类抗生素中毒

【临床症状】▶▶▶

氨基糖苷类抗生素中毒是指过量使用氨基糖苷类药物后引起的犬、猫神经肌肉的传递阻断、肾中毒、耳中毒等一系列中毒现象。氨基糖苷类抗生素为抗革兰阴性菌的抗生素，临床应用极广，主要有链霉素、庆大霉素、卡那霉素、新霉素等。其共同的特点是口服不易吸收，通常注射给药，多数以原形由肾脏排出。该类抗生素都具有耳毒性，可损害第八对脑神经，影响听力；具有肾脏毒性，导致肾功能减退，出现蛋白尿；能够阻滞神经肌肉冲动传导，使骨骼肌松弛，呼吸肌麻痹，甚至呼吸停止。急性毒性可致机体麻木、头昏、耳鸣；排尿次数增加，但每次尿量减少，尿中带血；视力减退，眼球震颤，呕吐，运动失调；心律不齐，心跳加快。当损害第八对脑神经时，可见犬猫眩晕、恶心、呕吐、眼球震颤、步态不稳、听力下降或耳聋。当出现肾毒性，可见犬、猫少尿、无尿、管型尿、血尿、尿钾增多、氮质血症、尿毒症等。当出现神经肌肉冲动传导阻滞时，可见犬、猫唇、舌震颤或麻痹、肢体乏力、瘫痪、血压下降、心力衰竭、呼吸肌麻痹而致死。有时还可出现过敏性休克，犬、猫烦躁不安、畏寒、结膜初潮红后苍白、恶心、呕吐、发热、呼吸促迫、心悸、皮肤瘙痒、荨麻疹、嗜酸性粒细胞增多、抽搐、昏迷、终至休克而致死。经口给予犬、猫氨基糖苷类抗生素时，常致发恶心、呕吐、膨胀、腹泻等中毒反应，影响肠道对脂肪、胆固醇、蛋白质、糖、铁的吸收，严重时可致发脂肪性腹泻或营养不良，注射给药则少见此类反应。

【治疗方案】▶▶▶

氨基糖苷类抗菌素中毒无特效解毒，治疗原则是立即停药和对症治疗。

［处方1］ 盐酸肾上腺素，犬：0.1～0.5毫升/次，猫：0.1～0.2毫升/次，皮下注射/静脉滴注/肌内注射/心室注射。

［处方2］ 葡萄糖酸钙（10%溶液）：0.4～1.0毫升/千克体重，加入5%葡萄糖溶液中静脉滴注。

［处方3］ 地塞米松磷酸钠（抗休克、抗过敏、心肺复苏），1～4毫克/千克体重，缓慢静脉滴注。

［处方4］ 新斯的明（兴奋骨骼肌），0.05毫克/千克体重，肌内注射，每日3～4次。

［处方5］ 胞二磷胆碱（修复神经损伤），25毫克/千克体重，肌内注射，每日2～4次。

［处方6］ 维生素B_1，营养神经，防止神经组织萎缩，犬：10毫克/千克体重，猫：25～50毫克/千克体重，肌内注射/皮下注射，每日1次。

- **其他对症治疗**，可给予抗贫血药、补液、补钾、吸氧等。

十八、磺胺类药物中毒

【临床症状】▶▶▶

磺胺类药物中毒是一次大剂量或长期连续应用本类药物、静脉滴注速度过快，以及对本类药物过敏的犬猫发生的药物过敏或中毒现象。磺胺类药物种类较多，抗菌谱较广、均为抑菌药。急性中毒多见于静脉注射磺胺类钠盐时，速度过快或剂量过大，主要表现为神经症状，兴奋、感觉过敏、共济失调、肌无力、痉挛、麻痹、食欲减少、呕吐、腹泻、昏迷等症状，严重者迅速死亡。慢性中毒，见于剂量较大或连续用药超过1周以上，主要表现为少尿、尿闭、结晶尿、蛋白尿、血尿；食欲减退、便秘、呕吐、腹泻、间歇性腹痛；可视黏膜出血、贫血、血凝时间明显延长、红细胞减少、粒性白细胞缺、血红蛋白降低、注射药物部位发生炎症、肿胀、化脓、坏死等症状。

【治疗方案】▶▶▶

立即停用磺胺类药，促进毒物排出，对症治疗为原则。

- **经口服用磺胺类药物的，可尽早洗胃。**

［处方1］ 补液。给予充分饮水，静脉滴注复方氯化钠液、5%葡萄糖液。

［处方2］ 碱化尿液。促进药物从尿液中排出，可静脉滴注5%碳酸氢钠，或口服碳酸氢钠。

［处方3］ 减少溶血。静脉滴注高渗葡萄糖液、维生素C、1%美蓝溶液（用量为5～10毫克/千克体重）。

十九、氯丙嗪中毒

【临床症状】

氯丙嗪中毒是指临床上应用氯丙嗪作为治疗药时,由于用药不当而引起的犬、猫中毒的现象。氯丙嗪亦称冬眠灵,属吩噻嗪类药。兽医临床主要用其作安定剂。一般是由于药量计算错误、应用过量、用药次数过多、与其他药物配伍不当,或某些犬、猫对本药耐受性较差等原因而引起的。氯丙嗪中毒时主要表现为中枢神经系统抑制现象。轻度中毒时,可见骚动不安,频繁起卧,瞳孔缩、体温降低,肌肉松弛,倦怠无力,嗜睡,偶尔便秘。重度中毒,可见四肢厥冷,肌肉震颤或强直,共济失调,瞳孔缩小,反射消失、体温明显降低、呼吸浅表,心动急速,心律不齐,肝脏肿大,黄疸,昏迷,皮疹,皮炎,贫血,白细胞减少,时见尿潴留或尿失禁。

【治疗方案】

立即停药,经口服用的可进行催吐或洗胃和导泻;应用中枢兴奋剂;对症治疗为原则。

[处方1] 尼可刹米(呼吸中枢兴奋剂,用于呼吸抑制的犬、猫)。犬:0.125~0.5克/次,猫:7~30毫克/千克体重,皮下注射/肌内注射/静脉滴注。

[处方2] 安钠咖,口服用量,犬:0.2~0.5克/次,猫:0.1~0.2克/次;皮下注射/肌内注射/静脉滴注用量,犬:0.1~0.3克/次,猫:0.05~0.1克/次,均每日1~2次。

[处方3] 去甲肾上腺素,0.4~2毫克/次,肌内注射或加入5%葡萄糖溶液中静脉滴注。

[处方4] 速尿,犬:2~4毫克/千克,静脉滴注/肌内注射/皮下注射,每日2~4次,然后减量到1~2毫克/千克,口服,每日1~2次;猫:1~3毫克/千克,静脉滴注/肌内注射/皮下注射,每日2~3次,然后减量。

- **其他对症治疗,护肝、防止酸中毒等。**

二十、马钱子中毒

【临床症状】

马钱子中毒是犬、猫中毒多因误食本品毒饵或死鼠而引起的中毒现象,是以神经系统兴奋性增强为特点。马钱子的安全范围较小,毒性甚强,用药过量或使用不当,常引起急性中毒。初期犬、猫骚动不安,感觉过敏,对声音、光线等外界刺激反应性增强,肌肉抽搐,眼球震颤,瞳孔散大,可视黏膜发绀,呼吸困难,脉搏细弱,体温升高;继之出现牙关紧闭,角弓反张,惊厥,肌红蛋白尿,因呼吸肌痉挛麻痹窒息而死亡。

【治疗方案】

催吐、洗胃、导泻、利尿,对症治疗和加强护理为原则。

[处方1] 苯巴比妥,6~12毫克/千克体重,口服/肌内注射/静脉滴注。

[处方2] 20%甘露醇,0.5~1克/千克体重,缓慢静脉滴注,每日3~4次。

- **加强护理:补液,将病犬、猫置于暗处安静的环境。**

二十一、蟾蜍中毒

【临床症状】

蟾蜍的皮肤和黑卵有毒,其耳后腺和皮肤腺分泌的黏液对副交感神经系统及心脏产生毒性作用。蟾蜍中毒是指犬、猫由于捕食蟾蜍、舔食大量黑色蛙卵、黏膜或伤口黏附大量蟾蜍毒液而引发的中毒现象。犬、猫中毒时，大量流涎，经口食入的因疼痛而搔挠口腔周围，损伤部疼痛、红肿、糜烂、坏死；毒液进入眼内可致发眼部红肿，视觉迟钝，严重时失明；恶心、呕吐、腹痛、腹泻；兴奋、尖叫；口腔黏膜发绀，呼吸困难；心律失常，心跳先缓后过速，抽搐、虚脱；终因循环衰竭而致死。

【治疗方案】

立即催吐、洗胃、导泻；大量清水反复冲洗伤口或口腔；解毒和对症治疗为原则。

[处方1] 0.2%~0.5%高锰酸钾液洗胃机冲洗伤口。

[处方2] 阿托品（抑制唾液腺分泌，缓解流涎），0.02~0.04毫克/千克体重，皮下注射。

[处方3] 异丙肾上腺素（兴奋心脏，缓解心动过缓，解除心脏传导阻滞），一次量0.2~0.5毫克，加入250毫升5%葡萄糖溶液中静脉滴注。

[处方4] 心得安（抗心律失常），0.01~0.10毫克/千克体重，静脉滴注；0.2~1毫克/千克体重，口服，每日2~3次。

[处方5] 安定，犬：0.2~0.6毫克/千克，静脉滴注；猫：0.1~0.2毫克/千克，静脉滴注。

- **其他对症治疗。** 补液纠正水和电解质紊乱；呼吸困难时给予吸氧；疼痛剧烈时给予镇痛剂颠茄片等。

二十二、麻黄碱中毒

【临床症状】

麻黄碱中毒是指犬、猫过量服用麻黄碱时所引起的中毒现象。麻黄碱有松弛平滑肌、兴奋心肌、收缩血管、兴奋中枢、苏醒、降温、抗病毒等作用，在犬、猫的疾病治疗过程中，当超过治疗剂量时，即可引起麻黄碱中毒。主要表现为兴奋、不安、烦躁、肌肉震颤、鼻端出汗、流涎、呕吐、体温升高、脉搏加快、心音增强、血压升高、呼吸促迫、惊厥、终至循环和呼吸功能衰竭而致死。

【治疗方案】

立即停药、催吐、洗胃及导泻；运用镇静剂；其他对症治疗为原则。

[处方] 盐酸氯丙嗪（麻黄碱拮抗药，镇静剂），犬、猫：1~2毫克/千克体重，肌内注射/静脉滴注，每日1次。

- **其他对症治疗：** 及时补充体液、吸氧等。

二十三、一氧化碳中毒

【临床症状】

一氧化碳中毒是指犬、猫因吸入大量一氧化碳而致发的中毒现象。厂矿排放的废气、煤气渗漏等均可引起一氧化碳中毒。轻度中毒可见犬、猫恶心、呕吐、感觉迟钝、全身无力、嗜睡、呼吸心搏加快；中度中毒时，上述症状加重，呕吐物呈黄绿色，肌无力，共济失调，瞳孔缩小，视物不清，皮肤和可视黏膜呈樱桃红色，脉细弱，心跳加快，心律不齐，血压降低，呼吸急促、肺区可听到干性啰音，抽搐、昏迷、虚脱；重度中毒时，犬、猫可视黏膜发绀或苍白，常见红斑或疱疹，眼球震颤，双侧瞳孔缩小或散大，视听觉及肌反射明显减弱或消失，鼻流细泡黏液，频繁呕吐，呕吐物呈咖啡色或呕血，潮式呼吸，肺区可听到湿性啰音，脉搏细弱，心音混浊，血压下降；肠音减弱或消失，粪尿失禁，排褐色便，肌红蛋白尿，虚脱，昏迷，间歇性抽搐，因呼吸和循环衰竭而致死。

【治疗方案】▶▶▶

迅速将犬、猫移离发病场所，并进行对症治疗。

- 吸氧、人工呼吸。

[处方1] 尼可刹米（兴奋呼吸中枢，防止呼吸衰竭），犬：0.125～0.5克/次；猫：7～30毫克/千克体重，皮下注射/肌内注射/静脉滴注。

[处方2] 20%甘露醇，控制脑水肿，0.5～1克/千克体重，缓慢静脉滴注，每日3～4次。也可用高渗葡萄糖液、呋噻米等利尿剂。

[处方3] 5%碳酸氢钠（心肺复苏，纠正酸中毒），0.5～1克/千克体重，静脉滴注。

[处方4] 糖皮质激素，可选用地塞米松或氢化可的松。

[处方5] 右旋糖酐（扩充血容量，改善微循环），20毫升/次，静脉滴注。

[处方6] 其他对症治疗。根据病情给予补液、能量合剂、维生素C、抗生素等。

第十三章 犬、猫损伤和外科感染

第一节 损　伤

一、创伤

【临床症状】 ▶▶▶

创伤是由各种机械性外力作用于犬和猫的组织和器官而引起。如擦伤、刺伤、砍伤、切割伤、裂伤、挤压创、咬伤等。除无菌手术创外，均有不同程度的污染。创伤的初期创口裂开、出血、不同程度的疼痛、创围肿胀、机能障碍。新鲜创创口一般会有不同程度污染，如果伤及器官，可能会出现下列创伤并发症：化脓创创缘、创面肿胀、疼痛，创围皮肤增温，创内流出脓性分泌物。肉芽创是感染创后期，创内则出现红色的新生肉芽组织，创缘周围一般会出现灰白色的新生上皮。若感染创面积较大，肉芽组织不被上皮组织覆盖，则老化形成瘢痕。当肉芽组织长期反复受到机械、化学、物理等因素刺激，易形成赘生肉芽组织，经久不愈。

【治疗方案】 ▶▶▶

新鲜创的治疗原则：首先止血，然后再做创围及创口处理。

［处方1］　应用各种方法进行止血处理，污染严重的较严重出血，结扎时最好选用可吸收线或是捻转止血。

［处方2］　5%碘酊或0.1%新洁尔灭液，创围消毒。

［处方3］　生理盐水或0.1%新洁尔灭液，清洗创腔。

［处方4］　磺胺类或抗生素药物粉剂，创内消炎药。

化脓创治疗原则：促进局部坏死组织的清除。

［处方1］　3%过氧化氢溶液或0.1%新洁尔灭液，冲洗创腔，清除脓汁，剪除坏死而没有

脱落的组织。

[处方2] 魏氏流膏，排脓，每日一次。

[处方3] 雷佛努尔，0.1%~0.5%溶液用于冲洗创内。

[处方4] 氨苄西林，20~30毫克/千克，口服，每日2~3次；10~20毫克/千克，静脉滴注/皮下注射/肌内注射，每日2~3次。

[处方5] 速诺（阿莫西林克拉维酸钾混悬剂），犬/猫：0.1毫升/千克，肌内注射/皮下注射，每日一次。

[处方6] 拜有利（恩诺沙星），1毫升/千克，皮下注射/肌内注射，每日1次。

肉芽创的治疗原则：保护肉芽肉组织和促进上皮生长。

[处方1] 鱼肝油凡士林混合药，保护和促进肉芽生长。

[处方2] 碘仿鱼肝油混合药，磺胺软膏，磺胺针剂，氧化锌软膏，青霉素软膏，抗炎保湿。

二、挫伤

【临床症状】▶▶▶

由于钝性物体的打击、冲撞或跌倒等外力作用下，造成软部组织非开放性损伤称为挫伤。挫伤局部出现被毛逆乱、皮肤损伤、血斑、血液浸润和血肿，严重时出现皮肤变色或坏死。肿胀局部坚实感，有弹性，受伤部位疼痛。由于挫伤发生部位不同，会出现不同机能障碍：肌肉、骨及关节受到挫伤后，影响运动机能；发生于头部，则出现意识障碍；发生在胸部，影响呼吸机能；发生在腹部，形成腹壁疝、内出血；腰、荐部挫伤，发生后躯瘫痪。伤部感染可形成脓肿和蜂窝织炎。

【治疗方案】▶▶▶

挫伤的治疗原则是减少渗出和促进吸收，消炎镇痛，防止感染。

[处方1] 局部冷敷，或涂布复方醋酸铅散等。

[处方2] 24小时后改用温热疗法、红外线疗法。

[处方3] 普鲁卡因青霉素，2万~5万单位/千克肌内注射/皮下注射，每日1次，连用2~3天。

[处方4] 局部涂擦樟脑酒精、樟脑软膏或5%鱼石脂软膏等，镇痛减少渗出，外用，每日2~3次。

[处方5] 渗出液吸收不良时，可以考虑进行囊肿最低点进行切开，排出组织液。

[处方6] 氨苄西林，20~30毫克/千克，口服，每日2~3次；10~20毫克/千克，静脉滴注/皮下注射/肌内注射，每日2~3次。

[处方7] 速诺（阿莫西林克拉维酸钾混悬剂），犬/猫：0.1毫升/千克，肌内注射/皮下注射，每日一次。

[处方8] 拜有利（恩诺沙星）注射液，1毫升/千克，皮下注射/肌内注射，每日1次。

[处方9] 拜有利片剂，5毫克/千克，口服，每日1次。

三、血肿

【临床症状】▶▶▶

血肿是由各种外力作用而使血管破裂，溢出的血液分离周围组织，形成充满血液的腔洞。多见于软组织非开放性损伤，因钝性物体的冲撞、刺创、咬创、火器创等原因而致使血管破裂，但皮肤完整性没有受到破坏，血液在皮下或肌肉间隙贮留。非开放性骨折也能出现血肿。血肿的特点是受伤后迅速肿胀，肿胀呈局限性波动或充满感，局部不痛、无热。穿刺时有血液流出。时间稍久出现感染，可能引起淋巴结肿大和体温升高等全身症状。

【治疗方案】▶▶▶

治疗原则制止溢血、防止感染，排除积血。

［处方1］ 当发生血肿时，立即装压迫绷带，但是在涉及颈部和胸部时需要考虑不能由于压迫而影响呼吸。

［处方2］ 2%碘酊，局部消毒抗感染。

［处方3］ 止血敏，犬：2～4毫升/次，肌内注射/静脉滴注；猫：1～2毫升/次，肌内注射/静脉滴注。

［处方4］ 4～5天后，小血肿可以可穿刺放血。

［处方5］ 血肿较大，怀疑是大血管破裂时可切开皮肤，清除凝血块和结扎血管止血，然后缝合创口。

四、烧伤

【临床症状】▶▶▶

烧伤是高温作用于动物体所引起的损伤。如失火、蒸气、开水等。烧伤的深度和程度与致伤程度和作用时间，以及损伤面积有关。烧伤深度是指局部组织被损伤的深浅，常用三度分类法。

一度烧伤：主要皮肤表皮层被损伤，伤部被毛烧焦，留有短毛，动脉充血，毛细血管扩张，局部轻度红、肿、热、痛等症状。一般7天左右自行愈合，不留疤痕。

二度烧伤：烧伤皮肤的表皮层及真皮层一部分或大部分被损伤。被毛被烧光或烧焦，伤部血管通透性显著增加，血浆大量渗出，积聚在表皮与真皮层之间。局部出现水泡、红、肿、痛等。真皮损伤较浅的一般经7～20天可愈合，不留疤痕。真皮损伤较深的一般经20～30天可愈合，痂皮脱落，遗留轻度疤痕。

三度烧伤：烧伤的为皮肤全层或皮肤及皮下深层的组织，包括筋膜、肌肉和骨。此时组织蛋白质凝固，血管栓塞，形成焦痂，所以叫焦痂性烧伤。局部表现干性坏死，创面不痛、干硬、温度下降，经1～2周后，死灭的组织溃烂、脱落，露出红色创面。

较大面积的二、三度烧伤，常常伴发不同程度的全身紊乱。严重的烧伤，由于剧烈疼痛，可在烧伤当时发生原发性休克，动物精神高度沉郁，反应迟钝，心衰，呼吸快而浅，可视黏膜苍白，瞳孔散大，耳、鼻及四肢末端发凉或出冷汗，食欲废绝。若病程继续发展，由于伤部血管通透性增高，血浆及血液蛋白大量渗出，血液浓稠，水、电解质平衡紊乱，可引起继发性休克，或中毒性休克。烧伤面易引起感染化脓，特别是铜绿假单胞菌的感染尤为严重，常并发败血症。

【治疗方案】▶▶▶

尽快脱离烧伤现场，清除烧伤物质，减少烧伤程度，止痛，处理伤口。

［处方1］ 氯丙嗪，3毫克/千克，口服，每日2次；1～2毫克/千克，肌内注射，每日1次；0.5～1毫克/千克，静脉滴注，每日1次。

[处方2] 羟吗啡酮，犬：0.05~0.1毫克/千克，静脉滴注，或0.1~0.2毫克/千克，肌内注射/皮下注射；猫：0.02毫克/千克，静脉滴注。
[处方3] 地塞米松，1~4毫克/千克静脉滴注。
[处方4] 0.25%盐酸普鲁卡因，静脉注射。
[处方5] 5%~10%高锰酸钾溶液（表面收敛剂，消炎），每日3~4次，外用。
[处方6] 3%紫药水（表面收敛剂，消炎），3~4次/日，外用。

五、冻伤

【临床症状】▶▶▶

冻伤是由于低温而引起组织的损伤，最常见于耳、尾、阴囊、阴茎、四肢等部位。低温、湿度大、风速大等均是冻伤的主要原因。冻伤的程度可分三度。一度冻伤：皮肤浅层冻伤，皮肤红，皮下水肿，呈蓝紫色，有微痛，除去病因后，数日即可消失，常不被发现。二度冻伤：皮肤全层冻伤，皮肤和皮下组织呈弥漫性水肿，有时出现带血样的水泡。12~24天逐渐枯干坏死，形成黑色干痂，并有剧痛。水泡自溃后，形成愈合迟缓的溃疡。三度冻伤：在冻伤7~10天后，局部血液循环障碍而引起不同浓度与距离的组织干性坏死为特征。患部冷而缺乏感觉，皮肤先发生坏死，有的皮肤、皮下组织均发生坏死，甚至骨坏死。多因静脉血栓形成，周围组织水肿，继发感染而出现湿性坏疽。

【治疗方案】▶▶▶

治疗原则是消除寒冷、复温、预防感染。

• **首先将有病犬、猫脱离寒冷环境，进入温暖房间，用温肥皂水洗净，局部擦樟脑精。**

[处方1] 复温治疗。用18~20℃的水进行温浴，在25分钟内不断向浴盆内加热水，使水温逐渐达到38℃，水内加1:500的高锰酸钾更好。复温时严禁用火烤，或用雪擦患部。复温后放在温暖的房间内，以防再度冻伤。
[处方2] 2%碘酊（表面消毒剂），每日1~2次，外用。
[处方3] 0.5%盐酸普鲁卡因，解除血管痉挛，局部封闭。
[处方4] 低分子右旋糖酐（减少血管内凝集和栓塞），20~50毫升/次，静脉注射。
[处方5] 肝素钠（减少血管内凝集和栓塞），75~100单位/千克，每日3~4次，静脉注射。
[处方6] 红霉素软膏（抗炎、保护伤口），每日1~2次，外用。
[处方7] 严重坏死组织或器官，可实施摘除手术。

六、化学性烧伤

【临床症状】▶▶▶

化学性烧伤是指强酸、强碱、磷等化学物质直接作用机体而发生的损伤。各类化学物质烧伤特点如下。酸类烧伤：常见于硫酸、硝酸、盐酸等。酸类可使蛋白质凝固，因此局部呈现厚痂、致密的干性坏死，常局限于皮肤。临床上可根据焦痂颜色大致判断酸的种类，黄色焦痂为硝酸烧伤，黑色或棕褐色为硫酸烧伤，白色或淡黄色为盐酸或碳酸烧伤。碱类烧伤：常见于石灰、苛性钠或苛性钾所引起，碱对组织破坏力和渗透性强，还能皂化脂肪，吸出细胞水分，溶解组织蛋白。虽碱类烧伤局部疼痛较轻，但烧伤深度和程度比酸性烧伤重。磷烧伤：磷有自燃性，发出白色烟雾，有火柴燃烧味。在氧化时形成五氧化二磷，并释放出热量，对皮肤有腐蚀和烧灼作用。磷烧伤在夜间或暗室能看到绿色荧光。

【治疗方案】▶▶▶
- 酸性烧伤首先使用吸水性强的毛巾或纸巾将剩余酸吸收，尤其是硫酸等一些强酸，再用大量清水冲洗，然后用5%碳酸氢钠或弱性碱性溶液冲洗，以达到中和作用。
- 碱性烧伤：清除剩余碱性物质，用大量清水冲洗后，用食醋或6%醋酸溶液中和。
- 磷烧伤：严禁用水冲洗，可用镊子或是胶布黏性面除去磷颗粒或用1%硫酸铜溶液涂于患部，磷变成黑色的磷化铜，然后用镊子仔细除去，待表面残余磷清除干净后用大量水冲洗。

[处方] 红霉素软膏，抗炎、保护伤口，每日1～2次，外用。

七、蜂蜇伤

【临床症状】▶▶▶

蜂蜇伤动物皮肤时，将其尾部毒囊分泌的蜂毒注入，导致动物的局部或是全身出现中毒症状。蜂毒含有乙酰胆碱、组织胺、5-羟色胺、透明质酸酶、磷酸酶A等，可使平滑肌收缩，血压下降，呼吸困难，局部疼痛，淤血和水肿等。蜇伤后局部迅速出现肿胀、热痛，严重者出现全身症状，如血红蛋白尿、血压降低、心律不齐、呼吸困难、神经症状等，往往由于呼吸麻痹而死亡。

【治疗方案】▶▶▶

[处方1] 3%氨水、肥皂水和5%碳酸氢钠溶液，消化、氧化蜂毒，每日3～4次，涂抹或冲洗伤口。

[处方2] 1%盐酸普鲁卡因液5毫升，止痛、消肿，伤口周围环状封闭。

[处方3] 氢化可的松/皮质醇（抗炎、抗毒素），4毫克/千克，每日1次，生理盐水稀释静脉滴注。

八、毒蛇咬伤

【临床症状】▶▶▶

毒蛇咬伤犬、猫后，其毒汁注入犬、猫体内引起中毒。蛇毒进入体内，一是随血液很快扩散到全身，使动物很快中毒死亡；二是蛇毒随淋巴扩散，其速度较缓慢。

蛇毒是一种复杂的蛋白质化合物，是由多种氨基酸组成，它分为神经毒、血液毒及神经和血液毒三种。神经毒主要干扰乙酰胆碱的合成、释放和作用，因而引起骨骼肌麻痹，甚至全身瘫痪；也能抑制呼吸中枢，使机体缺氧和呼吸衰竭。血液毒直接损伤心脏，使其病变坏死，引起心力衰竭。蛇毒中卵磷酯酶能使红细胞溶解、毛细血管扩张和渗透性增高，导致血容量不足和血压下降；蛋白分解酶能消化破坏血管壁，引起出血组织损伤，导致大片深部组织坏死；磷酸酯酶也能使乙酰胆碱合成障碍，使神经传导受阻，末梢血管扩张，血压下降，呼吸困难和衰竭等。神经和血液毒一般以神经毒为主，通常先发生呼吸衰竭，随后发生心脏衰竭而死亡。

神经毒毒蛇咬伤后，伤部无明显反应，只有眼镜蛇咬伤后，局部组织坏死，溃烂，不易愈合。全身表现流涎、呕吐、声音嘶哑、牙关紧闭、吞咽困难、呼吸急迫、四肢无力、共济失调、全身震颤或痉挛等。严重者肢体瘫痪，惊厥后昏迷，心力衰竭、呼吸中枢麻痹而死亡。血液毒毒蛇咬伤后局部红、肿、热和剧痛，并不扩大，皮下注射出血、组织溃烂坏死。出现全身症状，如呕吐、腹泻、黏膜和皮肤出血、少尿或无尿、蛋白尿或血尿、呼吸急、心率失常。严重时，犬、猫出现休克而死亡。

毒蛇咬伤均有对称蛇咬伤的齿印。

【治疗方案】▶▶▶

治疗原则是防止毒素扩散、排毒和解毒，对症治疗。

- 被毒蛇咬后立即在咬伤上方结扎，以防毒素沿血液或淋巴系统流到全身。然后处理伤口。

［处方1］ 双氧水或0.1%高锰酸钾溶液，氧化消除毒素，冲洗。

［处方2］ 抗蛇毒血清，0.6万～1万单位/次，静脉滴注。

［处方3］ 氢化可的松/皮质醇（抗炎、抗毒素），4毫克/千克，每日1次，生理盐水稀释静脉滴注。

［处方4］ 地塞米松（抗休克），1～4毫克/千克，静脉滴注。

［处方5］ 速尿，2～6毫克/千克，肌内注射或静脉注射。

九、休克

【临床症状】▶▶▶

休克是因急性循环功能不全，全身组织特别是心、脑、肾重要器官因血流灌注不足而产生缺血缺氧、代谢障碍的一组临床综合征。若不及时治疗，能导致犬、猫死亡。根据引起休克的原因，有心源性休克、失血性休克、中毒性休克、感染性休克、神经源性休克和过敏性休克。病犬、猫精神状态变化明显，对周围环境无反应，烈性犬、猫变得温驯，脉搏细弱，可视黏膜突然变得苍白，耳、鼻、唇端和四肢下部发凉。皮温和体温下降，舌垂于口外、舌色苍白，唇下垂，不能站立，出现垂危征象。

【治疗方案】▶▶▶

消除病因，根据引起休克的原因采取相应的处理。

［处方1］ 林格液（扩充血容），60～90毫升/千克，静脉滴注。

［处方2］ 止血敏，犬：2～4毫升/次，肌内注射/静脉滴注；猫：1～2毫升/次，肌内注射/静脉滴注。

［处方3］ 全血，12～20毫升/千克，静脉滴注。

［处方4］ 氯丙嗪，3毫克/千克，口服，每日2次；1～2毫克/千克，肌内注射，每日1次；0.5～1毫克/千克，静脉滴注，每日1次。

［处方5］ 苯海拉明，犬：2～4毫克/千克，口服，每日3次。

［处方6］ 地塞米松，1～4毫克/千克，静脉滴注。

［处方7］ 甲基强地松龙，15～30毫克/千克，静脉注射。

［处方8］ 安痛定、特乐美，0.5～2毫升/只，肌内注射或口服。

［处方9］ 5%碳酸氢钠溶液（纠正酸中毒），5～15毫升/千克，静脉滴注。

［处方10］ 肾上腺素，0.1～0.5毫升/次，皮下注射/静脉滴注/肌内注射/心室注射。

第二节　外科感染

一、毛囊炎

【临床症状】▶▶▶

毛囊炎是由致病微生物侵入皮肤毛囊引起的炎性反应。如果单个性散在性毛囊炎治疗不及时，炎症扩散会造成疖、痈和脓皮病。常见的发病部位主要是在口唇周围、背部、四肢内侧和腹下部。病因多是由于毛囊口被堵塞、毛囊内蠕形螨寄生、毛囊内细菌过度繁殖、内分泌失调等。毛囊炎的主要致病菌是中间型葡萄球菌。治疗前刮取皮肤样品，做实验室检查，药敏实验是必要的。

【治疗方案】▶▶▶

根据诊断结果用药。

［处方1］　红霉素软膏，每日2～3次，外用。

［处方2］　皮炎平，每日2～3次，外用。

［处方3］　净灭，0.1毫升/千克，每周1次，肌内注射，柯利犬禁用。

［处方4］　大宠爱，6～12毫克/千克，外用，每2～4周，连用1～3疗程。

二、疖及疖病

【临床症状】▶▶▶

疖是毛囊、皮脂腺及其周围皮肤和皮下蜂窝组织内发生的局部化脓性炎症过程；多数疖同时散在出现或者反复发生而经久不愈，称为疖病。疖与疖病的病因主要是皮肤不洁、局部摩擦损害皮肤、外寄生虫侵害等。病初局部有小而较硬的结节，逐渐成片出现，可能有小脓疱；此后，病患部周围出现肿、痛症状，触诊时动物敏感；局部化脓可以向周围或者深部组织蔓延，形成小脓肿，破溃后出现小溃疡面，痂皮出现后，逐渐形成小的瘢痕。一般情况下，全身症状不明显。只有当疖病失去控制时，才可能出现脓皮病、蜂窝织炎、化脓性血栓性静脉炎甚至败血症。主要的致病微生物是葡萄球菌，大肠杆菌。在一定条件下，疖病也可以继发皮肤真菌的感染。

【治疗方案】▶▶▶

治疗方法是局部用药配合全身治疗。

［处方1］　鱼石脂软膏，消炎、防腐，每日2～3次，外用。

［处方2］　双氧水，清除局部化脓，2～3次，外用。

［处方3］　魏氏流膏，局部化脓切开后引流，每日1～2次，外用。

［处方4］　根据药敏实验结果选择合适的抗生素，口服或者注射给药。

［处方5］　氨苄西林，全身性抗感染，20～30毫克/千克，口服，每日2～3次；10～20毫克/千克，静脉滴注/皮下注射/肌内注射，每日2～3次。

［处方6］　速诺（阿莫西林克拉维酸钾混悬剂），犬/猫：0.1毫升/千克，肌内注射/皮下

注射，每日1次。

［处方7］ 拜有利（恩诺沙星）注射液，1毫升/千克，皮下注射/肌内注射，每日1次。

三、蜂窝织炎

【临床症状】▶▶▶

蜂窝织炎是疏松结缔组织内发生急性弥漫性化脓性炎症。犬、猫常见的发病部位在臀部、大腿等部位的皮下注射、筋膜下及肌肉间疏松结缔组织内，常用的静脉注射部位。感染致病菌主要是化脓菌，特别是金黄色葡萄球菌、溶血性链球菌和腐败菌；也有化脓菌和腐败菌混合感染。病初，局部出现弥漫性水样肿胀，触诊局部增温、疼痛明显，有坚实感。动物出现体温升高、精神沉郁，食欲减退等症状。随着病程的发展，由于细菌及细菌性毒素的作用使局部组织坏死，溶解液化，形成脓肿，皮肤破溃，流出较臭的脓性分泌物，此时全身症状好转，局部疼痛和增温均有好转。蜂窝织炎如果不及时治疗易发生败血症而死亡。

【治疗方案】▶▶▶

局部治疗结合全身用药控制感染，防止出现败血症。

［处方1］ 局部冷敷，醋酸铅明矾，体表消炎药，每日2～3次，外敷。

［处方2］ 金黄散、鱼石脂软膏，体表消炎药，每日2～3次，外用。

［处方3］ 0.5%盐酸普鲁卡因青霉素溶液，止痛、消肿，病区周围环状封闭。

- 如果局部肿胀严重，可及时在肿胀处多处切开，并用高渗盐水冲洗，使渗出液排出。
- 局部形成脓肿，应及时切开排脓，用消毒药冲洗，必要时可做反对孔。
- 全身应用抗生素，防止继发感染。

四、脓肿

【临床症状】▶▶▶

任何组织或器官内形成外有脓肿膜包裹，内有脓汁蓄积而形成的局限性脓腔称为脓肿。可因化脓性细菌，如葡萄球菌、化脓性链球菌、大肠杆菌、腐败性细菌等细菌直接感染，或由血液、淋巴系统转移而来形成，任何组织和器官都会发生。也有因静脉注射刺激药漏到皮下或肌肉间，造成脓肿，如氯化钙、砷制剂、水合氯醛等。

浅在性脓肿，初期局部出现无明显界限肿胀，触诊时局部增温、坚实和疼痛。以后肿胀的界限逐渐清晰和局限，四周较硬，肿胀中心因组织细胞、致病菌和白细胞崩解破坏而出现波动。由于脓汁溶解表层的脓肿膜和皮肤，可自溃流出。

深在性脓肿常发生于深层肌肉、肌间等组织内。由于脓肿部位深在，局部肿胀不明显，但局部增温、疼痛。皮下注射出现炎性水肿，手压有指压痕。在急性炎症时有全身症状，如体温升高，食欲下降等。如果由于外力的作用，使脓肿膜破裂，脓汁进入组织间，经血液或淋巴系统转移到其他组织或器官，将会引起败血症或转移性脓肿。

【治疗方案】▶▶▶

治疗前通过穿刺区分脓肿、血肿、淋巴外渗、挫伤、疝、肿瘤、蜂窝织炎等。

- 病初局部冷敷，以消炎、止痛和促进炎症渗出物的吸收为主。

［处方1］ 0.5%普鲁卡因青霉素溶液，局部封闭。

［处方2］ 鱼石脂软膏、热酒精绷带，轻刺激药，脓肿外包扎，或外敷。

[处方3]　脓肿成熟后应及时切开排脓，消毒液冲洗创腔。
　　[处方4]　氨苄西林，20～30毫克/千克口服，每日2～3次；10～20毫克/千克，静脉滴注/皮下注射/肌内注射，每日2～3次。
　　[处方5]　速诺（阿莫西林克拉维酸钾混悬剂），犬/猫：0.1毫升/千克，肌内注射/皮下注射，每日一次。
　　[处方6]　拜有利（恩诺沙星）注射液，1毫升/千克，皮下注射/肌内注射，每日1次。

五、败血症

【临床症状】▶▶▶

　　败血症是全身化脓性感染，即有机体从局部感染病灶吸收致病菌及其生活活动中产物和组织分解产物而引起全身性病理过程。有因化脓性病原菌，如金黄色葡萄球菌、溶血性链球菌、大肠杆菌、厌气菌和腐败菌等而引起的脓肿、蜂窝织炎等化脓病灶而发生全身性感染。也有因大面积烧伤、泌尿系统感染、子宫感染、腹膜炎和某些传染病等引起败血症。临床上分为毒血症和脓血症。毒血症是由致病菌所产生毒素或组织的病理分解产物被机体吸收到血液循环所致。脓血症是由细菌栓子或感染的血栓进入血液循环所致。

　　毒血症：临床表现精神极度沉郁，运步蹒跚，躺卧，持续体温升高，间歇期短，仅死前体温才下降，食欲废绝，呼吸困难，心跳快而弱，有时有出血点，结膜黄染。脓血症：细菌栓子或被感染的血栓进入血液循环和各组织和器官，在条件适宜时，细菌即生长繁殖，产生大量毒素，并在这些组织和器官内形成转移性脓肿，破坏局部组织或器官功能，并且出现全身症状。

【治疗方案】▶▶▶

　　全身性感染必须及早采取局部和全身性综合治疗措施，否则预后不良。
　　[处方1]　局部治疗：对原发病灶及时切开排脓，切除坏死组织，彻底冲洗、引流。
　　[处方2]　选用药敏实验敏感抗生素，肌内或静脉注射。
　　[处方3]　氨苄西林，20～30毫克/千克，口服，每日2～3次；10～20毫克/千克静脉滴注/皮下注射/肌内注射每日2～3次。
　　[处方4]　头孢西丁钠，犬：15～30毫克/千克，皮下注射/肌内注射/静脉滴注，每日3～4次；猫：22毫克/千克，静脉滴注，每日3～4次。连用4～6周，或炎症消失后1～2周。
　　[处方5]　速诺（阿莫西林克拉维酸钾混悬剂），犬/猫：0.1毫升/千克，肌内注射/皮下注射，每日一次。
　　[处方6]　拜有利（恩诺沙星）注射液，1毫升/千克，皮下注射/肌内注射，每日1次。
　　[处方7]　5%碳酸氢钠溶液，5～15毫升/千克，静脉注射。
　　[处方8]　速尿，2～6毫克/千克，肌内注射或静脉注射。
　　[处方9]　肾上腺素，0.1～0.5毫升/次，皮下注射/静脉滴注/肌内注射/心室注射。

六、厌氧性感染

【临床症状】▶▶▶

　　由厌氧性致病菌感染所致，如产气荚膜梭菌、恶性水肿梭菌、溶组织梭菌和水肿梭菌，也常与化脓性细菌混合感染。在伤后1～3日内发病，突然发生剧烈的疼痛，体温升高，脉搏加快，脉弱。肿胀迅速蔓延，渗出物内含有气泡，肿胀部位出现捻发音，气性脓肿：脓肿内有红褐色脓样渗出物，并含有气体，叩诊呈鼓音。气性坏疽：创内有带泡沫的红色液体，具有恶臭味，受伤部皮下注射有捻发音，呈黄绿色，肌肉似煮肉样，后变为黑褐色。恶性水肿：创围大面积水肿，皮下注射出现捻发音，产气较多，创内流出红棕色液体，其中含有少量气体，有恶臭味。厌氧性感染晚期出现严重毒血症、溶血性贫血和脱水。

【治疗方案】▶▶▶

开放伤口，该无氧环境为有氧环境。

- 尽可能大的开放创口，及时清除创内容物，伤口不必缝合。

［处方1］ 3％过氧化氢溶液，消毒创腔，2～3次，外用。

［处方2］ 0.25％～1％高锰酸钾溶液，消毒创腔、促进伤口愈合，每日1～2次，外用。

［处方3］ 氨苄西林，20～30毫克/千克，口服，每日2～3次；10～20毫克/千克，静脉滴注/皮下注射/肌内注射，每日2～3次。

［处方4］ 速诺（阿莫西林克拉维酸钾混悬剂），犬/猫：0.1毫升/千克，肌内注射/皮下注射，每日一次。

［处方5］ 拜有利（恩诺沙星）注射液，1毫升/千克，皮下注射/肌内注射，每日1次。

［处方6］ 四环素，15～25毫克/千克，口服，每日3次。

［处方7］ 碘仿磺胺粉（1∶9），创内消炎，每日1～2次，外用。

［处方8］ 5％碳酸氢钠溶液，5～15毫升/千克，静脉注射。

［处方9］ 速尿，2～6毫克/千克，肌内注射或静脉注射。

［处方10］ 肾上腺素，0.1～0.5毫升/次，皮下注射/静脉滴注/肌内注射/心室注射。

七、腐败性感染

【临床症状】▶▶▶

变形杆菌、腐败梭菌等与化脓性细菌侵入体表伤口后，使创围呈现炎性水肿，创内流出淡绿色或淡黄褐色、黏稠样、有恶臭味的物质，常常伴有气泡产生。创内肉芽组织呈蓝紫色、不平整、易出血。全身症状明显。

【治疗方案】▶▶▶

- 彻底清创，全身性综合治疗。具体治疗方法参照厌氧性感染治疗方法。

第十四章 犬、猫运动系统疾病

一、骨折

【临床症状】 ▶▶▶

在外力作用下骨或软骨的完整性或连续性遭受破坏称之骨折。骨折是小动物最常见的骨骼疾病之一。骨折的同时常伴有周围软组织损伤。如肌肉挫伤或断裂，血管断裂，神经挫伤和断裂，甚至皮肤破裂等。直接暴力、车祸是最常见的病因，此外钝性物体的冲击和压轧，从高处跌落也会引起骨折。间接暴力，如奔跑、跳跃、急转弯、跨沟、滑倒、失足踏空等也会引起骨折。病理性骨折主要是因骨质本身的疾病，如骨营养不良、骨髓炎、骨软症、佝偻病、骨肿瘤、慢性氟中毒等疾病时，当遭受不大的外力引起的骨折。临床上将骨折分为非开放性骨折和开放性骨折、不全骨折和全骨折等。症状主要有：变形，骨折段移位，如成角移位、侧方移位、旋转移位、纵轴移位、嵌入移位等。临床上可见患肢呈弯曲、缩短、延长等异常姿势；在骨折后做负重运动或被动运动时，出现屈曲、摆动、旋转等异常活动；在骨折处触诊，可听到骨折两断端互相触碰的骨摩擦音。由于骨折，可引起骨膜、骨髓及周围的软组织的血管、神经的损伤，因此局部出现出血、炎性肿胀和明显疼痛，动物不安或痛叫，局部触诊敏感，功能障碍在四肢骨折引起跛行、脊椎骨折可引起瘫痪。伤后 2～3 天，因炎症及组织分解产物会引起体温升高等全身症状。

【治疗方案】 ▶▶▶

治疗以骨折外固定和内固定为基本治疗原则，同时对症治疗，防止继发感染，加强饲养管理。

- 当发生骨折后，应使犬、猫安静，如果开放性骨折并有出血，需紧急包扎，以防大失血和污染。
- 当腕、肘和膝关节以下的骨折经整复易复位者可用外固定法。
- 如果是肘或膝关节以上的骨折，多采用内固定法。
- 不规则骨骨折可采用钢丝牵拉、骨针、骨板等方法内固定。

- 不管外固定或内固定,在术后 2 周限制动物运动,2 周后自由活动。
- 全身应用抗生素以达预防和控制感染。
- 外固定术 24~48 小时后,检查固定下方是否有水肿,若有肿胀,说明包扎过紧,应重新包扎。
- 加强饲养管理和营养,补充维生素 A、维生素 D 和钙制剂。
- 外固定一般 45~60 天拆除绷带;内固定 90 天可手术拆除骨髓针或接骨板,但必须进行 X 射线检查,掌握骨折愈合情况方可确定是否拆除。

二、骨髓炎

【临床症状】▶▶▶

骨髓炎是骨及骨髓炎症的总称。细菌、真菌和病毒感染都可以引起骨髓炎,但以细菌性感染为多见。按病情发展可分为急性和慢性骨髓炎两类。外伤性骨髓炎大多发生在骨损伤后,特别是开放性骨折、粉碎性骨折或因骨折治疗中采用内固定时,病原菌可直接经创口而发生感染。这些病原菌多是葡萄球菌、链球菌及其他化脓菌。血源性骨髓炎常指因机体发生蜂窝织炎、脓肿、败血症等,病原菌由血液循环进入骨髓内而发生的骨髓炎。急性化脓性骨髓炎一般在病原菌侵入髓内后,可能形成局限性髓内脓肿,也可能发展为弥漫性骨髓蜂窝织炎。此时患畜体温突然升高,精神沉郁,食欲降低或废绝,局部迅速出现灼热、疼痛性肿胀,压迫患部疼痛显著,出现严重机能障碍。发生于四肢的骨髓炎呈现重度跛行,局部淋巴结肿大,触诊疼痛,血液检查白细胞增多,严重时,病情发展很快,不及时治疗,通常发生败血症而死亡。经过一定时间脓肿成熟,局部出现波动,脓肿自溃或切开排脓后,形成化脓性窦道,临床可见到浓稠的脓液大量排出,此时全身症状缓解。用探针进入骨髓腔或用手指探查,可感到粗糙的骨质面,脓汁中常混有碎骨屑或渣。慢性疾病患部形成一个或多个脓性窦道,并伴有淋巴结病、肌萎缩、纤维变性和机体消瘦。

【治疗方案】▶▶▶

治疗原则是及早控制炎症的发展,防止骨坏死和败血症。

[处方 1] 头孢唑啉钠(骨髓炎),20 毫克/千克,静脉滴注/肌内注射/皮下注射,每日 3~4 次。连用 4~6 周,或炎症消失后 1~2 周。

[处方 2] 速诺(阿莫西林克拉维酸钾混悬剂),犬/猫:0.1 毫升/千克,肌内注射/皮下注射,每日一次。

[处方 3] 拜有利(恩诺沙星)注射液,1 毫升/千克,皮下注射/肌内注射,每日 1 次。

[处方 4] 头孢西丁钠,犬:15~30 毫克/千克,皮下注射/肌内注射/静脉滴注,每日 3~4 次;猫:22 毫克/千克,静脉滴注,每日 3~4 次。连用 4~6 周,或炎症消失后 1~2 周。

[处方 5] 阿米卡星(骨髓炎),犬:5~15 毫克/千克,肌内注射/皮下注射,每日 1~3 次;猫:10 毫克/千克,肌内注射/皮下注射,每日 3 次。

[处方 6] 乳糖酸红霉素(骨髓炎),10~15 毫克/千克,口服,每日 2~4 次;5~10 毫克/千克,静脉滴注,每日 1 次。

[处方 7] 恩诺沙星(骨髓炎),犬:5~15 毫克/千克,口服,每日 2 次。

[处方 8] 克林霉素(骨髓炎),11 毫克/千克,口服/肌内注射/静脉滴注,每 2~3 次。

- 抗生素无效者,切开脓肿,排脓后冲洗。
- **无法控制炎症和阻止炎症蔓延,可采用截肢切除患骨。**

三、特发性多发性肌炎

【临床症状】 ▶▶▶

特发性多发性肌炎是一种弥散性骨骼肌炎症,是犬较常见的肌肉疾病,大型成年犬发生较多。猫亦有时发生,但发病多在6月龄至14岁。病因至今仍未搞清楚,可能与自身免疫反应有关。最常见的症状是肌肉无力,其程度不一。运动时病性加重,行走时出现跛行,步幅僵硬、高跷、很易疲劳,可见肌肉颤抖。休息后步伐可改善。猫因肌肉无力而不能跳高,多呈坐或卧式。犬无力吠叫,有时出现吞咽困难和流涎,因食管扩张、反胃而易造成异物性肺炎。急性发作病例有发热、厌食、嗜睡、沉郁等症状。慢性病例长期出现反胃而造成营养不良、全身肌肉萎缩等症状。

【治疗方案】 ▶▶▶

治疗以激素抗炎、免疫抑制以及对症治疗为原则。

[处方1] 泼尼松龙(免疫性多肌炎),1~2毫克/千克,口服/肌内注射,每日1~2次,连用3~4周,后逐减。

[处方2] 醋酸泼尼松(抗炎),1~2毫克/千克,肌内注射,每日2次,连用2周,以后每2日1次,连用2周,一般用药后24~72小时疼痛明显减轻,疗效显著。

[处方3] 氢化泼尼松,1~4毫克/千克,口服,隔日1次。

[处方4] 环磷酰胺,犬:2毫克/千克,口服,每日1次,连用4天/周,或隔天1次,连用3~4周。

[处方5] 硫唑嘌呤,犬:2毫克/千克,口服,每日1次,连用7~10天,然后1毫克/千克,口服,每日1次或隔天1次。

[处方6] 氨苄西林,20~30毫克/千克,口服,每日2~3次;10~20毫克/千克,静脉滴注/皮下注射/肌内注射,每日2~3次。

[处方7] 头孢他定,25~50毫克/千克,静脉滴注/肌内注射,每日2次。

[处方8] 速诺(阿莫西林克拉维酸钾混悬剂),犬/猫:0.1毫升/千克,肌内注射/皮下注射,每日1次。

[处方9] 拜有利(恩诺沙星)注射液,1毫升/千克,皮下注射/肌内注射,每日1次。

四、犬嗜酸细胞性肌炎

【临床症状】 ▶▶▶

犬嗜酸细胞性肌炎为多发生于青年牧羊犬咀嚼肌,以嗜酸性细胞增多为特征的急性复发性炎症,故称嗜酸细胞性肌炎。常发生于4岁以下的牧羊犬。当前对该病病因不十分清楚,可能与变态反应和自身免疫有关。突然急剧发病,其特征是咀嚼肌群肿胀疼痛,翼状肌肿胀明显。患犬不安,体温微高,眼睑紧张,闭合不全,眼球突出,结膜水肿,瞬膜垂脱,口常呈半开状,拒绝开口,采食困难。病程数日或数周,反复多次发作后,咀嚼肌明显萎缩。扁桃体发炎,下颌淋巴结肿胀。除咀嚼肌外,其他肌肉也有肿胀僵硬感,因而出现运动失调或轻度跛行。脊髓反射正常,但姿势性反射有改变。

【治疗方案】 ▶▶▶

治疗以抗过敏、抗炎、防止继发感染以及加强护理为主要治疗原则。

[处方1] 扑尔敏抗过敏，犬：0.5毫克/千克，口服，每日2～3次；猫：2～4毫克，口服，每日2次。

[处方2] 苯海拉明 抗过敏，犬：2～4毫克/千克，口服，每日3次。

[处方3] 地塞米松 消炎抗变态反应，0.2～1毫克/千克，口服/肌内注射，每日3次。

[处方4] 头孢唑啉钠 15～30毫克/千克，静脉滴注/肌内注射，每日3～4次。

[处方5] 氨苄西林 异物性肺炎抗菌，20～30毫克/千克，口服，每日2～3次；10～20毫克/千克，静脉滴注/皮下注射/肌内注射，每日2～3次。

[处方6] 速诺（阿莫西林克拉维酸钾混悬剂），犬/猫：0.1毫升/千克，肌内注射/皮下注射，每日1次。

[处方7] 拜有利（恩诺沙星）注射液，1毫升/千克，皮下注射/肌内注射，每日1次。

[处方8] 头孢他定 异物性肺炎抗菌，25～50毫克/千克，静脉滴注/肌内注射，每日2次。

• 加强护理，不能进食的可用胃管投食。

五、风湿病

【临床症状】▶▶▶

风湿病是常反复发作的急性或慢性非化脓性炎症。其特征是胶原结缔组织发生纤维蛋白变性以及骨骼肌、心肌和关节囊中的结缔组织出现非化脓性局限性炎症。这些变化均由于在变态反应中产生大量氨基乙糖所致。风湿病的病因至今未完全阐明。目前多数人认为风湿病是一种链球菌感染引起的变态反应及过敏反应。药源性及感染等因素相互干扰，也可能成为风湿病的诱因。此外，根据动物试验结果证明，不仅溶血性链球菌，其他抗原，如细菌蛋白质、异种血清、经肠道吸收的蛋白质及某些半抗原物质也能引起风湿性疾病。在临床实践证明，风、寒、潮湿、阴冷等因素对风湿病发生起重要作用。如大汗后受冷雨浇淋，洗澡受冷风侵袭，受贼风特别是穿堂风的侵袭等都能引发风湿病。风湿病主要发生在活动性较大的肌肉、关节及四肢，特别是背腰肌群、肩臂肌群、臀部肌群、股后肌群、颈部肌群等。其特征是突然发生浆液性或纤维素性炎症，患病肌肉疼痛、运动不协调，步态强拘不灵活，跛行明显。由于患病肌肉不同，可出现支跛、悬跛或混合跛。跛行能随运动量增加和时间延长其症状减轻。触诊患病肌肉疼痛明显，肌肉紧张，犬主拥抱犬时有惊叫。风湿性肌肉有游走性，时而一个肌群好转时而另一个肌群又发病。急性风湿性肌肉炎时，出现明显全身症状，如精神沉郁、食欲下降、体温升高、心跳加快、血沉稍快、白细胞稍增。急性肌肉风湿病的病程较短，一般经数日或1～2周即好转，但易复发。当急性风湿病转为慢性时，全身症状不明显，病肌弹性降低、僵硬、萎缩，跛行程度虽能减轻，运步仍出现强拘，病犬容易疲劳。风湿病对水杨酸制剂敏感。

【治疗方案】▶▶▶

治疗以消除病因、解热镇痛、消除炎症、祛风除湿和加强饲养管理为原则。

[处方1] 水杨酸钠（关节痛、抗风湿），犬：0.2～2克/次，口服；猫：0.1～0.2克/次，口服。

[处方2] 阿司匹林（关节痛、抗风湿），犬：0.2～1克/次，口服；猫为40毫克/千克，每日1次，口服。

[处方3] 保泰松（关节炎），8～10毫克/千克，口服，每日3次，连用48小时，然后逐减到最低有效剂量，最大800毫克/天。

[处方4]　双氯芬酸（类风湿性关节炎），犬：1片/次，每日2次。

[处方5]　骨宁注射液（风湿、类风湿性关节炎），犬：2毫升/次，肌内注射，每日1次，连用15～30天。

[处方6]　扑湿痛（风湿痛），犬：0.1～0.25克/次，首次剂量加倍，每日3～4次，连用5天。

[处方7]　氢化泼尼松，10～40毫克/千克，隔4～5日1次。

[处方8]　醋酸泼尼松，1～2毫克/千克，肌内注射，每日2次，连用2周，以后每2日1次，连用2周，一般用药后24～72小时疼痛明显减轻，疗效显著。

[处方9]　地塞米松，犬为5～10毫克/千克，每日1次。

[处方10]　苯唑西林，15～20毫克/千克，口服/静脉滴注/肌内注射，每日3～4次，连用2～3天。

[处方11]　氨苄西林，20～30毫克/千克，口服，每日2～3次；10～20毫克/千克，静脉滴注/皮下注射/肌内注射，每日2～3次。

· 加强护理，少运动，配合针灸、温热疗法、激光疗法、局部涂擦刺激剂等。

六、多发性嗜酸细胞性骨炎

【临床症状】

本病又称为嗜酸细胞性全骨炎或内生骨疣。全骨炎是一种自发性、自限性骨质硬化病。该病主要发生在幼龄大型犬。病变部位集中在长骨的骨干和干骺端，以骨髓内脂肪变性、骨质增生、骨膜下新骨形成为特征。当前该病发生原因不明，可能与遗传有关。大型品种犬，尤其德国牧羊犬在5～12月龄的公犬易发病。可能与一过性骨局部供血异常、变态反应、代谢异常、寄生虫迁徙或病毒感染后的自体免疫反应有关。该病的病理变化主要是脂肪骨髓疾病，病程呈周期性经过。先是骨髓脂肪细胞变性，继之基质细胞增生，膜内骨化，髓腔内骨小梁逐渐消除，脂肪骨髓再生。往往都始于长骨的营养孔附近。骨外膜增厚，伴有骨的吸收和新骨的生成（外生骨疣）。急性发作时会突然出现跛行，无创伤和外伤病史，一般发生某一肢出现跛行，前肢比后肢多发。也有多肢同时发病。跛行数天后消退，但2～3周转移到其他肢上。一般约3个月循环1次，18～20月龄后逐渐痊愈。多数无发热等全身症状，局部温度不高，肌肉不萎缩，但触诊患部有压痛感。

【治疗方案】

治疗以消炎镇痛、对症治疗为基本原则。

[处方1]　阿司匹林，犬：0.2～1克/次，口服；猫为40毫克/千克，每日1次，口服。

[处方2]　地塞米松，0.2～1毫克/千克，口服/肌内注射，每日3次。

[处方3]　泼尼松龙，犬：0.25～0.5毫克/千克，口服，每日1次。

七、骨膜炎

【临床症状】

骨膜的炎症称骨膜炎。临床上根据病程可分为急性骨膜炎和慢性骨膜炎；根据病理变化分为化脓性骨膜炎和非化脓性骨膜炎。骨膜直接遭受钝性物体的打击和冲撞、压扎等，或长期受到反复摩擦、刺激，或在急剧运动受肌腱、韧带强烈牵引而引起其附着部位的骨膜发生炎症。以上均能引起非化脓性骨膜炎。化脓性骨膜炎是由于化脓性病原菌感染而引起。常发生于开放性骨折、骨膜附近的软组织感染创等。化脓性骨膜炎病初期患部出现弥漫性、热性肿胀，有剧痛、皮肤紧张。随皮下组织脓肿形成和破溃，流出混有骨屑的黄色稀脓。此时全身症状和局部疼痛症状减轻。非化脓性骨膜炎患部充血、渗出，出现局限性、硬固的热痛性扁平肿胀，皮下组织出现不同程度的水肿。若四肢发生骨膜炎时可出现明显跛行，随运动量加大跛行更明显，如不及时治疗转入慢性骨膜炎，有时形成骨膜增厚或小骨赘。

【治疗方案】▶▶▶

治疗以禁止运动，局部封闭，对症治疗为原则。

［处方1］ 2%普鲁卡因2毫升，氨苄西林0.5克，地塞米松5毫克，注射用水2毫升，局部封闭注射。

［处方2］ 氨苄西林，20～30毫克/千克，口服，每日2～3次；10～20毫克/千克，静脉滴注/皮下注射/肌内注射，每日2～3次。

［处方3］ 速诺（阿莫西林克拉维酸钾混悬剂），犬/猫：0.1毫升/千克，肌内注射/皮下注射，每日1次。

［处方4］ 拜有利（恩诺沙星）注射液，1毫升/千克，皮下注射/肌内注射，每日1次。

- 非化脓性骨膜炎，在发病24小时内用冷敷，以后改为温热疗法和消炎药，如外敷复方醋酸铅散、鱼石脂软膏等
- 局部已出现脓肿，及时切开，必要时扩创，消毒液冲洗创腔，用锐匙刮除坏死组织和死骨，用抗菌药或高渗盐水引流。
- 理疗，严重者可用点状烧烙，或手术切除骨赘。

八、肥大性骨营养不良

【临床症状】▶▶▶

肥大性骨营养不良是以骨生长最活跃的长骨骨干骺区坏死、骨沉积物缺乏、骨小梁急性炎症为特征的一种疾病。又称干骺端骨病。常见于3～7月龄体型大、生长快的犬种，如大丹犬、德国牧羊犬等。其临床特征为长骨骨骺端肿胀、温热和疼痛。病因不详。临床症状主要表现为跛行、不愿站立。两肢对称性发病。触诊长骨骨骺部有肿大、增温和疼痛。伴有不同程度的体温升高，精神沉郁，厌食及体重减轻等。X射线检查有明显的骨骺硬化，严重者骨骺肥大，骨外膜出现许多骨性沉积物，并呈串珠样，可见病肢变形。

【治疗方案】▶▶▶

治疗以解热镇痛、防止继发感染、加强营养管理为治疗原则。

［处方1］ 阿司匹林，犬：0.2～1克/次，口服；猫为40毫克/千克，每日1次，口服。

［处方2］ 保泰松（解热镇痛），8～10毫克/千克，口服，每日3次，连用48小时，然后逐减到最低有效剂量，最大800毫克/天。

［处方3］ 氨苄西林，20～30毫克/千克，口服，每日2～3次；10～20毫克/千克，静脉滴注/皮下注射/肌内注射，每日2～3次。

- 动物厌食或脱水时，强迫喂食、补液等。

九、黏液囊炎

【临床症状】▶▶▶

在皮肤、筋膜、韧带、腱与肌肉下面，骨与软骨突起的部位，为了减少摩擦常有黏液囊存

在。当这些黏液囊发炎时,往往黏液囊内液体增多,囊壁增厚。当黏液囊受到挫伤、摩擦、碰撞、压迫等时而引起黏液囊炎。急性非开放性黏液囊炎,黏液囊内膜渗出,囊内积液,患部隆起肿大,温热,有波动感,穿刺有黏稠液体流出,对邻近肌腱活动产生限制,则引起其功能障碍,如四肢可引起不同程度的跛行。慢性非开放性黏液囊炎,局部症状减轻,但囊壁因结缔组织增生而增厚、坚硬。开放性黏液囊炎创口流出黏液,长久不愈合,极易继发感染化脓,出现功能障碍,严重者有时出现全身症状。

【治疗方案】▶▶▶

治疗以控制炎症、减少渗出、重者手术摘除为治疗原则。
- 早期非开放性黏液囊炎病,可冷敷、囊内注射考的松、青霉素等。
- 开放性黏液囊炎,特别化脓性黏液囊炎时,一般采用手术摘除术。

十、肘肿

【临床症状】▶▶▶

肘肿是肘头皮下黏液囊发生炎症,或称肘关节皮下黏液囊炎。体型大的犬易发生,有时一侧发病,也有两侧同时发病。多因肘突受到压迫或冲击或摩擦而引起,如犬长期在坚硬而粗糙的地面上,起卧时肘突受到挤压和摩擦。一般症状是在肘头部出现有界线的局限的肿大。初期有温热感、似生面团样的肿胀,微有痛感。以后由于渗出液的浸润和增多,有波动感。不久,黏液囊周围结缔组织增生,有坚实感。如果破溃,流出带血的渗出液,很易继发感染成化脓性黏液囊炎。

【治疗方案】▶▶▶

治疗以控制炎症、减少渗出、重者手术摘除为治疗原则。
参照黏液囊炎的治疗方法。

十一、腱炎

【临床症状】▶▶▶

急性无菌性腱炎的特征是,突然发生不同程度的跛行,局部增温、肿胀、疼痛,特别伸展屈肌腱时疼痛明显。如果病因不除或治疗不及时或不当时,则易转为慢性腱炎,其腱疼痛和增温虽有好转,但腱变粗而硬,弹性降低或消失,结果出现机能障碍,有时造成腱萎缩,限制关节活动。化脓性腱炎的临床症状比无菌性腱炎更剧烈,有时出现局限性蜂窝织炎,最终引起腱的坏死。

【治疗方案】▶▶▶

治疗原则是控制炎性渗出,促进吸收,消除疼痛,防止腱萎缩。

[处方1] 2%普鲁卡因2毫升,氨苄西林0.5克,地塞米松5毫克,注射用水2毫升,局部封闭注射。

[处方2] 急性腱炎时,可用冷敷,如用冰袋、冰水毛巾等。

[处方3] 对亚急性和慢性初期,可热敷,可使用物理疗法,如激光等。

[处方4] 红碘化汞软膏(肌腱等慢性炎症),含量5%~20%软膏局部涂抹。

[处方5] 松节油擦剂(肌腱炎),局部涂抹,热敷。

[处方6] 对化脓性腱炎按外科感染创治疗。腱萎缩时，可进行切腱术。

十二、腱鞘炎

【临床症状】▶▶▶

屈肌腱鞘炎比伸肌腱鞘炎发生率高，特别腕、指（趾）部的腱鞘炎发病率高。多因腱鞘及周围软组织受到挫伤、压迫、摩擦等。也有因腱和腱鞘过度牵引，腱炎和腱鞘周围组织炎症的蔓延所致。急性腱鞘炎临床特点是腱鞘肿胀、增温、疼痛、腱鞘内充满浆液性渗出液，触诊有明显的波动感，运步时有跛行。急性浆液纤维素性腱鞘炎时，患部增温、疼痛、肢体机能障碍比浆液性腱鞘炎严重，渗出物中有纤维蛋白凝块，因此患部除有波动外，在触诊和被动运动时有捻发音。往往腱鞘炎和腱炎并发或因果关系。慢性腱鞘炎常来自急性腱鞘炎，滑膜腔膨大充满渗出液，有明显波动，温热和疼痛不明显，跛行较轻，因此临床称之为腱鞘软肿。慢性浆液纤维素性腱鞘炎时，腱鞘各层粘连，腱鞘外结缔组织肥厚。严重时，发生骨化性骨膜炎，患部有局限性波动，温热、疼痛和跛行明显。化脓性腱鞘炎患部充血、敏感，如有创伤则流出黏稠含有纤维蛋白片的滑液，其临床症状是体温升高，跛行剧烈。如不及时治疗，可引起蜂窝织炎，甚至败血症。

【治疗方案】▶▶▶

- 治疗原则和方法基本上与腱炎相似，但在急性腱鞘炎时，可用穿刺排液等方法。

十三、腱断裂

【临床症状】▶▶▶

腱断裂是指腱的连续性被破坏而发生分离。常见于屈肌腱和跟腱的断裂。非开放性腱断裂多因突然受剧烈的过度的牵引导致；也有因骨质疏松或骨坏死时，剧烈的运动或牵引而引起腱附着处与骨脱离导致。腱坏死病也会引起腱断裂。开放性腱断裂多因锐性物体切割，引起皮肤、腱同时破裂，如刀伤、车辆压轧伤等。当腱断裂时，患腱松弛，断裂部位形成缺损，不久因溢血、断端收缩和肿胀，断裂部增温和疼痛。由于腱的功能和部位不同，则出现功能障碍也不同，如屈肌腱断裂则不能负重；伸肌腱断裂则不能提举，跟腱断裂跗关节屈曲并下沉。

【治疗方案】▶▶▶

- 非开放性腱断裂时，可采用保守疗法，局部涂擦较强刺激药，按正常肢势固定，限制其活动范围，以达到结缔组织增生和腱愈合。
- 手术缝合法。

十四、软骨骨病

【临床症状】▶▶▶

软骨骨病是一种关节软骨和骺软骨的软骨内骨化障碍疾病，其特征为无血管的软骨停留在长骨和干骨骺生长区。犬主要发生在快速生长的大型和巨型犬，当软骨分离时，形成软骨瓣，称剥离性骨软骨炎。临床上以无外伤史、跛行、疼痛为特征。本病猫少见。病因至今仍未十分清楚。犬患本病与遗传有关，但环境因素（如生长快、体重及高能量日粮、损伤等）均可影响该病的发生。剥离性骨软骨炎主要症状为跛行，跛行逐渐加重，呈持久性跛行，常休息后关节不灵活或运动后跛行加重。患肢关节活动范围变小，关节伸屈疼痛，其中肩关节疼痛更明显。慢性病例，手移动关节可听到"咔嚓"声响，肌肉萎缩或不萎缩。不及时治疗，持续跛行可继发退行性关节病。

【治疗方案】▶▶▶

治疗以静养、适量运动、严重者尽早手术为原则。

- **静养、适量运动**

  ［处方1］ 阿司匹林（解热镇痛），犬：0.2～1克/次，口服；猫为40毫克/千克，每日1次，口服。

  ［处方2］ 保泰松（解热镇痛），8～10毫克/千克，口服，每日3次，连用48小时，然后逐减到最低有效剂量，最大800毫克/天。

- **X射线检查已发现软骨瓣或已脱落，应尽早手术，将其清除，并刮除缺陷的病变组织。对这类病犬也可采用关节镜手术。**

十五、脊硬膜骨化症

【临床症状】▶▶▶

脊硬膜骨化症是脊髓硬膜发生骨化的状态，以脊硬膜内骨片样增生为特征，多发生脊柱活动性最大的部位。病因至今病因不详。如果硬脊髓膜上的骨片很小，临床上不表现症状，只有骨样增大才出现早期症状，即表现无原因的疼痛，尤其在站立、卧地、运动或抚摸时出现呻吟或吠叫声。运动扰乱，尤其头颈运动受限制，步态僵硬，运动时很易疲劳。随病情发展，肌肉发生麻痹，如果神经根或脊髓发生挫伤，则突然发生麻痹；当神经根炎时，原来的肌肉僵硬将被肌肉松弛代替。另外，还可发生持续性痛觉过敏，即轻微抚摸也会引起剧烈的疼痛。有时表现出感觉异常，咬啃麻痹部位。最后，原来痛觉敏感部位可能发生感觉消失。在肌肉僵硬的同时，由于反射增强，有时阴茎异常勃起，或因膀胱张力增高，在抚摸腹壁和会阴部常引起排尿，以后表现出大小便失禁，往往因衰竭而死，或因毒血症而死亡。

【治疗方案】▶▶▶

治疗以消炎、镇痛为治疗原则。

［处方1］ 阿司匹林（解热镇痛），犬：0.2～1克/次，口服；猫为40毫克/千克，每日1次，口服。

［处方2］ 保泰松（解热镇痛），8～10毫克/千克，口服，每日3次，连用48小时，然后逐减到最低有效剂量，最大800毫克/天。

［处方3］ 氨苄西林，20～30毫克/千克，口服，每日2～3次；10～20毫克/千克，静脉滴注/皮下注射/肌内注射，每日2～3次。

［处方4］ 地塞米松，0.2～1毫克/千克，口服/肌内注射，每日3次。

［处方5］ 泼尼松龙，犬：0.25～0.5毫克/千克，口服，每日1次。

- **在治疗的同时加强护理十分重要，如防止褥疮和感染等。**

十六、腰扭伤

【临床症状】

腰扭伤是由于外伤或腰部肌肉强烈收缩而引起的腰椎椎间关节及脊髓的损伤。临床上以运动和知觉机能障碍为特征。小型犬多发。常见于冲撞、摔倒、跳跃、坠落、抱犬或抓犬不当以及保定方法不当或动物骚动而引起的腰肌及关节的损伤。患有佝偻病和纤维素性骨营养不良的犬、猫最易发生本病。脊髓扭伤时,关节韧带、肌肉被牵张或剧伸时,局部变化不明显,但后躯无力,背腰拱起,腰部触摸强硬,两后肢运步不灵活,有时打晃,后退及转弯困难。卧地时小心、谨慎,卧地后翻转无力,起立困难。叩诊腰部棘突有疼痛反应,凹腰反应迟钝。多数出现神经不全麻痹,后躯麻痹,运步时,后躯摇晃,站立不稳。严重时,两后肢瘫痪,以单肢或两后肢拖地前进,大小便失禁。

【治疗方案】

治疗以限制运动、消炎止痛、针灸、营养神经为治疗原则。

〔处方1〕 松节油擦剂,热敷、并涂擦刺激。

〔处方2〕 氨苄西林,20~30毫克/千克,口服,每日2~3次;10~20毫克/千克,静脉滴注/皮下注射/肌内注射,每日2~3次。

〔处方3〕 速诺(阿莫西林克拉维酸钾混悬剂),犬/猫:0.1毫升/千克,肌内注射/皮下注射,每日1次。

〔处方4〕 拜有利(恩诺沙星)注射液,1毫升/千克,皮下注射/肌内注射,每日1次。

〔处方5〕 安痛定,小型犬:0.3~0.5毫升/次,大型犬:5~10毫升/次,皮下注射/肌内注射。

〔处方6〕 盐酸普鲁卡因青霉素创围封闭疗法,2%~3%盐酸普鲁卡因20毫升,将已稀释的青霉素混合后,进行创围封闭注射,每日1次,连用5~7日。

〔处方7〕 痛立定,0.1毫升/千克,皮下注射,每日一次。

〔处方8〕 维生素B_1 100毫克、维生素B_{12} 100毫克,肌内注射或病变部肌内注射,每日1次,5天为1个疗程。

十七、髋关节脱位

【临床症状】

髋关节脱位是指股骨头与髋关节窝脱离。临床上股骨头与关节窝脱出落于别处叫全脱位;全脱位时,股骨头向前方脱出叫前方脱位,股骨头向前上方脱出叫上方脱位,向内方脱出叫内方脱位,向后方脱出叫后方脱位。临床上以髋关节上方脱位较多。关节头与关节窝仍保有一部分接触的叫不全脱位。多因外伤性所致,如汽车冲撞、跌滑、强烈牵引后肢。也有因髋关节发育异常而发生髋关节脱位。髋关节前上方脱位是股骨头被异常固定在髋关节前上方,站立时患肢明显缩短,呈内收肢势或伸展状态,患肢外旋,趾尖向前外方,股骨头脱出于髋关节窝上外方,他动患肢外展受限制,内收容易。大转子明显向上方脱出。运动时拖拉前进或三脚跳,并向外划弧形。内方脱位,股骨头进入闭孔内时,患肢明显缩短,他动运动时,内收外展均容易。患肢呈三脚跳。直肠检查时,可在闭孔内触摸到股骨头。

【治疗方案】▶▶▶

治疗以关节复位，固定患肢为治疗原则。

全身麻醉的状况下，进行髋关节复位，并固定患肢限制活动，由于关节脱位引起圆韧带的撕裂或断裂，所以脱位整复后也常复发。

十八、膝盖骨脱位

【临床症状】▶▶▶

指膝盖骨滑入滑车内侧或外侧嵴上，使膝盖骨不能随膝关节屈伸而上下滑动，使膝关节不能屈曲。本病常见于犬，猫少见。可分为先天性和后天性。先天性是骨骼解剖上的畸形或骨骼结构上的改变导致膝盖骨脱位，故有人认为是一种遗传病，多见于小型犬，如玩具犬、博美犬等。后天性多因外伤导致，如跳跃、竖立、碰撞等，也有因股四头肌强烈牵引或膝内外侧直韧带、膝中直韧带剧伸、撕裂等导致。当膝盖骨内上方脱位会突然出现跛行，患肢不能伸直，膝关节呈屈曲状态。运步时，患肢有时呈三脚跳。在运动时，膝盖骨有时能自然复位，其运步正常，但停止后，又出现上述症状。人为可将膝盖骨送回滑车内，但很容易再次脱出。触诊无热、无痛。有的小型犬可摸到很浅的滑车沟。

【治疗方案】▶▶▶

治疗以实施膝关节滑车再造术为根本治疗原则。病情轻者，可采用保守疗法，人工复位，固定患肢，限制运动，但效果不理想。

十九、肘关节发育异常

【临床症状】▶▶▶

肘关节发育异常是指肘关节骨关节病，涉及 3 种病，即尺骨内侧喙突病、肘突未联合和肱骨内侧髁骨软骨病。遗传和快速生长是重要病因。尺骨内侧喙突病，喙突软骨样，龟裂或骨化龟裂、分离。临床表现跛行、异常步态（如果两侧性）和肘关节被动屈曲和伸展表现轻度到中度的抵抗。关节"喀嚓"声不常见。慢性病例关节囊增厚，关节积液，肌萎缩。跛行和步态异常以前肢伸展、爪过度旋转为特征。肘关节外展或内收。严重者，坐下或卧地，不愿行走。肘突未联合，多发生于非营养障碍类品种犬，但营养障碍类品种犬也可发生。主要由于尺骨肘突存在分离的骨化中心，使其骨化不全，肘突生长部裂开，近而发生肘突与尺骨分离。营养障碍类品种犬其肘突并非未联合，而是骨折。后者则因远端尺骨生长部纵行生长延迟，肘突向下不全脱位所致。多在 4～6 月龄发生。临床可见一或两前肢不同程度的跛行或肢势改变。肘关节和前爪外斜。伸屈肘关节和触摸鹰嘴窝，关节"喀嚓"声和疼痛明显。肱骨内侧髁骨软骨病，肱骨内侧髁软骨异常增厚、龟裂，进而与软骨下骨分离，形成软骨瓣或游离软骨片。可能由于内侧髁受到滑车软骨过多的压力之故。这种压力干扰正常软骨骨化、深层的软骨细胞过度的应激。关节前后位 X 射线检查可以观察肱骨髁的缺损和软骨瓣。治疗包括切除分离的软骨瓣和清创缺损部。预后取决于病损大小、尺骨滑车迹异常发育和其他部位疾病的程度。

【治疗方案】▶▶▶

控制体重，配合镇痛消炎药物治疗和适宜的活动是治疗本病的良好选择。严重者，也可采用手术疗法。

二十、髋关节发育异常

【临床症状】▶▶▶

　　髋关节发育异常是一种髋关节发育或生长异常的疾病。其特点是关节周围软组织不同程度的松弛、关节不全脱位、股骨头和髋臼变形和退行性病变。本病不是一种独立疾病，而是多种病因所致的复合性疾病。本病多发生于大型和生长快的幼年犬，如德国牧羊犬、纽芬兰犬、英国塞特猎犬等。发病率高，公、母犬发病率相同。似髋关节发育异常症状。最初认为是一种高度显性遗传疾病。现在认为此病是多因子或基因遗传，并在环境应激因素作用下，改变基因的表现型而诱发本病。所有这类病犬在出生时髋关节发育均正常。但随后关节软组织就发生进行性病变，继而骨组织也发生病理变化。病理剖检 X 射线检查均可发现其病理变化。主要病变有关节松弛、髋臼腔变浅、关节不全脱位；关节肿胀、磨损，股骨头圆韧带断裂；关节软骨破溃、软骨下骨象牙质变；关节周围骨赘形成，韧带附着点骨质增生等。最初多在 5～12 月龄出现活动减少和不同程度的关节疼痛症状。病犬后肢步幅异常，往往一后肢或两后肢突然出现跛行，起立困难，站立时患肢不敢负重，弓背或后躯左右摇摆，跑步两后肢合拢，即所谓"兔跳"步态。运动时，可听到或触感到"咔嚓"响声。一侧或两侧髋关节周围组织萎缩，被毛粗乱。有些病例因关节疼痛明显而食欲下降，精神不振。个别动物体温升高，但呼吸、脉搏、大小便及血常规无异常。

【治疗方案】▶▶▶

　　治疗以限制运动、控制体重、镇痛消炎等保守疗法为主，手术能否恢复功能值得研究。

- **限制运动、控制体重、笼内饲养。**

　　［处方1］　阿司匹林（解热镇痛），犬：0.2～1克/次，口服；猫为40毫克/千克，每日1次，口服。

　　［处方2］　保泰松（解热镇痛），8～10毫克/千克，口服，每日3次，连用48小时，然后逐减到最低有效剂量，最大800毫克/天。

二十一、椎间盘突出

【临床症状】▶▶▶

　　椎间盘突出是指因椎间盘变性、纤维环破坏、髓核向背侧突出而压迫脊髓引起的运动障碍为主要特征的脊柱疾病。多见于体型小年龄大的软骨营养障碍的犬。常发生于胸腰和颈椎，其发病率分别为85%和15%。临床上以疼痛、共济失调、麻木、运动障碍和感觉麻痹为特征。椎间盘突出病因较多，如外伤、内分泌失调、自身免疫因素、遗传、软骨营养障碍、应激、钙缺乏、溶酶体酶活性等。这些原因都能引起椎间盘退行性变化，也就是讲，凡以引起椎间盘退变的原因都能发生椎间盘突出。颈部椎间盘突出，开始病犬颈部、前肢过度敏感，颈部肌内注射疼痛性痉挛，鼻尖抵地，腰背弓起，头颈不顾伸展和抬起，行走小心，耳竖起，触诊患部可引起剧痛或肌肉极度紧张。重者，颈部、前肢麻木，共济失调或四肢瘫痪。胸腰部椎间盘突出时，病初出现疼痛明显、呻吟、不愿挪步或行走困难。严重者，在剧烈疼痛后出现两后肢运动障碍、感觉消失，但两前肢正常。病犬尿失禁，肛门反射迟钝。

　　【诊断】　根据病史、症状等可初步诊断。X线摄影检查可以确诊。

【治疗】 保守疗法可采用强制休息、限制活动、镇痛消炎等方法。地塞米松是首选药,也可口服保泰松、阿司匹林等,防止尿中毒应及时排尿。

上述方法无效时,可采用手术治疗,有开窗术和减压术2种。开窗术是在两椎体间钻孔,刮取突出的椎间盘突出物。减压术是切除椎弓骨组织,取出椎间盘突出物。

【治疗方案】▶▶▶

治疗以镇痛消炎、针灸、激光、手术等为治疗原则。
- **强制休息、限制活动。**
  [处方1] 阿司匹林,犬:0.2～1克/次,口服;猫为40毫克/千克,每日1次,口服。
  [处方2] 保泰松,8～10毫克/千克,口服,每日3次,连用48小时,然后逐减到最低有效剂量,最大800毫克/天。
  [处方3] 地塞米松,0.2～1毫克/千克,口服/肌内注射,每日3次。
  [处方4] 泼尼松龙,犬:0.25～0.5毫克/千克,口服,每日1次。
- 针灸、激光疗法。
- 手术,开窗术、减压术。

二十二、关节扭伤

【临床症状】▶▶▶

关节扭伤是因动物跳跃扭闪、跌倒、急转弯、失足登空、嵌入穴洞而急速拔腿、跳跃障碍等而使关节超过生理范围,瞬时间的过度伸展、屈曲或扭转而使关节损伤。关节扭伤临床上共同症状是疼痛、跛行、肿胀、增温等炎症特点。病初患病关节触诊或他动运动疼痛明显,关节囊肿胀,增温有波动。不久,局部由急性炎症转入慢性炎症,疼痛、肿胀、增温均有好转,跛行症状减轻,但关节囊结缔组织增生和骨质增生,关节囊由软变硬。总之,局部症状因关节损伤的程度、病程不同,其症状也不同。由于扭伤关节部位不同而出现跛行也不同。

【治疗方案】▶▶▶

治疗以控制炎症、促进吸收、镇痛消炎和恢复关节的机能为原则。
- **病初,伤后48小时内,可进行冷敷,如冰袋、冷水浴等,同时限制活动。**
  [处方1] 2%普鲁卡因2毫升,氨苄西林0.5克,地塞米松5毫克,注射用水2毫升,局部封闭注射。
  [处方2] 10%以上碘酊,刺激药,局部涂抹。
  [处方3] 松节油擦剂,热敷、并涂擦刺激。

二十三、关节挫伤

【临床症状】▶▶▶

关节挫伤主要是因钝性物体的冲撞、打击、跌倒、重物压轧等原因导致,不仅使关节受伤,也使关节周围的组织损伤,如皮肤擦伤、皮下组织挫伤和溢血等,其炎症比关节扭伤更剧烈,波及范围更大,局部肿胀、疼痛、跛行更急剧。

【治疗方案】▶▶▶

治疗方法基本上与关节扭伤相同,但皮肤擦伤时不能用冷敷或热敷,同时应按创伤处理,如消毒和防止感染等。

二十四、类风湿性关节炎

【临床症状】▶▶▶

类风湿性关节炎是慢性进行性、侵蚀性和免疫介导多发性关节病。多发生 8 月龄至 9 岁的小型犬和玩赏犬。确切病因和发病机理不详，最近认识到本病是由许多致病因素相互干扰所引起。它与免疫机制有关。开始滑膜出现炎症反应，如滑膜渗出、水肿、纤维蛋白的沉积，滑膜增生。随着病的发展，滑膜增厚、肥大，形成一种血管化的肉芽组织。后者干扰软骨来自滑液的营养而引起软骨坏死，并侵蚀软骨下骨，产生局部骨溶解，使关节面萎陷。严重时可累及关节韧带和肌腱。病初，一般表现精神沉郁、发热和厌食，以后出现跛行。跛行时轻时重，反复发作，关节僵硬，关节肿胀，常累及几个关节。后期，关节软骨进一步遭侵蚀，关节周围组织破坏加重而导致韧带断裂，关节畸形。

【治疗方案】▶▶▶

治疗仪缓解疼痛、控制炎症、对症治疗为基本原则。

[处方1] 阿司匹林，犬：0.2～1 克/次，口服；猫为 40 毫克/千克，每日 1 次，口服。

[处方2] 保泰松，8～10 毫克/千克，口服，每日 3 次，连用 48 小时，然后逐减到最低有效剂量，最大 800 毫克/天。

[处方3] 地塞米松，0.2～1 毫克/千克，口服/肌内注射，每日 3 次。

[处方4] 泼尼松龙，犬：0.25～0.5 毫克/千克，口服，每日 1 次。

二十五、肥大性骨关节病

【临床症状】▶▶▶

肥大性骨关节病是一种继发性骨膜增生性疾病，多与肺部疾病有关，故又称肥大性肺骨关节病。本病老年犬多发，猫可少见。临床以四肢远端对称性硬性肿胀和跛行为特征。早期局部肿大、增温、用力触压疼痛、有动脉搏动感。以后转入慢性，疼痛不明显，但行走强直，呈高跷步态。有些病例长期伴有咳嗽、轻度呼吸困难症状。一般无全身症状。

【治疗方案】▶▶▶

治疗以消除原发病、对症治疗、防止继发感染为治疗原则。

二十六、多发性软骨源性骨疣

【临床症状】▶▶▶

多发性软骨源性骨疣是指软骨和骨骼良性增殖的一种疾病。骨疣突出于皮质骨，形成多个结节隆起。本病又称骨软骨瘤，可发生于任何骨骼。犬、猫均可发生，发生年龄一般在 18 月龄以内。在犬可能是遗传病，但确切的遗传方式有待进一步研究。在骨骼生长活跃期，常在椎骨、肋骨和四肢长骨端出现一个或多个圆形结节，质地较硬。外生骨疣本身无症状，但当其压迫肌腱、血管、神经等就会出现疼痛、跛行等相应症状。椎骨发生外生骨疣时，压迫骨髓时，则出现共济失调和麻痹等症状。

【治疗方案】

无临床症状者不进行治疗。当出现功能障碍时,进行手术切除。

二十七、化脓性关节炎

【临床症状】

化脓性关节炎是关节受到化脓细菌的感染而发生。可分血源性化脓性关节炎和外源性化脓性关节炎两种。血源性化脓性关节炎多是病原菌经血液循环感染关节引起。外源性多因关节透创,使关节囊破坏,关节周围组织发生化脓性感染直接蔓延所致。如骨骺骨髓炎、关节邻近软组织发生化脓创,一般表现急剧关节红肿、热痛和机能障碍,关节腔内积聚积浆液性、纤维素性和脓性渗出物,关节囊紧张,压迫和运动疼痛明显,并波动明显,此时出现高度跛行。随炎症的出现,关节囊增厚。有时关节囊破裂,脓汁流到皮下组织,使皮下组织出现化脓性炎症,皮肤溃破形成开放性化脓性关节炎。化脓性关节炎常伴有体温升高,精神沉郁、厌食等全身症状。关节穿刺时,其滑液呈浆液、血性混浊液或脓性。镜检可见到化脓菌、脓细胞和白细胞。

【治疗方案】

治疗以控制炎症,提高抗感染能力为治疗原则。

[处方1] 关节穿刺排出脓汁后,向关节腔注射含有抗生素的生理盐水,冲洗关节腔,在排出关节腔的液体后,再注入抗生素,每日1次。

[处方2] 切开关节囊,清洗关节腔,并安置引流管,术后每日冲洗1次。待关节化脓消除后,及时闭合关节囊。

[处方3] 氨苄西林,20~30毫克/千克,口服,每日2~3次;10~20毫克/千克,静脉滴注/皮下注射/肌内注射,每日2~3次。

[处方4] 头孢西丁钠,犬:15~30毫克/千克,皮下注射/肌内注射/静脉滴注,每日3~4次;猫:22毫克/千克,皮下注射/肌内注射/静脉滴注,每日3~4次。

二十八、退行性关节炎

【临床症状】

退行性关节炎是人和动物最常见的非化脓性关节病,又称骨关节病、骨关节炎。本病主要是关节软骨发生退行性病变。肉眼观察关节软骨破坏、软骨下骨硬化、关节腔狭小及关节缘及其周围软组织形成骨赘等。在犬多发生在髋关节、膝关节、肩关节、肘关节、胸椎间关节和颞颌关节。多数老年猫均可发生本病。临床上以疼痛、姿势改变、患肢活动受限、关节内有渗出液和局部炎症等为特征。原发性病因不详,可能因动物关节常年受力不均而发生软骨退行性变化,并随年龄增长,这种退行性变化逐步加重。继发性病因临床上最常见。任何异常的力作用于正常关节,或正常的力作用于异常关节均可继发关节退行性变。这些病理性力的最终结果是加速软骨的丧失。如骨软骨病、髋关节发育异常、髌骨脱位均可使关节不稳、关节面不平整、关节软骨受力不均,而发生软骨磨损;关节扭伤、创伤可使关节软骨受到直接损伤及炎性侵蚀。犬、猫无论原发性还是继发性,其临床症状相同。早期,常见的症状是动物无明显的关节不灵活和跛行,但不愿执行某项任务或演习。以后,在持续的活动或短暂的过度运动后出现跛行和关节僵硬，但休息数天其症状消失。随着退行性变进一步发展，休息后关节不灵活更显著。冷湿天气症状加重。后期，虽然受多种环境因素的影响，但一般仍保持跛行和关节僵硬的症状。动物易怒或躲避，人走近或接触常遭攻击。原发性关节变形不多见，但继发性则变形严重。关节缘新骨增生和塑形、关节囊变厚和关节面破坏而关节变粗，较大的关节尤其是见。触诊肿胀、温热或不热，关节活动范围小，并有摩擦音。慢性病例患肢肌肉萎缩。

【治疗方案】▶▶▶

治疗原则是足够时间休息；患肢避免过度活动；动物肥胖，应减重；给予适当的运动，维持肌肉张力和关节的灵活性；使用镇痛消炎药和进行手术，缓解疼痛，矫正畸形应激或不稳定性，恢复活动。

［处方1］ 阿司匹林，犬：0.2～1克/次，口服；猫为40毫克/千克，每日1次，口服。

［处方2］ 保泰松，8～10毫克/千克，口服，每日3次，连用48小时，然后逐减到最低有效剂量，最大800毫克/天。

［处方3］ 卡洛芬，犬：2毫克/千克，口服，每日2次，连用7天。

［处方4］ 地塞米松，0.2～1毫克/千克，口服/肌内注射，每日3次。

［处方5］ 泼尼松龙，犬：0.25～0.5毫克/千克，口服，每日1次。

- **严重者，可实行手术治疗。**

二十九、斜颈

【临床症状】▶▶▶

斜颈是指颈部向一侧倾斜或扭转，是以症状命名。多因颈部肌肉的痉挛或麻痹、颈部肌肉风湿症、颈椎脱位、颈骨骨折、颈神经炎和麻痹、颈韧带损伤等病而发生斜颈。主要见于猛烈跌倒、高空坠落、钝性物体的冲击、打架啃咬、颈圈强烈牵引、颈圈过紧等。也见于因颈一侧性颈肌肉风湿。犬中耳炎也可出现斜颈。先天性斜颈比较少见。斜颈的临床症状差异较大，有的将头保持低垂，有的头颈向左侧或右侧歪斜，有的颈部向左侧或右侧弯曲，有头伸直而颈弯曲等。如因肌肉挫伤，常有颈部肌肉炎性肿胀、疼痛等。如颈椎骨折、脱位而引起颈脊髓损伤表现卧地不起等症状。

【治疗方案】▶▶▶

治疗以消除病因、对症治疗为原则。

［处方1］ 肌肉挫伤者，按挫伤方法治疗，如病初用冷敷，后改为刺激性药物外涂；同时在颈部装夹板以防颈变形。

［处方2］ 如因颈肌风湿应用抗风湿药，如水杨酸制剂、强的松、强的松龙等药物。

三十、犬指（趾）间囊肿

【临床症状】▶▶▶

犬指（趾）间囊肿是犬指（趾）间一种慢性炎症性损伤。临床上并不表现囊肿，实际表现以肉芽肿为特征的多形性小结节，故又称指（趾）间脓皮病，或指（趾）间肉芽肿。病初，局部表现为小丘疹，后逐渐发展成为结节，呈紫红色，闪亮和波动。挤压可破溃，流出血样渗出物。可在一个或几个脚上发生1个或多个结节。若细菌感染可发生多个结节。局部疼痛、行走跛行，常舔咬患脚。

【治疗方案】 ▶▶▶

治疗以抗菌消炎为治疗原则。

［处方1］ 患部彻底消毒，外敷抗生素，或者患部药浴。

［处方2］ 高锰酸钾，0.1%溶液用于冲洗黏膜、创面、溃疡。

［处方3］ 双氧水（1%～3%溶液），冲洗化脓创。

［处方4］ 红霉素软膏，患部涂抹。

［处方5］ 冰片散，患部撒布。

［处方6］ 对慢性指（趾）间囊肿保守疗法无效时，可采用患指（趾）蹼全切除术。

三十一、运动失调综合征

【临床症状】 ▶▶▶

运动失调是指四肢运动器官发生障碍而造成的运动失调。引起运动失调病因多而复杂，故在临床上表现症状也各异，根据引起运动失调的病因和症状，一般的规律是中枢神经的疾病引起四肢运动失调，不仅出现四肢运动障碍，还有全身症状或其他部位也出现相应的症状，四肢的肌肉松弛或强直，反应消失或过度敏感。外周神经疾病，一般引起肌肉松弛和反应消失。如为传染病、中毒病，除引起四肢运动失调，还有全身症状，如体温、精神和食欲等变化。四肢的组织器官除引起运动失调外，都有局部病理变化，如炎症疾病，局部表现红、肿、热、痛等。骨折、脱位有其特有症状。肌肉风湿病、类风湿关节炎也有其特征。腱、肌肉的断裂均有凹陷。

【治疗方案】 ▶▶▶

治疗以消除病因，对症治疗为原则。

第十五章 犬、猫皮肤病

一、过敏性皮炎

【临床症状】 ▶▶▶

过敏性皮炎是由IgE参与的皮肤过敏反应,也叫特异性皮炎。病因有内源性和外源性两个方面的因素。内源性因素有遗传性、激素异常和过敏性素质。外源性因素有季节性和非季节性的环境因素,如吸入花粉、尘埃、羊毛等;食入马肉、火腿、牛乳等食品;此外,注射药物、蚊虫叮咬、内外寄生虫和病原体感染以及理化因素等也可引起外源性过敏。

1~3岁犬、猫易发。初发部位为眼周围、趾间、腋下、腹股沟部及会阴部,跳蚤叮咬的过敏性皮炎易发生于腰背部。病犬、猫主要表现为剧烈瘙痒、红斑和肿胀,有的出现丘疹、鳞屑及脱毛。病程长的可出现色素沉着、皮肤增厚及形成苔藓和皱裂。慢性经过的患病犬、猫瘙痒较轻或消失,但有的病程长达一年以上。通常,冬季初次发生的,可自然痊愈。季节性复发时,患部范围扩大,常并发外耳炎、结膜炎和鼻炎,用类固醇治愈后可复发。

【治疗方案】 ▶▶▶

消除病因,抗过敏及皮肤局部处理为原则。

[处方1] 复方康纳乐霜外搽

[处方2] 地塞米松,0.2~0.4毫克/千克,口服,每日1次,然后逐减。

[处方3] 苯海拉明,2~4毫克/千克,口服/肌内注射/静脉滴注,缓慢。

[处方4] 扑尔敏,犬:0.5毫克/千克,口服,每日2~3次;猫:2~4毫克口服,每日2次。

[处方5] 息斯敏,犬:3~10毫克/次,口服。

[处方6] 异丙嗪,0.2~0.4毫克/千克,口服,每日3~4次。

[处方7] 维生素C,100~1000毫克/次,口服/肌内注射,每日1次。连用5~7天。

[处方8] 10%葡萄糖酸钙10~30毫升稀释后缓慢静脉滴注,每日或隔日1次。

二、脂溢性皮炎

【临床症状】

犬的脂溢性皮炎是皮肤脂质代谢紊乱的疾病，常见于杜伯曼犬、可卡犬、德国牧羊犬及沙皮犬等几个品种犬。本病与人的脂溢性湿疹不同，是包括鳞屑型到严重皮炎的一类脂溢性疾病群。

原发性因素有先天性因素和代谢性因素。先天性因素与遗传有关。代谢性因素有甲状腺功能减退，生殖腺功能异常，食物中缺乏蛋白质，脂质吸收不良，胰、肠、肝等功能障碍引起的脂质代谢异常等。继发性因素有体表寄生虫寄生、脓皮症、皮肤真菌病、过敏性皮炎、落叶状天疱疮、菌状息肉症、淋巴细胞恶性肿瘤等。

原发性患犬皮炎散在发生于背部、头部和四肢末端。根据症状不同，可分为干性、油性和皮炎型3种。

① 干性型。皮肤干燥，被毛中散在有灰白色或银色干鳞屑，脱毛较轻，呈疏毛状态。多见于杜伯曼犬和牧羊犬。

② 油性型。皮脂腺发达的尾根部皮肤与被毛含有多量油脂或黏附着黄褐色的油脂块，外耳道有多量耳垢，有的发生外耳炎。可闻到特殊的腐败臭味。

③ 皮炎型。患犬表现为瘙痒、红斑、鳞屑和严重脱毛，明显形成痂皮，患部多见于背、耳郭、额尾背、胸下、肘、飞节等处。患犬因瘙痒啃咬而使患部扩大且病变加重。

继发性脂溢性皮炎患部不局限于皮脂腺发达的部位，应注意原发病灶对皮肤的损害，如蚤过敏性皮炎的病灶，见于腰和荐部；犬疥螨病的病灶分布在面部及耳廓边缘；蜱感染症在背部；短毛犬的脓皮症在背部；真菌病在面部、耳廓及四肢末端；落叶状天疱疮在鼻梁；菌状息肉症和病变呈全身性分布。不同部位的皮肤病变表现出不同阶段的变化。

【治疗方案】

治疗以抗炎，对症治疗及补充相应的缺乏物质为原则。

［处方1］ 泼尼松龙，1～2毫克/千克，口服，每日2次直到症状减轻后逐减。

［处方2］ 地塞米松，0.2～1.0毫克/千克，静脉滴注/皮下注射/口服，每日1～2次。

［处方3］ 患部涂布止痒剂和角质软化剂，可选用0.5%～10%鱼石脂、松溜油、糖溜油、1%二硫化硒、10%水杨酸乙醇液、10%～50%间苯二酚软膏等。

［处方4］ 增加营养，多喂高蛋白、高脂类物质，注射维生素A，维生素D。

［处方5］ 甲状腺素，犬：22微克/千克，口服，每日2次；猫：0.05～1毫克，每日1次。到T_4值正常为止。若连续用药6周后，皮肤仍无好转，要停止用药。

• **生殖腺功能异常的犬，可去势或摘除卵巢与子宫。**

三、荨麻疹

【临床症状】

荨麻疹又称风疹，是由多种原因引起的皮肤血管神经障碍性皮肤病，临床上以皮肤真皮上层局限性扁平丘疹，速发性过敏反应为特征。本病的致病原因大体可归纳为内源性和外源性因素。内源性因素主要为机体具有过敏性素质，常见于犬、猫食入鱼、虾、牛奶等，使用青霉素G、维生素K、血清、疫苗、输血等。此外，胃肠功能紊乱、病灶感染、肝功能障碍等也可引起本病。发情中的母犬、猫也有发生。外源性因素主要是外界的各种刺激，如吸血昆虫的叮咬，冷、热风、日风、花粉、等刺激。

皮肤突然出现瘙痒和界限明显的丘疹。丘疹多在1~2日内消退，也有转为慢性型的，持续数周或数月以后才消退。黏膜充血、水肿，有的出现呼吸迫促、频脉、胃肠功能紊乱等全身症状。

【治疗方案】▶▶▶

治疗以消除病原，抗过敏为主要原则。

[处方1] 苯海拉明，2~4毫克/千克，口服/肌内注射/静脉滴注，缓慢。

[处方2] 扑尔敏，犬：0.5毫克/千克，口服，每日2~3次；猫：2~4毫克，口服，每日2次。

[处方3] 息斯敏，犬：3~10毫克/次，口服。

[处方4] 泼尼松龙，1~2毫克/千克，口服/肌内注射，每日1~2次。

[处方5] 羟嗪，犬：2.2毫克/千克，口服，每日2~3次；猫：2.2毫克/千克，口服每日2次。

[处方6] 地塞米松，0.2~1.0毫克/千克，静脉滴注/皮下注射/口服，每日1~2次。

[处方7] 10%葡萄糖酸钙10~30毫升，稀释后缓慢静脉滴注，每日1次。

四、皮肤瘙痒症

【临床症状】▶▶▶

皮肤瘙痒症是一种神经性皮炎，其临床特征为皮肤瘙痒。皮肤瘙痒仅是一种症状，其潜在性疾病有重度黄疸、尿毒症、糖尿病、内分泌失调、胃肠功能紊乱、维生素A和维生素B族及维生素C缺乏、神经性疾病、犬瘟热等感染、恶性肿瘤以及肠道寄生虫病等。

最初痒觉发生于局部，逐渐波及到全身，多为潜在性疾病所致。注意观察病程经过，除瘙痒外，是否有其他全身症状。局部瘙痒常见的是肛门周围、外耳道等处，因瘙痒而啃咬损伤皮肤，继发皮炎。

【治疗方案】▶▶▶

治疗以消除其潜在疾病病因，止痒、抗炎为治疗原则。

[处方1] 苯海拉明，2~4毫克/千克，口服/肌内注射/静脉滴注，缓慢。

[处方2] 扑尔敏，犬：0.5毫克/千克，口服，每日2~3次；猫：2~4毫克，口服，每日2次。

[处方3] 息斯敏，犬：3~10毫克/次，口服。

[处方4] 泼尼松龙，1~2毫克/千克，口服/肌内注射，每日1~2次。

[处方5] 地塞米松，0.2~1.0毫克/千克，静脉滴注/皮下注射/口服，每日1~2次。

[处方6] 10%葡萄糖酸钙，10~30毫升，稀释后缓慢静脉滴注，每日1次。

五、趾间脓皮症

【临床症状】▶▶▶

本病是趾间皮肤的化脓菌感染。本病常因犬舍潮湿、或因缺乏维生素、微量元素导致化脓菌、真菌感染或因螨虫感染引起犬脚趾间发炎、肿胀甚至化脓的疾病。由于外伤或皮肤病使趾间毛囊和皮脂腺阻塞也可引起细菌和螨虫感染。常见的细菌和螨虫有葡萄球菌、链球菌、真菌、蠕形螨和疥螨等。犬单肢或四肢趾间都可发生。先形成脓疱或丘疹，破溃后可形成化脓创，严重的可形成瘘管。患犬频频舔触趾间。趾间肿胀、潮红、湿润并有难闻臭味。患部疼痛，轻易不让人触碰。如不及时治疗，病程可迁延数月。

【治疗方案】▶▶▶

治疗以清除化脓创，除去病因，防止继发感染为原则。

［处方1］ 0.1%新洁尔灭或双氧水清洗，白降汞或其他抗生素软膏外涂后揉搓，每日2～3次。

［处方2］ 伊维菌素，犬：0.2～0.3毫克/千克，口服/皮下注射，2周后重复；猫：0.2～0.4毫克/千克，皮下注射；2周后重复。

［处方3］ 氨苄西林，20～30毫克/千克，口服，每日2～3次；10～20毫克/千克，静脉滴注/皮下注射/肌内注射，每日2～3次。

［处方4］ 头孢唑啉钠，15～30毫克/千克，静脉滴注/肌内注射，每日3～4次。

［处方5］ 速诺（阿莫西林克拉维酸钾混悬剂），犬/猫：0.1毫升/千克，肌内注射/皮下注射，每日1次。

［处方6］ 拜有利（恩诺沙星）注射液，1毫升/千克，皮下注射/肌内注射，每日1次。

六、鼻镜脱色素

【临床症状】▶▶▶

本病是指由各种原因引起的鼻镜皮肤黑色素部分或全部脱色的病理状态。当犬用鼻端拱物或嗅闻损伤鼻端后，可出现相应大小的脱色斑。整个鼻镜全脱色可能与激素有关。此外，自身免疫性疾病和其他系统疾病也可引起本病。患犬鼻镜有大小不等的脱色斑，当外伤或溃疡等而继发感染时，局部红肿，触之有疼痛反应。内分泌等全身性疾病时，整个鼻镜全脱色，并伴有眼睑、口唇、外阴部及触球等脱毛。

【治疗方案】▶▶▶

治疗以消除潜在病因，防止继发感染。消除局部溃疡，涂抹抗生素软膏，口服维生素类药物。

七、黏蛋白病

【临床症状】▶▶▶

本病是由特殊的纤维细胞（黏液细胞）使结缔组织精蛋白产生过多而形成的局限性无炎性肿胀。该病仅发生于沙皮犬，无性别差异，无传染性。急性病犬全身散在性凹陷水肿或产生丘疹或产生大小不等的水泡，肿胀处皮肤呈半透明状，无红、热、痛、痒等反应，被毛稀少、脱落，皮肤透明度降低，可见鳞屑结痂、红斑等病变。慢性患犬头颈、躯干、尾部或肢端出现散在内含黏稠丝状或胶冻样黏蛋白物质的丘疹或结节，质软，偶有化脓或溃疡。患部呈斑块状脱毛，残存的被毛易拔出，不易折断。

【治疗方案】▶▶▶

治疗以抗炎为治疗原则。

［处方1］ 泼尼松龙，1～2毫克/千克口服/肌内注射，每日1～2次。

[处方2] 地塞米松，0.2～1.0毫克/千克，静脉滴注/皮下注射/口服，每日1～2次。
[处方3] 氢化可的松，2毫克/千克，口服，每日2次，连用3～5日。

八、犬自咬症

【临床症状】 ▶▶▶

本病以自咬躯体的某一部位（多是咬尾巴），造成皮肤破损为特征，自咬程度严重的可继发感染而死亡。本病无明显的季节性，但春秋两季发病率略高。有人认为是营养缺乏病、传染病、外寄生虫感染引发皮肤瘙痒所致，或神经质犬所造成的习惯性自咬。患犬在舍内自咬尾尖而原地转圈，并不时地发出"喔喔"叫声，表现极强的凶猛性和攻击性。尾尖处脱毛、破溃、出血、结痂，也有的犬咬尾根、臀部或腹侧面而使被毛残缺不全，个别病犬将全身毛咬断。

【治疗方案】 ▶▶▶

治疗以镇静、抗过敏、补充营养、放着继发感染为原则。
[处方1] 氯丙嗪，3毫克/千克，口服，每日2次；1～2毫克/千克，肌内注射，每日1次；0.5～1毫克/千克，静脉滴注，每日1次。
[处方2] 异戊巴比妥钠，5～10毫克/千克，口服；2.5～5毫克/千克，静脉滴注。
[处方3] 苯海拉明，2～4毫克/千克，口服/肌内注射/静脉滴注，缓慢。
[处方4] 扑尔敏，犬：0.5毫克/千克，口服，每日2～3次；猫：2～4毫克，口服，每日2次。
[处方5] 氨苄西林，20～30毫克/千克，口服，每日2～3次；10～20毫克/千克，静脉滴注/皮下注射/肌内注射，每日2～3次。
[处方6] 头孢唑啉钠，15～30毫克/千克，静脉滴注/肌内注射，每日3～4次。
[处方7] 速诺（阿莫西林克拉维酸钾混悬剂），犬/猫：0.1毫升/千克，肌内注射/皮下注射，每日1次。
[处方8] 拜有利（恩诺沙星）注射液，1毫升/千克，皮下注射/肌内注射，每日1次。
[处方9] 维生素B、维生素C、亚硒酸钠等，口服/肌内注射。
- 手术摘除化脓发炎的肛门腺。
- 红霉素软膏局部涂抹。

九、嗜酸性肉芽肿综合征

【临床症状】 ▶▶▶

本病是一组侵害猫和犬的疾病，病因尚不完全清楚。猫的嗜酸性肉芽肿综合征包括三种病：嗜酸性溃疡是一种不痛、不痒、界限明显的红斑性溃疡，主要出现在上唇。嗜酸性斑是界限明显的红斑性凸起，瘙痒，多见于大腿的中间部位。线状肉芽肿表现为界限清楚、线状结构的凸起，呈黄色至粉红色不等，主要出现在后肢的尾侧面；犬的嗜酸性肉芽肿与猫的线状肉芽肿相似，如果病变出现在口腔，则表现为溃疡或者增生性团块，偶见斑块或结节，出现在唇及身体的其他部位时呈丘疹的形式。

【治疗方案】 ▶▶▶

治疗以抗过敏和防止继发感染为原则。

［处方1］ 甲基醋酸泼尼松，外用，每日2次。
［处方2］ 醋酸氟轻松，外用，每日2次。
［处方3］ 地塞米松，0.2～1.0毫克/千克，皮下注射/口服，每日1～2次。
［处方4］ 氢化可的松，4毫克/千克，口服，每日1次。
［处方5］ 阿莫西林，10～20毫克/千克，口服，每日2～3次。
［处方6］ 头孢他定，25～50毫克/千克，静脉滴注，每日2次。

十、猫的种马尾病

【临床症状】 ▶▶▶

本病是发生于繁殖期公猫的内分泌性疾病，由于雄性激素分泌过盛，使尾部出现痤疮，并且可能继发细菌感染。

繁殖期公猫的整个尾背部皮脂腺和顶浆腺分泌旺盛，在尾背部出现黑头粉刺，可能发展成为毛囊炎、疖、痈，甚至于蜂窝织炎，皮肤溃烂并且向周围健康组织扩散。

【治疗方案】 ▶▶▶

消毒、抗菌、节育是最好的治疗原则。

［处方1］ 尾部剪毛后，用70%的酒精涂擦黑头粉刺发生的部位，将黑头粉刺挤出，涂布抗生素软膏，尾部用绷带包扎或者不包扎。

［处方2］ 如果出现皮下蜂窝织炎，先用3%的双氧水溶液清洗患部，再用生理盐水冲洗干净，然后局部涂布抗生素软膏，全身应用抗生素。

［处方3］ 手术摘除睾丸是彻底治疗的措施。

［处方4］ 氨苄西林，20～30毫克/千克，口服，每日2～3次；10～20毫克/千克，静脉滴注/皮下注射/肌内注射，每日2～3次。

［处方5］ 头孢唑啉钠，15～30毫克/千克，静脉滴注/肌内注射，每日3～4次。

［处方6］ 速诺（阿莫西林克拉维酸钾混悬剂），犬/猫：0.1毫升/千克，肌内注射/皮下注射，每日1次。

［处方7］ 拜有利（恩诺沙星）注射液，1毫升/千克，皮下注射/肌内注射，每日1次。

［处方8］ 红霉素软膏局部涂抹。

十一、犬的脓皮病

【临床症状】 ▶▶▶

犬的脓皮病是由化脓菌感染引起的皮肤化脓性疾病。临床上发病率高，主要致病菌包括：中间型葡萄球菌、金黄色葡萄球菌、表皮葡萄球菌、链球菌、化脓性棒状杆菌和奇异变形杆菌等细菌。幼犬的脓皮病主要出现在前后肢内侧的无毛处，成年犬的脓皮病的发病部位不确定；可见皮肤上出现脓疱疹、小脓疱和脓性分泌物，多数病例为继发的，临床上表现为脓疱疹、皮肤皲裂、毛囊炎和干性脓皮病等症状；如果根据病损的深浅，可以分为表层脓皮病、浅层脓皮病和深层脓皮病。

【治疗方案】 ▶▶▶

治疗原则是根据药敏试验，选择有效抗生素进行全身和局部抗菌。

［处方1］ 红霉素，10～20毫克/千克，口服，每日3次，连用3～5天。

［处方2］ 林可霉素，15毫克/千克，口服，每日3次，连用21天。

［处方3］ 阿米卡星（丁胺卡那霉素），犬：5～15毫克/千克，肌内注射/皮下注射，每日1～3次；猫：10毫克/千克，肌内注射/皮下注射，每日3次。

［处方4］ 头孢唑啉钠，15～30毫克/千克，静脉滴注/肌内注射，每日3～4次，连用6～7周。

［处方5］ 速诺（阿莫西林克拉维酸钾混悬剂），犬/猫：0.1毫升/千克，肌内注射/皮下注射，每日1次。

［处方6］ 拜有利（恩诺沙星）注射液，1毫升/千克，皮下注射/肌内注射，每日1次。

［处方7］ 替卡西林钠-克拉维酸钾，犬：40～50毫克/千克，静脉滴注，每日3～4次，连用4～6周。

［处方8］ 甲硝唑，犬：10～30毫克/千克，口服，每日1～2次，连用5～7天；猫：10～25毫克/千克，口服，每日1～2次，连用5天。

［处方9］ 阿莫西林-克拉维酸，12～22毫克/千克，口服，每日2～3次。

［处方10］ 头孢菌素Ⅳ，22毫克/千克，口服，每日3次。

［处方11］ 利福平，10～20毫克/千克，口服，每日2～3次。

［处方12］ 恩诺沙星，2.5～5毫克/千克，口服/皮下注射/静脉滴注，每日2次。

［处方13］ 环丙沙星，5～10毫克/千克，口服，每日2次；2～2.5毫克/千克，肌内注射，每日2次。

▲ 局部可涂抹抗生素类软膏。

十二、湿疹

【临床症状】▶▶▶

湿疹是致敏物质作用于动物的表皮细胞引起的一种炎症反应。皮肤病患处出现红斑、血疹、水疱、糜烂及鳞屑等现象，可以伴发痒、痛、热等症状。皮肤卫生差，动物生活环境潮湿、过强阳光的照射、外界物质的刺激、昆虫叮咬等因素都可以成为湿疹的外因。各种因素引起的变态反应，营养失调，某些疾病等使动物机体的免疫能力和机体抵抗力下降等可成为湿疹的内因。

湿疹的临床表现分急性和慢性两种。急性湿疹的主要表现是皮肤上出现红疹或者丘疹，病变部位始于面部、背部，尤其是鼻梁、眼部和面颊部，而且易向周围扩散；形成小水疱。水疱破溃后，局部糜烂，由于瘙痒和病患部湿润，动物不安，舐咬患部，造成皮肤丘疹症状加重。慢性湿疹由于病程长，皮肤增厚、苔藓化，有皮屑；虽然皮肤的湿润有所缓解，但是瘙痒症状仍然存在，并且可能加重。临床上最常见的湿疹是犬的湿疹性鼻炎。病犬的鼻部等处发生狼疮或者天疱疮，患部结痂，有时见浆液和溃疡；当全身性和盘形狼疮发生时，鼻镜部出现脱色素和溃疡。

【治疗方案】▶▶▶

治疗以止痒、消炎、脱敏，加强营养并且保持环境的洁净为原则。

［处方1］ 苯海拉明，2～4毫克/千克，口服/肌内注射/静脉滴注，缓慢。

［处方2］ 扑尔敏，犬：0.5毫克/千克，口服，每日2～3次；猫：2～4毫克，口服，每日2次。

［处方3］ 醋酸氟轻松，外用，每日2次。

[处方4] 地塞米松,0.2~1.0毫克/千克,皮下注射/口服,每日1~2次。
[处方5] 泼尼松龙,1~2毫克/千克口服/肌内注射,每日1~2次。
[处方6] 氢化可的松,4毫克/千克,口服,每日1次。
[处方7] 维生素B、维生素C等,口服/肌内注射。
[处方8] 痱子粉,撒布、涂抹。
[处方9] 白陶土敷剂,撒布、热敷。
[处方10] 皮康霜,患部涂抹,每日2~3次。
[处方11] 皮炎平,患部涂抹,每日2~3次,皮肤破溃禁用。

十三、皮炎

【临床症状】 ▶▶▶

皮炎是指皮肤真皮和表皮的炎症。引起皮炎的因素很多,涉及外界刺激剂、烧灼、外伤、过敏原、细菌、真菌、外寄生虫等病因。皮炎在某些情况下是其他疾病的并发症状,变态反应在小动物皮炎的发生上占一定比例。犬、猫等小动物皮炎的主要症状之一是皮肤瘙痒,引起患病犬、猫的搔抓,一般伴发皮肤的继发感染。病变包括皮肤水肿、丘疹、水疱、渗出或者结痂、鳞屑等;慢性皮炎以皮肤裂开和红疹、丘疹减少为主。

【治疗方案】 ▶▶▶

治疗以消除病因、局部和全身抗炎、对症治疗为原则。
[处方1] 醋酸氟轻松,外用,每日2次。
[处方2] 地塞米松,0.2~1.0毫克/千克,皮下注射/口服,每日1~2次。
[处方3] 泼尼松龙,1~2毫克/千克,口服/肌内注射,每日1~2次。
[处方4] 甲基醋酸泼尼松,外用,每日2次。
• 限制动物四肢搔抓,带伊丽莎白圈,防止动物啃咬。

十四、脱毛症

【临床症状】 ▶▶▶

脱毛症是动物局部或者全身被毛出现非正常脱落的症状,发生的原因复杂,主要见于各种疾病的过程中以及被毛护理不当。

局部性脱毛多因局部皮肤摩擦、连续使用刺激过大的化学物质等物理、化学性因素造成的。局部皮肤摩擦导致被毛脱落常见于皮褶多的犬(如:沙皮犬),或者脖套不适引起颈部脱毛。除了日常少见的强刺激剂引起的接触性脱毛,犬的洗澡不合理引起的脱毛更多,许多养犬者将人的洗发香波(呈碱性)使用于犬(中性皮肤),或者洗澡次数过勤,是造成宠物犬不同程度脱毛的不可忽视的现象。犬、猫的皮肤真菌感染、细菌性皮肤病、跳蚤感染、螨虫性皮肤病、连续遭受辐射、食物过敏等情况下,导致全身性脱毛。甲状腺机能减退、肾上腺皮质机能亢进、生长激素反应性脱毛和性激素失调是非炎性脱毛的常见原因。临床上医源性脱毛不可忽视。临床上还可以见到处于怀孕期、哺乳期、重病和高热后几周犬发生暂时性脱毛的情况。脱毛症因病因的不同,症状有差异。因被毛护理不良引起的脱毛主要是毛发稀少,外寄生虫感染、细菌性脓皮病过程中以红疹、脓疹等症状为主,内分泌失调时呈对称性脱毛,真菌性皮肤病时皮肤皮屑、鳞屑较多,呈片状脱毛或者断毛。

【治疗方案】▶▶▶

根据不同病因采取不同的治疗方法，详细治疗方案请参阅相关各章。

十五、黑色棘皮症

【临床症状】▶▶▶

黑色棘皮症是多种病因导致皮肤中色素沉着和棘细胞层增厚的临床综合征。在小动物中主要见于犬，尤其是德国猎犬。病因包括局部摩擦、过敏、各种引起瘙痒的皮肤病、激素紊乱等，黑色棘皮症中有些是自发性的，还有些是遗传性的。主要症状是皮肤瘙痒和苔藓化，患病的犬、猫搔抓皮肤引起红斑、脱毛、皮肤增厚和色素沉着，皮肤表面常见油脂多或者出现蜡样物质。黑色棘皮症发生的部位因病因不同而不确定，主要病患部位是背部、腹部、前后肢内侧和股后部。

【治疗方案】▶▶▶

治疗以调节内分泌、调整饮食营养价钱互利为原则。

[处方1] 褪黑激素，3~6毫克，口服，每日2~3次，连用4~6周。

[处方2] 维生素E，200单位，口服，每日2次，连用1~2月。

[处方3] 泼尼松龙，0.5毫克/千克，口服，每日2次，连用5~10天，后逐减。

- 调整饮食、减肥、外用抗皮脂溢洗发剂。

第十六章 犬、猫眼和耳疾病

第一节 眼 病

一、睫毛生长异常

【临床症状】▶▶▶

正常睫毛是由眼睑缘向前向外生长，起保护眼球的作用，如睫毛方向和位置发生变化，称为睫毛生长异常。因猫无睫毛，故本病仅发生于犬。睫毛生长异常包括倒睫、双行睫、双生睫和睫毛异位等。先天性睫毛生长异常多发生于可卡、西施、圣伯纳、金毛等。而有些品种犬，如可卡犬常见双行睫和双生睫症（一个毛囊长出两根毛）。后天性睫毛生长异常多因睑缘、眼外伤、睫毛根部形成瘢痕和中度眼睑内翻、眼睑痉挛等引起。临床表现患眼羞明、流泪、眼睑痉挛、结膜充血、角膜炎、角膜混浊，甚至角膜溃疡等。动物搔挠眼部，不安，仔细检查可发现睫毛生长异常。

【治疗方案】▶▶▶

- 无临床症状的睫毛异常生长，无需治疗。
- 发生慢性角膜炎或角膜溃疡时，需要手术治疗：睫毛拔除，倒睫电解术、劈睑术。

　　［处方1］　泰利必妥滴眼液，每日20次以上，点眼。
　　［处方2］　托百士，外眼疾附属器感染，每日20次以上，点眼。
　　［处方3］　霉素眼药水，每日20次以上，外用滴眼。
　　［处方4］　红霉素眼膏，每日2～3次，眼用。
　　［处方5］　贝复舒（角膜修补、营养角膜），每次1～2滴，每日4～6次，点眼。

二、眼睑内翻

【临床症状】▶▶▶

眼睑内翻是指眼睑缘向眼球方向内卷。可能一边或两边眼睑内翻,也可能一侧或两侧眼发病。内翻后的睫毛对角膜和结膜有很大的刺激性,可引起流泪与结膜炎,甚至引起角膜炎和角膜溃疡。常见品种如沙皮、松狮。先天性小眼球或睑睫异常导致的眼睑内翻,多见于下眼睑外侧、上眼睑内侧和下眼睑内侧,沙皮、松狮、斗牛、拉布拉多发生较多。角膜擦伤、眼内异物、结膜炎、角膜炎、倒睫及睫毛异生等继发眼轮匝肌痉挛而使睑内翻,常发生一侧性眼睑。因眼眶脂肪丧失或颞肌萎缩所致的眼球内陷也常常导致眼睑内翻。慢性结膜炎或结膜手术后,可能因睑结膜瘢痕收缩可出现眼睑内翻。临床表现为一侧或两侧睑内翻,由于睫毛和眼睑缘皮肤刺激结膜和角膜以及眼球会引起眼睑痉挛、流泪、结膜充血、角膜浅层有新生血管形成,发生结膜炎、角膜炎,如不及时进行手术治疗,可出现角膜血管增生、色素沉着及角膜溃疡。

【治疗方案】▶▶▶

确定内翻病因,出现角膜损伤立即手术。

[处方1] 手术采用圆形或椭圆形皮片切除法矫正先天性眼睑内翻一般以4~6月龄时手术最为理想。术后颈部套上伊丽莎白脖圈,防止抓伤。术后10~14天拆线。

[处方2] 泰利必妥滴眼液,每日20次以上,点眼。

[处方3] 托百士(外眼疾附属器感染),每日20次以上,点眼。

[处方4] 霉素眼药水,每日20次以上,外用滴眼。

[处方5] 红霉素眼膏,每日2~3次,眼用。

[处方6] 贝复舒(角膜修补、营养角膜),每次1~2滴,每日4~6次,点眼。

- 治疗痉挛性眼病可对患眼表面麻醉或阻滞耳睑神经。
- 瘢痕性眼睑内翻术采取眼外眦固定术,暂时性缩短睑裂。

三、眼睑外翻

【临床症状】▶▶▶

眼睑外翻是眼睑向外翻转显露的异常状态,下眼睑多发。常见于圣伯纳、美国可卡、纽芬兰、巴赛特等。眼睑缘离开眼球表面,呈不同程度的向外翻转,结膜因暴露而充血、潮红、肿胀、流泪,结膜内有渗出液积聚。病程长的结膜变为粗糙及肥厚,也可因眼睑闭合不全而发生色素性结膜炎、角膜炎。角膜干燥、粗糙,影响视力。

【治疗方案】▶▶▶

手术治疗主要针对那些已患有角膜炎或结膜炎,且药物治疗无效者。

- 下眼睑皮肤做"V"形切口,"Y"形缝合,使下睑组织上推以矫正外翻。
- 外眼眦成形术。

[处方1] 霉素眼药水,每日20次以上,外用滴眼。

[处方2] 红霉素眼膏,每日2~3次,眼用。

[处方3] 贝复舒(修复损伤角膜、营养角膜),每次1~2滴,每日4~6次,点眼。

四、眼睑炎

【临床症状】▶▶▶

指眼睑组织的急性或慢性炎症。眼睑炎发生同时常伴有结膜炎和睑板腺炎。眼睑或睑缘由于受到机械性或化学性因素的刺激,而出现睑缘皮脂腺和睑板腺分泌旺盛,同时出现细菌或真菌感染。而临床上多以细菌性感染为主,急性期,睑缘及周围眼睑充血、肿胀、有黄色痂皮形成,剥掉痂皮后暴露出睫毛根部的小脓疱。炎症波及结膜和睑板腺,眼睑结膜充血、水肿,在睑缘结膜面可能有小米粒大小的灰黄色脓点,从内眼角流出脓性分泌物。转为慢性后,睑缘糜烂或溃疡,睫毛脱落,睑缘增厚变形,外翻或外旋,睫毛乱生,泪溢。

【治疗方案】▶▶▶

消除感染源,局部治疗为主。

[处方1] 生理盐水或3%硼酸溶液、3%碳酸氢钠溶液洗涤眼睑缘,清除睑缘的痂皮和鳞屑,每日2～3次。

[处方2] 四环素、红霉素、金霉素等眼膏,每日2～3次,夜间使用。

[处方3] 2%丁卡因(缓解瘙痒),每日5～20次,点眼。

[处方4] 灰黄霉素,25～60毫克/千克,每日1次,连用6周。

[处方5] 青霉素,2万单位/千克,每日2～3次,肌内注射或静脉注射。

五、睑腺炎

【临床症状】▶▶▶

睑腺炎又称麦粒肿,一般由葡萄球菌侵入睫毛囊、睑缘腺和睑板腺而引起的化脓性炎症。由睫毛毛囊或所属的皮脂腺发生感染的称为外麦粒肿(外睑腺炎);由睑板腺发生急性化脓性炎症称为内麦粒肿(内睑腺炎)。临床表现睑缘的皮肤或睑结膜呈局限性红肿,触之有硬结及压痛。外麦粒肿时,外睑缘有隆起疼痛性脓疱,内麦粒肿隆起比较小,在睑板腺基部出现小的白色脓疱,疼痛更明显。一般在4～7天后脓肿成熟,出现黄白色脓头,可自溃流脓,严重者可引起眼睑蜂窝织炎。

【治疗方案】▶▶▶

抗生素治疗或手术治疗。

- 小的或无症状的睑板腺囊肿无需治疗。
- 初期热敷,使用抗生素眼药,部分病例预后良好。
- 脓肿尚未形成之前不可过早切开或任意用力挤压,以免感染扩散导致眶蜂窝织炎或败血症。

[处方1] 霉素眼药水,每日20次以上,外用滴眼。

[处方2] 红霉素眼膏,每日2～3次,眼用。

[处方3] 青霉素,2万单位/千克,每日2～3次,肌内注射或静脉注射。

六、第三眼睑腺脱出

【临床症状】▶▶▶

第三眼睑腺突出又称樱桃眼,是指因腺体肥大越过第三眼睑(瞬膜)缘而脱出于眼球表面，多发生于犬。一般认为是由于瞬膜血流分布丰富，腺体分泌过剩而致腺体肥大，瞬膜腺管或管口因炎性产物或小异物阻塞而致腺体增大，从而越过瞬膜游离缘而突出于眼角。多见于美国可卡、英国斗牛、巴塞特、比格、波士顿、北京犬、西施等也见于及其他品种犬。当眼睑、结膜、眼板腺、巩膜及角膜等组织有炎症时也可导致第三眼睑腺体的增生和肿大。发病年龄为2个月到2年不等。临床表现在眼内眦出现小块粉红色椭圆形软组织，逐渐增大，有薄的纤维膜状蒂与第三眼睑相连。由于肿胀暴露在外，腺体充血、肿胀、泪溢。患犬不安，常用前爪搔抓患眼，或以眼揉触笼栏或家具，脱出物呈暗红色、破溃，经久不治可引起结膜炎、角膜炎、角膜损伤、溃疡化脓，视力受损。一般无全身症状。手术切除可彻底治疗。

【治疗方案】▶▶▶

- 由于炎性反应而发生的脱出，治疗时抗生素眼药水点眼 2~3 天即可治愈，而不需进行手术治疗。

  ［处方1］　泰利必妥滴眼液，每日20次以上，点眼。

  ［处方2］　托百士（外眼疾附属器感染），每日20次以上，点眼。

  ［处方3］　霉素眼药水，每日20次以上，外用滴眼。

  ［处方4］　红霉素眼膏，每日2~3次，眼用。

- 外科手术切除脱出腺体。

七、结膜炎

【临床症状】▶▶▶

结膜炎是指睑结膜和球结膜受外界刺激和感染而引起的炎症。临床上以畏光、流泪、结膜潮红、肿胀、疼痛和眼分泌物增多为特征。犬、猫均常发生本病。机械性刺激、传染性因素、其他如邻近组织疾病、化学试剂或药品、过敏反应等可间接或直接引起结膜炎的发生。卡他性结膜炎为多种结膜炎的早期症状，结膜潮红，肿胀，充血，眼内角流出多量浆液或浆液黏液性分泌物。化脓性结膜炎，眼内流出多量脓性分泌物，上、下眼睑常粘在一起，而并发角膜浑浊，眼球粘连及眼睑湿疹等。滤泡性结膜炎表现球结膜水肿、充血和有浆液黏液性分泌物，几天后其分泌物变为脓性黏液。炎症期第三眼睑内出现大小不等的鲜红色或暗红色颗粒（淋巴滤泡），偶尔在穹窿结膜处见有淋巴滤泡。先是一眼发病，5~7天后另一眼也发病。猫滤泡性结膜炎发病急，但2~3周后则可康复。不过，亦有猫转为慢性或严重结膜炎，甚或发生睑球粘连。

【治疗方案】▶▶▶

治疗以抗感染消炎为原则。

［处方1］　除去病因，将犬、猫放入光线较暗处或包扎眼绷带
［处方2］　3%硼酸或1%明矾溶液消炎，冲洗患眼，每日3~4次。
［处方3］　冷敷疗法，治疗急性卡他性结膜炎时的结膜充血、肿胀。
［处方4］　泰利必妥滴眼液，每日20次以上，点眼。
［处方5］　托百士（外眼疾附属器感染），每日20次以上，点眼。
［处方6］　霉素眼药水，每日20次以上，外用滴眼。
［处方7］　红霉素眼膏，消炎、保护角膜，每日2~3次，点眼。
［处方8］　醋酸氢化可的松眼药水，每日10~20次，点眼。

[处方9] 0.5%盐酸普鲁卡因液2~3毫升溶解氨苄西林5万~10万单位加入地塞米松磷酸钠注射液做眼睑皮下注射，上下眼睑皮下各注射0.5~1毫升，也可做球结膜注射。

[处方10] 疱疹净眼药水或吗啉胍眼药水，每日5~6次，点眼。

[处方11] 普罗碘铵（眼内出血、色素膜炎、视网膜脉络膜炎），0.05~0.1克/次，每日2~3次，结膜下注射。

八、角膜炎

【临床症状】▶▶▶

角膜炎是指角膜因受微生物、外伤、化学及物理性因素影响而发生的炎症，为犬、猫常见疾病，临床上常见为外伤性、浅表性、慢性浅表性、间质性和溃疡性角膜炎等。其共同症状是羞明、流泪、疼痛、眼睑闭合、角膜混浊、角膜缺损或溃疡，严重则可发生角膜穿孔。

轻度角膜炎常不容易直接发现，只有在阳光斜照下可见到角膜表面粗糙不平。外伤性角膜炎，角膜可见有伤痕、浅创、深创或贯通创，有时可见到异物残留。化学性因素引起的轻的角膜上皮被破坏形成银灰色浑浊。深层受伤则出现溃疡，更严重的可发生坏疽，呈明显的灰白色。慢性浅表性角膜炎又称变性血管翳，一般双眼发病，开始在角膜缘或角膜其他部位上皮下增生、血管形成，伴有色素沉着，呈"肉色"血管翳，并向中心进展，逐渐遮住整个角膜，最终导致失明。间质性角膜炎，角膜深层血管增生，血管短，角膜周边形成环状血管带，呈毛刷状。病变发展时角膜浅层亦出现血管。溃疡性角膜炎的角膜溃疡有浅在性和深在性角膜溃疡两种。由于角膜外伤或角膜上皮抵抗力降低，致使细菌侵入时可见角膜表层或深层不规则的缺损，角膜的一部分或数处呈暗灰色或灰黄色浸润，后即形成脓肿，脓肿破溃后便形成溃疡。浅表层角膜溃疡疼痛明显，深在性则疼痛轻微。伴发前色素层炎，而发生后弹力层和角膜穿孔。穿孔后眼房水流出，由于眼前房内压力降低，虹膜前移，常与角膜或后移与晶状体粘连，从而丧失视力。

【治疗方案】▶▶▶

治疗以去除病因，消除炎症为原则。

[处方1] 3%硼酸溶液或灭菌生理盐水，冲洗患眼，每日2~3次。

[处方2] 泰利必妥滴眼液，每日20次以上，点眼。

[处方3] 托百士（外眼疾附属器感染），每日20次以上，点眼。

[处方4] 氯霉素眼药水，每日20次以上，外用滴眼。

[处方5] 1%硫酸阿托品（防止虹膜粘连），每日1~2次，点眼。

[处方6] 角膜未出现溃疡或穿孔可用0.5%利多卡因或0.5%普鲁卡因1毫升加入5万单位氨苄西林，再加入0.5毫升氢化司的松或地塞米松磷酸钠2.5毫克做球结膜下或眼底注射或做上、下睑皮下注射。也可用自家血点眼或做眼睑皮下注射。

[处方7] 丁胺卡那霉素，5~15毫克/千克，每日1~3次，皮下注射。

[处方8] 20%半胱氨酸溶液，治疗蛋白酶或胶原酶所致深在性角膜溃疡，每日4次，滴眼。

[处方9] 人工泪（0.5%~1%甲基纤维素），治疗角膜干燥症，每日数次，点眼。

[处方10] 感染严重无法控制的可行眼球摘除术。

[处方11] 贝复舒（修复损伤角膜、营养角膜），每次1~2滴，每日4~6次，点眼。

九、白内障

【临床症状】▶▶▶

白内障是指晶状体囊或晶状体发生浑浊而使视力发生障碍的一种疾病。犬、猫均可发生。先天性白内障因晶体及其囊膜先天发育不全所致。常与遗传有关。后天性白内障常因前色素层炎、视网膜炎、青光眼、角膜穿孔、晶体前囊破裂、长期X线照射、糖尿病、萘、铊中毒、长期使用皮质类固醇等引起。老年宠物因晶体退变亦易发生白内障。临床症状表现不一，初发期和未成熟期，晶体及其囊膜发生轻度病变，呈局灶性浑浊或逐步扩散，晶体皮质吸收水分而膨胀，某些晶体皮质仍有透明区，有眼底反射，视力不受影响或仅受到部分影响，临床上难发现。需用检眼镜或手电筒方能查出。成熟期，因晶状体全部浑浊，所有皮质肿胀，无清晰区可见。眼底反射消失，临床上发现一眼或两眼瞳孔呈灰白色（白瞳症），视力减退，前房变浅，检眼镜检查，看不见眼底，伴有前色素层炎。宠物活动减少，行走不稳，在熟悉环境内也碰撞物体。此期适宜进行白内障手术。过熟期，则晶状体液体消失，晶体缩小、囊膜皱缩，皮质液化分解，晶体核下沉。患眼失明，前房变深，晶体前囊皱缩，可继发青光眼。严重的导致悬韧带断裂，晶体不全脱位或全脱位。

【治疗方案】▶▶▶

- **药物治疗一般无效。**

［处方1］ 择期手术疗法，常用白内障囊外摘除术、晶体乳化术和白内障切开吸出术。

［处方2］ 白内障囊外摘除术为治疗宠物白内障最常用手术。

［处方3］ 1％硫酸阿托品（散瞳、防止虹膜粘连），每日1～2次，点眼。

［处方4］ 白内停（避免晶体全浑浊），每日3～4次，点眼。

［处方5］ 醋酸可的松青霉素溶液（每毫升含可的松10毫克、青霉素1000单位），每日3～4次，点眼。

［处方6］ 霉素眼药水，每日20次以上，外用滴眼。

［处方7］ 红霉素眼膏，每日2～3次，眼用。

十、青光眼

【临床症状】▶▶▶

青光眼是由于眼房角阻塞，眼房液排出受阻等多种病因引起眼内压增高，进而损害视网膜和视神经乳头的一种症状。原发性青光眼多因眼房角结构发育不良或发育停止，引起房水排泄受阻、眼压升高。原发性青光眼两眼发病，但不同时发生。继发性青光眼多因眼球疾病如前色素层炎、瞳孔闭锁或阻塞、晶体前或后移位、眼肿瘤等，引起房角粘连、堵塞，改变房水循环，使眼压升高而导致青光眼。先天性青光眼因房角中胚层发育异常或残留胚胎组织、虹膜梳状韧带增宽，阻塞房水排出通道。

本病可突然发生，也可逐渐形成。早期症状轻微，表现泪溢、轻度眼睑痉挛、结膜充血。瞳孔有反射，视力未受影响，眼轻微或无疼痛。随着病情发展眼内压增高，眼球增大，视力大为减弱，虹膜及晶体向前突出，从侧面观察可见到角膜向前突出，眼前房缩小，瞳孔散大，失去对光反射能力。滴入缩瞳剂（1％～2％毛果芸香碱溶液）时，瞳孔仍保持散大，或者收缩缓慢，但晶体没有变化。在暗室或阳光下常见患眼表现为绿色或淡青绿色。最初角膜可能是透明的,后则变为毛玻璃状,并比正常的角膜要凸出些。晚期眼球显著增大突出,眼压明显升高,指压眼球坚硬。瞳孔散大固定,光反射消失,散瞳药不敏感,缩瞳药无效。角膜水肿、浑浊,晶体悬韧带变性或断裂,引起晶体全脱位或不全脱位。视神经乳头萎缩、凹陷,视网膜变性,视力完全丧失。较晚期病例的视神经乳头呈苍白色。两眼失明时,两耳会转向倾听,运步蹒跚,乱走,甚至撞墙。

【治疗方案】

目前没有特效治疗方法。

[处方1] 20%甘露醇,升高血液渗透压减少房水,1~2克/千克,3~5分钟注完,静脉滴注。

[处方2] 50%甘油,升高血液渗透压减少房水,1~2克/千克,8小时后重复用一次,静脉慢推或口服。

[处方3] 二氯磺胺、乙酰唑胺和醋甲唑胺,抑制房水的产生和促进房水的排泄,二氯磺胺10~30毫克/千克,乙酰唑胺为2~4毫克/千克,醋甲唑胺为2~4毫克/千克,每日2~3次,口服。

[处方4] 1‰~2%硝酸毛果芸香碱溶液开放已闭塞的房角、改善房水循环、使眼压降低,每日3~4次,滴眼。

[处方5] 虹膜嵌顿术,建立新的房水眼外引流途径。

[处方6] 1%硫酸阿托品,每日1~2次,点眼。

[处方7] 霉素眼药水,每日20次以上,外用滴眼。

[处方8] 红霉素眼膏,每日2~3次,眼用。

十一、视神经炎

【临床症状】

视神经炎是一种十分严重的眼病,常导致双眼突然失明。犬较多发生。多数病例病因不明,损伤和感染可引起视神经炎。表现为急性双眼失明,眼睛睁大、凝视、瞳孔散大、固定、丧失对光反应。眼底检查有时可见视乳头充血、肿胀、边缘模糊不清,视乳头周围视网膜剥离。

【治疗方案】

迅速减轻或消除炎症,防止视神经变性和视力的不可逆性损害。

[处方1] 强的松龙,1~3毫克/千克,每日2次,连用3周,口服。

[处方2] 复合维生素B,片剂1~2片/次,每日3次,口服;针剂0.5~2毫升/次,肌内注射。

[处方3] 氯霉素眼药水,每日20次以上,外用滴眼。

[处方4] 红霉素眼膏,每日2~3次,眼用。

[处方5] 泰利必妥滴眼液,每日20次以上,点眼。

十二、前色素层炎

【临床症状】

前色素层炎又称虹膜睫状体炎。病因复杂,分为内源性和外源性两类。内源性是病原体及有毒物质经血液循环进入前色素层,诱发本病。外源性常见于眼外伤、眼穿透伤、眼手术或房水穿刺等。急性症状表现泪溢、睑痉挛、畏光、视力减退、角膜水肿、浑浊和血管增生、球结膜水肿和充血等。慢性症状表现为虹膜萎缩、变薄、呈透明样、瞳孔缩小，对光反应迟钝。更严重时并发虹膜前、后粘连，青光眼和白内障等。

【治疗方案】 ▶▶▶

一旦发现本病，应立即使用散瞳药，防止虹膜粘连，恢复血管的通透性，减少渗出，解痉止痛。

［处方1］ 1％阿托品，每小时1次，滴眼。
［处方2］ 醋酸氢化可的松眼药水，每2～4小时1次，点眼。
［处方3］ 地塞米松，每日1～2毫克，滴眼或球结膜下注射。
［处方4］ 阿司匹林，0.2～1克/次，口服。
［处方5］ 霉素眼药水，每日20次以上，外用滴眼。
［处方6］ 红霉素眼膏，每日2～3次，眼用。
［处方7］ 泰利必妥滴眼液，每日20次以上，点眼。

十三、泪道阻塞

【临床症状】 ▶▶▶

多种原因导致的泪腺分泌亢进引起的泪液过多称流泪，因泪道阻塞引起的泪液过多称泪溢。其临床症状表现为流泪。先天性泪点缺如、狭窄、移位或结膜皱褶覆盖泪点、泪小管或鼻泪管闭锁及眼睑异常（睑内翻），均可引起本病。后天性常与结膜炎、泪道炎及外伤有关。某些小型观赏犬如贵妇犬、西施犬等头部垂毛也会刺激或阻塞泪道，引起泪溢。

【治疗方案】 ▶▶▶

根据病因，采用不同的治疗方法。
［处方1］ 炎症早期，多用药物治疗。
［处方2］ 泪道器质性阻塞，需施行手术治疗。下泪点缺如或泪点被结膜褶封闭，采用泪点复通术。
［处方3］ 醋酸氢化可的松眼药水，每2～4小时1次，点眼。
［处方4］ 地塞米松，每日1～2毫克，滴眼或球结膜下注射。

- 泪道插管术，从泪点插入一根2/0尼龙线穿过泪道从鼻孔出来。再把管径适宜的聚乙烯管套在尼龙线上。由尼龙线将导管引出泪道，除去尼龙线，其导管置留于泪道内。导管两末端分别固定在泪点和鼻孔周围组织。2～3周后，除去导管。
- 如泪道插管术无效，可根据泪道阻塞程度，施行泪囊鼻腔造瘘术、结膜鼻腔造瘘术及结膜颊部造瘘术等。

十四、眼球脱出

【临床症状】 ▶▶▶

眼球脱出多因动物打斗引起。犬、猫均可发生，其中短头品种犬如北京犬、西施犬等因眼眶较大更易发生。眼球脱位轻度的，眼球外鼓于眼睑外不能自行缩回；严重时整个眼球脱出悬挂于眼睑外，球结膜血管充血，有的局部淤血，血肿，时间较长的可见突出的眼球发紫，发干，瞳孔缩小，有的眼球前房积血。多伴有球结膜、角膜的损伤。眼球脱位后，因涡静脉和睫状静脉被眼睑闭塞,引起静脉淤滞和充血性青光眼,暴露性角膜炎和角膜坏死,虹膜炎、脉络膜视网膜炎、视网膜脱离、晶体脱位及视神经撕脱等。

【治疗方案】▶▶▶

眼球结构完整,最好及时送回。时间过久则预后不良。

[处方1] 轻度脱位的麻醉后容易复位。复位后进行减张缝合。

[处方2] 肿胀严重时采取外眦切开复位术。

[处方3] 醋酸氢化可的松眼药水,消炎,每2~4小时1次,点眼。

[处方4] 地塞米松,每日1~2毫克,滴眼或球结膜下注射。

[处方5] 阿司匹林,0.2~1克/次,口服。

[处方6] 霉素眼药水,每日20次以上,外用滴眼。

[处方7] 红霉素眼膏,每日2~3次,眼用。

[处方8] 泰利必妥滴眼液,每日20次以上,点眼。

[处方9] 创伤严重、眶内已感染化脓的,不宜手术复位,需行眼球摘除术。

第二节 耳 病

一、耳血肿

【临床症状】▶▶▶

耳血肿是指耳廓内侧皮下出血引起的肿胀。垂耳品种犬易发,但竖耳犬和猫也常有发生。一般认为主要与自身摇头、甩耳、抓耳和擦耳等有关。打斗或挤压也可引起。另外,急性或慢性炎症、耳寄生虫感染、异物和肿瘤刺激耳廓也可诱发本病。发病后耳廓内侧迅速肿胀,严重者波及整个耳廓。肿胀处呈紫褐色。病初触诊有弹性、波动感,以后触之温热、疼痛。穿刺可见有血色液体流出。

【治疗方案】▶▶▶

- 小的血肿,可用注射器穿刺抽出积液,再用耳绷带压迫局部7~10日。
- 手术切开缝合法治疗。直线或"S"形切口,切口两侧用4#丝线平行耳缘做几排水平纽孔状缝合,扣状缝合之间需要夹垫塑料管或塑料片以免由于肿胀而出现耳廓的局部压破坏死,缝合打结在耳廓外侧。

[处方1] 氯霉素眼药水,每日10~20次,冲洗耳部创口。

[处方2] 甲硝唑100毫升,庆大霉素40万单位,利多卡因20毫升混合药液,消炎止痒,冲洗耳廓。

- 伊丽莎白脖圈,防止抓挠耳部。

二、耳的撕裂创

【临床症状】▶▶▶

多由于打斗、咬架、戏耍、挤压等外伤而引起。根据创伤的深度和结构可以分为以下三种情况：① 损伤只是表皮部分，软骨组织完整，轻微出血，疼痛；② 皮肤和软骨组织同时损伤；③ 皮肤、软骨组织以及对侧皮肤完全穿透性损伤。

【治疗方案】

- **皮肤表皮伤**，尽可能地保留皮肤对合皮瓣，细致缝合增加美容效果。
- **皮肤和软骨损伤**，由于伤及软骨，缝合时，进行软骨和皮肤分别缝合，软骨的缝合最好采用可吸收线。
- **穿透性损伤**，缝合时耳的一侧应用垂直褥式缝合和固定软骨和皮肤，而另一侧，应用简单间断缝合皮肤。也可耳两侧皮肤应用简单间断缝合。

  [处方1] 氨苄西林，20~30毫克/千克，每日2~3次，肌内注射。
  [处方2] 氯霉素眼药水，每日10~20次，冲洗耳部创口。
  [处方3] 甲硝唑100毫升，庆大霉素40万单位，利多卡因20毫升混合药液，消炎止痒，冲洗耳廓。
- **伊丽莎白脖圈**，防止抓挠耳部。

三、外耳炎

【临床症状】

外耳炎是指外耳道上皮的炎症。炎症常累及对耳轮和耳廓，也可通过鼓膜影响中耳。本病犬、猫均常发生，垂耳或外耳道多毛品种犬如可卡、拉布拉多以及小型贵妇等品种易发生。耳螨、不正确洗耳、耳内异物、外耳畸形及新生物等引起外耳细菌或真菌感染。患病动物，病耳垂下，摇抓病耳，可能出现耳破溃、充血，不停摇头导致耳廓血肿。外耳道疼痛或破溃、被毛潮湿，常流出淡黄色浆液性或脓性分泌物，粘连耳被毛，并散发异常臭味。病久则其耳道上皮肥大、增生，使耳道阻塞，听力减弱。体温间或升高，食欲不振。

【治疗方案】

确定并去除病因。

- 宠物镇静或麻醉后，剪去或拔除耳廓及外耳道入口的被毛。
- 灭菌生理盐水清洗、湿润外耳道。

  [处方1] 0.1%新洁尔灭或雷伏诺尔，消炎、清洗外耳道。
  [处方2] 3%双氧水清洗、消毒外耳道深部，1~2次。
  [处方3] 氧化锌软膏，每日1次。
  [处方4] 复方新霉素滴耳油，每日3~4次，耳用。
  [处方5] 耳康，每日3~4次，耳用。
  [处方6] 氨苄西林，20~30毫克/千克，每日2~3次，肌内注射。
  [处方7] 速诺（阿莫西林克拉维酸钾混悬剂），犬/猫：0.1毫升/千克，肌内注射/皮下注射，每日1次。
  [处方8] 拜有利（恩诺沙星）注射液，1毫升/千克，皮下注射/肌内注射，每日1次。
  [处方9] 擦虫净、耳螨灭 治疗耳螨，3天一次，但柯利犬慎用。
- 慢性外耳炎，可施部分耳道切除术。

四、中耳炎、内耳炎

【临床症状】 ▶▶▶

中耳炎是鼓室的一种炎症,犬、猫易发生,中耳炎、内耳炎常同时或相继发生。多因严重外耳炎引起,病原菌可通过外耳道、咽鼓管,蔓延至鼓膜或鼓室,或通过血源性感染中耳。治疗不及时或炎症没有控制住中耳炎可引起内耳炎,结果发生耳聋和平衡失调。临床表现与外耳炎相同。但出现头向患侧偏斜,动物摇头,向患侧转圈,耳下垂,疼痛,外耳道有排泄物及耳道内发炎。严重时可向同侧跌倒,宠物不能站立、吃食及饮水,眼球颤动,运动失调,发热,精神沉郁及疼痛加剧。更严重时炎症侵及面神经和副交感神经,引起面部麻痹,干性角膜炎和鼻黏膜干燥;炎症侵及脑膜后可引起脑脊膜炎导致死亡。

【治疗方案】 ▶▶▶

局部和全身用抗生素治疗,必要时手术切除耳道。

[处方1] 复方新霉素滴耳油,每日3~4次,耳用。

[处方2] 耳康,每日3~4次,耳用。

[处方3] 氨苄西林,20~30毫克/千克,每日2~3次,肌内注射。

[处方4] 速诺(阿莫西林克拉维酸钾混悬剂),犬/猫:0.1毫升/千克,肌内注射/皮下注射,每日1次。

[处方5] 拜有利(恩诺沙星)注射液,1毫升/千克,皮下注射/肌内注射,每日1次。

[处方6] 鼓室冲洗治疗,将冲洗管经鼓膜孔插入中耳的深部进行冲洗。

- 严重慢性中耳炎冲洗治疗无效,可实施中耳腔刮除治疗。
- 外耳道或全耳道摘除术,耳道增生严重,其他治疗无效。

第十七章 犬、猫肿瘤疾病

一、传染性口腔乳头状瘤

【临床症状】▶▶▶

乳头状瘤又称为疣，是发生在犬口腔黏膜或皮肤上的良性肿瘤，猫较少发生。乳头状瘤由乳突状病毒科的小型双链DNA病毒感染引发，病原有宿主特异性，直接接触传染，污染物和昆虫可传播病毒。潜伏期4~6周，主要感染幼犬的口腔。瘤体发生在唇、颊、齿龈或舌下、咽等黏膜，初期在局部出现白色隆起，逐渐变为粗糙的呈灰白色小突起状或菜花状肿瘤，呈多发性。严重的病例：舌、口腔和咽部可被肿瘤覆盖，影响采食。当出现坏死或继发感染时可引起口腔恶臭味，流涎。

【治疗方案】▶▶▶

- 传染性乳突状瘤有自愈性，一般多为4~21周。
- 若病程长有咀嚼障碍时，可进行手术切除，并烧烙创口，但在肿瘤生长阶段，可导致复发和刺激生长。
- 对于发病犬、猫进行隔离。

[处方1] 博来霉素，犬：0.25毫克/千克，静脉滴注/皮下注射，每日1次，连用4天，然后0.25毫克/千克，每周最大剂量5毫克/千克。

[处方2] 环磷酰胺，2~4毫克/千克 口服。

二、齿龈瘤

【临床症状】▶▶▶

齿龈瘤为牙周韧带的一种肿瘤，其组织结构含细胞成分相对较少，由成熟结缔组织构成的排列规则的肿块。肿瘤可出现在任何年龄的犬，但老龄犬多见。齿龈瘤可以分为三种，纤维瘤性齿龈瘤、骨化纤维瘤和棘皮性齿龈瘤。多发于6岁以上犬，初期无明显症状，但被毛、食物残渣可在肿瘤与齿之间积聚产生刺激和口臭。严重时出现溃疡、出血。纤维瘤性齿龈瘤和骨化性纤维瘤可以是单发或多发，一般不具浸润性但可扩大并影响牙齿。棘皮性齿龈瘤破坏性较大，可侵入周围组织甚至骨骼。

【治疗方案】▶▶▶
- 纤维瘤性瘤和骨化纤维瘤，单个散在发生时可用电烧烙术处理。
  ［处方1］ 0.2%洗必泰冲洗或2%碘甘油，黏膜消毒、清洁，每日1～2次。
  ［处方2］ 长春新碱，0.02～0.05毫克/千克，7～10天1次，静脉滴注。
  ［处方3］ 环磷酰胺，2毫克/千克，隔天1次或每日1次，口服。

三、口腔鳞状上皮癌

【临床症状】▶▶▶

口腔鳞状上皮癌起源于口腔上皮，穿过生长层并侵入下面的结缔组织。对老龄的犬、猫危害较大。猫最常见于嘴唇、牙龈和舌头。而犬的鳞状细胞癌常发部位是齿龈和上腭。各部位的肿瘤都表现为非常坚硬的、侵袭性的白色团块，表面往往出现溃烂。切面颜色较淡，犬和猫的鳞状细胞癌有时出现在下颌内。肿瘤引起下颌的扩大与变形，在X射线检查时，易和骨细胞内瘤混淆。鳞状细胞癌也发生于猫的食道，造成食道阻塞。

【治疗方案】▶▶▶
- 猫口腔内发生鳞状细胞癌时，不管肿瘤发生部位与分化程度如何，预后不良。手术切除后，由于局部复发并常伴有淋巴结转移或肺转移，大多数将在3个月内死亡。
  ［处方1］ 长春新碱，0.02～0.05毫克/千克，7～10天1次，静脉滴注。
  ［处方2］ 环磷酰胺，2毫克/千克，隔天1次或每日1次，口服。
- 治疗无效实行安乐死。

四、嗜酸性肉芽瘤

【临床症状】▶▶▶

嗜酸性肉芽瘤生长在口唇上，任何年龄猫均可发病，但幼年猫发生的较少。犬少发生。目前对本病病因尚不清楚，通过局部组织压片和病理组织切片检查，除发现革兰阳性细菌外，在分离培养后，还见有变形杆菌、金黄色葡萄球菌和溶血性链球菌等。有学者认为是一种自身变态反应。猫有像"锉刀"样舌体，而且十分灵活，经常摩擦上唇，可能成为诱发此病的重要因素。初期在上唇正中部位产生凹陷，病灶小而平滑，逐渐患部口唇变的肥厚红润，其糜烂面沿上唇逐渐扩大，直至浸润到口唇周围组织。严重病变可发展到整个口唇部，齿龈露出，流涎，进食困难。病变也可能出现在身体其他部位，如四肢和会阴等处。

【治疗方案】▶▶▶
  ［处方1］ 1%龙胆紫，局部消炎、收敛，每日2～3次，局部涂擦。
  ［处方2］ 维生素E，免疫调节，50～100毫克/只，每日2次，口服。
  ［处方3］ 地塞米松，1～2毫克/千克，每日1次，肌内注射。
  ［处方4］ 5%硝酸银，溃疡面消毒、腐蚀剂，1～2次，外用。
  ［处方5］ 红霉素软膏或新霉素软膏，涂擦。

［处方6］ 青霉素，2万单位/千克，每日2～3次，肌内注射或静脉滴注。
［处方7］ 卡那霉素，5～15毫克/千克，每日2～3次，肌内注射。

五、鼻腔腺癌

【临床症状】▶▶▶

鼻腔腺癌起源于鼻上皮，有很大的破坏性和侵袭性，犬、猫均可患此病。肿瘤一般呈红色、粗糙、出血的肿块，填塞于鼻腔，引起脓性带血的鼻漏。X线检查见患例鼻腔内有占位性高密度阴影。组织学检查见肿瘤组织由柱状上皮细胞组成，细胞排成侵袭性索状，一些细胞形成黏液分泌腺，随着肿瘤的生长，邻近的鼻腔正常结构受到破坏。

【治疗方案】▶▶▶

现在尚无有效疗法，预后不良。
［处方1］ 长春新碱，0.02～0.05毫克/千克，7～10天1次，静脉滴注。
［处方2］ 环磷酰胺，2毫克/千克，隔天1次或每日1次，口服。

六、鼻窦癌

【临床症状】▶▶▶

鼻窦癌起源于鼻腔和额窦的柱状上皮细胞，犬、猫均可发生。多是单侧发生，发病侧损伤广泛，鼻甲骨几乎完全被破坏。鼻腔有时包括额窦被一种苍白、灰褐色的、易脆的组织所堵塞，临床表现为呼吸时的鼾音、单侧黏液性脓性鼻腔分泌物和扣诊浊音。许多病例，肿瘤引起了上颌骨和前额骨明显的扭曲。

【治疗方案】▶▶▶

如果做出早期诊断，采取大范围的外科切除，多数病例，发现时已是晚期，预后不良。
［处方1］ 环磷酰胺，2毫克/千克，隔天1次或每日1次，口服。
［处方2］ 长春新碱，0.02～0.05毫克/千克，7～10天1次，静脉滴注。

七、咽喉部肿瘤

【临床症状】▶▶▶

咽喉部原发性恶性肿瘤少见。继发性肿瘤如腺瘤、骨瘤、巨细胞瘤和软骨瘤较为常见。此外，甲状腺瘤、淋巴肉瘤等由于压迫喉神经而且影响喉功能。咽喉部肿瘤的诊断需与生长在喉部、声带处息肉相区别，后者多发于犬，但很少引起呼吸困难。因创伤的渗出性变化或手术所致的软骨瘤和肉芽肿可发展为严重阻塞呼吸道的异物。

【治疗方案】▶▶▶

咽喉部肿瘤一般无手术治疗价值，必要时可行对症治疗。
［处方1］ 环磷酰胺，2毫克/千克，隔天1次或每日1次，口服。
［处方2］ 长春新碱，0.02～0.05毫克/千克，7～10天1次，静脉滴注。
［处方3］ 青霉素，2万单位/千克，每日2～3次，肌内注射或静脉滴注。

[处方4] 卡那霉素，5~15毫克/千克，每日2~3次，肌内注射。
[处方5] 阿莫西林，5~15毫克/千克，每日2~3次，口服。
[处方6] 甲硝唑，15毫克/千克，每日2~3次，然后逐减到每日1次，口服。

八、外耳道肿瘤

【临床症状】▶▶▶

肿瘤可发生于耳道的任何内皮成分和支持结构，包括鳞状上皮、耳垢腺或皮脂腺等组织。该病易发生于外耳道和听道，在中耳和内耳较少发生。

【治疗方案】▶▶▶

- 外耳道手术切除。
[处方1] 新霉素滴耳液，每日5~10次，耳用。
[处方2] 青霉素，2万单位/千克，每日2~3次，肌内注射或静脉滴注。
[处方3] 泰利必妥滴耳液，每日5~10次，耳用。

九、原发性肺肿瘤

【临床症状】▶▶▶

犬发病的平均年龄为10.5岁。无性别、品种间的差别。包括肺实质、胸膜和支气管壁发生的肿瘤，在动物实际上所有都是恶性的。多数病例是在做麻醉前检查或每年做X线普查时发现的。原发性肺肿瘤有多种症状，这取决于肿瘤的位置、肿瘤生长速度、有无原发或并发的肺疾病。共同症状包括：咳嗽、食欲减少、体重下降、喘息、呕吐或逆呕、体温升高和跛行。犬常见的多为慢性经过，表现为无痰性咳嗽。猫咳嗽不常见，更常见的是非特异性症状，有食欲减少，体重下降，呼吸困难及呼吸急促。犬、猫出现呼吸急促和呼吸困难表示有较大的肿瘤的危害或胸膜渗出。猫患原发性肺肿瘤后胸膜渗出很常见。跛行可能是由于肥大性骨病所致，猫不常见跛行，或是肿瘤转移到骨骼肌的缘故。胸腔听诊无变化，呼吸音的增加与肺充血程度有关，呼吸低沉是由于肺硬化或胸膜渗出的缘故。肺肿瘤主要发生于终末支气管上皮。多见于右侧肺叶。

胸腔透视是很重要的方法，与其他肺病也可能有相似的肺透视图像，设法排除这些疾病可做出初步诊断。确诊则要靠活组织检查。

【治疗方案】▶▶▶

通过外科手术切除肺叶是首选的治疗手段。手术后平均存活时间为10~13个月，如果确诊时已出现向淋巴系统转移，其存活时间就会缩短。

[处方1] 环磷酰胺，2毫克/千克，隔天1次或每日1次，口服。
[处方2] 长春新碱，0.02~0.05毫克/千克，7~10天1次，静脉滴注。
[处方3] 塞替派，犬：0.5毫克/千克，静注滴注/肌内注射/腔内注射，每周1~2次。

十、转移性肺肿瘤

【临床症状】▶▶▶

局部肿瘤可通过血液、淋巴途径或者是肿瘤细胞的直接扩展而扩散至全肺。某些原发性肿瘤，如乳腺癌、骨软骨肉瘤及口腔黑色素瘤，最常转移到肺脏。肺可能是肿瘤转移的唯一部位，或者在其他器官也同时出现转移。如果恶性肿瘤的晚期出现肺转移，则预后不良。除了咳嗽较少见以外，转移性肿瘤肺病的临床特征类似于原发性肺肿瘤。症状的严重程度取决于肿瘤的解剖位置及病变是单一性的还是多发性的。由于常规透视时小病变（直径小于等于 3 毫米）显示不出，许多的肺转移瘤病例可能被忽视。

【治疗方案】

肺转移瘤的预后不良。生长缓慢或单一的转移性肿瘤用外科手术切除是最佳的治疗方法。

［处方1］ 环磷酰胺，2 毫克/千克，隔天 1 次或每日 1 次，口服。
［处方2］ 长春新碱，0.02～0.05 毫克/千克，7～10 天 1 次，静脉滴注。
［处方3］ 塞替派，犬：0.5 毫克/千克，静注滴注/肌内注射/腔内注射，每周 1～2 次。

十一、胃肠道腺瘤

【临床症状】

胃肠道腺瘤又称息肉。常见于犬，可发生于胃肠道任何部位，但更常发生胃的幽门部、十二指肠、直肠的后段。胃或十二指肠瘤，临床上表现为进食后几小时出现呕吐。发生于直肠后段的肿瘤，引起排便费力和排出混有血液的粪便。通过口服钡餐进行 X 射线检查，或者腹腔探查，可做出诊断。腺瘤通常呈现小的、坚硬的、蒂状肿瘤，该肿瘤通过一条狭窄的根蒂连接到黏膜上。肿瘤的切面颜色较淡，质地较硬，肿瘤外周包绕着许多既小又细的乳头样结构。

【治疗方案】

手术切除腺瘤，预后良好，但直肠腺瘤易复发。

［处方1］ 环磷酰胺，2 毫克/千克，隔天 1 次/每日 1 次，口服。
［处方2］ 长春新碱，0.02～0.05 毫克/千克，7～10 天 1 次，静脉滴注。
［处方3］ 5-氟尿嘧啶，犬：5～10 毫克/千克，静注，每周 1 次。
［处方4］ 地塞米松，1～2 毫克/千克，每日 1 次，肌内注射。

十二、胃肠道癌

【临床症状】

胃肠道癌在一些动物并不常见。犬的腺癌多在胃和直肠中发生。发生部位临床症状与胃肠道腺瘤相似。但腺癌很少是局限性的，受损器官壁层往往出现不规则的增厚区域，如果发生在胃，整个胃壁都可能增厚。覆盖腺癌区域的黏膜发生溃疡并出现继发感染，肿瘤区域硬度一致，切面呈灰白色，肌肉组织被肿瘤所替代。小肠也能形成大的多结状癌，它们引起肠道部分或全部阻塞。直肠癌的分化程度较高，胃癌分化程度低，分化程度较高的肿瘤是由致密的纤维状基质和不规则形态的囊状腺泡构成，腺泡腔内含有黏液样分泌物。即使是分化良好的腺癌，也是呈侵袭性生长，以致整个壁层能够见到肿瘤样结构。发生在胃的分化较差的肿瘤，可见到整个胃的壁层被体积较大的上皮弥散性浸润，上皮细胞一般不形成镜下可见的腺体样结构。

【治疗方案】▶▶▶

早期手术切除,可取得较好预后,后期治疗特别直肠癌,预后不良。

[处方1] 环磷酰胺,2毫克/千克,隔天1次或每日1次,口服。

[处方2] 长春新碱,0.02~0.05毫克/千克,7~10天1次,静脉滴注。

[处方3] 5-氟尿嘧啶,犬:5~10毫克/千克,静注,每周1次。

[处方4] 地塞米松,1~2毫克/千克,每日1次,肌内注射。

十三、肝脏肿瘤

【临床症状】▶▶▶

肝脏肿瘤可分原发性肿瘤和继发性肿瘤两种。根据其起源于上皮细胞,可分肝细胞腺癌、胆管细胞腺癌、肝细胞癌、胆管细胞癌(胆道癌)、类癌瘤等;症状与慢性炎症性肝胆疾病的征候相似,如胆管肝炎和肝硬化。偶尔因肿瘤破裂出血而发生急性贫血。临床特征为食欲缺乏、失重、腹下垂、呕吐等。还有较为少见的症状有腹水、下痢、黄疸与呼吸困难。最为明显的症状就是触诊腹部有肿块(约占80%)。可借助肝功能检查、组织学检查和X线检查进行诊断。血检一半以上病例有贫血、肝功能异常。

【治疗方案】▶▶▶

手术疗法适用于生长慢的肝细胞腺瘤和癌瘤(局限于一个肝叶)。

[处方1] 环磷酰胺,2毫克/千克,隔天1次或每日1次,口服。

[处方2] 长春新碱,0.02~0.05毫克/千克,7~10天1次,静脉滴注。

[处方3] 肝泰乐(促进肝修复),50~200毫克/千克,每日1次,肌内注射或静脉滴注。

[处方4] 3种氨基酸(能量蛋白),5~10毫升/千克,每日1次,静脉滴注。

十四、脾脏肿瘤

【临床症状】▶▶▶

脾脏肿瘤可分为原发性和转移性两种。病犬初期一般无症状,随着脾脏肿大和血象变化的出现,病犬通常表现为腹胀、腹痛和贫血症状。血管瘤和血管肉瘤病犬一般表现为:全身无力,腹部扩张,可视黏膜发绀,呼吸迫促。心动过速,严重时出现脾脏或血管破裂,失血量过大则出现低血容量性休克,甚至死亡。脾脏肥大细胞瘤病犬可表现为:腹胀,不安,呕吐,血便,严重时因胃穿孔或十二指肠溃疡出现突发性虚脱。病犬触诊可触及腹部肿块或脾脏肿大,腹部膨胀。放射线和超声检查:可见明显的脾脏肿大或脾肿块。

【治疗方案】

[处方1] 泼尼松,5~15毫克/千克,肌内注射。

[处方2] 环磷酰胺,2毫克/千克,隔天1次或每日1次,口服。

[处方3] 长春新碱,0.02~0.05毫克/千克,7~10天1次,静脉滴注。

[处方4] 异环磷酰胺,9~10毫克/千克,每2~3周1次,静脉滴注。

[处方5] 阿霉素,犬:①1.5~2毫克/千克,静脉滴注,加入150毫升5%葡萄糖溶液,

每2~9周；最大累积剂量，112毫克/千克；②小犬：1毫克/千克，缓慢静注。猫：1毫克/千克，缓慢静注，每3周，最大累积剂量2毫克/千克。

十五、胰腺肿瘤

【临床症状】▶▶▶

胰腺是多种家畜好发的肿瘤部位，犬、猫均有胰腺的外分泌部分和内分泌部分肿瘤病例报道，老龄犬多发。外分泌部腺瘤通常肿瘤为结节状，有包膜。瘤细胞与正常腺细胞无大区别，无异型性，可排列为腺泡样或腺管样。腺癌外观为结节样或团块样，但无完整包膜，并有向周围浸润现象，易发生转移。内分泌部胰岛腺瘤（胰腺泡细胞癌），肿瘤外观呈结节状或其他形态，通常有较完整的包膜，边界清楚，切面均质，质地硬实。胰腺细胞癌可发生于胰腺的任何部位。在腺实质内形成小而坚实的白色结节。胰腺癌常发生广泛的转移，首先转移到肝脏，然后转移到肠系膜、大网膜和腹膜上，有大量小的灰色结节。胰岛细胞瘤，属于良性肿瘤，但对胰岛细胞功能有影响。由于胰岛素分泌过多，病犬出现低血糖的体征，如运动失调、精神不振、惊厥、昏迷等症状。由于胰岛组织是一种内分泌腺，因此，胰岛肿瘤一旦发生，可不同程度地伴同出现血糖调节紊乱症状。

【治疗方案】▶▶▶

胰脏切除术或胰脏部分切除术。

[处方1] 环磷酰胺，2毫克/千克，隔天1次或每日1次，口服。

[处方2] 长春新碱，0.02~0.05毫克/千克，7~10天1次，静脉滴注。

[处方3] 异环磷酰胺，9~10毫克/千克，每2~3周1次，静脉滴注。

十六、肾脏腺瘤

【临床症状】▶▶▶

犬最严重的两种肾原发性肿瘤是肾细胞癌（肾腺瘤）和胚胎性肾胚细胞瘤（肾母细胞瘤）。肾转移性肿瘤比原发性肿瘤多见。骨肉瘤、血管肉瘤、淋巴肉瘤、肥大细胞瘤和恶性黑色素瘤常转移至肾。犬肾原发性肿瘤的原因尚未阐明。猫肾原发性淋巴肉瘤与猫白血病病毒感染有关。临床征候通常无特异性，食欲不振，进行性消瘦，腹部膨胀和疼痛；血尿，多尿和烦渴。体检可触知肿大的肾脏。放射学检查，放射学和B超检查可见密度稍高阴影和反射波。普通的腹部放射摄片和超声波扫描可显示前腹部的液体密度团块。

【治疗方案】▶▶▶

肾、输尿管切除，手术操作时尽快结扎肾动脉和肾静脉，完全摘除肾和输尿管，尽可能地摘除肾周脂肪。手术前进行胸部X线片检查以评价肺的转移情况。

[处方1] 环磷酰胺，2毫克/千克，隔天1次/每日1次，口服。

[处方2] 长春新碱，0.02~0.05毫克/千克，7~10天1次，静脉滴注。

[处方3] 异环磷酰胺，9~10毫克/千克，每2~3周1次，静脉滴注。

[处方4] 阿糖胞苷，2.5毫克/千克/天，静脉滴注，连用4天，或7.5毫克/千克，皮下注射，每日2次，连用2天。

十七、卵巢肿瘤

【临床症状】

犬、猫卵巢肿瘤发病率较低，其中以原发性肿瘤多见，常见有卵巢腺瘤、腺癌、粒层细胞瘤、足细胞瘤、无性细胞瘤、畸胎瘤等。卵巢颗粒细胞瘤是卵巢内最为常见的瘤，常见于中老龄母犬。这类肿瘤来源于卵巢的卵泡细胞。肿瘤细胞可以分泌雌激素，使患犬临床表现持续性长期发情，吸引雄性，但不出现排卵，机体清瘦。根据母犬出现发情症状超过21天，发情前期和发情期持续时间超过40天可怀疑本病。猫则较难与正常的频繁发情区别。卵巢腺瘤和腺癌常见于犬，也发生于猫。它们是非功能性的瘤，并不引起行为的改变，通常表现为进行性的腹部膨大。和其他卵巢肿瘤相比，在被发觉前就长得很大，且一般表现为单侧肿瘤，由大量的大小不一的紧紧包裹在一起的囊状物组成，囊肿内充满了清亮的、浅黄色的液体，囊外有白色组织的包膜，组织有规律地排列成乳头状。根据腹围异常增大，可进一步做B超诊断，液体外有一层包膜包裹。

【治疗方案】

卵巢颗粒细胞瘤一般为良性肿瘤，通过外科手术可治愈。腹腔内转移，可以见到大量、白色、坚实的肿瘤结节出现，也可通过血液转移到肝脏和肺脏。

［处方1］ 环磷酰胺，2毫克/千克，隔天1次或每日1次，口服。

［处方2］ 长春新碱，0.02～0.05毫克/千克，7～10天1次，静脉滴注。

十八、犬、猫子宫肿瘤

【临床症状】

犬、猫子宫肿瘤较为少见，以平滑肌瘤为最常见。无明显临床症状，往往是在腹壁触诊或做B超检查时发现，患犬表现阴门持续滴血或子宫积液。腺瘤在子宫或阴道中腺癌呈扁平状，界限不清，并侵袭周围组织造成黏膜溃疡。在腹腔触诊有肿瘤时，进一步做B超检查可确诊。

【治疗方案】

子宫卵巢全切除。

［处方1］ 环磷酰胺，2毫克/千克，隔天1次或每日1次，口服。

［处方2］ 长春新碱，0.02～0.05毫克/千克，7～10天1次，静脉滴注。

十九、阴道与前庭肿瘤

【临床症状】

阴道与前庭肿瘤是母犬生殖器官第二常见肿瘤。母猫阴道肿瘤则不多见。母犬阴道肿瘤常见平滑肌瘤和传播性性病肿瘤。临床表现会阴部鼓起，从阴户脱出肿瘤组织、无尿或频尿，腔内肿瘤感染出现血性或脓性阴道分泌物。通过阴道或直肠的触诊（摸到肿瘤块）可以确诊。

【治疗方案】

手术切除局部单个肿瘤，有时需作外阴切开术以便充分暴露阴道。

[处方1] 环磷酰胺，2毫克/千克，隔天1次或每日1次，口服。
[处方2] 长春新碱，0.02～0.05毫克/千克，7～10天1次，静脉滴注。
[处方3] 异环磷酰胺，9～10毫克/千克，每2～3周1次，静脉滴注。

二十、睾丸肿瘤

【临床症状】▶▶▶

犬睾丸肿瘤比其他家畜多发，老年犬易发。有些品种如拳狮、奇娃娃、波美拉尼亚犬、贵妇犬等易发。猫睾丸肿瘤较少发生。睾丸肿瘤中足细胞瘤、精原细胞瘤和间质细胞瘤最常见。另还可见睾丸纤维肉瘤、血管瘤、粒层细胞瘤、性腺胚细胞瘤及未分化的肉瘤/癌。单侧睾丸肿瘤为多发。临床表现睾丸的肿块，由于雌激素的产生，公犬出现雌性化（包皮下注射垂、吸引别的公犬等）。

【治疗方案】▶▶▶

手术摘除病变睾丸。
[处方1] 环磷酰胺，2毫克/千克，隔天1次或每日1次，口服。
[处方2] 长春新碱，0.02～0.05毫克/千克，7～10天1次，静脉滴注。
[处方3] 异环磷酰胺，9～10毫克/千克，每2～3周1次，静脉滴注。
[处方4] 顺铂，1.5～1.75毫克/千克，每日1次，共5日，静脉滴注。
[处方5] 普卡霉素，犬：2微克/千克，静脉滴注，每日1次，连用2～4日。

二十一、睾丸支持细胞瘤

【临床症状】▶▶▶

睾丸支持细胞瘤是雄犬睾丸的输精管上皮细胞和精原细胞肿瘤化。多见于老龄犬，雄性激素和雌性激素的平衡失调为本病的诱因。有人认为右侧睾丸较左侧多发。肿瘤生长相对缓慢，不向外侵袭，无痛感，但可能长得很大。隐睾肿瘤形状不规则，常呈小结节状肿块，切面呈灰白色且较坚实。支持细胞瘤能分泌雌激素，这将使患病公犬发生行为改变——雌性化：对其他公犬产生性吸引力，通常乳房增大，两侧对称性脱毛，初期见于生殖器周围，以后扩展到股内侧和腹部，并逐渐向股外侧、颈胸、荐部以至全身蔓延，最后仅剩有脊背部一条有被毛，其他部位呈无毛状态。同时出现皮肤色素沉着，股内侧和腹部更为明显。包皮增长，未发生肿瘤的另一侧睾丸萎缩。前列腺也会由于鳞状化而增大。

【治疗方案】▶▶▶

手术切除病变肿瘤，同时切除另一侧睾丸。切除后雌性化及脱毛等现象则可在4个月自行消失。化疗效果欠佳。

二十二、前列腺肿瘤

【临床症状】▶▶▶

前列腺肿瘤犬较为常见，以腺癌、良性间质瘤（平滑肌瘤、纤维瘤）、肉瘤和继发性瘤为主。临床症状与其他前列腺疾病的症状相似，发病后可出现消瘦、烦渴、多尿、腰区疼痛和体温升高，如果肿瘤侵害尿道，可能会出现排尿困难或尿道阻塞。前列腺癌可转移到局部淋巴结、腰椎和骨盆。在疾病后期可转移到较远部位如肺。已经去势的犬如果出现前列腺肥大，也很可能是肿瘤所致。

【治疗方案】▶▶▶

本病没有有效的治疗措施。手术摘除前列腺，未去势犬进行去势术。

[处方1] 环磷酰胺，2毫克/千克，隔天1次/每日1次，口服。

[处方2] 顺铂，1.5～1.75毫克/千克，每日1次，共5日，静脉滴注。

[处方3] 阿霉素，犬：①1.5～2毫克/千克，静脉滴注，加入150毫升5%葡萄糖溶液，每2～9周；最大累积剂量，112毫克/千克；②小犬：1毫克/千克，缓慢静注。猫：1毫克/千克，缓慢静注，每3周，最大累积剂量2毫克/千克。

二十三、交配传播的性肿瘤

【临床症状】▶▶▶

交配传播的性肿瘤是侵害犬的外生殖器和其他黏膜的一种自发性肿瘤，又称接触传染性淋巴肉瘤。通过性或群体接触，脱落的肿瘤细胞能由带肿瘤动物传至新的宿主。肿瘤通常分为叶状、菜花状、无蒂的团块；偶尔呈乳头状或有蒂。外露的表面松脆，生长早期呈红色，后期呈淡红色或灰色。常有出血和坏死。常见的部位为外生殖器，如包皮或阴茎；外阴、前庭或阴道。也可位于生殖器以外的器官，如唇、口腔、鼻腔，少数在皮肤。大的肿瘤造成机械性不适，浆液出血性生殖道排出物，肿瘤坏死出现恶臭。病犬常舔病变部位。

【治疗方案】▶▶▶

外科切除可能能治愈，但手术后常见复发。电灼外科和冷冻外科结合或替代手术切除。

[处方1] 长春新碱，剂量为0.025毫克/千克（最大剂量为1毫克），1周1次，静脉注射。

[处方2] 预防在肿瘤退化以前，限制与其他犬接触和交配。

二十四、阴茎和包皮肿瘤

【临床症状】▶▶▶

阴茎和包皮肿瘤发病率甚低，可见到有上皮瘤（乳头状瘤、鳞状上皮细胞癌）、纤维乳头状瘤（纤维瘤）、传播性性病肿瘤及其他间质性肿瘤（纤维肉瘤、淋巴肉瘤、血管瘤/肉瘤）等。猫从未见报道。临床上乳头状瘤或传播性性病肿瘤看上去有蒂或其底宽，且常溃疡或出血。鳞状细胞癌则常出现疣样或颗粒状肿块，可长大至5厘米以上（直径）。其分泌物有恶臭味。

【治疗方案】▶▶▶

广泛的切除肿瘤。

[处方1] 环磷酰胺，2毫克/千克，隔天1次或每日1次，口服。

[处方2] 长春新碱，0.02～0.05毫克/千克，7～10天1次，静脉滴注。

[处方3] 异环磷酰胺，9～10毫克/千克，每2～3周1次，静脉滴注。

[处方4] 顺铂，1.5～1.75毫克/千克，每日1次，共5日，静脉滴注。

第十七章 犬、猫肿瘤疾病

二十五、基底细胞瘤

【临床症状】

基底细胞瘤发生于皮肤表皮或皮肤附件的复层鳞状上皮的最基底的细胞层，亦称基底细胞癌，为家畜中常见的肿瘤。由皮肤来的基底细胞癌表面多呈结节状或乳头状突起，底部则呈浸润性生长，与周围健康组织分界不清。由皮肤附件来的基底细胞癌呈隆起结节样，肿瘤与周围组织分界清楚，切面有时见到大小不一的囊腔。基底细胞瘤的生长缓慢，可发生溃疡。镜下癌细胞的形态与原细胞的组织学特征很相似，不形成棘细胞与角化，很少发生转移。较小的肿瘤呈圆形或囊体，呈小结节状生长，无蒂，质地硬，灰色，中央缺毛，表皮反光。大的瘤体形成溃疡。一般只侵害皮肤，很少侵至筋膜层。个别瘤中含有黑色素，表面呈棕黑色，外观极似黑色素瘤。肿块易破溃，细胞淡染，高度分裂，变异细胞产生溶酶颗粒，故又称颗粒性基底细胞癌。

【治疗方案】

激光刀切除瘤体。

[处方1] 5-氟尿嘧啶，5～10毫克/千克，每周1次，静脉滴注。
[处方2] 环磷酰胺，2毫克/千克，隔天1次或每日1次，口服。
[处方3] 肿瘤的溃疡面可用5-氟尿嘧啶软膏，每日涂2次。

二十六、皮脂腺瘤

【临床症状】

犬皮脂腺瘤多属良性。猫多发生皮脂腺腺瘤，尤其老年犬、猫多发。有些品种比较多发，肿瘤常生长在躯干的背部和侧面、腿部、头部和颈部，为实体瘤。皮脂腺结节增生，切面呈黄色、分叶状，腺体大，其小叶完全成熟，环绕中央皮脂腺管周围；腺瘤瘤体坚实、界限分明、可任意移动、常常无毛、有时溃疡，其分叶比皮脂腺增生少；皮脂腺上皮瘤肉眼和组织学变化与基底细胞瘤相似，黑色素沉着明显，应与黑色素瘤区别开来；皮脂腺腺癌具有侵袭性、界限不明显、常破溃、不常发生于头部。腺癌由分叶或细胞索构成。

【治疗方案】

皮脂腺增生、腺瘤与上皮瘤皆属良性，全切除或冷冻疗法均可治愈。

[处方1] 肿瘤的溃疡面可用5-氟尿嘧啶软膏，每日涂2次。
[处方2] 5-氟尿嘧啶，5～10毫克/千克，每周1次，静脉滴注。
[处方3] 环磷酰胺，2毫克/千克，隔天1次或每日1次，口服。

二十七、鳞状细胞癌

【临床症状】

鳞状细胞癌发生于表皮的棘状层，常发生于6岁以上的犬。猫第二种常见的皮肤肿瘤。本病与长期暴露于强烈的日光下照晒有关。某些化学性刺激如甲（基）胆蒽和苯并芘可发生此种肿瘤。其他刺激如接触碳氢化合物如石蜡、柏油等或机械性损伤、烧伤、冻伤、慢性炎症等也可诱发本病。单个发生，基底部宽，表现呈菜花样或火山口状。多发生于头部，尤其耳、唇、鼻及眼；犬的爪和腹部；犬、猫的乳房等。常侵害骨骼，转移到区域淋巴结。肺脏转移一般已属晚期。

【治疗方案】

早期进行大范围的瘤体切除。

[处方1] 环磷酰胺，2毫克/千克，隔天1次或每日1次，口服。

[处方2] 长春新碱，0.02～0.05毫克/千克，7～10天1次，静脉滴注。

[处方3] 异环磷酰胺，9～10毫克/千克，2～3周1次，静脉滴注。

[处方4] 顺铂，1.5～1.75毫克/千克，每日1次，共5日，静脉滴注。

[处方5] 皮肤染色或将犬关在屋内以防阳光照射。

二十八、脂肪瘤、脂肪肉瘤

【临床症状】

脂肪瘤是家畜常见的间叶性皮肤肿瘤，是由脂肪细胞与成脂细胞组成的良性肿瘤。它与正常的脂肪组织的区别在于：瘤内有少量不均匀的间质（血管及结缔组织）而将其分隔成大小不等的小叶。当有多量的结缔组织时，称纤维脂肪瘤，当有多量毛细血管，并且生长活跃，如内皮细胞增多，形成小管腔或不形成管腔时，则称血管脂肪瘤。脂肪肉瘤无完整包膜，质地柔软，也可略呈坚硬，外形多呈结节样或分叶状，黄或灰白色，瘤组织中常有出血与坏死。单纯的脂肪瘤生长慢、光滑、可移动、质地软和有包膜。常位于胸或腹侧壁皮下注射，无临床症状，较少见于大网膜、肠系膜以及肠壁等处。一般生长缓慢，大小不一，质轻，有假性波动，容易扯碎，出血较少，呈球状、结节状或不规则的分叶状，周围有一层薄的纤维包膜，内有很多纤维素纵横形成许多间隔。常有较细的根蒂，移动性大，老的脂肪瘤变为脂肪囊肿，可钙化甚至骨化。如感染则脂肪迅速变成坏死或腐败。镜检时除脂肪瘤有一纤维囊外，与正常脂肪组织难以区分。

【治疗方案】

手术切除实体性的脂肪瘤。

[处方1] 环磷酰胺，2毫克/千克，隔天1次或每日1次，口服。

[处方2] 长春新碱，0.02～0.05毫克/千克，7～10天1次，静脉滴注。

[处方3] 异环磷酰胺，9～10毫克/千克，2～3周1次，静脉注射。

二十九、肛周腺瘤

【临床症状】

肛周腺是变形的皮脂腺，除犬外，其他动物极少有此种腺体。母犬的肛周腺瘤多为恶性。公犬也有恶性，也可能与其他肿瘤共存发生混合瘤。肛周腺瘤具有实体性，多发性，充血性和高出皮肤表面的特征。如遭磨损，易继发感染或形成溃疡、瘘管及脓肿。大多数为良性，很少转移。

【治疗方案】

外科切除、冷冻外科处理。因可能与雄性激素的作用有关，建议配合去势。

[处方1] 环磷酰胺，2毫克/千克，隔天1次或每日1次，口服。

［处方2］ 长春新碱，0.02～0.05毫克/千克，7～10天1次，静脉滴注。
［处方3］ 异环磷酰胺，9～10毫克/千克，2～3周1次，静脉滴注。
［处方4］ 顺铂，1.5～1.75毫克/千克，每日1次，共5日，静脉滴注。

三十、黑色素瘤

【临床症状】

黑色素瘤发生于皮肤、黏膜和眼，且黏膜最常罹病。皮肤黑色素瘤多为良性。肤色重的犬种如可卡犬、波士顿㹴、苏格兰犬等品种犬更常发生。良性黑色素瘤按其起源可分表皮下注射和真皮黑色素瘤。前者最初为一黑色素斑块，渐而发展成硬实小结节，后者表面平滑、无毛、突起、周界明显和有色素沉着。恶性黑色素瘤一般瘤体较大、棕黑色到灰色，如肿块溃破，可浸润邻近组织。因细胞不能合成正常黑色素蛋白质使黑色素退色，故需经特殊染色方可辨别。黑色素瘤主要发生于直肠、阴囊、会阴部、口腔、眼或趾部。瘤体孤立或成串发生，呈黑色、灰黑色结节状隆起，大小不等，切开后流出墨汁样液体。当黑色素瘤恶性变化时，称为黑色素肉瘤。这种瘤具有恶性肿瘤的特点，生长快，瘤体大小和形状不一。发生于体表的瘤体与皮下注射组织紧密粘连，不能移动，易形成溃疡，且易转移到肺、肝、脾和淋巴结，常导致贫血和恶病质。

【治疗方案】

大范围的切除黑色素细胞瘤。恶性肿瘤预后不良。
［处方1］ 达卡巴嗪，5毫克/千克，每日1次，连用5天，每3周重复，静脉滴注。
［处方2］ 环磷酰胺，2毫克/千克，隔天1次或每日1次，口服。

三十一、乳头状瘤

【临床症状】

乳头状瘤属良性上皮瘤，是最常见的表皮组织肿瘤之一。非传染性乳头状瘤为实体瘤好发于老年犬，猫少发。无性别之差异。乳头状瘤有宽的基础、有蒂、表面呈菜花样突起，一旦瘤体长大易受损伤而破溃、出血。犬常发生在口腔、头部、眼睑、指（趾）部和生殖道等。乳头状瘤表面覆盖一层上皮细胞，其细胞不向真皮浸润。

【治疗方案】

多数瘤在1～2个月后会自行消退，可不进行治疗。手术切除单个肿瘤。冷冻治疗、电灼疗法。
［处方1］ 环磷酰胺，2毫克/千克，隔天1次或每日1次，口服。
［处方2］ 长春新碱，0.02～0.05毫克/千克，7～10天1次，静脉滴注。
［处方3］ 异环磷酰胺，9～10毫克/千克，2～3周1次，静脉滴注。
［处方4］ 顺铂，1.5～1.75毫克/千克，每日1次，共5日，静脉滴注。

三十二、纤维肉瘤

【临床症状】

纤维肉瘤属于恶性肿瘤，是由恶性成纤维细胞和产生胶原的混合间质细胞构成，是犬口腔第二种常见肿瘤。无品种性别的差异，但多见于中型和大型品种犬，公犬多于母犬。亦见于猫。大约60%发生在上颌骨、下颌骨、额骨、鼻骨，30%发生在长骨的干骺区。纤维肉瘤质地坚实，大小不一，形状不规整，边界不清，可长期生长而不扩展。临床上常误诊为感染性损伤，尤其发生于爪部更易引起误诊。纤维肉瘤内血管丰富，因而当切除和活检时，易出血。溃疡、感染和水肿往往是纤维肉瘤进一步发展的后遗症。X射线检查可发现原发性病变为骨皮质破坏。骨膜反应与骨原性肉瘤相似，在连续的X射线摄片上可观察到溶骨的速度较慢。其生长的速度有可变性，但可能生长很快，分化好的肿瘤可能在手术切口区发生，常常表现转移性；退行性发育的肿瘤有一更快的临床经过，并且更可能表现转移性。

【治疗方案】▶▶▶

手术切除单个肿瘤。
[处方1] 环磷酰胺，2毫克/千克，隔天1次/每日1次，口服。
[处方2] 长春新碱，0.02～0.05毫克/千克，7～10天1次，静脉滴注。
[处方3] 异环磷酰胺，9～10毫克/千克，2～3周1次，静脉滴注。

三十三、 皮肤肥大细胞瘤

【临床症状】▶▶▶

肥大细胞瘤可发生于任何部位的皮肤和内脏器官，但后肢上部和会阴，包皮处最常见。肿瘤体积变化很大，可单个或成群分布。从生长缓慢、柔软、松弛的肿瘤至生长迅速、坚硬、多结节的团块状，有的可侵入皮肤引起溃疡。其切面通常呈黄褐色或绿色，也可由于出血而呈斑状。肥大细胞瘤无包膜，但是生长缓慢的肿瘤比生长迅速的肿瘤界限更清晰。在猫肥大细胞瘤通常很小（直径通常小于0.5厘米），但是数量很多，散布于整个皮肤。

【治疗方案】▶▶▶

生长缓慢、分化良好的肥大细胞瘤进行手术切除。
[处方1] 环磷酰胺，2毫克/千克，隔天1次或每日1次，口服。
[处方2] 长春新碱，0.02～0.05毫克/千克，7～10天1次，静脉滴注。
[处方3] 异环磷酰胺，9～10毫克/千克，2～3周1次，静脉滴注。
[处方4] 顺铂，1.5～1.75毫克/千克，每日1次，共5日，静脉滴注。

三十四、 皮肤纤维瘤

【临床症状】▶▶▶

皮肤纤维瘤在犬和猫都常发生，可发生于皮肤的任何部位。纤维瘤界限清楚，紧连于被覆表皮，其上的被毛通常脱落。纤维瘤不易形成溃疡，可在深部组织内移动。质地坚硬或柔软，其切面呈白色或黄色，为纤维性表面。良性肿瘤生长十分迅速，瘤体下通常可达到比纤维瘤大的体积。

【治疗方案】▶▶▶

纤维瘤较易手术切除，且预后良好。
[处方1] 环磷酰胺，2毫克/千克，隔天1次/每日1次，口服。
[处方2] 异环磷酰胺，9～10毫克/千克，2～3周1次，静脉滴注。

[处方3]　顺铂，1.5～1.75毫克/千克，每日1次，共5日，静脉滴注。

三十五、乳腺肿瘤

【临床症状】▶▶▶

乳腺肿瘤在犬、猫中以犬最为多发，而以母犬最为多见，好发于10～11岁母犬，2岁以下犬少发。纯种犬发病率高。仅有少数乳腺肿瘤发生于公犬。猫的乳腺肿瘤大约占常见肿瘤的第三位，仅次于皮肤肿瘤及血管淋巴性恶瘤。猫的乳房肿瘤常发生于老龄阉过的或未阉过的母猫，而少见于去势的公猫。未阉过的母猫，其乳癌发生率，比阉猫高7倍之多，因而猫与犬一样，早期做卵巢切除术，可减少乳癌的发生。猫乳癌好发年龄为10岁左右，无品种的明显差异。肿瘤可发生在任何一处乳腺，但比较多发的是前面的乳腺。激素对肿瘤的发生及形成起重要作用。早期卵巢切除可大大减少本病的发生，而使用外源性孕激素可引起肿瘤发生。研究发现乳腺细胞中有雌激素和孕酮受体，推测这些有可能是诱发肿瘤的因子。另外，在猫已发现C型病毒，但犬则未发现。肿瘤所侵害母犬的乳腺，以第4及第5对为最多，大约占65%，第1对乳腺较少发生肿瘤。公犬同样侵害第4对和第5对乳腺为主。

乳腺出现坚硬、有界限的结节状肿块，大小不一，小的肿块直径仅几毫米，大的可达10～20厘米。混合瘤可更大。乳腺肿瘤易发生损伤、溃疡或感染等。检查注意腋窝淋巴或腹股沟淋巴结是否已有转移灶。全身还可向肺转移。视诊时要注意乳房体积的变化。乳头有无内陷，乳癌时有内陷，乳房皮肤的变化，乳癌的乳区皮肤变紫红色和皮肤常呈皱陷。触诊，注意肿块的位置、硬度、有无粘连，固着于筋膜或胸膜上，淋巴变化。因为乳癌细胞常转移到肺，而很少转移到骨。因而，对犬可以不必进行骨的X线摄片。但有资料介绍，犬的乳癌是可以转移到骨的，而且以肱骨为主。

【治疗方案】▶▶▶

早期施行根治性手术。乳房切除术的同时，实施卵巢切除术。

[处方1]　环磷酰胺，2毫克/千克，隔天1次或每日1次，口服。

[处方2]　长春新碱，0.02～0.05毫克/千克，7～10天1次，静脉滴注。

[处方3]　异环磷酰胺，9～10毫克/千克，2～3周1次，静脉滴注。

[处方4]　顺铂，1.5～1.75毫克/千克，每日1次，共5日，静脉滴注。

[处方5]　阿来司酮，10毫克/千克，皮下注射，每日1次，连用4～5天。

三十六、骨瘤

【临床症状】▶▶▶

骨瘤为最常见的良性结缔组织肿瘤，由骨性组织形成，起源于骨，常见于头颅骨或下颌骨的内侧或外侧表面与四肢，呈局限性骨肥大，局部硬固肿胀，它的来源通常认为是外生性骨疣，或者来自骨膜或骨内膜的成骨细胞。此外，还可从软骨瘤而来。外伤、炎症和营养障碍的慢性过程所致的骨瘤形成是常见的。一些异物如金属嵌插物、子弹、弹片和移植骨也可致发骨肿瘤。骨骼屡遭机械性损害常致发骨肿瘤，但这种骨肿瘤常为良性的，如动物外科临床常见的外生性骨赘和环骨瘤等。但在某些情况下，机械刺激频繁而持久，也可以使良性转为恶性。而目前，为了研究骨肿瘤的生长，常在动物身上人工接种骨肿瘤细胞，因而也成为骨肿瘤发生的原因。肿瘤多呈圆形,坚硬同骨,向表面或向内面突出。如果突出部压迫重要器官、组织、神经或血管,可引起一定机能障碍性症状;否则不显临床症状。

【治疗方案】

如部位允许,可选择手术切除。四肢部发生恶性骨肿瘤时,可以考虑截肢术。骨瘤已转移至肺,则预后不良。

［处方1］ 长春新碱,0.02～0.05毫克/千克,7～10天1次,静脉滴注。

［处方2］ 异环磷酰胺,9～10毫克/千克,2～3周1次,静脉滴注。

［处方3］ 顺铂,1.5～1.75毫克/千克,每日1次,共5日,静脉滴注。

三十七、骨肉瘤

【临床症状】

骨肉瘤是一种来自成骨细胞的恶性肿瘤,又称骨原性肉瘤,由梭形细胞基质增殖,而直接形成骨样或未成熟骨。巨型和大型品种犬易发,如圣伯纳犬、大型丹麦犬、金黄色拾猎犬、爱尔兰赛特犬、杜伯曼犬、德国牧羊犬等。巨型品种母犬发病多于公犬,大型品种公犬发病多于母犬。德国牧羊犬的发病率最高。犬发病年龄在1～15岁之间,平均7.5岁,猫1～20岁,平均10岁。主要临床症状是跛行。患部多位于长骨的干骺端,早期触诊凉感,随肿胀增大变为热感,压痛。肿胀持续增大,关节活动受限,患肢免负体重,肌肉萎缩,可继发病理性骨折。发生在肋骨、颌骨上的肿瘤主要表现为局部硬固肿胀,发生在鼻骨上的肿瘤引起单侧或双侧脓性、血性鼻漏,发生在椎体的肿瘤可引起外周神经麻痹。病初全身反应不明显,待患部症状严重或继发肿瘤转移后全身症状恶化,表现消瘦、沉郁、发热、厌食等。常见的被转移器官有局部淋巴结、肺、肾。X射线检查,可见病变一般起源于髓腔,骨质以浸润性破坏为主,兼有不规则增生,少数病例以骨质增生为主。即以溶骨占主体,溶骨的和成骨混合,或以成骨的占主体。骨膜呈浸润性骨化,新生骨呈放射状突入周围软组织,界限不清。软组织肿胀。胸部X射线检查有时可见到转移的结节样肺肿瘤。80%的犬在诊断后的8个月内死亡。

【治疗方案】

早期发现手术截除患肢。骨肉瘤预后不良,发生在四肢的病程短,可在一月内死亡。

［处方1］ 环磷酰胺,2毫克/千克,隔天1次或每日1次,口服。

［处方2］ 长春新碱,0.02～0.05毫克/千克,7～10天1次,静脉滴注。

［处方3］ 异环磷酰胺,9～10毫克/千克,2～3周1次,静脉滴注。

［处方4］ 顺铂,1.5～1.75毫克/千克,每日1次,共5日,静脉滴注。

三十八、软骨瘤

【临床症状】

软骨瘤是一种良性骨肿瘤,软骨瘤起源于软骨。一般多见于长骨,多侵害肋骨、髋骨和胸骨等部位。肿瘤常与骨组织相连。软骨瘤为大小不一的单个肿瘤。瘤体大致可分基底与冠部两个部分。基部宽狭不定,与骨组织相连,切面为疏松海绵骨;冠部的成分主要为透明软骨。软骨瘤切面呈透明的蓝灰色,并有红棕色坏死区。

【治疗方案】▶▶▶

无症状或肿胀轻者，无需处理。

[处方1] 环磷酰胺，2毫克/千克，隔天1次或每日1次，口服。

[处方2] 长春新碱，0.02～0.05毫克/千克，7～10天1次，静脉滴注。

[处方3] 异环磷酰胺，9～10毫克/千克，2～3周1次，静脉滴注。

[处方4] 顺铂，1.5～1.75毫克/千克，每日1次，共5日，静脉滴注。

三十九、软骨肉瘤

【临床症状】▶▶▶

软骨肉瘤是一种恶性肿瘤，是从软骨直接形成的，主要组织成分为肿瘤性软骨细胞，而不是骨性细胞，猫也偶有发生但不常见。犬的发生年龄为1～12岁，平均6岁，猫发生年龄为2～15岁，平均9岁，无性别区别。分为原发性和继发性软骨肉瘤两种，多发于扁平骨如肋骨、鼻中骨和骨盆骨等，也见于腰椎部分。临床症状与受害骨的位置有关，鼻腔软骨肉瘤时打喷嚏，一侧或双侧有血性分泌物，鼻骨被破坏后形成鼻阻塞。肋骨软骨肉瘤相对症状轻些，但向胸腔内突入会发生肺膨胀不全。X线检查与骨肉瘤很相似。

【治疗方案】▶▶▶

手术摘除肿瘤，但预后慎重。

[处方1] 环磷酰胺，2毫克/千克，隔天1次或每日1次，口服。

[处方2] 长春新碱，0.02～0.05毫克/千克，7～10天1次，静脉滴注。

[处方3] 异环磷酰胺，9～10毫克/千克，2～3周1次，静脉滴注。

四十、多发性骨髓瘤

【临床症状】▶▶▶

多发性骨髓瘤是一种由成熟与幼稚的浆细胞增生的肿瘤性疾病。由于骨髓与其他器官的肿瘤性浸润及免疫球蛋白生成过多而表现不同临床症状。犬、猫多发性骨髓瘤少见。平均发生在5.5～9.2岁的犬及8.3～9.3岁的猫，猫略多于犬。主要症状为跛行、骨痛、无力及病理性骨折。还见有贫血、异常出血，可触诊到肿块、精神委顿与失重等症状。猫还有黏膜苍白、发烧与慢性感染。神经被肿瘤压迫导致神经性异常包括半瘫或麻痹。X线检查显示全身性长骨、肋骨、脊椎、头骨等有多发性或孤立性的骨质溶解或全身性骨质疏松。血液检查发现正红细胞性、正血色性贫血。骨髓穿刺常见到成熟与幼稚的浆细胞。血清总蛋白显著升高。

【治疗方案】▶▶▶

治疗以化疗和防止继发感染为原则。

[处方1] 环磷酰胺，2毫克/千克，隔天1次/每日1次，口服。

[处方2] 长春新碱，0.02～0.05毫克/千克，7～10天1次，静脉滴注。

[处方3] 异环磷酰胺，9～10毫克/千克，2～3周1次，静脉滴注。

[处方4] 顺铂，1.5～1.75毫克/千克，每日1次，共5日，静脉滴注。

[处方5] 青霉素，2万单位/千克，每日2～3次，肌内注射或静脉。

[处方6] 卡那霉素，5～15毫克/千克，每日2～3次，肌内注射。

四十一、肌瘤

【临床症状】

肌瘤分为横纹肌瘤和平滑肌瘤两种,犬常发生横纹肌肉瘤。横纹肌瘤有单发或多发、细小或巨大、扁平或圆形,有弥漫性、浸润性生长的趋向,与周围组织无明显的界限。横纹肌瘤形成较慢,但可增殖至相当大。横纹肌肉瘤病因不详,在犬可能与遗传有关,无性别及品种间差异。横形肌瘤不论良性或恶性几乎可发生于身体每个含有肌肉组织的器官。

【治疗方案】

肿瘤已侵入周围组织,手术治疗困难。如果肿瘤发生转移,预后不良。

[处方1] 长春新碱,0.02~0.05毫克/千克,7~10天1次,静脉滴注。
[处方2] 异环磷酰胺,9~10毫克/千克,2~3周1次,静脉滴注。
[处方3] 顺铂,1.5~1.75毫克/千克,每日1次,共5日,静脉滴注。

四十二、平滑肌瘤

【临床症状】

平滑肌瘤和平滑肌肉瘤都可发生于犬、猫等宠物,但以犬为最多发。平滑肌瘤是一种良性肿瘤,在各种动物中均可见到,凡有平滑肌组织的部位如子宫、阴道、外阴、胃、肠壁和脉管壁,都能发生平滑肌瘤;在无平滑肌组织的地方,如脉管的周围,还可由幼稚细胞发生这种肿瘤。平滑肌瘤表面光滑,其硬度取决于结缔组织的数量。平滑肌肉瘤是一种恶性肿瘤,在动物中它比平滑肌瘤要少见得多。这种肿瘤通常直接从平滑肌组织发生,少数由平滑肌瘤发生。

【治疗方案】

外科手术切除是常用疗法。发生在阴道内的肿瘤较难切除。

[处方1] 长春新碱,0.02~0.05毫克/千克,7~10天1次,静脉滴注。
[处方2] 异环磷酰胺,9~10毫克/千克,2~3周1次,静脉滴注。
[处方3] 顺铂,1.5~1.75毫克/千克,每日1次,共5日,静脉滴注。

四十三、血管瘤和血管肉瘤

【临床症状】

血管瘤是一种良性肿瘤,生长缓慢,很少发生恶变,没有转移。可发生于全身各处如皮肤、皮下注射及深层软组织,也见于舌、鼻腔、肝脏和骨骼,多发生于四肢或脾脏、胸部、会阴部。血管瘤由扩张的血窦构成,表面并无完整包膜,可呈浸润性生长。瘤体大小差异颇大,切开瘤组织可见大小不等的血窦,其间有薄的间隔,好像海绵,切面暗红有血液渗出。大小不等的窦腔中充满血液,质地比较松软。血管肉瘤不常发生,发生多与品种有关,如大丹犬、拳狮犬和德国牧羊犬较易发生。发病年龄3~16岁,平均6或7岁;常发部位为长骨的上1/3和下1/3即肱骨近侧端与肋骨,在骨盆骨、胸骨、上颌骨也可看到。临床表现为疼痛、跛行、功能丧失与骨的破坏。X线检查所见骨高度溶解,有斑状"虫蛀"现象,保留有限的髓腔并涉及相当大的骨面。肿瘤区通常有病理学骨折。软组织肿胀甚少,轻微骨膜反应。该肿瘤在出现临床症状前病情进展迅速,且骨破坏范围甚大,也转移至远侧部位,即使做病肢切除术也不能延长宠物之生命。预后不良。

血管内皮肉瘤是起源于血管内皮细胞的一种恶性血管瘤。常发生于皮肤内,也可见于脾脏和肝脏。肉眼检查,肿瘤呈暗红色或灰红色,无完整包膜,切面呈灰白色,并常有出血灶。

【治疗方案】▶▶▶

早期发现,考虑进行手术治疗。胸部X线摄片检查,如果发生转移,预后不良。

[处方1] 长春新碱,0.02～0.05毫克/千克,7～10天1次,静脉滴注。

[处方2] 异环磷酰胺,9～10毫克/千克,2～3周1次,静脉注射。

四十四、脑肿瘤

【临床症状】▶▶▶

犬最常见的脑肿瘤有脑膜肿瘤,星形细胞瘤以及未分化的细胞肉瘤。5岁以上的拳狮犬、英国斗牛犬的脑肿瘤发生率最高,常见的为胶质细胞瘤。短头品种的犬还常见到垂体腺瘤。大多数脑膜肿瘤发生在7岁以上的犬,位于颅腔内,常发部位是大脑半球的凸面、大脑的腹侧面、大脑中部颅裂区。有的肿瘤位于眼球后方视神经鞘的空隙中。脑肿瘤破坏、压迫脑组织,阻碍脑血液循环和脑脊液流动,引起脑水肿。脑肿瘤还可能形成脑疝,甚至脑组织从枕骨大孔向外脱出。原发性脑肿瘤常生长缓慢,临床症状逐渐表现出来。当引起脑血管出血、梗死和糜烂时才出现严重的神经症状。继发性肿瘤临床症状出现较早,发展也快。临床表现行为或精神状态改变,对外界冷淡,定向障碍,过度兴奋,具有攻击性,盲目运动,眼球震颤,前庭性斜眼,失明,癫痫等;运动共济失调,转圈,低头,摔倒,打滚、角弓反张。

【治疗方案】▶▶▶

早期脑肿瘤定位困难。手术摘除颅内肿瘤,预后不良。

[处方1] 长春新碱,0.02～0.05毫克/千克,7～10天1次,静脉滴注。

[处方2] 顺铂,1.5～1.75毫克/千克,每日1次,共5日,静脉滴注。

四十五、脊髓肿瘤

【临床症状】▶▶▶

犬最常见的脊髓肿瘤有硬膜外原发性恶性骨质瘤、骨骼和软组织的转移性肿瘤。脊髓外瘤常发部位为第10胸椎至第3腰椎脊髓段。该肿瘤可见于青年犬,以德国牧羊犬最为常见。犬的大多数脊膜肿瘤发生于颈椎段;星形细胞瘤却常见于颈椎后段和胸椎前段;硬膜外淋巴肉瘤是猫最常见的脊髓肿瘤。由于肿瘤位于颈、胸、腰、荐椎段脊髓不同位置,所表现症状不同:颈椎轻轻偏瘫,四肢麻痹。颈部疼痛,有的颈部僵直。腰椎,后肢痉挛性轻瘫或麻痹,有的神经反射增强,肌张力增强,从肿瘤到尾部痛觉减弱。腰椎、荐椎、后肢松弛性轻瘫或麻痹,神经反射减弱,肌张力减弱,肛门括约肌松弛,尿潴留。放射学检查,脊髓腔中发生了肿瘤,可使脊椎管的骨密度消失,脊髓腔增宽。脊神经根发生神经纤维瘤时,可引起椎间隙增大。脊髓造影术能反映脊髓肿瘤的轮廓,有助于确定肿瘤的位置。

【治疗方案】▶▶▶

脊髓肿瘤定位比较容易,但是,位于脊髓内的肿块无法手术摘除。硬膜外肿瘤,预后不良。

[处方1] 长春新碱，0.02~0.05毫克/千克，7~10天1次，静脉滴注。
[处方2] 异环磷酰胺，9~10毫克/千克，2~3周1次，静脉滴注。
[处方3] 顺铂，1.5~1.75毫克/千克，每日1次，共5日，静脉滴注。

四十六、淋巴肉瘤

【临床症状】▶▶▶

淋巴肉瘤是原发于淋巴结或其他淋巴组织的恶性肿瘤，猫、犬均可发生。淋巴肉瘤常见的类型为多中心型、消化型和胸腺型。犬多发生于4岁以上，无性别差异。多中心型的主要临床特征是精神沉郁，食欲减退，消瘦。体表淋巴结对称性肿大、无热、痛。面部和四肢末端肿大，肝、脾肿大、腹水等。在猫消化型和胸腺型是最普遍的，多中心型却少见。消化型的临床症状包括严重的腹泻或痢疾，经常伴随着厌食和呕吐。腹部触诊有像肠套叠的香肠状肿瘤块能被触及，但在一些病例中，病灶分布得更广泛更散在。胸腺淋巴肉瘤趋向于在幼年犬中出现，通常是3岁以下的犬。患病犬经常没有任何先兆就死亡，有时经过短期的厌食和呼吸抑制后死亡。在X射线照片上，可以看到一个大的不透射线的块状物占据了胸廓的前半部。

【治疗方案】▶▶▶

许多猫在确诊后几周内死亡。

[处方1] 环磷酰胺，2毫克/千克，隔天1次/每日1次，口服。
[处方2] 长春新碱，0.02~0.05毫克/千克，7~10天1次，静脉滴注。
[处方3] 泼尼松，2毫克/千克，口服，每周剂量按0.5毫克/千克递减，至0.5毫克/千克后停药。
[处方4] L-天门冬酰胺酶，犬：400单位/千克，肌内注射/皮下注射，每周1~2次；猫：400单位/千克，肌内注射/皮下注射/腹膜内注射。
[处方5] 阿霉素，30毫克/千克，静脉注射，3周1次。
[处方6] 米托蒽醌，6毫克/千克，静脉注射，3周1次。

第十八章 金鱼常见疾病

一、赤皮病

【临床症状】 ▶▶▶

　　金鱼的赤皮病是一种细菌性传染病。主要由荧光极毛杆菌引起。病鱼体表受到损伤，局部或大部分出血发炎，鳍基部出血，以胸鳍基部最多，鳍条间的组织被破坏，鳍条腐烂，鳞片脱落。在鳍条腐烂处和鳞片脱落处，常有水霉菌寄生。该病变部位以金鱼体背部、腹壁较严重，尾柄及腹下部则少病变。有时头部皮肤及眼睛巩膜呈炎症出血。有的肠道也充血发炎，病鱼精神不好，行动缓慢，独游于水面。

【治疗方案】 ▶▶▶

　　清除病变部位的炎症坏死组织，必要时拔除四周的鳞片。
　　［处方1］ 0.1%～1%浓度的呋喃西林溶液药浴，每日2～3次。
　　［处方2］ 2%～5%食盐水药浴，每日2～3次。
　　［处方3］ 漂白粉1克/米^{3}全池泼洒。

二、竖鳞病

【临床症状】 ▶▶▶

　　病原多为水型点状极毛杆菌。病鱼体表粗糙，部分或全部鳞片向外张开竖起，像松球一样，鳞片基部水肿，其内部积聚着半透明或含血的渗出液，以致鳞片竖起。用手在鳞片上稍加压力，渗出液就从鳞片基部射出，鳞片也随着脱落，并常伴有鳍基充血，皮肤充血，眼球突出，鳍条溃烂，腹部膨大等症状。随着病情发展，金鱼表现游动迟缓，呼吸困难，身体倒转，腹部向上，不久死亡。

【治疗方案】▶▶▶

　　[处方1]　2%食盐水药浴10分钟。
　　[处方2]　病鱼4000单位青霉素注射。
　　[处方3]　呋喃西林1.5～2克/米³全池泼洒。
　　[处方4]　禽用红霉素0.2～0.5克/米³全池泼洒。

三、腐皮病

【临床症状】▶▶▶

　　腐皮病多发于夏、秋季节。发病部位主要在背鳍和腹鳍以后的躯干部分，其次是腹部两侧或近肛门两侧，少数发生在鱼体的前部。病初先是皮肤肌肉发炎，出现红斑，后扩大成圆形或椭圆形，边缘光滑，分界鲜明，似烙印。随着病情发展，鳞片脱落，皮肤、肌肉腐烂，甚至穿孔，可见到骨骼或内脏。病鱼身体瘦弱，游动缓慢，严重发病时，陆续死亡。

【治疗方案】▶▶▶

　　[处方1]　发病季节，预防性用漂白粉1克/米³全池泼洒消毒。
　　[处方2]　呋喃西林20克/米³药浴10～20分钟。
　　[处方3]　3%双氧水清洗病鱼患部，将松散的鳞片和腐烂的肌肉全部清除，涂布金霉素药膏或呋喃西林粉或漂白粉，每日1次。
　　[处方4]　每尾金鱼注射青霉素10万单位，同时用0.2%高锰酸钾溶液擦洗患部。

四、洞穴病

【临床症状】▶▶▶

　　目前对本病的病因尚不能确定，有人推测是由细菌引起。本病有很强的传染性。发病初期，病鱼的食欲减退，部分鳞片脱落，表皮微红，外观呈现隆起状，但是尚能正常游动。随后鳞片脱落处即出现出血性溃烂，头部、鳃盖、背鳍、腹鳍、尾柄均可能出现。腐烂面大小不一，溃烂不止限于真皮层，而且可以深入到肌肉层，严重者甚至可露出骨骼及内脏，酷似一个洞穴，故称"洞庭湖穴病"。

　　较低温季节发病是该病的特点，常发于每年的9月至次年6月，其中10月至严冬季节是本病的高发期。

【治疗方案】▶▶▶

- 加强饲养管理，发病期间多投喂动物性饵料，增强金鱼的体质，是预防本病发生的重要措施。
- 对死亡的金鱼应撒上生石灰深埋，防止病原体的传播扩散。
- 用呋喃唑酮60毫克/升，4.2%食盐水，高锰酸钾60毫克/升的药液混合后浸泡病鱼10～30秒，预防和治疗本病的效果均很好。
- 呋喃唑酮5%的药液涂抹病鱼身体上的病灶，每日1次，连续3～5天，能促进伤口愈合。
- 呋喃唑酮全池泼洒，使其有效浓度达0.5毫克/升。
- 注意，本病与腐皮病有相似之处，不同的是该病可以在病鱼的全身出现病灶，腐皮病主要在背鳍和腹鳍以后的躯干部分发病；而且腐皮病形成的病灶较深。

五、白头白嘴病

【临床症状】 ▶▶▶

由黏球菌引起。菌体细长，粗细几乎一致，而长短则不一，为革兰阳性菌。病鱼常游于水面，额部和嘴四周色素消失，呈白头白嘴状，在水中清楚，离水后不明显，唇肿胀，张闭失灵，因呼吸困难而不停的浮头。严重的病鱼病变部位有溃疡，个别鱼头部充血。病鱼漂游于水面，较瘦，体色黑，对人、声音反应迟钝，不久死亡。

【治疗方案】 ▶▶▶

[处方1] 金鱼全部用1‰～2‰食盐水浸浴，每日2～3次，同时彻底刷洗消毒鱼缸及换水。
[处方2] 呋喃西林0.1‰～0.5‰浸浴，10～20分钟。
[处方3] 漂白粉1克/米³全池泼洒消毒，连泼2次。
[处方4] 大黄2.5～3.7克/米³全池泼洒。
[处方5] 五倍子2～4克/米³全池泼洒。
[处方6] 对个体大的病鱼，可用稀释的碘酒或细盐抹擦患处，具有一定疗效。

六、水痘病

【临床症状】 ▶▶▶

本病最初被认为是由细菌引起，但是致病菌的种类尚未确定。最初可见在病鱼体表出现一粒粒的小水痘，其大小不一，通常为圆形或椭圆形。水痘内积有淡黄色液体。水痘大多集中在鱼体腹部及两侧，少数在尾柄、颌下。数量少则3～5个，多则10余个。该病以珍珠鳞品种的金鱼发病率最高，其次是水泡眼金鱼。

该病从春末到秋初均可发生，有时水痘会自行消失。当水痘破裂时，可见病灶部位有出血现象。患本病的大多为体格大的金鱼，严重时可引起病鱼死亡。

【治疗方案】 ▶▶▶

· 加强饲养管理，适当动物性饵料的投喂量，增强鱼体的抵抗力，可以有效地预防此病的发生。

[处方1] 呋喃唑酮或利凡诺1‰的浓度，涂抹水痘平破裂处，防止继发性感染致病菌，每天涂抹一次，连续3～6天。
[处方2] 呋喃唑酮全池泼洒，使药物浓度达0.1～0.2毫克/升。

七、细菌性腐败病

【临床症状】 ▶▶▶

病原是一种细菌，尚未鉴种。病鱼初期患部皮肤发白，随后出现发炎充血，不久鳞片脱落。鳍基充血，鳍端腐烂，鳍条裂开，鳃盖和上下额常出现红斑，有时鳃盖表皮溃烂，露出鳃盖骨。

【治疗方案】▶▶▶

　　[处方1]　漂白粉1克/米³全池泼洒消毒。
　　[处方2]　呋喃西林20克/米³，药浴20分钟。
　　[处方3]　每尾金鱼注射青霉素10万单位。
　　[处方4]　1%孔雀石绿溶液涂抹腐烂处，再用禽用红霉素0.2～0.5克/米³全池泼洒。
　　[处方5]　3%双氧水清洗患部，然后放置于3%的食盐水中浸浴10～15分钟，再涂上金霉素药膏。

八、水霉病

【临床症状】▶▶▶

　　由多种霉菌致病。一般通过损伤的皮肤寄生，没有受伤的健康鱼通常不感染。水霉菌寄生在金鱼受伤的坏死组织上，霉菌初从鱼体伤口侵入，随着坏死组织的扩大，向内伸入肌肉，蔓延扩展，吸收金鱼营养，大量繁殖。向外生长成棉絮状，灰白或青色菌丝与伤口的细胞组织黏附，使组织充血、发炎、糜烂。由于霉菌能分泌一种分解鱼体组织的酵素，金鱼受刺激后，身体分泌出大量黏液，动作焦躁不安，常见其在鱼缸内的石块、水草中摩擦患处。病鱼通常游动失常，食欲减退，瘦弱而死。在流行期，蔓延迅速。鱼体色泽较深的金鱼感染更为明显，皮肤布满白翳一层，失去鱼体应有的光泽度，活动迟钝，常呈呆滞状浮于水面，食欲不振。若不及时治疗，最后促使病菌发展，致鱼逐渐死亡。

【治疗方案】▶▶▶

　　[处方1]　彻底刷洗创面，外菌丝彻底清除后，每天用3%的食盐水浸浴15～30分钟，至伤口愈合。
　　[处方2]　孔雀石绿或甲基蓝7克/米³浸洗病鱼20～30分钟。
　　[处方3]　硼砂300克/米³浸洗鱼体5～10分钟，然后移入清水中静养。
　　[处方4]　保持金鱼用水清洁，及时消毒鱼池，可用五倍子4克/米³或重铬酸钾20克/米³水体全池泼洒。用重铬酸钾泼洒鱼缸后，经1周或10天要换去一半池水。
　　[处方5]　来苏儿20毫升泼洒于1米³水中浸洗病鱼有良好效果。
　　[处方6]　福尔马林10～20毫升于10千克水中也可去除病鱼身上的霉菌。

九、金鱼烂尾病

【临床症状】▶▶▶

　　本病由于金鱼受损伤的组织受细菌感染所致。病鱼尾鳍呈白色，末端裂开，严重时尾鳍可能烂掉。此病多发生在尾鳍较薄的金鱼品种，尤以珍珠鱼较常见。

【治疗方案】▶▶▶

　　[处方1]　漂白粉1克/米³水体全池泼洒。
　　[处方2]　生石灰全池泼洒，使pH值达8.5左右。
　　[处方3]　发病时剪去烂尾部分，伤口用1%硝酸银溶液擦洗，然后养在重铬酸钾40

克/米³的水中，一周后换正常水体。

十、表皮增生病

【临床症状】▶▶▶

本病由于病毒在金鱼皮肤细胞中复制引起。在病鱼体表可见上皮细胞异型增殖，体表出现乳白色点，以后逐渐变厚变大，形成蜡状，略呈淡红或灰白色，间或在增生物表面有红色条纹。严重时增厚显著，增生物可高出体表1～5毫米，光滑后变粗糙，质地由柔弱变软骨状。如果增生物面积小，对金鱼危害不大；若扩大至体表大部分，则金鱼因生长发育受阻而死亡。

【治疗方案】▶▶▶

［处方1］ 淘汰病鱼，消灭传染源。鱼缸用漂白粉1克/米³水体消毒。

［处方2］ 禽用红霉素0.4～1克/米³水体全池泼洒。

十一、卵甲藻病

【临床症状】▶▶▶

本病又称打粉病，由嗜酸性卵甲藻寄生而引起的。患病初期鱼体表面无明显症状，只是在水中拥挤成团，或在水面不停的环游。体表黏液增多，在背鳍、尾鳍及背部先后出现小白点，随着病情的发展，白点逐渐蔓延至尾柄、头部和鳃内。仔细观察可见白点之间有红色充血斑点。后期病鱼食欲减退，游动迟缓，呆浮于水面，身上白点连接成片，如同镶了一层面粉，"粉块"脱落处发炎溃烂。溃烂处往往有水霉寄生。

本病全年均可发生，春末至秋初为本病的流行季节，传播快，死亡率高。

【治疗方案】▶▶▶

- 对室外水池饲养的金鱼，可采用生石灰泼洒，使池水中药物浓度达到5.0～20.0毫克/升。这个浓度既可杀死水中的卵甲藻，又能将水池中水的pH值调为微碱性，适合金鱼的生长。
- 放养密度要适当，平时多投喂动物性饵料，增强金鱼的抗病能力。
- 碳酸氢钠泼洒，使饲养水中药物的浓度达到10.0～25.0毫克/升。
- 将病鱼立即转移至微碱性的饲养水中饲养。
- 泼洒生石灰，使饲养水的pH值达7.2～8.0左右。
- 注意此病不能用硫酸铜进行治疗，否则会造成病鱼的大批死亡。

十二、斜管虫病（白翳病）

【临床症状】▶▶▶

本病是由斜管虫寄生所造成的寄生虫性疾病。病鱼感染时可见其体色较深，鱼体瘦弱，体表有一层白色薄翳物质，导致病鱼失去原有的颜色。病情严重时金鱼的鳍条不能充分伸展。斜管虫可以寄生在金鱼的体表和鳃上，破坏鳃组织，使病鱼呼吸困难，病鱼出现浮头状，即使换清水也不能恢复正常。

本病流行的水温为15℃左右，当水温达到25℃以上时基本不会发病，但室内的小水缸仍需注意。

【治疗方案】▶▶▶

- 经常投喂动物性饵料，增强金鱼的抗病力。
- 有条件时，可将饲养水温调节至 **20℃以上**，可以有效地防止本病的发生。

[处方1] 采用硫酸铜和高锰酸钾合剂（5:2）全池泼洒，当水温低于10℃时，使饲养水中的药物浓度达到0.3~0.4毫克/升。

[处方2] 硝酸亚汞溶液2.0毫克/升，浸浴病鱼2.0~2.5小时。

[处方3] 用硝酸亚汞全池泼洒，当水温低于10℃时，使饲养水中的药物浓度达到0.2毫克/升；当水温为15℃时，使饲养水中的药物浓度达到0.1毫克/升。

十三、小瓜虫病

【临床症状】▶▶▶

本病由多子小瓜虫的寄生引起，是金鱼常见的寄生虫。小瓜虫侵入鱼的表皮、鳃、鳍，剥取金鱼的组织细胞作营养，引起鱼体发炎，刺激金鱼分泌大量黏液并引起组织增生，严重时引起鳃出血。在金鱼体表、鳍条和鳃上可见许多白点状囊泡，所以又名白点病。大量感染时布满全身。后期体表如同覆盖着一层白色薄膜，黏液增多，体色黯淡无光。病鱼消瘦，浮于水面或群集于鱼缸一角，很少活动。

【治疗方案】▶▶▶

[处方1] 尽量清除金鱼体表和鳃组织上的小白点囊泡，硝酸亚汞2克/米³水体浸浴2~3小时。注意，此药毒性较大，浸洗时间要根据金鱼个体大小、体质强弱而灵活掌握。

[处方2] 冰乙酸167克/米³水体浸洗，每次15分钟，间隔3天，共浸洗3次。

十四、嗜子宫线虫病

【临床症状】▶▶▶

本病是由于鲫嗜子宫线虫就寄生而引起的。这种寄生虫为胎生，成熟雌虫钻破鳍条，部分身体浸到水中，由于渗透压的改变而导致体壁破裂，幼虫便散到水中，若幼虫被剑水蚤、镖水蚤等中间宿主所吞食后在其体腔内发育，从天然水域中捞取水蚤饲喂金鱼时，金鱼吞食了已吞食虫体的水蚤而受感染。患病金鱼表现为其尾鳍等鳍条中出现红色线虫，引起鳍条充血，鳍条基部发炎。当鳍条破裂时，往往引起细菌和水霉等的继发感染。

【治疗方案】▶▶▶

- 饲喂动物性饵料时，应以沸水烫过，以杀死水蚤腹中的线虫幼虫，以免金鱼因吞食水蚤而感染本病。

[处方1] 发现鳍条中有虫体寄生时，用解剖针挑破虫体所在组织，将虫体挑出，然后用药物浓度为1%呋喃唑酮水溶液涂抹伤口，每日1次，连续三天。

[处方2] 呋喃唑酮全池泼洒，使水中药物浓度达0.2毫克/升，可以促使金鱼的伤口愈合。

[处方3] 用晶体敌百虫全池泼洒，使药物浓度达0.4~0.5毫克/升，杀灭池水中的水蚤或者彻底更换池水消毒饲喂设施。

十五、口丝虫病

【临床症状】▶▶▶

本病由于漂游口丝虫寄生在金鱼皮肤和鳃组织上,刺激病鱼黏液分泌异常,皮肤和鳃上覆盖着一层乳白色或灰蓝色的黏液,体表似白云样,又称白云病。鳃丝呈淡红色,皮肤发炎充血,鱼体消瘦,呼吸困难,常游出水面,最后出现大批死亡。常于冬末夏初流行,夏季偶有发现。在水质差、放养过密、鱼体瘦弱时更易引起大量死亡。

【治疗方案】▶▶▶

［处方1］ 2%~5%食盐水浸洗5~15分钟。

［处方2］ 硫酸铜0.5~0.7克/米³水体全池泼洒。

［处方3］ 高锰酸钾20克/米³浸洗,15~30分钟,时间依水温而定,水温低时间稍长；水温高则时间稍短。

十六、三代虫病

【临床症状】▶▶▶

本病是由于秀丽三代虫的寄生而引起的。当只有少量虫体寄生时,鱼体没有明显的症状,只是在水中显示出不安的游泳状,或者在草丛中挤擦,企图摆脱原体的侵扰。大量虫体寄生时,病鱼皮肤上可能出现一层灰白色的黏液,鱼体失去光泽,食欲减退,消瘦,大量虫体寄生在鳃上时,还将导致鱼体呼吸困难。

三代虫适宜的繁殖温度为20℃左右,该病主要流行于春季和夏季,尤其是对当年金鱼的危害较大,能以引起大批金鱼死亡。

【治疗方案】▶▶▶

- 在引进新的金鱼时,认真做好检疫工作,防止带有三代虫的金鱼被引入饲养环境。

［处方1］ 晶体敌百虫泼洒,使池水中的药物浓度达到0.2~0.4毫克/升。

［处方2］ 高锰酸钾20毫克/升浓度溶液,浸洗病鱼。当水温为10~20℃时,药浴20~30分钟；水温为20~25℃时,药浴15~20分钟；25℃以上时,药浴时间低于15分钟。

十七、锚头鳋病

【临床症状】▶▶▶

病原是锚头鳋属中的一种,在鲢鱼和鳙鱼常见,并可传染至金鱼。虫体钻入金鱼皮肤肌肉而致病。虫体像短针样挂在鱼体上,拔下虫体可见铁锚样头部。患部发炎红肿,出现红斑、坏死,易被细菌入侵。病鱼表现急躁不安,食欲减退,继而逐渐瘦弱。

【治疗方案】▶▶▶

- 用镊子拔去虫体,并在伤口上涂红汞水。

［处方1］ 高锰酸钾1%溶液涂抹虫体和伤口,约30秒,放入水中；次日重复一次。

［处方2］ 敌百虫0.3~0.7克/米³水体全池泼洒。

[处方3] 呋喃西林1～1.5克/米³水体全池泼洒可杀死水中的寄生虫。

十八、车轮虫病

【临床症状】▶▶▶

本病是由车轮虫侵袭金鱼的鳃和皮肤，引起鳃病和皮肤病。寄生于鳃部时，可见病鱼的鳃盖边缘和鳃丝缝隙间，受成群的车轮虫寄生破坏后，鳃丝失血，严重时鳃丝局部溃烂，以致鳃软骨外露，鱼体呼吸困难，停止摄食，最终窒息死亡。寄生在皮肤时，由于虫体在金鱼体表不断来回滚动，破坏表皮组织，刺激金鱼分泌大量黏液，形成白膜。大量感染时，金鱼体色暗黑，消瘦，离群缓游，不久死亡。尸体头部、嘴周黏液多，微呈白色。

【治疗方案】▶▶▶

[处方1] 采用5∶2的硫酸铜和硫酸亚铁合剂0.7克/米³水体全池泼洒。
[处方2] 2％～5％的食盐水浸浴病鱼。

十九、寄生虫性烂鳃病

【临床症状】▶▶▶

金鱼的烂鳃病多由于寄生虫的寄生和细菌的感染所造成，下面将分述寄生虫性烂鳃病。主要是指环虫和黏孢子虫的感染造成，车轮虫也可造成烂鳃病，前面已经介绍，在此就不赘述了。

烂鳃病若是由指环虫大量寄生后，鳃部明显浮肿，鳃盖张开，鳃丝失血，精神呆滞，耐低氧能力降低，体质逐渐消瘦，严重时停止摄食，最终因为呼吸受阻而窒息死亡。该病在夏秋两季蔓延迅速。

若是由黏孢子虫感染，病鱼鳃丝部位出现许多肉眼可见的灰白色点状包囊，由小变大时破坏金鱼的鳃组织，严重影响金鱼的呼吸。当包囊一旦破裂，则有无数个黏孢子虫进入水体，重新侵入健康金鱼的鳃部，再次寄生，使宿主的鳃丝失血而导致金鱼成批死亡。

【治疗方案】▶▶▶

[处方1] 晶体型敌百虫0.5～0.8克，放于10千克水中，浸洗病鱼10～15分钟，可有效杀死寄生在鳃部的虫体。
[处方2] 氨水150克，放于10千克水中，浸洗病鱼10～15分钟。需多次用药方能有效。
[处方3] 低浓度石灰水适量，浸洗病鱼5～10分钟，对黏孢子虫感染有效。
[处方4] 尿砖加呋喃西林适量，放入10千克水中，浸洗或泼洒都有良好效果。
[处方5] 晶体型敌百虫0.2～0.3克，放于1000千克水中，进行全池泼洒，每周1～2次，可有效杀死鱼鳃中和水体中的寄生虫。泼洒时最好选择天气清凉的清晨或傍晚，最好在鱼体空腹时进行。

二十、细菌性烂鳃病

【临床症状】▶▶▶

本病可由多种细菌感染所致。若是黏球菌感染，则可见病鱼鳃丝溃烂，并附较多的白色黏液。严重时鳃盖骨的皮肤充血，鳃丝被腐蚀成一个个小洞，软骨外露，直接影响到病鱼的呼吸活动，以致窒息死亡。

若为柱状嗜纤维菌引起，则病鱼表现为鳃丝腐烂处带有污泥，鳃盖内表皮充血，部分病鱼还可能出现腐蚀成圆形的透明区，俗称"开天窗"。由于病鱼鳃组织被破坏，造成呼吸困难，常在水面呈浮头状。

【治疗方案】▶▶▶

- **先用毛笔清除鳃部的黏液以及坏死组织后再进行药物治疗。**

［处方1］ 呋喃唑酮1～2克，放入10千克水中，浸洗病鱼15～20分钟，或0.1～0.2克放入1000千克水中，全池泼洒。

［处方2］ 呋喃西林粉0.5克，放入10千克水，浸洗病鱼30分钟。

［处方3］ 禽用红霉素3片放入10千克水中，浸洗病鱼。

［处方4］ 2%的食盐水浸洗病鱼，5～15分钟。

［处方5］ 呋喃西林1克，放入1000千克水中，全池泼洒。

［处方6］ 漂白粉全池泼洒，使饲养水中药物浓度达1～1.2毫克/升。

二十一、水泡黄泡病

【临床症状】▶▶▶

患者均为水泡眼金鱼。在发病初期金鱼的两液泡由透明转为混浊，再由混浊转为浓黄色。有时泡内产生黄色沉淀物或血水，形成浓黄色或紫红色水泡。该病是由于养鱼水温过高、泡内淋巴液体变质后受细菌感染所致，尤以盛夏高温天气多见，最后致使水泡萎缩或破裂，丧失观赏价值。

【治疗方案】▶▶▶

- 盛夏季节加深饲养水位，注意遮阴，防止水温升高，引致泡内液体变质。
- 经常换水，确保水质清新，防止水泡内液体变质。
- 在水泡发病初期，抽取泡内脓液，再注入1万单位的青霉素，将金鱼置于清水中静养。

二十二、水泡充气病

【临床症状】▶▶▶

本病也是水泡金鱼的特有疾病。多因水质不良、气压多变及鱼体虚弱引起。由于水泡膜结果疏松，而使空气渗入体质虚弱的金鱼水泡内，表现为水泡内透明液萎缩，近头顶的一侧被气体所取代，呈透明色。由于气体的浮力，病鱼浮于水面，失去向下游动的能力，食欲减退，鱼体消瘦。久而久之，病鱼的皮肤和泡液极易受细菌感染而发生炎症，出现皮肤和水泡的溃疡。严重时病鱼死亡。

【治疗方案】▶▶▶

- 注意日常管理，尤其是水质的变化，如pH值的变化。根据季节及时改变水位。
- 增强金鱼的健康，以防止此病的发生。
- 对于病鱼可用注射器轻吸取水泡内的气体，并注入0.5万单位的青霉素。

二十三、锦鲤的病毒性出血病

【临床症状】 ▶▶▶

本病的病原是一种呼肠孤病毒。当水质恶化,饲养水中氧溶量降低,锦鲤抗病力下降,病毒即可乘虚而入。患病初期病鱼眼眶周围、鳃盖、口腔和各鳍条基部充血。将其皮肤剥开,可见肌肉呈点状充血。当病情严重时,全部肌肉呈血红色,肠道、肝脏、脾脏也会出现充血现象。腹腔内有腹水,鳃部通常呈淡红色或苍白色。充血是本病的最主要特征病变。若观察到患病鱼的鳃盖、口腔和各鳍条基部充血,即可作出初步诊断。

【治疗方案】 ▶▶▶

- 保持饲养水中良好的水质,夏秋季节适当稀养,对预防该病有一定效果。

[处方1] 在流行本病的夏秋季节,于饲养水体中泼洒漂白粉,使水体中药物浓度达1毫克/升。

[处方2] 红霉素4~10毫克/升水,浸泡病鱼15分钟对该病有一定疗效。

二十四、棉口病

【临床症状】 ▶▶▶

本病是一种以鱼的吻部生长着一种像棉花样的菌丝的传染病,病原是柱状软骨球菌。患棉口病的金鱼,不爱游动且缓慢,无法吃食。病鱼头部逐渐腐烂,最后死亡。

剑尾鱼、接吻鱼等喜好用嘴咬鱼缸里面生长的青苔,最易患棉口病。

【治疗方案】 ▶▶▶

[处方1] 一旦发病,对鱼缸进行消毒处理,0.1%的甲醛溶液彻底清洗曾接触过病鱼的物件。

[处方2] 亮绿溶液,八十万分之五的浓度,浸泡鱼体,每日1次,每次不超过60秒。

[处方3] 土霉素,十万分之一溶液,浸泡鱼体至症状消失。

二十五、白内障

【临床症状】 ▶▶▶

本病病因暂未查明,有人认为是由细菌引起的。病鱼表现为眼睛中水晶体混浊,呈乳白色,严重时整个眼睛失明或水晶体脱落。龙睛品种的金鱼最容易患此病。病鱼常因摄食困难而极度瘦弱而死。

【治疗方案】 ▶▶▶

- 加强饲养管理,保证金鱼有良好的生活环境,对饲养水及容器定期进行药物消毒,减少金鱼受病原菌感染的机会。
- 经常投喂活饵料,提高金鱼的抗病能力。
- 对于已经患病的金鱼,要及时隔离饲养,并投喂活的水蚯蚓等饵料,使其能依靠嗅觉摄食,维持生命。

二十六、窒息

【临床症状】▶▶▶

本病是因水中缺氧而引起。当水中溶氧量减少到一定程度时，鱼类会感觉到呼吸困难，就要到水的上层，时时将口伸出水面吞取空气，这种现象称为"浮头"。如果水中的溶氧量降低到不能满足鱼类生理上的最低需要量时，便可使鱼窒息而死。若鱼在上半夜或半夜后就开始"浮头"，这表面池水缺氧严重，如不及时设法抢救，就会造成金鱼的大量死亡。

水中缺氧的原因：①盛夏和初秋的气压低，而水中的溶氧量跟气压成正比，故而在这种季节溶氧量降低；②靠水生植物在日间进行光合作用提供氧气，但在夜间停止了，而鱼类和其他生物也包括水生植物本身夜间仍需要呼吸耗氧，加之鱼类排泄物及有机物等腐败过程也大量耗氧，故天明前水中溶氧量必然降到最低限度。

金鱼因缺氧而在水面呼吸，表现不安状态的浮头。金鱼由于长期浮头下颚表皮突出，背部色泽变淡；死鱼皮肤发白。

【治疗方案】▶▶▶

- 选择合适的放养密度，以免池水溶氧量不足。
- 遇到天气闷热突变时要适当减少投饵量或停饲。
- 在闷热的夏秋季节，勤于换水，开动增氧机。
- 遇到浮头开始时，可迅速将金鱼捞出，放于2%～5%食盐水中，可缓解轻微缺氧症状。

二十七、便秘

【临床症状】▶▶▶

金鱼吃得过饱，或吃了未煮熟的含淀粉过多的饲料，同时水温又急剧下降都可能引起本病。有的病原感染也可引起肠炎，造成继发的便秘。病鱼的肛门拖着一条黄色或白色粪便，游动时，不掉不散。严重时可见肛门发炎，红肿。轻压腹壁有黄色水样或血水流出。

【治疗方案】▶▶▶

- 非病原感染引起的便秘，将饲料完全煮熟；水温下降时控制喂饵量。
- 饲料中适当加些食盐。
- 病原感染引起的便秘，找出原因，治疗；控制喂饵量。

二十八、感冒

【临床症状】▶▶▶

金鱼（鱼类）是冷血动物，它们的体温随着水温的改变而变化，且金鱼对水温的变化反应非常敏感，故当水温剧烈升高或降低时，使金鱼的皮肤神经功能失调，导致内部器官活动紊乱，从而引起感冒。感冒多是由于管理不当造成，是金鱼的一种常见病，当把金鱼突然放入与原来温差较大的水中时，金鱼常常由于不能适应剧烈的温度变化而患感冒。病鱼表现为精神呆滞，离群独自伏于池底，食欲减退或废绝，皮肤失去光泽，颜色黯淡，丧失游动能力，甚至浮在水面上，严重时导致金鱼死亡。

【治疗方案】▶▶▶
- *注意预防，尤其不要使水温发生剧烈变化。*
- *1%食盐水溶液浸泡病鱼有助于轻微病情的恢复。*

二十九、金鱼泛池

【临床症状】▶▶▶
  本病主要发生在夏季和秋季的闷热天气，或冬季夜间和池水长期结冰的时候。夏秋天气闷热时，水中的有机质增多，水质肮脏；气候闷热，空气流动缓慢，水中溶解的氧气减少，高温又使水中的有机质分解增加，消耗水中的氧气，金鱼因缺氧而窒息死亡。冬季泛池除水质原因外，与池水水面结冰的时间也有关。结冰时间长，氧气不能溶于水中，金鱼代谢产生的二氧化碳不能排出水面，水中的溶氧量逐渐减少，二氧化碳积累增多，导致金鱼泛池死亡。
  由于鱼池水上层含氧量相对较高，金鱼总是在水面游动，有时把口伸出水面呼吸，同时发出特有的声音。总体可见金鱼不安，不食，呼吸困难。最后因水中含氧量过低而导致金鱼大量死亡。

【治疗方案】▶▶▶
- *一经发现金鱼漂游水面，呈"浮头"状，立即把全池金鱼捞入新鲜水中，轻微症状可能得到缓解。*
- *3%双氧水0.4～0.6毫升/升水体，一次注入池水中，可缓解症状，然后换水或注入新鲜水。*
- *开动增氧机。*
- *保持水质清洁；合理放养金鱼的密度。*

三十、中暑

【临床症状】▶▶▶
  盛夏的午后，气温很高，导致池水温度升高，多可高达38～40℃，未采取遮挡措施的金鱼，常因不耐受高温和强光的刺激而突然中暑发病。病鱼表现呼吸困难，体色变淡，失去知觉，倒浮于水面，基本无法拯救。

【治疗方案】▶▶▶
本病应以预防为主。
  [处方1] 在池水上方给予遮挡物，防止池水因烈日暴晒而升温过快。
  [处方2] 若发现水温上升至38℃左右，及时换水降温。

三十一、肠炎

【临床症状】▶▶▶
  本病由于食入不洁净的食物，摄食过多或肠道排泄受阻，最后由消化不良而引起发病。多见于春、夏、秋季。病鱼最初体表无明显症状，必须经过多次细心观察，才能发现其精神萎靡不振，常停伏于池底不动，身体肌肉作短时间的抽搐，拒绝投饵，翻转鱼腹部可见其肛门附近红肿充血，严重时发生溃烂，不及时治疗导致最后死亡。

【治疗方案】▶▶▶

- 呋喃唑酮 0.1 克拌面粉，搓成米粒状颗粒，当饵食投喂。

　　［处方1］ 磺胺嘧啶片 1～2 片，碾碎后拌入面粉，搓成米粒状颗粒也有很好的效果。

　　［处方2］ 硫酸镁 3%～5% 浸洗鱼体对初发肠炎或消化不良性的排泄受阻有治愈作用。

三十二、蛀鳍烂鳍病

【临床症状】▶▶▶

　　本病的病因很多，如换水不合理，太勤刺激金鱼体表的细胞内分泌紊乱，导致尾鳍软组织的腐烂；换水不及时，水质老化，光照过强，引起鱼体隔鳍内充满气泡，导致鳍膜破裂腐烂，而引发细菌感染。盛夏季节的大尾金鱼和幼鱼这种情况尤为明显；水质不良，尤其是 pH 值发生变化，金鱼不能适应而引起内分泌紊乱。久而久之致使各鳍软组织腐烂而受细菌感染。病鱼表现出各鳍边缘呈乳白色，继之腐烂，造成鳍条残缺不全，尾鳍尤为明显。有时鳍条软骨结缔组织变成扫帚状，严重时整个尾鳍烂掉，最后遭黏细菌感染，恢复困难。

【治疗方案】▶▶▶

　　［处方1］ 呋喃西林或呋喃唑酮 1 克，溶于 10 千克水中，浸洗 20 分钟。

　　［处方2］ 细盐 50 克/米^3 水体，连用 2～3 次。

　　［处方3］ 0.1% 高锰酸钾溶液全池泼洒。

- 精心饲养约 30 天可使腐烂的鳍组织逐渐恢复，此期间必须多喂给动物性饵料，如鱼虫，以促进尾鳍生长。

三十三、烫尾

【临床症状】▶▶▶

　　金鱼烫尾是夏季天气炎热时，饲养在露天鱼池中的金鱼较为常见的一种病状。病因通常由高温闷热的天气，导致池水水温上下层不均匀等自然因素所致。高水温时水中有大量的氮气溶解，并通过鳃的呼吸进入血液中，随着血液循环系统将氮气带至身体各处，在最薄弱的环节——各鳍膜，或者池水中溶解氧气达到饱和状态，随着鱼体的运动渗入组织松散的鳍膜中，使各鳍膜中间充满气体，并出现斑斑点点形似米粒状的气泡。由于气泡的浮力作用，而使烫尾的金鱼失去平衡，鱼头朝下尾鳍上浮于水面。若不及时换水降温，刺激鱼体将体内的气体排出，则会引起鳍膜腐烂脱落，造成鳍条边缘参差不齐。即使能再生，其尾色亦难以复原。

【治疗方案】▶▶▶

- 防止水温剧升，可进行遮挡。
- 促进气泡排尽：对于烫尾的金鱼，必须当日傍晚换入清水中，以刺激各鳍膜气泡排尽，可同时进行按摩尾鳍。
- 无特效药可治。

三十四、中毒性疾病

【临床症状】

养鱼水中具有极复杂的化学成分,其中某些物质会危害着鱼的健康。若有害物质的含量超过一定限度时,鱼就难以适应,出现相应的中毒症状,导致死亡。常见的有害物质有二氧化碳、硫化氢、氮气、氯气等。

二氧化碳中毒:二氧化碳是生物体在呼吸时排出的一种废气,由机体代谢产生。在少光或无光的环境下,养鱼水中某些自养菌及浮游生物对二氧化碳的吸收率降低,水中二氧化碳的浓度相对增多,鱼的呼吸就可能发生紊乱,游动失常。当二氧化碳浓度过高时,鱼则周身布满点状水泡。严重中毒后,鱼体鳃盖紧闭,迅速死亡。

硫化氢:硫化氢是有机体分解过盛所产生的一种有害气体,易溶于水。当水中含量较高时,溶氧量迅速下降,鱼呼吸发生紊乱,运动失常。及时换水抢救,鱼体可恢复正常呼吸。

氮:鱼的粪便及饵料中含有较多的氮,在自养菌的分解下会产生氨气,水中氧含量充足时,氨气溶于水后继续转化为硝酸盐或亚硝酸盐,中和有机物对水体的污染。若水中缺氧,氨气(溶于水为氨水)是有机物的最终产物,当氨气大量聚集时,饲水腥臭,氧容量低,鱼呼吸困难,群集在水面或池边,发出阵阵急促的呼吸声,不久即中毒窒息死亡。

氯:氯气是一种具有强刺激性气味的气体,自来水中含量较高。氯气对鱼的鳃丝有很大的破坏和腐蚀作用。鱼在氯气造成的中毒瞬间就会出现急躁不安的举动,有时回旋于鱼缸或水池边,有时上下急游,并企图跃出水面。严重中毒后,鱼鳃出血,呼吸受阻,鱼鳃黏液分泌增多,软骨外露,体表布满点状水泡,而后迅速死亡。因此,自来水不能直接用来养鱼。

【治疗方案】

- 此类中毒病都是由于水体中的有害物质积聚造成鱼体中毒,应立即换水,把轻度中毒的鱼移入温度较低的新水内,减缓毒物进入鱼体的速度,并解除部分的毒性。
- 精心饲喂,增强鱼体的抵抗力,加强其抗毒性。

三十五、损伤

【临床症状】

本病在此是指由于对金鱼的操作不当而引起的鱼体损伤。常见有内伤和外伤。

内伤是指鱼的内部脏器的机械损伤。如由高处坠落、重物砸伤、器械碰撞等,使鱼体组织坏死,器官出血,功能丧失。在受损伤的瞬间,可见金鱼沿池边急骤狂游,呼吸加快,无其他明显症状,迅速死亡,难以拯救。

外伤是指金鱼体表所收到的损伤,包括鳞片和皮肤的损伤。由于鳞片与皮肤之间缺乏紧密的粘连,故在捕捉时鳞片极易受损被擦落,且难以再生。鱼体损失鳞片后,裸露的皮肤很容易受水内各种病原体的侵染,导致组织溃烂。若不及时治疗,病鱼在病情严重时,脊椎变形,倒置水面,运动失常,呼吸困难,停止摄食,以致消瘦死亡。

损伤一般表现为体表掉鳞,皮肤有伤口、出血,或大块皮肤擦伤,甚至脱落,鳍条被挫断或折弯，有的头部血肿，损伤部位因感染常形成化脓灶和溃疡。若鱼体受到大的外力作用常引起内伤、出血或脏器受损。激烈震动常导致金鱼发生休克，失去正常活动能力。

【治疗方案】▶▶▶
- 由于本病多由于人力造成，故预防是关键。对鱼体操作时，动作轻柔。
- 若引起外伤，可在伤口涂抹药物，比如呋喃唑酮、高锰酸钾等药液，防止继发感染。

第十九章 笼养鸟常见疾病

一、禽痘

【临床症状】▶▶▶

禽痘几乎是世界各国都有的一种鸟类和家禽易感染的病毒性传染病。已有 20 个科的 60 多种鸟患该病的报道。禽痘一年四季均有发生,最常发生在春季和秋季,群养鸟、幼鸟和雏鸟都可感染此病。潜伏期 4～10 天。鸟类感染禽痘病毒后,都能产生抗体,但不同种类的鸟产生抗体的能力不同。某些毒株感染鸟后几乎不出现什么症状,但这些被感染的鸟仍能获得一定的免疫力,对再次感染有抵抗力。有些毒株在金丝雀中能引起较高的死亡率。温和皮肤型病例,病鸟的死亡率较低;白喉型的病例或伴发全身性感染及其他病员侵害时,则死亡率较高。

温和皮肤型:多在头部皮肤上和无毛区的皮肤上(眼皮、嘴角等处)先长出大小不同的丘疹,很快变成水疱,含水样一体并发亮。水疱逐渐长大,变黄,破裂后形成结节状。患部皮肤坏死,渗出液和坏死组织相互凝结成痘痂。如果剥去痘痂,形成凹陷,少则几个,多则密布头部痘痂一般要经过 3～4 周才会脱落。重者食欲不振,精神欠佳,呼吸困难,发生肠炎,体温升高,可在 1 周内死亡。温和皮肤型的死亡率低于 50%。

白喉型:病变发生于黏膜。被感染的黏膜表面形成不透明、稍突起的小结节。这些结节迅速扩大,常愈合成黄色的干酪样坏死的伪白喉或白喉性膜。除鼻黏膜外,痂块还出现在嘴角和上喙基部的蜡膜和其他多肉的部位。痂块脱落后,患部留下疤痕。金丝雀、鸽和其他受感染的鸟,也常在腿部、脚部、肉垂、肉冠和其他部位受侵害。口腔、咽喉和其他黏膜表面也常受感染。眼部被感染后,眼睑充血和肿胀,病鸟常呈半闭眼状态,眼分泌物增多。痘病灶还可延伸至窦腔,例如引起眶窦肿胀。还能侵染食道,引起食道发炎和咽喉部炎症,使食道和气管变窄,因而病鸟张嘴、伸颈、摇头和咳嗽,有可能因窒息而死亡。随着病程的发展,痘结节破溃,坏死的皮肤与渗出液相互凝结成痘痂,痘痂间相互融合,形成表面粗糙的菜花样或粗糙的痂块。如果继发细菌感染,痘痂可能化脓,使病灶扩大和加深。病愈期痂皮脱落。黏膜发红。

混合型:具有温和皮肤型和白喉型的症状。

【治疗方案】▶▶▶

治疗以预防为主、同时防止继发感染。

- 经常对鸟笼、鸟舍用1%的氢氧化钠消毒，但消毒后要用水冲洗，以免伤害鸟。对新购进的鸟要经过隔离观察2~4周。对怀疑感染此病的鸟，要与健康鸟隔离。对病死鸟要做无害处理。
- 为预防本病的发生，可对健康鸟进行免疫接种。其具体方法是：用手术刀的刀尖醮上受感染鸟的分泌物，然后再用刀尖划破被接种鸟的翅部或腿部皮肤，接种的禽痘病毒向体内慢慢扩散，鸟体内产生有效的抗体而无全身症状，从而获得抵抗禽痘病毒自然感染的能力。但是，如果被接种的鸟已被禽痘病毒感染，正处于潜伏期。那么上述接种不仅起不到保护作用，反而会促进该种疾病的发作。因此，在接种以前，应该首先搞清被接种的鸟是否已感染了禽痘病毒，或者请教有经验的兽医。据报道，美国已有商品弱毒疫苗出售，这些疫苗包括鸽痘疫苗、金丝雀痘疫苗等。我国也已有鸽痘弱毒疫苗出售。用这些弱毒疫苗接种，既安全又有效。
- 每千克饲料中加螺旋霉素0.2~0.5克，连用5~7天，可防止病鸟的继发性感染。
- 用0.9%生理食盐溶液洗患鸟的眼部，然后涂上金霉素或土霉素软膏，可防止继发性感染。经验证明，用0.9%食盐水或生理盐水冲洗眼部，有助于患鸟康复。
- 可以用碳酸氢钠溶液浸软患鸟的痂皮，再将其剥掉，在患处再涂些消毒药。如果患部溃烂，可涂些紫药水。还可以用软膏或油膏将痘痂软化，剥去痂皮，用5%的碘酊涂在患处。如果患鸟咽喉的假膜较厚，影响采食和呼吸，可用镊子轻轻将假膜除去，然后涂些碘甘油。
- 鸽患禽痘时，可口服病毒灵（0.1克/片），每只鸽每次服1/10片，每日3次，连服6天。其他鸟类可根据体重大小，酌情增减。
- 可每日每千克体重口服潘生丁0.3~0.5毫克，分2~3次服用。

二、新城疫

【临床症状】▶▶▶

新城疫是一种急性和烈性家禽传染病，也是多种鸟的传染病，流行于世界各地。新城疫对多种鸟威胁很大。从现有的资料推断，除家禽外，在鸟纲的50个目中，已证实有27个目至少有236种鸟可以自然感染或实验性感染，可见该病对鸟类的危害之大。在鸟类种水鸟对本病的抵抗力最强，群居鸟、饲养场的鸟和群养鸟最为敏感。除进口的鹦鹉外，大多数鸟类的新城疫都是由家禽传染的。一般而言，大多数笼养鸟都能感染新城疫，但是，除鹦鹉外，大部分笼养鸟对新城疫都有一定的先天性免疫力。感染新城疫的笼养鸟会突然死亡。

新城疫病毒来源于患病的野生鸟、观赏鸟和家禽等，人与养鸟用具、空气、排泄物和被污染的饲料，均为传染源。病毒经呼吸道、消化道侵入机体后，在侵入部位繁殖，接着释放病毒进入循环系统，引起鸟的败血症。病毒在血液中生长繁殖，引起充血、出血、浆液性渗出和各种组织变性或坏死。还能引起严重消化道功能障碍，表现为下痢等症状。引起呼吸道症状，主要表现为黏膜充血和出血，并因气管常被充血的黏膜所阻塞而出现呼吸困难，根据病程长短和病情的轻重分为三种类型：

最急性型：病鸟不出现任何症状而突然死亡。多见于流行初期和雏鸟。

急性型：多数病鸟属于这种类型。发病初期体温升高，食欲减退或废绝，精神委顿，不爱活动，全身无力，翅、尾下垂，腿轻瘫，闭眼昏睡，伸颈张口，呼吸困难，呼吸时常发出"咯咯"声；从口角流出透明液体，有时频频甩头，如压迫嗉囊或将鸟倒提，则从口中流出大量带酸味的黏液；腹泻，排绿色粪便，粪便中有血、黏液或脱落的黏膜；肌肉震颤，腿与翅麻痹，角弓反张。病程1~4周，死亡率达90%以上。

慢性型：主要表现为呼吸和神经系统障碍。初期症状与急性型的相似，但病程较长，病情较轻。病鸟兴奋、麻痹、痉挛，跛行，有时出现全身肌肉或局部肌肉抽搐。慢性型的死亡率一般为50%，但完全康复者很少。不死的鸟常留下后遗症，腿、翅麻痹或头颈歪斜，往往失去观赏价值。产卵率和繁殖能力下降。

新城疫常继发细菌性疾病，例如沙门菌、大肠杆菌的感染，使病鸟的死亡率提高。

目前，对本病尚无特效药物，试用中草药治疗可取得较好疗效。但本病应该以预防为主。

【治疗方案】▶▶▶

治疗以预防为主、同时防止继发感染。

- 鸟发病后，应立即隔离，避免与健康鸟接近。新城疫病毒能在适宜得环境条件下存活较长时间，因此养鸟的地方一定要远离家禽笼舍。新买进的鸟，特别是新进口的鸟，应当隔离一个多月后，才能放入鸟群或鸟场内。

- 接种疫苗：对鸡等家禽已有较有效的疫苗，如新城I系或II系。目前的商品疫苗都是弱毒疫苗，对鸡等家禽是安全的，但是这些商品对鸟类的免疫情况资料很少，因而不能保证这些商品疫苗对每一种鸟都是安全的，须慎重试验，总结经验，以免对贵重观赏和笼养鸟造成损伤。目前已知，新城疫苗可使食肉鸟类获得免疫。用新城疫II系苗对珍珠鸡、环颈鸡、鹧鸪、石鸡、沙鸡、孔雀、鸽进行免疫，也基本上是成功的。在鸽群新城疫流行时接种疫苗，会使部分患病鸽的病情加重，甚至引起死亡，但是，大多数鸽子能存活下来。这与鸡使用疫苗的情况基本一致。一般对鸽用新城II系定期免疫效果较好，鸽子用新城II系苗免疫后，如果出现转圈、排绿色稀粪便、呼吸困难等症状，可给每只鸽肌内注射维生素B_1 2.5毫克，1日1次，连用3日。对反应重的鸽子可静脉滴注5%~10%葡萄糖10毫升，生理盐水10毫升，维生素C 0.1毫升，地塞米松0.1毫升，每分钟滴入30~40滴。其他鸟类可根据其体重大小和种类不同，参照鸽子的用量试验其治疗用量。

- 目前已有新城灭活疫苗出售。相对来说新城灭活疫苗较为安全。野生鸡形目鸟类的预防用量，可参照家鸡的用量（初次减半），但是缺少预防其他野生鸟类新城疫病的资料。

- 在鸟患新城疫后，可在饲料或饮水中加些抗生素和维生素A、维生素C和维生素B_1，以减少患鸟的继发感染和减轻发病症状。

三、马立克病

【临床症状】▶▶▶

马立克氏病疱疹病毒引起的肿瘤性疾病，又称淋巴细胞性白血病，具有传染性。它是一种损害周围神经系统，并且是一种不同程度地损害其他组织和内脏器官的淋巴组织增生性疾病，也是高度接触性传染病。马立克病能引起不对称性的进行性瘫痪，一肢或两肢麻痹、翅膀下垂等。过去一直把马立克病称为神经型白血病，或者称为白血病或淋巴瘤病。目前，除对鸡属的马立克病研究较多外，对一般鸟类特别是观赏鸟和笼养鸟研究得不多。已知鸽、金丝雀、小鹦鹉等鸟患马立克病。该病毒感染力较强，可通过接触或空气传播和扩散，潜伏期6~8天。症状可分为以下几种类型：

神经型：病鸟常出现一肢或两肢不对称进行性不全麻痹，其特征是一只脚伸向前方，另一只脚向后伸，呈劈叉姿势，以至全瘫痪。两翅下垂或歪颈或低头，嗉囊麻痹或扩张，喘息。由于该病毒侵害神经，发生运动障碍，共济失调。脱水，消瘦，昏迷死亡。病毒侵害虹膜可导致失明。虹膜同心环状或点状褪色，呈弥散性灰色混浊等变化，最后瞳孔只剩下针尖大的孔斑。

内脏型：此型的特征是数种组织和器官形成肿瘤。病鸟表现为进行性消瘦，羽毛脏乱。有的病例不表现症状就突然死亡。

眼型：肿瘤发生在一只眼或双眼，使病鸟失去视力。

皮肤型：一般无临床症状，肿瘤多发生于翅膀、颈部、背部或尾部，可见淡白色结节。

解剖时可见病变器官增大数倍或可见结节性肿瘤状物，有的可见肿瘤结节病灶。肉眼病变是坐骨神经和臂神经丛肿大，受侵害的周围神经的横纹消失，并发生水肿。可以依上述病变作为诊断的依据。另外，法氏囊萎缩、坏死、胸腺萎缩。

【治疗方案】▶▶▶

治疗以预防为主、同时防止继发感染。

· 目前对马立克病尚无有效药物，应该以预防为主。对病鸟应隔离饲养，创造良好的环境卫生条件，因为一些患该病的病鸟可在一定的环境下自行康复。平时要经常用2%的热碱水对鸟笼和鸟舍消毒，如能再用福尔马林熏蒸，消毒效果更好。

· 鸟笼和饲养鸟的鸟舍，要远离饲养家禽的笼舍，以防传染。

· 接种疫苗：对鸡马立克病的预防可接种同源自然弱毒苗、火鸡疱疹病毒苗、多价苗和联苗等。

· 据报道，在预防鸡马立克病时，将氨基脲砜加入到饲料中可降低死亡率。其参考剂量是：氨基脲砜拌饲料的比例为0.002%～0.01%。此外，用松萝酸及其衍生物预防和治疗，初步证明有一定效果。但这些药对病鸟如何，需要进一步研究和实践。

四、传染性喉气管炎

【临床症状】▶▶▶

鸟的传染性喉气管炎是由病毒引起的一种急性呼吸道传染病。本病的特征是呼吸困难，有出血性渗出物，喉部和气管肿胀、出血和形成烂斑。欧洲和美洲均发生此病，我国也流行，一年四季均可发生，但以秋季和冬季较多。成年鸟的发病率最高。本病传染性强，感染率高。拥挤、通风不良、维生素A缺乏及寄生虫等均可促使本病发生。本病主要侵害家禽，但在野生鸟中可感染雉、孔雀等。欧椋鸟、麻雀、野鸽、鸽、珍珠鸡等不感染此病，鸭、鹅等家禽也不敏感。

自然感染的潜伏期为6～12天。急性病例呈现精神沉郁，眼睛和鼻腔流出分泌物，呼吸时有明显的啰音，头下低或向旁边弯曲。病情严重时，呼吸困难，吸气时张口、伸头，呈尽量吸气状。打喷嚏或痉挛性咳嗽，咳出带血的黏液或凝固的血液。打开口腔，可见喉部和气管内有淡黄色纤维蛋白覆盖物。由于过量的炎症分泌物和血液积聚在喉头和气管内，常因窒息而死亡，或因细菌性继发感染而死亡。病程2周，死亡率为10%～20%。轻型病例的症状较轻，表现为结膜炎，流泪，眶下窦肿胀，发病率较低，一般为5%。

【治疗方案】▶▶▶

本病应以预防为主同时防止继发感染并对症治疗。

[处方1] 平时加强饲养管理、检疫、隔离和消毒等。对鸟笼和鸟舍的消毒，可用3%甲酚（来苏儿）、1%氢氧化钠、5%石炭酸等，可在0.5～1分钟内杀死病毒。

[处方2] 可把适量抗生素和磺胺类药物加入到饲料或饮水中，以防细菌继发感染。

- 对呼吸困难的病鸟，可用镊子去除喉部和气管上端的渗出物，缓解呼吸困难。
- 接种灭活疫苗可免疫 6 个月，有较好的保护作用。

五、禽流感

【临床症状】

该病是鸟类、人和低等哺乳动物的严重疾病，分布于世界各地。

曾从雁形目、行鸟、形目、鹈形目等鸟类中分离到该种病毒。禽流感病毒感染家禽、鹌鹑、雉、八哥、鸥鸠、鸥、火鸡、椋鸟、麻雀、织布鸟、虎皮鹦鹉、海鸠、天鹅、鹰、三趾鸥、矶鹬等。不同种的鸟感染禽流感病毒的敏感性有差异，患病症状、病程和严重程度也各不相同。有时鸟类虽然感染本病毒，但其症状很轻微。

感染流感病毒的鸟类，从呼吸道、结膜和粪便中排出病毒，可以污染水源、食物、设备运输车辆、用具等，如果健康鸟接触上述被污染的用具、设备等或食用被污染的水、食物、昆虫等，即可能被感染发病。

鸟类感染 A 型流感病毒的潜伏期从几小时至 3 天不等，潜伏期的长短与病毒的剂量、感染途径和被感染鸟类对病毒的易感性有关，鸟种之间差异很大。

一些种类的鸟的症状不明显，轻微；有些种类的鸟则有致死的危险。其症状也各不相同，可表现为呼吸道、肠道、生殖或神经系统异常。例如：咳嗽、窦肿胀、头面部水肿，两眼流泪肿胀，打喷嚏，肺有啰音，羽毛蓬松，无毛区皮肤发绀，腹泻，食欲下降，神经紊乱。上述症状的任何一种都可单独或以不同症状组合。燕鸥患流感时飞不起来，还腹泻，但与其生活同一环境的其他鸟类不一定发病。因此禽流感的发病与鸟种、年龄、环境、病毒的血清型都有一定关系，其发病率与死亡率也是变化不定的。

黄鸥感染高度致死性流感病毒后，常见气囊、腹膜上和输卵管中有黄色渗出液和纤维蛋白性心包炎。感染同一型 A 型流感病毒的鸭子也有上述病变。

火鸡感染 A 型流感病毒可发生心肌炎。鸭、火鸡、鹑、鸥鸠和雉等感染 A 型流感病毒，可发生不同程度的心窦炎，有黏液性、脓性渗出物或干酪性渗出物。有的则表现震颤，头部姿势异常等。

组织病变：可见大脑和小脑中产生弥散性脑炎或坏死性胰腺炎，坏死性肌炎（主要侵害骨骼肌），肺炎，气管黏膜水肿，气囊增厚并有纤维素性或干酪样渗出物，纤维素性腹膜炎，或以多发性坏死、出血、充血、水肿性病变为主，但不是所有鸟类感染 A 型流感病毒都具有上述症状。

【治疗方案】

治疗以对症治疗、防止继发感染为原则。

［处方 1］　可试用金刚烷胺治疗，死亡率可减少 50%，可以通过饮水给药。

［处方 2］　在用药疗效时，可辅以抗生素治疗，这样可避免继发感染。适当给予维生素可增加病鸟的抗病力。

- 对周围环境彻底消毒，病鸟要隔离饲养。

六、结核病

【临床症状】

鸟的结核病是由禽分枝杆菌引起的一种接触性传染病。本病的特点时慢性。该病一旦传染鸟群,则在鸟群中长期存在,使鸟场的鸟失去饲养价值,直至最终死亡。虽然家禽中的结核病已下降到很低的水平,但该病仍是一个严重问题。由于缺乏有效的疫苗和适当的药物治疗,结核病对动物园中鸟和笼养鸟的威胁较大。本病分布于世界各地,但最常发生于北温带。患结核病的普通鸟失去饲养价值,应予淘汰;而对经济价值较高的观赏鸟和笼养鸟可进行治疗。现已发现麻雀、金丝雀、乌鸦、孔雀、猫头鹰、牛鸟、黑鸟、燕八哥、鸽、白天鹅、黑天鹅、雉鸡、鸵鸟等许多野鸟,都有结核病发生。

由于结核病是慢性病,病程较长,病鸟的初期除精神欠佳外,无其他异常表现,如果鸟的身体健康,饲养管理精心,结核病会自然缓解甚至完全康复,病灶不再活动。但是,在此期间如果受到不利环境因素影响或有其他病原体侵入,有重新发病的可能性。新引进的鸟,由于长途运输和环境条件的突然改变,最容易受到结核病的感染。

鸟结核病是一种慢性传染病。传染源主要时鸟的粪便,呼吸道也是潜在的传染源。潜伏期2~12个月。起初症状不明显,只是不活泼,容易疲劳。随着病程的持续,体重减轻,特别是胸肌消瘦,羽毛松乱,无光泽。头部的冠与肉垂贫血,无羽毛的皮肤特别干燥。病重者呼吸困难,拉稀便,脱水;或一侧跛行或跳跃式行走,这是骨髓结核的典型症状。有的病例在腹部能摸到结节硬块,并发生连续性腹泻,这是患肠结核和肠系膜结核的症状。有的鸟患结核性关节炎,翅麻痹,关节肿大,疼痛,运动受阻,严重者关节破溃,从破孔流出液状或干酪样分泌物,有的鸟完全瘫痪。有的鸟一侧的翅下垂,这是由于感染肱骨、肩胛骨喙关节所致。肝、脾肿大,并可能发生破裂而导致出血,致鸟死亡。肺部被感染结核菌,发生呼吸困难,喙和爪有明显紫绀。

【治疗方案】▶▶▶

治疗应以预防为主,应用治结核特效药。

[处方1] 对被病鸟污染的鸟笼和鸟舍,最好用3%~5%的火碱和0.1%~1%过氧乙酸交替消毒。对经济价值不高的患鸟,最好烧掉,另外对新购进或引进的鸟,要隔离检疫60天以上。

[处方2] 平时加强对鸟的饲养管理,供给适当的蛋白质、维生素A、维生素D、钙。加强饲养管理不仅可以预防结核病的流行,而且还会使已经患结核病的鸟康复。

[处方3] 对于已患结核病的经济价值较高的鸟,养鸟者一般不忍心立即淘汰,可参考以下方法进行药物治疗。

① 信鸽:链霉素,17~2单位/千克体重,每日2次,连用7~15天。可根据所养鸟的种类和体重大小进行试验性治疗。

② 用异烟肼(30毫克/千克体重)、乙二胺丁醇(30毫克/千克体重)和利福霉素治疗,症状可能有所减轻,但有副作用。上述药物应分开使用,但可交替进行,以免产生耐药性。1个月为1个疗程,同时服用B族维生素、维生素C、叶酸和肝太乐,以减少药物的毒副作用和保护肝脏。

七、丹毒

【临床症状】▶▶▶

鸟类的丹毒病是由丹毒杆菌引起的一种败血症。世界各地均有发生。鸽对本病很敏感。也可感染秧鸡、鹦鹉、麻雀、金丝雀、鸽、雉鸡、孔雀、斑鸠、岩鸽、鸥椋鸟、珍珠鸡、鸭、鹅、鹌鹑等。

本菌感染鸟类的入侵门户是黏膜和被损伤的皮肤上的伤口。该病发生突然。病鸟精神委顿，食欲下降，有时下痢，排稀粪便，黄绿色，嗜睡，头部发绀，体温升高达43.5℃，鼻腔和喉头黏膜发生卡他性炎症，呼吸困难，羽毛松乱，步态不稳，在1~2天死亡。慢性者表现精神萎靡，消瘦，贫血，衰弱，生长停滞和关节肿胀，可能发生丹毒性皮炎，腹泻，肛门周围出血和皮肤变色，腹膜发炎或发生猝死。被感染的澳洲情鸟，可见到结膜炎症状。

病理变化主要表现为败血症变化，皮肤、浆膜、气囊及实质脏器均有不同程度出血，前胃和肌胃壁增厚并有溃疡，关节肿大，关节与心包囊有纤维蛋白渗出，心肌有纤维斑块。有时见出血性肠炎。盲肠有黄色的小结节，心脏发生赘生性心内膜炎。带蹼的鸟类蹼上有发黑的充血区。带冠鸟类的冠和内髯浮肿，呈不规则样紫红色。

【治疗方案】

搞好平时的消毒和卫生工作，抗菌，防止继发感染为治疗原则。

［处方1］ 用消毒剂对鸟笼和鸟舍及用具经常消毒。用0.1%升汞、1%~3%的氢氧化钠、0.1%~1%过氧乙酸消毒，均能很快地杀死该病菌，其中尤以氢氧化钠的效果最佳。消毒后用清水冲洗鸟笼和鸟舍，以消除消毒剂的腐蚀作用。但是绝对不能用福尔马林消毒，因福尔马林对该病菌无效。

［处方2］ 因丹毒病是家禽、猪和鸟的共患病，因而鸟笼和鸟舍要远离禽舍和猪舍。一旦发现病鸟，要严格隔离，其他健康鸟可注射抗丹毒血清。

［处方3］ 病鸟可用青霉素、红霉素、四环素、金霉素治疗，疗效较好，但新霉素、磺胺类药物、呋喃唑酮的疗效较差。

［处方4］ 用四环素治疗可按0.02%~0.04%的比例拌料，连喂7天，可收到较好的疗效。

［处方5］ 红霉素和广谱抗生素也都有效。红霉素每次每千克体重0.05~0.125克，每日3次，连用5~6天。

［处方6］ 乙酰螺旋霉素，每次每千克体重5~10毫克，1日3次。连用5~6天。

八、葡萄球菌病

【临床症状】

葡萄球菌病是由金黄色葡萄球菌引起的一种细菌性传染病。该病在鸟类中较常见。最常见的发病部位是骨骼、腱鞘及腿关节，还侵害皮肤、气囊、卵黄囊、心脏、脊髓和眼睑，并能引起肝脏和肺脏的肉芽肿。该病多发生在炎热的夏天。

病原体通过伤口、汗腺和毛囊等进入机体内。其致病特点是引起化脓，还可引起全身性感染，发生败血症、脓毒血症和肠炎等。

野生鸟和鸽患葡萄球菌病多为零星散发，而家禽多为群发，鸟场可能像家禽一样为群发。笼养鸟因饲养的只数少，除偶尔外伤和接触感染葡萄球菌病外，可能感染的机会相对小些。但是，由于该菌广泛分布于自然界中，土壤、空气、水中和鸟皮肤上均存在，因此，应尽量不要让笼中的鸟碰伤或刮伤，以防感染。

葡萄球菌可分为以下几种症状。

急性败血症型：患葡萄球菌病的鸟，初期精神沉郁、缩颈、怕冷、食欲不振，翅下垂羽毛蓬乱，排水样白色粪便，发热性全身症状，运动障碍，在2~4天死亡。发病部位的羽毛易脱落，裸露的皮肤有出血点，随着病程延长，出血点由红色变为黑色的坏死点，或扩大为坏死斑块，很快死亡。关节是最易感染的部位，当多个关节受到感染时，常使鸟逐渐衰弱，体重减轻，直至死亡。鸟的关节感染后，鸟跛行，关节肿胀，迫使鸟用跗关节走动。跗关节和蹠关节或趾下面是最常受到感染的部位，翅、腿和脊椎上的任何关节都可能受到感染。肿大的关节囊内有大量液体、脓汁或干酪样物质。笼养鸟最易引起关节炎。因为有的鸟笼表面粗糙或栖木粗糙，常常划破鸟的腿、趾等部位；新入笼的野生鸟，也因在鸟笼中东撞西碰，使腿、趾、翅及头部受到创伤，受伤处易被葡萄球菌感染，从而引起关节炎和皮肤葡萄球菌病。另外，鸟舍中的铁钉、铁丝以及表面粗糙的墙壁、水泥地板等也对鸟构成这方面的危险。病后期，鸟的翅膀、头、颈、背、腹两侧及腿部皮肤出现炎性水肿，呈紫蓝色，渗出物有滑腻感。受到感染的鸟的脚、趾疼痛肿胀、行走困难，被感染的部位有热感。

脐炎型：是刚出壳不久雏鸟的一种病型。由于有的雏鸟的脐环闭合不全，背葡萄球菌感染后，常引起脐炎。脐炎的特点是，炎症部位呈紫蓝色，并有炎性渗出物，有滑腻感。病鸟的腹部膨大，精神沉郁，不食，不爱活动，脐孔及周围组织发炎肿胀或形成坏死灶，常有臭味，一般2~5天死亡。

其他病型：除上述病型外，还表现为耳炎、骨髓炎、眼球炎、化脓性皮炎、腱鞘炎和心内膜炎等病型。一般同一病例可表现为两种以上的病型。在临床上及时治疗，可治愈一部分病鸟。

本病的病例变化主要表现为肝脏肿大、充血，呈紫红色，并有密集的针尖大小的点状出血点；浆膜、黏膜水肿；充血，出血；脾充血，并有出血点和出血斑；十二指肠黏膜有密集的出血点；小肠水肿，肠内容物稀薄，肠浆膜有散在的圆点状出血；有的病例有肺炎，气管和黏膜有出血点及水肿；趾垫外伤感染时发生肿胀。

【治疗方案】▶▶▶

治疗以抗菌消炎，防止继发感染为原则。

［处方1］ 预防本病的最好方法是尽量不使笼养鸟和观赏鸟发生外伤。鸟笼、鸟舍质量不高，表面粗糙，砂子质次，往往是造成鸟发生创伤而感染的原因。因此，养鸟者给鸟创造良好的环境条件，可明显降低本病的发生率。另外，要保持鸟笼、鸟舍清洁卫生，经常用1%~3%火碱和0.1%~0.3%过氧乙酸消毒。

［处方2］ 新生霉素：按每千克饲料加0.37克，连用5~7天。可在使用新生霉素的前3~4天，可给病鸟肌内注射卡那霉素，按每千克体重注射0.4万~0.5万单位，每日2次。注意，雀形目不宜采用注射的方法，否则容易引起死亡。

［处方3］ 氯霉素：每千克饲料加入0.5~1克，连用5天。

［处方4］ 对脐炎型的病例，应用广谱抗生素治疗，如庆大霉素、氯霉素等，经饮水给药，与此同时，在饲料中加新生霉素。

［处方5］ 病鸟发生局部溃烂，可用高锰酸钾温热液洗净，然后涂上碘酊。

［处方6］ 病鸽：每只鸽每日注射庆大霉素2000单位，分为2次，或每千克水中加入3000~4000单位，使病鸽饮用。氟哌酸，每只鸽0.004~0.006克，分为3次1日服入，连用5天。

［处方7］ 乙酰螺旋霉素，每次每千克体重口服5~10毫克，每日3次，连用5~7天。

九、链球菌病

【临床症状】▶▶▶

鸟的链球菌病是由链球菌引起的一种急性败血性传染病。链球菌除感染家禽外，还感染鸽、金丝雀及其他雀形目鸟类和鹦鹉等鸟类，并对羊和狗等哺乳动物有感染。本病可经创伤、呼吸道、消化道和鸟卵传染。链球菌在自然界无处不有，在鸟舍、鸟笼等鸟的生活环境中普遍存在。链球菌主要通过口腔、空气传播，也可通过损伤的皮肤传播。

链球菌感染后，潜伏期1天到几周，平均5～21天。临床表现为急性、亚急性和慢性病型。急性病型的临床表现与败血症有关，精神萎靡、嗜睡是特征性症状。羽毛蓬乱，鸟在鸟笼中乱跳、碰撞，腹泻，头轻微颤动，产蛋数下降或停止。亚急性和慢性病例表现为精神沉郁，消瘦，体重下降，脚部皮肤和组织坏死，翅肿胀、腐烂，含有大量恶臭液体，跛行，头部震颤，出现败血症或细菌性心内膜炎。发病后白细胞增多，体温升高，如果治疗不及时会引起死亡。链球菌病还能引起眼睑炎和角膜炎。

慢性链球菌感染的肉眼病变表现为关节炎、腱鞘炎、输卵管炎、纤维素性心包炎、坏死性心肌炎和心瓣膜炎等。扶着心瓣膜上的疣状赘生物常呈黄色、白色或黄褐色。常伴发肝、脾或心脏梗死，肺、肾和脑也时有发生梗死。

【治疗方案】▶▶▶

治疗以抗菌消炎，防止继发感染为原则。

- **做好环境卫生是预防本病主要措施。链球菌对一般消毒剂敏感。经常用火碱、过氧乙酸消毒或用火焰喷烧鸟笼和鸟舍，均会收到良好的预防效果。**

[处方1] 乙酰螺旋霉素5～10毫克/千克，每日3～4次，口服，连用3～6天。

[处方2] 环己烯头孢菌素：6～15毫克/千克，每日3次，口服，连服3～6天。本品对溶血性链球菌的治疗效果很好。

[处方3] 青霉素：每千克体重肌内注射1万～5万单位。雀形目等小型鸟不宜采用注射的治疗方法。

[处方4] 磺胺嘧啶：按0.2%～0.4%的比例拌料，连用3天。

[处方5] 病鸽：青霉素，每只鸽每日注射6000单位，分2次注射。四环素，每日每只鸽0.02～0.03克，分3～4次放入水中饮用，连用5天。红霉素，每只鸽每日0.01～0.02克，分4次口服，连服5～6天。

- **此外，注意病鸟的护理，环境温度要合适。病初期给予温性的轻泻剂和易消化的饲料对病鸟是有利的。**

十、衣原体病（鹦鹉热）

【临床症状】▶▶▶

衣原体病，又称鸟疫或鹦鹉热，是一种人、鸟共患疾病。最初人们认为只有鹦鹉发生此病，并传染给人，因而称为鹦鹉热。1941年首次使用"鸟疫"这一术语。因此病的病原体为衣原体，故现在一般称"衣原体病"者较普遍。

鸽的衣原体的症状是：厌食，精神差，腹泻，结膜炎，眼睑肿胀，呼吸困难。肉眼病变为：气囊、腹腔浆膜增厚，表面有纤维蛋白渗出物；肝肿大，变软，易碎，变暗；脾肿大、变软和变暗；泄殖腔内容物有较多的尿酸盐。

【治疗方案】▶▶▶

治疗以抗菌为主要治疗原则。

- **为了杜绝病鸟将病原体传染给人和其他健康鸟，一旦确诊为病鸟后，不管是活鸟还是已死的鸟，都应将其焚烧或深埋，因为即使对病鸟进行长期治疗存活下来，但该鸟仍可能成为衣**

原体携带者，会将病原体传染给人或其他健康鸟。对于特别珍贵的病鸟，在治疗过程中要严格隔离，对其产的卵要严格消毒，并单独孵化，更不能将携带病原体的鸟在市场上出售。另外，应对环境进行严格消毒。用火焰喷烧和为威力碘消毒较有效。

[处方1] 四环素可按0.02%~0.04%的比例拌料。

[处方2] 土霉素对衣原体有一定疗效，但对隐性感染的效果不大。每千克饲料中拌入土霉素1~2克。

[处方3] 小型鹦鹉和小型食谷类鸟，可在10克小米中拌入金霉素5毫克，连续喂15~30天。大型鹦鹉可在500克煮熟的大豆粉中拌入金霉素100毫克，连喂30~45天；对拒食者，最好人工填喂金霉素或放在饮水中饮用。

[处方4] 对衣原体引起的眼角膜炎、眼睑肿胀等症状，可用氯霉素眼药水、金霉素眼药膏和氢化可的松滴眼液交替治疗。

- 有人主张，病鸟的饲料应该多样化，增加蔬菜和大豆粉的比例。

十一、白痢

【临床症状】▶▶▶

白痢病是由白痢沙门菌引起的一种鸟类传染病。病鸟随粪便排出的白痢沙门菌，被其他健康鸟食入成为主要传播途径。另外，还可通过卵而传染。病鸟为永远带菌者，产出被感染的受精卵，因其卵巢、卵子和精子等均已被感染，在形成卵壳之前在卵内已含有白痢沙门菌。据报道，现已证明自然感染的宿主包括鸡、鸭、珍珠鸡、雉鸡、麻雀、鹌、金丝雀、欧洲灰雀、鹰头鹦鹉等，还有一些鸟可实验感染成功。

本病的症状在雏鸟和成年鸟之间有较明显的差异。

雏鸟的症状明显。潜伏期3~4天。孵化出壳的带菌雏鸟及孵化后被感染的雏鸟，多在孵化后7~10天开始死亡，14~20天达到高峰。急性死者常无明显症状。多数病鸟精神沉郁，怕冷，常挤在一起或喜欢靠近热源，羽毛蓬松、无光泽，尾和翅下垂，闭眼，嗜睡，有的蹲伏，姿势异常。食欲下降或废绝，渴欲增加。最典型的症状是拉白色浆糊状粪便，有时呈淡黄色、棕绿色或带血。肛门周围的羽毛被粪便污染，干结的粪便常把肛门封住，致使排便困难，并常因排便困难和疼痛而尖声鸣叫。有的雏鸟发生关节炎，关节肿大，跛行。肺部感染发生呼吸困难，喘息。严重者发生脱水，甚至死亡。

成年鸟感染后无明显症状，但偶尔可见到急性症状的病例，多表现为精神欠佳，贫血，少食或不食，拉白色或青棕色稀粪，有的因急性发作而死亡。

肉眼病变：可见肝肿大、充血、有条纹状出血。肝脏呈黄绿色，表面有纤维素渗出物覆盖。肝、肺、盲肠、大肠、肌胃可见坏死灶或出血性肺炎。成年鸟可发生腹膜炎，生殖功能失调，脾易碎。

【治疗方案】▶▶▶

本病以预防为主。

- 本病也应以预防为主，要把带菌鸟与健康鸟隔离饲养，而且决不能用带菌鸟作种鸟繁殖后代。

[处方1] 对鸟笼、鸟舍和用具经常消毒，最好用福尔马林熏蒸。种鸟卵在孵化前，可用1%硫酸锌溶液洗涤消毒，用1%过氧乙酸消毒效果更佳。

[处方2] 新孵出的雏鸟开食后，可在饲料中加0.02%的痢特灵，连喂3天。最好用庆大霉素饮水3~5天，每千克体重每次饮1300单位，每日3次。

- 对新买进的鸟和引进的鸟，要进行 1 个月以上的观察，并进行全血或鲜血凝集试验，凡阳性者，退给原卖主或拒绝引进。即使新买进或引进的鸟为阴性反应，也要与其他鸟隔离检疫 1 个月以上。

十二、副伤寒

【临床症状】

鸟或家禽的副伤寒病是由多种能运动的沙门杆菌所引起的一种急性或慢性传染病，主要侵害幼鸟和幼禽。最早是从鸽子暴发传染性肠炎而发现的，此病是世界性的传染病，在鸟类中鸽子暴发副伤寒尤为常见，除鸽子和家禽外，鹧鸪、鹦鹉、金丝雀、黄雀、燕八哥、犀鸟、雉、鸥鸟、啄木鸟、灰文鸟和澳洲小鹦鹉等鸟类的感染率高达 50% 以上。副伤寒病是一种鸟类常见病，也感染人类、猫、狗、羊和猪等。

急性副伤寒多见于幼鸟，慢性型多发生于成年鸟。潜伏期 4～5 天，有的稍长些。急性病例常在孵化后数天内死亡，多是由卵感染或鸟接触病菌感染。病鸟精神欠佳，食欲减少或废绝，口渴，呼吸加速，呆立，头下垂，嗜睡，粪便如水、绿色、粪中带小气泡，肛门粘有粪便，流泪，眼睑粘连，头部肿胀。病鸟有的 3～5 天死亡，慢者 10 天死亡。早期症状常见瘫痪和神经症状，低头，偏头歪颈或者后仰转圈。有时用一条腿支持身体站立，翅关节皮下肿胀，死前呈昏睡状态。

对雏鸽和其他雏鸟尸检，可见肝、脾充血和晓得白色坏死点。坏死点多为不正的星芒形。肾充血，肝呈古铜色。对成年鸽和其他成年鸟尸检发现，肝肿大，有密集的小出血点。肠黏膜充血、出血。心、肝、脾、肾有数量不等的针尖大小（有的稍大）的灰色坏死或坏死灶。坏死点呈星芒状，这与巴氏杆菌的坏死点截然不同。麻雀感染本菌后胸肌萎缩，消化道脓肿。

【治疗方案】

本病治疗以预防为主，同时抗菌为原则。

- **本病应以预防为主。** 对带菌鸟进行淘汰和严格隔离。为杜绝雏鸟和成年鸟的相互感染，应将雏鸟与成年鸟隔离饲养。防止啮齿类动物及其他可能带菌的动物进入鸟笼或鸟舍。对来源不明的鸟卵在孵化前要用福尔马林熏蒸消毒。常用过氧乙酸对鸟舍、鸟笼及环境消毒。饲养鸟的用具要经常消毒，注意消灭老鼠和苍蝇等。

[处方1] 呋喃唑酮，可按 0.04% 的浓度拌料，连用 3～6 天。饮水治疗时，浓度不超过 0.02%。注意本药毒性较大且不易溶于水，因此一定要将药物碾碎后放入水中。

[处方2] 土霉素，可按 0.5% 的浓度拌料或饮水，连用 7 天可换为四环素。

[处方3] 氯霉素等按 0.5% 的比例拌料或饮水，连用 3～6 天；链霉素 0.2% 饮水；新霉素和大观霉素可按 0.1% 饮水 3～5 天。

[处方4] 庆大霉素，可按每千克体重每次 1300 单位饮水，每日 2～3 次，连用 3～7 天。

[处方5] 磺胺类药物，可按 0.2～0.5% 的比例拌料或饮水，连用 5 天。

[处方6] 氟哌酸，按每千克体重每次 10～15 毫克饮水，每日 3 次连用 3～5 天。

十三、禽霍乱

【临床症状】

该病的病原体是多杀性巴氏杆菌。虽然称该病伪"禽霍乱"，但感染该病的决不仅限于家禽。实际上，各种观赏鸟、笼养鸟及各种野生鸟都感染此病。本病可以流行，也可以零星发生。一只鸟一旦成为带菌者，至少在一年内通过分泌物和粪便向外界排菌。外寄生虫和苍蝇传播该病，还可通过尘埃或食用被污染的水和饲料而感染，是一种接触性传染病。总之，该病对养鸟者是一个很大的威胁。燕八哥、知更鸟、椋鸟、鹤类、雉类、鸵鸟、金丝雀、天鹅、鸽、孔雀、鹦鹉等均感染此病。

自然感染病例潜伏期3~10天。最急性型的病例不出现什么症状就突然死亡。大多数急性病例，其病程可达几天，并表现出各种症状。病后存活下来的鸟可康复或成为带菌鸟。急性症状主要表现为精神不振，羽毛松乱，眼睛闭合，在栖木和地上不动，头藏于翅下，站立不稳，常有剧烈腹泻，粪便开始是水样和带白色，后变为绿色，并有黄色或褐色黏液，由于肠黏膜溃疡，有时粪便中有血染样，肛门附近羽毛粘有粪便。体温升高达43~44℃，口渴，喜饮水。呼吸加速，嘴常张开，有时发出"咯咯"声。口排黏性流出物，鼻腔分泌物增多。死前常拍打翅膀或痉挛，病程1~3天。慢性者（多由急性转为慢性）逐渐消瘦，精神欠佳，贫血，无力，食欲不振。腿关节和翅关节肿大，跛行。有持续性腹泻。无毛区皮肤紫绀，是死亡前的征兆。一些病例的头部无羽毛处出现鳞片状和痂皮状病变。病程可达几周甚至几个月。

肉眼看到的病变是不固定的，其病变情况与病程长短及病菌毒素的强弱有关。常见的病变多与血管功能紊乱有关系，常发生全身性充血、淤血和出血，各脏器及其他部位的出血均为点状，例如心外膜出血、浆膜下出血以及肺、腹腔脂肪、肠系膜等的出血均为点状。肝脏表面有针尖大小圆形灰白色的坏死灶，其大小基本相同，这是禽霍乱的特征性病变。沙门氏杆菌病在肝脏上的灰白色坏死灶比巴氏杆菌引起的坏死灶稍大，而且呈星芒状或其他形状，各坏死灶的大小不相同。

【治疗方案】▶▶▶

治疗以抗菌为治疗原则。

• 感染的最初来源可能是病鸟或康复而仍携带病菌的鸟。自由飞翔的鸟、啮齿动物和其他动物很可能是外来的感染源。因此，要预防本病，最首要的方法是不让其他动物接近鸟笼或鸟舍，并经常对鸟笼和鸟舍消毒和清洗。

［处方1］ 磺胺二甲基嘧啶和磺胺二甲基嘧啶钠，可按0.2%~0.5%的比例拌饲料，或让病鸟饮0.1%浓度的水，连用3天，可减少病鸟的死亡率。

［处方2］ 磺胺喹啉，可按0.03%的比例拌料，或在饮水中中加0.01%~0.03%的磺胺喹啉，对预防本病的暴发有较好的效果。但长期使用本药可引起中毒。

［处方3］ 喹乙醇，可按25毫克/千克体重比例拌料，每日1次，连用3~5天。

［处方4］ 氯霉素，20毫克/千克体重，肌内注射，每日2次，连用2天；或者30毫克/千克体重，口服，每日2次，连用2~3天；或配成0.2%~0.5%浓度的饮水，连用2天。

［处方5］ 土霉素或四环素，30毫克/千克体重，肌内注射，每日2次，连用2天；或按60毫克/体重拌料，口服，每日2次，连用2~3天。

［处方6］ 氟哌酸，按0.1%拌料或饮水，效果好。

［处方7］ 螺旋霉素，5~10毫克/千克体重，每日3次，连用3~6天。

十四、大肠杆菌病

【临床症状】▶▶▶

鸟的大肠杆菌病是一种以大肠艾希杆菌为原发或继发性病原体的传染病。大肠艾希菌通常称为大肠杆菌，它是一类肠道寄生菌，在某种条件下进入机体的某一部分引起疾病。大肠艾希菌在自然界广泛存在，在家禽和其他鸟类肠道中常能找到该菌。啮齿动物的粪便中常含具有致病力的大肠艾希菌，因而在鸟舍和鸟笼周围应设法防止啮齿动物接近。幼鸟和体弱的鸟易患此病。本病可感染椋鸟、织布鸟、文鸟、金丝雀、蜡嘴、白鹳、黑鹳、白颈鹳、赤颈鹤、鹦鹉、孔雀、雉鸡、石鸡、犀鸟、鸨、鸽、鸵鸟、天鹅等。

因大肠杆菌侵害的部位不同，出现的症状和病理变化液不同。一般分为以下几种类型。

(1) 气囊炎　大肠艾希菌常使鸟的气囊感染，引起呼吸困难，因此又称为气囊病。气囊炎可伴随新城疫、支原体或其他细菌性疾病发生。受到感染的气囊增厚，混浊，有干酪样渗出物，并有原发性呼吸道病变。气囊炎多见于雏鸟和幼年鸟。病鸟表现出程度不同的呼吸道症状，严重者呼吸困难，有啰音，咳嗽，食欲消失，精神不振，消瘦，第4～5天死亡率最高。

(2) 脐炎　本病发生于雏鸟。雏鸟发生脐部感染，可能是卵内感染，也可能是出壳后感染，其主要症状是雏鸟缺乏活力，虚弱，喜靠近热源。脐带呈蓝紫色，脐带孔潮湿发炎。卵黄囊壁水肿，病鸟多在2～3天内死亡，超过3周龄停止死亡。

(3) 输卵管炎　病鸟左侧腹大气囊感染后，许多母鸟发生慢性输卵管炎。输卵管扩大，壁薄，并在其内出现大的干酪样团块，这是最明显的特征。病鸟消瘦，食欲下降，羽毛无光泽，不喜欢运动，常蹲着。用手触摸腹部，有不光滑的硬块，质地较硬，圆形或椭圆形。病鸟约在6个月内死亡。病鸟身体良好者，又是较贵重的鸟，可进行手术摘除。幸存下来的鸟，失去产卵能力。病菌侵入泄殖腔，也会发生输卵管炎。

(4) 全眼球炎　全眼球炎是急性败血症恢复期的一种症状，常为单侧性，散发。临床表现怕光，流泪，眼睑水肿，瞳孔灰白、混浊、眼球萎缩。

(5) 急性败血症　幼鸟和成年鸟都可发生。雏鸟、幼鸟夏季多发。成年鸟则多在寒冷的冬季发病，病鸟呼吸困难，体重减轻。雏鸟精神欠佳，衰竭，下痢，粪便呈白色或黄绿色，腹部胀满。死亡率为5%～20%，高者可达50%。特征性病变是纤维素性心包炎，心包膜与心肌或胸腔组织粘连。心肌松软。气囊混浊，有干酪样物。实质脏器肿大。肝脏明显肿胀，呈绿色，肝周炎，肝脏被膜增厚，有胶样渗出物包围。严重的病例，肝外表呈现玉米粉状。这种急性败血症的病程很短，病鸟在死前仍肌肉丰满，嗉囊充满食物。

还有的病例，肝、盲肠、十二指肠和肠系膜发生肉芽肿。

【治疗方案】▶▶▶

抗菌是本病的主要治疗原则。

- **对雏鸟要精心照管，控制好环境温度和湿度，避免饲料、饮水、环境、用具被污染。**

［处方1］　氟哌酸，每千克饲料或饮水中加入氟哌酸1克，连用3～5天，饮水每天更换。

［处方2］　氯霉素，按0.1%的比例拌料或饮水，连用3～4天；成年鸟可按每千克体重1万单位肌内注射，每日2次，连用2～3天，效果显著。

［处方3］　庆大霉素，每千克水中加入1万单位，让病鸟饮用，连用5～7天，对防治气囊炎、肠炎有较好的效果。

［处方4］　对全眼球炎病鸟，可用温水加少量卡那霉素、庆大霉素、氯霉素等抗生素洗眼，每日2次以上。上述药物与氢化可的松滴眼液交替使用，疗效更佳。

［处方5］　对患脐炎的雏鸟，可经口腔滴服庆大霉素或氯霉素，每日2次。在破溃的脐部涂些碘酒，有一定疗效。

- **大肠杆菌对氨苄西林也很敏感，可用于治疗。**

十五、曲霉

【临床症状】 ▶▶▶

曲霉菌病是指由曲霉属真菌引起的疾病,例如肺曲霉病。曲霉菌病分为急性和慢性两类:急性曲霉菌病主要发生于幼鸟,慢性曲霉菌病主要发生于成年鸟。本病危害多种鸟,也危害人类及其他哺乳动物。鸟能忍受少量的霉菌孢子,但吸入或食入大量霉菌孢子时就会引起疾病。发霉的鸟食、潮湿垫草等都是曲霉菌的来源。世界各地均有本病发生。企鹅对曲霉菌病极为易感。黑天鹅、天鹅、雉、孔雀、鹦鹉、鸵鸟、鸽、鹰、秃鹫以及雀形目、鸡形目、雁形目的鸟均可发生曲霉菌病。

病鸟因受病原体侵害的部位不同,可出现不同的症状,最常发生的是肺曲霉病。肺曲霉是由于鸟吸入大量曲霉孢子引起肺部受侵害所致。肺曲霉病霉菌可随血液循环侵害骨骼而发生骨霉病。此外,还可以发生全身性曲霉病、皮炎、眼炎和脑炎等。

鸟患曲霉菌病的症状主要是:张口呼吸、呼吸困难、急促,吸气时头颈前伸,将耳贴近鸟的胸部可听到喘气声,体温升高,食欲不振或废绝,渴欲增加,发热,消瘦,后期下痢。食道受侵害时,吞咽困难,眼、鼻有浆液性分泌物。眼受侵害时,常在一侧瞬膜下出现黄色干酪样物,使眼睑鼓起或角膜溃疡。少数病鸟出现神经症状,例如歪头、麻痹、跛行、后退或角弓反张。斜颈和失去平衡是曲霉病的特征性病状,但其他属的真菌也能引起类似的症状。金丝雀多在几天内死亡,但鹦鹉、企鹅、天鹅、鹰、雉等鸟的病程可达几周或更长。鸽有时患皮肤曲霉病。

呼吸系统是受侵害的主要部位。例如,肺、气囊和气管,有时也见于鼻腔、喉头和口腔。这些受侵害部位的组织渗出物和霉菌的菌丝织结在一起阻塞气管,使气囊扩张,气囊壁增厚,并覆盖一层霉菌内鼻孔、鼻窦和眼睑下部充满黄色块状物。肺形成黄白色或灰黄色小结节或霉菌斑,外观圆、硬、光滑、有小米粒至黄豆粒大小。肺组织有炎性灶及气肿,胸气囊和腹部浆膜有坏死,病程长者结成团块结节。这种团块结节除在胸气囊经常看到以外,还可转移到肝、肾、脾、卵巢和肠等部位。结节坏死组织呈同心圆状,似喷发后的火山口状。

【治疗方案】 ▶▶▶

做好管理、抗真菌是本病的主要治疗原则。

[处方1] 搞好环境卫生,保持鸟舍或鸟笼干燥和通风透光,防治湿度过高;不喂发霉的饲料和不清洁的饮水,垫料经常更换和翻晒,防止发霉;鸟舍或鸟笼经常用1%~3%氢氧化钠溶液或福尔马林消毒;为防治饲料发霉,可在每千克饲料中加0.9~136克丙酸钙;饲料中加入结晶紫和制霉菌素有预防作用。鸟场一旦发现病鸟,应立即隔离治疗或深埋。

[处方2] 制霉菌素,它是治疗曲霉病的最有效的药物,可按每千克饲料150万单位喂服,每千克饮水加硫酸铜0.5克,并给予大剂量的维生素A和维生素D,连用5~7天后,再单独给予硫酸铜5~7天。但单独使用硫酸铜不配合使用制霉菌素无效。

[处方3] 克霉唑,对曲霉有抑制作用。对病鸽治疗时,100只鸽每天用3克,分3次用,10天1个疗程。

[处方4] 碘化钾,每千克水中加碘化钾5~10克,连用3天,有一定疗效。

[处方5] 双氯苯咪唑,治疗猛禽有较好疗效。

十六、念珠菌病（鹅口疮）

【临床症状】 ▶▶▶

念珠菌病是由白色念珠菌引起的一种传染性疾病，又称鹅口疮、念珠菌口炎、霉菌性口炎和碘霉菌病等。本病是人和动物共患疾病，除危害家禽外，也感染观赏鸟和笼养鸟，主要对幼鸟威胁较大。本病的特征是：口腔、咽喉、食道和嗉囊发生炎症或坏死，消化道黏膜出现白色假膜和溃疡。

本病没有特征性病状。幼鸟患本病后生长不良，发育受阻，精神欠佳，羽毛蓬乱。病鸟的眼睑和口角可见痂皮样病变，腿上的皮肤常有病变。口腔和舌面有溃疡坏死。由于上消化道受损害，病鸟吞咽困难。嗉囊肿大，嗉囊黏膜增厚，黏膜上有白色圆形隆起状溃疡。嗉囊复层上皮出现广泛性破坏。用手触摸嗉囊有柔软感，压迫时有酸味内容物从口腔流出。病鸽常出现下痢，死前出现痉挛状态。

本病的主要病理变化：口腔、食道、嗉囊有白色、黄色或褐色薄膜，其中以嗉囊黏膜病变最为明显，薄膜与黏膜下层相连，将薄膜剥落后留下红色溃疡面。

【治疗方案】 ▶▶▶

抗真菌是本病的主要治疗原则。

[处方1] 平时注意环境卫生，经常用2％福尔马林、1％～3％氢氧化钠、5％氯化碘盐溶液或威力碘消毒，以杀死病原菌。

[处方2] 制霉菌素，用制霉菌素治疗最为有效。每千克饲料中加入50～100毫克制霉菌素可有效治疗和预防念珠菌病，连喂4周。在每升饮水中加入62～250毫克制霉菌素和7.8～25毫克硫酸月桂酸酯，连用5天，对嗉囊霉菌病很有效。

[处方3] 球红霉素，适用于治疗念珠菌、隐球菌等霉菌引起的霉菌性肺炎和败血症，以及皮肤和黏膜霉菌病。球红霉素可配成1000毫升液中含800～2500单位的制剂，喷入鸟舍，以气雾治疗鸟的霉菌感染。

[处方4] 胃肠型霉菌病，可口服球红霉素，按每千克体重600～1000单位每日分3次服用，10天1个疗程。

[处方5] 克念菌素，本药对白色念珠菌作用强，可用于鸟类念珠菌病的治疗。

[处方6] 硫酸铜 用1∶2000的硫酸铜水溶液作为病鸟唯一饮水来源，对治疗本病有效。

• 某些营养物质的不足可能导致本病的发生，例如缺乏B族维生素。有人主张100克饲料中加入15％甲酸20毫升，可减轻对鸟的危害。

十七、冠癣

【临床症状】 ▶▶▶

冠癣，又名头癣或黄癣，是一种慢性真菌性皮肤病。本病克感染家禽和各种鸟类，也可以感染牲畜和人，是一种人、鸟和牲畜共患病。该病的特征是，在头部的无毛处，特别是在鸟的冠部，生长一种黄白色鳞片状的颈癣，严重时可扩延到颈部和躯体，致使羽毛脱落。

夏季和秋季多雨时常促使本病发生和传播。传染途径主要是通过皮肤创伤或昆虫叮咬，鸟之间接触也可传染。病鸟的癣屑和污染物品常可引起本病的广泛感染。

鸟类的冠部、肉垂等是首先被侵害的部位。患部皮肤变厚，有鳞片或痂皮覆盖，特别是羽毛囊周围，可闻到霉味。受伤部位先产生一种白色或灰黄色的圆形斑或小丘疹，然后逐渐蔓延到冠、眼睑及耳部，甚至蔓延到躯体有羽毛的地方，使羽毛脱落。患鸟皮肤痒痛，神态不安，瘦弱、贫血、黄疸。严重病例可引起上呼吸道和消化道黏膜发生点状坏死，或者产生小结节和黄色干酪样沉着物。偶尔可见肺脏及支气管发生炎症变化。

【治疗方案】 ▶▶▶

局部皮肤做消毒抗菌处理为治疗原则。

对有一定经济价值的鸟，可用碘甘油、5%石炭酸或0.2%升汞、福尔马林油膏、硝基苯汞、10%水杨酸或季铵类化合物进行治疗。进行局部治疗时，须将患部用肥皂水清洗皮肤表面的痂皮和污垢，然后将药涂在患处。现将几种常用药物的配制方法介绍如下。

- 福尔马林软膏：40%甲醛1份，凡士林20份。先将凡士林装在玻璃容器内，放在水浴箱中融化，加入福尔马林，将瓶盖拧紧摇动，待凡士林凝固后再使用。
- 甘汞软膏：甘汞3份，凡士林22份。配制方法同福尔马林软膏。
- 碘甘油：碘酊1份，甘油6份，混合后即可使用。

十八、球虫病

【临床症状】 ▶▶▶

鸟球虫病是由一种或多种球虫引起的疾病，几乎所有的鸟类都感染，发病率高，死亡率也高，是对养鸟业危害极大的一种内寄生虫病。雏鸟比成年鸟的易感性高。一年四季均可发生此病，潮湿的垫料及湿暖的环境易引起本病的发生。

各种球虫的致病力不同，加之鸟的种类、年龄、健康状况及所食入卵囊数量各异，因而病鸟表现出的病状和程度亦不同。其主要症状表现为精神萎靡，食欲不振或废绝，体重减轻，羽毛松乱、弓背、翅下垂、贫血、口渴、腹泻，有的病鸟有轻度下痢，有的出现致死性下痢，粪便水样或黏性绿色或血性稀便。本病呈急性或慢性，对雏鸟和幼鸟危害最大。有的病鸟因身体衰竭而逐渐死亡；有的出现震颤、昏厥或跛行；有的病鸟经过轻度或中度感染后存活下来，以后便对球虫的感染有免疫力。

【治疗方案】 ▶▶▶

抗球虫是本病的治疗基本原则。

［处方1］ 平时将幼鸟与成鸟分开饲养，一旦发现病鸟立即隔离。为预防本病，可用2%沸火碱水喷洒鸟舍；鸟笼和鸟舍的垫料或砂必须经常更换并保持干燥和干净，用前充分晒干；饲养用具要高温消毒。

［处方2］ 磺胺二甲基嘧啶，配成0.4%浓度的饮水。让病鸟饮用3～5天，停药2～5天，再饮用3天。

［处方3］ 制菌磺片，按0.5%的比例添加到饲料中，连用3天，停2天，再连用3天。

［处方4］ 甲硝唑，30～40毫克/千克体重，口服，每日2次，连用7～10天为1个疗程，15天后再重复一个疗程。本药与磺胺增效剂合用效果更好。

［处方5］ 痢特灵，可按0.02%的比例加入到饮水中饮用；或按0.04%的比例混于粉料中，连喂4～5天。注意混合均匀，以防中毒。

［处方6］ 球痢灵，具有高效低毒的优点，在每千克饲料中加0.12克，连用30～40天，

疗效好,并对免疫力无影响。

[处方 7] 氯苯胍,是广谱抗球虫药,疗效显著。每千克饲料加入 30~40 毫克,连用 7 天,若不彻底,可再喂 7 天。

[处方 8] 速丹,药性稳定,不产生耐药性。按 3~6 毫克/千克的剂量充分混匀入饲料中,可有效预防和防治球虫病。

[处方 9] 敌菌净磺胺合剂,按 0.02% 的浓度混入饲料中,连用 3~5 天为 1 个疗程。

十九、毛滴虫病

【临床症状】

鸟毛滴虫病是由毛滴虫属的一些种引起的一种原虫病,分布很广。本病主要侵袭各种鸽、鹌鹑、隼、鹰和其他多种鸟类,特别易侵袭雀形目鸟类,因而对观赏鸟和笼养鸟有一定威胁。

病鸟食欲废绝,精神不振,羽毛松乱,消瘦。在病鸟的口腔可见有浅绿色至浅黄色黏液,并从嘴流出。病原体侵害口腔、鼻窦、咽、食道和嗉囊的黏膜,形成干酪样物质积聚,可部分或完全堵塞食道,最后病变可扩大到鼻、咽、眼眶和颈部软组织。肝常受损害,肝肿胀,常发生黄色或黄绿色局限病灶,其大小像绿豆粒或黄豆粒。病初口腔黏膜出现小而界限分明的干酪样病灶,在病灶周围有窄的充血带,以后病变扩大。

【治疗方案】

抗原虫为治疗的基本原则。

• 从饲养管理入手,成鸟繁殖期应在孵化前给药预防,以免雏鸟哺乳期感染本病。成鸟与幼鸟分开饲养,特别是家鸽。鸟笼、鸟舍和用具用 0.2% 氢氧化钠溶液消毒,经常清扫,保持环境卫生。

[处方 1] 灭滴灵,按 30~40 毫克/千克体重给药,每日 2 次,连用 7~10 天。本药是有效的杀灭滴虫的药物,比较安全,但有副作用,所以服药期可同时服用肝太乐和维生素 C 或按说明书慎用。

[处方 2] 二甲硝咪唑,按 0.05% 的比例混入饮水,对本病的防治都有效。

[处方 3] 氨硝噻唑,将 1 克氨硝噻唑溶于 1 升水中,让病鸟自由饮用,连用 6 天。

[处方 4] 用 0.2% 的碘溶液让病鸟饮用,7 天为 1 个疗程。健康鸟饮用 0.2% 的碘溶液,可预防患毛滴虫病的作用。

• 另外,病鸟服用四环素和磺胺嘧啶也有一定疗效。这些药物的作用可能是治疗了其细菌的继发感染。

二十、弓形虫病

【临床症状】

弓形虫病,又称弓形体病、弓浆虫病或毒浆虫病。弓形虫病是一种哺乳类、鸟类和爬行类共患寄生虫病。弓形虫主要侵害鸟的中枢神经系统,也侵害其生殖系统和其他内脏器官。鸟弓形虫病的症状不明显或呈隐性,但在一定的环境条件下,可出现明显的弓形虫病症状。本病为世界性分布,可感染 63 种以上的鸟,其中包括鸽、金丝雀、家禽和其他鸟类。

弓形虫病的症状可分为以下几种类型。

慢性型：临床症状不明显或症状轻微。

急性型：共济失调，病鸟像"醉汉"，运动障碍，易倒，体重减轻，消瘦，贫血。随着病程延长，出现中枢深究鸟纲症状，震颤，角弓反张，歪头，眼睛失明。

尸检可见肝和脾肿大，坏死性肝炎，心包炎，溃疡性肠炎，肺充血，脑炎。

【治疗方案】▶▶▶

沙弓形虫为治疗原则。

• 要严禁猫和啮齿动物等接近鸟笼和鸟舍，并用氨水等消毒剂经常消毒，以杀死病原体的卵囊。

[处方] 磺胺二甲基嘧啶和乙胺嘧啶合剂，磺胺二甲基嘧啶1毫克/千克、乙胺嘧啶合剂10毫克/千克，混合，口服，连用5天，停药3~5天，再重复用药3天。

二十一、绦虫病

【临床症状】▶▶▶

绦虫病是由扁形动物门、绦虫纲、多节绦虫亚纲、圆叶目的许多科和属的绦虫所引起的一类寄生虫病。本病为世界性分布，目前已从野鸟和家禽中分离出1400多种绦虫。大多数绦虫的宿主特异性很强，一般一种绦虫仅寄生于一种鸟和亲缘关系甚近的数种鸟。野鸟感染绦虫的比例很大，50%以上的野鸟都有绦虫寄生。笼养鸟则感染此病的机会相对较少。但是，多数观赏鸟和笼养鸟多是从野外捕来的，因而养鸟者必须对自己所养的鸟进行认真观察。

由于绦虫是寄生在鸟的小肠，头节深埋在肠腺和肠黏膜里，因而引起肠黏膜出血和肠炎，影响消化功能。病鸟下痢，稀薄的粪便中混有血和黏液。绦虫的数量大时，能引起肠管阻塞。绦虫代谢产物中的毒素能引起病鸟神经症状，如抽搐和昏迷等。病鸟一般表现为食欲不振，贫血，体弱，以及神经症状，例如瘫痪，不能直立、头颈扭曲等。严重者甚至死亡。由于患绦虫的鸟身体虚弱，使许多其他鸟病乘虚而入，从而加重绦虫病的危害。

剖检可见小肠黏膜肥厚，点状出血，并有小结节。小结节的中央凹陷。赖利属的一些绦虫在肠壁上产生的结节，常被误认为是结核病的结节。

【治疗方案】▶▶▶

灭绦虫为治疗原则。

• 注意鸟的环境卫生，经常用杀虫剂消灭鸟绦虫的中间宿主。

[处方1] 硫双二氯酚，按150~300毫克/千克体重，1次口服，喂药后2~5小时即有绦虫排出，7小时后全部排出。

[处方2] 灭绦灵，按200毫克/千克体重，混入饲料中喂给。

[处方3] 氢溴酸槟榔碱，按3毫克/每千克体重，配成0.1%水溶液灌服。

[处方4] 苯硫咪唑，5毫克/每千克体重，1日1次，连用2次。

[处方5] 安乐士，即甲苯咪唑，广谱驱虫药。每日2次，每次每千克体重3.3毫克，连服3日。本品为首选的驱虫药。

• 由于鸟类绦虫对药物有较强的抵抗力，有时候驱虫时仅将绦虫的体节驱出，而头节滞留在体内，故养鸟者在使用药物驱虫时，应在粪便里见到绦虫的头节才算是达到了驱虫的目的。

二十二、肥胖

【临床症状】 ▶▶▶

鸟肥胖症，是由于过多地饲喂油脂性饲料、缺乏运动或脂肪代谢紊乱而引起的。腹膜下和皮下积聚大量脂肪，体重增加，是一种营养代谢疾病。

胸部、大腿和其他部位明显肥大，体重明显增加，用手扒开羽毛或用口吹开羽毛，可见皮下的黄色脂肪，腹部呈圆形，产卵量和孵化率降低，无力，行动迟缓，呼吸次数增加，运动时呼吸困难，心脏搏动弱，不爱运动，常发生便秘，丧失悦耳的鸣叫能力，可能在飞翔或跳跃中突然死亡。

【治疗方案】 ▶▶▶

- 鸟减少喂食脂肪过多的饲料，多喂青饲料及蛋白质的饲料，并减少饲喂量，增加运动量。待肥胖症消除后，再投喂正常饲料量。
- 饥饿疗法：每天让鸟饥饿 4~6 小时，在此期间只给饮水，不给任何饲料，但饮水必须充分供给。
- 在节食或饥饿治疗过程中，增加鸟在笼中或鸟舍中的活动量，人为地促进鸟活动，每日 3 次，每次活动 5 分钟左右。

二十三、感冒（受寒）

【临床症状】 ▶▶▶

鸟感冒是受寒综合征，引起的原因可能是：①用飞机运输从热带引进地鸟时，由于飞机内的温度较高，又不能供水，下飞机后地面温度又较低，则常常引起感冒；②冬季给鸟洗澡时，室内温度低，鸟因风吹受寒；③天气突然变冷，如果不及时提高室内温度，鸟也易患感冒。

鸟患感冒时症状是，精神欠佳，羽毛逆立，不爱活动，口渴，鼻孔周围有黏稠分泌物。鸟鸣叫沙哑。重者哮喘，呼吸困难、急促，张口呼吸，似喉咙有异物。

【治疗方案】 ▶▶▶

对症治疗，加强管理是治疗原则。

- 将病鸟置于 30~33℃ 的温暖地方，保持恒温，不能忽冷忽热。患感冒期间停止遛鸟。

[处方 1] 磺胺嘧啶，每日饮入 8 毫克，可将磺胺嘧啶（500 毫克/片）溶于 300 毫克水中，让鸟自由饮用。

[处方 2] 若病鸟的鼻孔内不通或有分泌物，可用棉签放入鼻孔吸取鼻孔中的黏液，并擦去鼻孔周围的分泌物，然后将金霉素软膏或植物油放入，可使呼吸通畅。

[处方 3] 可口服银翘解毒片。

二十四、中暑

【临床症状】 ▶▶▶

在夏天，如果养鸟者对鸟管理不当，特别是笼养鸟，就有可能使鸟中暑。鸟的羽毛有良好的绝热性，使热量不易散发，再加上鸟没有汗腺，也影响鸟的体热散失。鸟散热的唯一途径是张口呼吸和伸展翅膀。在炎热的夏天，如果养鸟者将鸟笼放在强烈的阳光下，鸟很容易发生中暑。另外，在炎热季节，如果放置鸟笼在室内或鸟舍内通风条件差，闷热，饮水又供给不及时，使鸟散热困难，常引起中枢神经系统和呼吸系统机能障碍。这种中暑称为热射病。除上述发生中暑的原因外，鸟在封闭、拥挤的条件下运输，也容易发生中暑。

本病常突然发生，呈急性过程。

鸟由于阳光照射引起的中暑，表现为烦躁不安，体温升高，继而表现为精神委顿，足趾麻痹，躯体和颈部肌肉痉挛，常在几分钟内死亡。剖检可见脑膜充血和出血，大脑充血、出血和水肿。

热射性中暑，呼吸困难，张口喘气，翅膀张开，下垂于地面，站立不稳，虚脱，大量饮水，有时出现短暂抽搐，死前体温升高3℃以上。尸检可见尸僵缓慢，血液凝固不良，全身淤血，心外膜、脑部出血。

【治疗方案】▶▶▶

- 在夏季，养鸟者应把鸟笼放在合适的位置，避免阳光直射；放鸟笼的室内或鸟舍内，应通风，凉爽；遇到闷热天气时，应经常观察鸟的表现，并供给充足的饮水，每天换1~2次，如能每天给鸟洗浴1次更好。
- 一旦发现鸟出现中暑的症状之后，应立即将鸟笼移至阴凉地，每隔一段时间喷洒1次冷水；如果是热射性中暑，应立即打开门窗，设法加强通风换气，或把鸟笼放在阴凉的环境中，有利于病鸟降温散热，同时给予清凉饮水。

[处方]　放血疗法：在患鸟翅膀的静脉血管处，用三棱针或普通缝衣针（注意消毒）由前向后沿静脉血管平刺0.1~0.3厘米，流出污血即可。

二十五、窦炎

【临床症状】▶▶▶

窦炎多发生于大型鹦鹉、八哥及其他笼养鸟。此病多因局部感染、上呼吸道感染、眼睛感染及打斗引起。其病原体可能是细菌、真菌或衣原体。

窦炎的症状是：单眼或双眼肿胀，肿胀严重时眼球向上突出。眼和鼻流出浆性或黏性渗出物，下眼睑发红，打喷嚏，甩头或昂头，闭眼，食欲不佳。

【治疗方案】▶▶▶

[处方1]　用注射器将生理盐水直接注入副鼻窦内冲洗，然后再将窦内的液体吸出，反复进行多次，直至洗净窦内渗出物为止。然后再注庆大霉素，按5毫克/千克体重，1天3次。

[处方2]　每天肌内注射氯霉素，每100克体重3毫克，连用7天。将患鸟放在安静处，并给予适当的光照，室温保持在29℃左右，持续一个月。

[处方3]　将氯霉素眼药水滴入鼻腔，每次3~5滴，每日1次。也可以肌内注射青霉素，1万~1.5万单位/千克体重，连续7天。

二十六、肠炎

【临床症状】▶▶▶

肠炎是鸟类消化道疾病，伴有肠的分泌蠕动、吸收和排泄机能紊乱的炎症的总称。引起肠炎的原因是多方面的，包括饲料因素、受寒、细菌、病毒和真菌感染等；或者与季节变化、气候剧变、饲料管理不当、引用脏水、饲料变质、惊吓、环境改变和饮水过多有关。

单纯性肠炎发病比较急，病鸟突然缩成一团，似有腹疼，羽毛蓬松，食欲减退，渴欲增加，体温升高，拉稀便或带血粪便。

由细菌、原虫和霉菌引起的肠炎，其症状各异，本书前面已有记叙，这里不再重复。

出血性肠炎多由细菌引起，例如溶血性大肠杆菌等。粪便如汤或粥，并混有血丝、血块或组织碎片，病鸟常很快死亡。

【治疗方案】▶▶▶

治疗以抗菌、防止继发感染为原则。

- **首先将鸟移至安静温暖的环境中。**

［处方1］ 对单纯性腹泻，应消除刺激性因素。对因腹泻而脱水的鸟，应补充些糖水和盐水。方法是：在25%的葡萄糖水中加0.9%的生理盐水，用不带针头的小注射器吸入上述液体后滴入患鸟的口中，根据鸟个体大小和脱水程度，每次滴1～5毫升，每日2次，连用5天。

［处方2］ 对继发性细菌感染，应用抗生素或其他药物治疗。例如：用庆大霉素1000～3000单位溶于5～10毫升水中，让病鸟自由饮用，每日1～2次，连用3天；或口服氟哌酸，每次每千克体重3～8毫克，每日3次，连用3～5天。

［处方3］ 对出血性肠炎，让患鸟先停食1天，然后也用庆大霉素和氟哌酸治疗。配合药物治疗时，可同时口服复合维生素B，有利于胃肠道黏膜的恢复。如果患鸟不能饮用，则每天灌服2次。对严重脱水的鸟，可皮下注射葡萄糖生理盐水或灌服该溶液。

二十七、结膜炎

【临床症状】▶▶▶

鸟患结膜炎的原因很多。结膜外伤、挫伤、眼睑损害、异物进入结膜、维生素缺乏，以及细菌、病毒或寄生虫感染等，均可引起结膜炎。结膜炎是观赏鸟和笼养鸟的常见病。

结膜炎的症状是：结膜充血，呈微红色，眼圈湿润，眼泪明显增多，眼睑肿胀，眼分泌物增多，严重者上下眼睑粘在一起，眼睛睁不开。

【治疗方案】▶▶▶

将患鸟移至暗处，减少光线的刺激。用2%～3%的硼酸溶液或0.9%的生理盐水冲洗眼睛后，先用金霉素、氯霉素、四环素、土霉素等眼药膏或眼药水滴入眼内，1小时后再滴入醋酸氢化可的松眼药水，两类药物交替使用，每日用药3～6次，并对病鸟补充维生素A和复合维生素B，1天2次，连服7天。

二十八、尾脂腺炎

【临床症状】▶▶▶

尾脂腺炎，也叫"生黄"，是多种笼养鸟的常见病，特别是画眉鸟易发生此病。如果长时间不给鸟洗澡或尾脂腺受伤感染，就容易引起尾脂腺炎。

此病的症状为：尾脂腺红肿，触摸较硬，肿大或在尾部有黄色脓包。有的病例整个尾部红肿。患鸟精神不佳，食欲不济。

【治疗方案】▶▶▶

[处方1]　鸟笼、鸟舍的表面要光滑，并注意消毒和环境卫生。经常观察鸟的尾脂腺，一经发现尾脂腺红肿，应立即进行治疗。

[处方2]　先用5%碘酊和75%的酒精对尾脂腺患处附近消毒，然后用两手的拇指挤压尾脂腺，将其内分泌物挤出，分泌物挤净后，在患处涂上红药水或5%的碘酊，以防感染。几天后，如发现又有脓包出现，可再挤压尾脂腺。如此反复进行，直至患鸟康复。每次挤尾脂腺时，均需严格消毒。

二十九、趾炎

【临床症状】▶▶▶

趾炎多因葡萄球菌感染引起，是笼养鸟的常见病。鸟笼和栖木不光滑或砂粗划伤脚掌后，常被粪便和垫料污染，引起趾炎。

此病的症状为：趾爪肿胀，发热，疼痛，甚至化脓，或有干酪样渗出物，行走困难，跛行，不能握住栖架。

【治疗方案】▶▶▶

[处方1]　用温的0.5%的高锰酸钾（或盐水）清洗患鸟的脚和爪，然后将碘酒或红药水涂在患处，再用消毒纱布包好。

[处方2]　处理好外伤后，可同时肌内注射庆大霉素或卡那霉素；或者口服螺旋霉素，每日每千克体重20~30毫克（2万~3万单位），分2次口服。

[处方3]　口服氟哌酸，每日每千克体重3~8毫克，每日3~4次，对葡萄球菌感染效果更好。

第二十章 龟类常见疾病

一、龟颈溃疡病

【临床症状】 ▶▶▶

本病可能是由病毒引起的。由于皮肤溃烂，可导致水中霉菌的继发性感染。病龟脖颈肿大、溃烂，继而可能出现乳白色的絮状丛生物。病龟脖颈伸缩困难，食欲减退甚至不能吃食，活动减少、衰退，甚至最后死亡。

【治疗方案】 ▶▶▶

- 在5~8月每隔10~15天用0.4毫克/升的强氯精泼洒全池一次；可投喂动物肝脏等动物性食物，以增强营养，提高龟的抗病力。
- 将发病的龟隔离，养龟的容器用5毫克/升的漂白粉浸洗24小时；对病龟用5%的食盐水清洗患处，然后用土霉素或金霉素软膏涂抹于患处。
- 可对病龟进行腹腔注射丙种球蛋白或胎盘球蛋白，每千克龟注射2毫克（球蛋白用50%的葡萄糖溶液混匀）。
- 尚未发病的龟用3~4毫克/升的强氯精或10毫克/升的漂白粉全池泼洒。

二、腐甲病

【临床症状】 ▶▶▶

又称烂甲病。目前的病因尚不清楚，可能是由于真菌感染后引起细菌继发感染引起。本病主要感染绿毛龟。病龟的背甲的某一块或数块角质缘盾或椎盾腐烂发黑，有时腐烂成缺刻状。背甲腐烂处，基质藻难以生长，影响观赏价值。

本病危害不甚严重，发病率和死亡率均不高。可常年发生，但主要是春季和冬季。

【治疗方案】▶▶▶

- 新购入的龟用10%的食盐水浸浴30分钟。
- 加强饲料管理，增强龟的抗病能力。
- 用1%的呋喃西林溶液或1%的雷佛努尔水溶液涂抹病龟患处。
- 投喂动物肝脏，增强抵抗力，促进患处愈合。

三、烂板壳病

【临床症状】▶▶▶

　　本病可能是由细菌引起，细菌侵入而使龟壳发生糜烂。患病初期，病龟背壳或底板出现白色斑点，以后白色处慢慢溃烂，变成红色块状，用力压之，血水可被挤出。病龟的活动能力减弱，摄食减少，不久便死亡。

　　本病主要危害幼龟，常发生于气温较高的季节。一般情况下发病率和死亡率均不高。

【治疗方案】▶▶▶

- 发病季节，用1毫克/升的强氯精全池泼洒，每隔15天1次。
- 将病龟患处表皮挑破，挤出血水，用10%的食盐水反复涂擦，然后冲洗，每日1次，连续7天。
- 将病龟患处洗净后，用呋喃唑酮干粉擦患部。

　　［处方1］　注射金霉素，每千克龟体重20万单位。

　　［处方2］　将病龟单独饲养，每隔3～4天用2～4毫克/升的强氯精泼洒1次，连续3～4次。

四、白眼病

【临床症状】▶▶▶

　　有人认为本病是由于某种细菌感染引起。此外，气温高，水质污染，水质碱性过高以及刺激性物质的刺激亦能引起该病。

　　病龟眼睛发炎充血，红肿，角膜糜烂，逐渐变为灰白色而肿大，眼睛和鼻孔被白色分泌物遮盖。病龟用前足擦眼睛，摄食困难，瘦弱，严重时双眼失明，呼吸受阻而死亡。如细菌通过眼部丰富的血管进入血液循环，则可能导致内脏器官的细菌感染或全身性感染。

　　本病主要发生于春季、秋季和冬季，尤以越冬后的春季较为流行。

【治疗方案】▶▶▶

- 在越冬前后，在饲料中添加一定的动物肝脏，加强营养，增强龟对疾病的抵抗力。
- 在发病季节，用2毫克/升漂白粉，或0.5毫克的强氯精，或0.8～10毫克/升的呋喃西林全池泼洒，每隔15～20天泼洒一次，可有效预防本病的发生。

　　［处方1］　对病龟用1%的呋喃西林涂抹患处，每日1次，每次持续1分钟，视病情严重程度连续3～8天。

　　［处方2］　1%的利凡诺涂抹患处，每日1次，连续3～5天。

　　［处方3］　30毫克/升的呋喃西林或呋喃唑酮浸浴病龟30～50分钟。

- 小型水体，可按每立方米池水1000万～2000万单位链霉素全池泼洒。
- 因水碱性过高而引起的白眼病，可通过换水和冲水缓解，也可泼洒20～50毫克/升的过磷酸钙或醋酸。

注意，在治疗绿毛龟时，切勿使药液沾到丝状藻上，以免引起绿藻的死亡。

五、水霉病

【临床症状】

本病的病原是水中的真菌。导致本病发生的原因是龟类皮肤损伤，如冻伤、咬伤、擦伤、碰伤等。受伤后，在水中广泛存在的真菌便乘机在伤口处感染寄生，导致发病。本病多在秋末到早春季节流行。病龟的症状在水中最明显，出水后不易观察，病龟体表局部发白，接着身上长出灰白色、棉絮状长毛，为真菌寄生后长出的菌丝。病龟食欲下降，消瘦无力，严重时部分病灶、伤口充血或溃烂，最后病龟衰竭死亡。

【治疗方案】

- 合理养殖，操作轻柔，避免龟体受伤。
- 龟体受伤后，立刻用食盐水或小苏打水全池泼洒。

[处方1] 用1%孔雀石软膏涂抹病龟患处，或用1%的孔雀石水溶液涂抹，1~2分钟后立即放入清水中漂去多余药液，然后放入清水中隔离饲养，3~4天后再重复用药1次。

[处方2] 每千克病龟每天用磺胺类药0.1克拌料投喂，连喂3天。

六、霉菌性口腔炎

【临床症状】

霉菌性口腔炎的病原体是白色念珠菌。本病多发于龟的舌、吻端、颊、颚等处，病变区黏膜充血，有分散的白色小点，不久即相互融合，出现较大溃疡面，上覆一层白色分泌物。病龟表现出烦躁不安，嘴总张着，口内有奶酪一样的白色块状物。

【治疗方案】

- 预防：保持养殖水质清新，饲料新鲜，饲料中除防治疾病外，不要过多添加抗生素，彻底杀灭水中寄生虫。

[处方1] 用2%~4%的小苏打溶液清洗病龟口腔，清洗后在口腔内患处涂抹1%~2%龙胆紫或美蓝，或用10%的制霉菌素甘油涂抹，1天3或4次。

[处方2] 病情严重者，在上述处理的同时，在饵料中添加制霉菌素，每千克体重加入2万单位，每日1次，连用3~5天。

七、白斑病

【临床症状】

白斑病的病原是毛霉菌。此菌喜欢水质清新无藻类生长的水环境，在土壤、烂草中也有其菌丝和孢子。一年四季均可流行此病，全国各地均有发现。人工饲养的幼龟易发此病，成年龟较少发生。该菌以孢子传播，经伤口感染，水温在15~35℃时容易发病，高峰期是每年的4~6月和9~10月份。毛霉菌寄生后发展很快，当其寄生到幼龟咽喉处后，龟会因呼吸困难而窒息死亡。

发病初期，可在水中见到病龟的甲壳、头颈、四肢、尾部等处有针尖大小的白点，早期仅表现在皮肤浅层,几天后迅速扩大,形成一块块的白斑,表皮坏死,部分崩解。此时毛霉菌已深入深层组织,并侵入组织间隙,侵入的菌丝迅速生长,病灶也呈圆形向深层扩展。白斑形态如云絮,表皮开始溃烂、坏死、脱落。病龟食欲减退,烦躁不安,或瘫软伏地,反应迟钝。当白斑寄生到咽喉时,病龟不久死亡。

【治疗方案】▶▶▶

- 预防:养殖设施、工具要平滑,养殖操作动作要轻,池底粗硬,尽量防止龟体受伤,刚买回的幼龟要放到安静的地方暂养几天,暂养前要消毒;要给龟充足的晒背条件和时间;管理好养殖水体,保持池水清新和相对稳定,不要频繁换水。

[处方1] 发现病龟后,捞出,放入浓度为2毫克/千克孔雀石绿溶液中药浴15~20分钟,患处涂抹1%的孔雀石绿软膏。

[处方2] 用0.5%食盐水和0.5%的小苏打合剂全池泼洒,连用3天。

[处方3] 用1~2毫克/千克浓度的亚甲基蓝溶液全池泼洒。

- 对刚发病的幼龟,可将其放在阳光下每天晒1个小时,反复数天,可取得良好的治疗效果。

八、腐皮病

【临床症状】▶▶▶

本病的病原是单胞杆菌。诱发本病的原因主要是饲养密度过大,龟互相撕咬,造成受伤,病菌乘机入侵后,引起受伤部位皮肤组织坏死,此外水质的恶化也会造成龟体质虚弱,病菌乘虚而入。本病可发生于从幼龟到成龟各个年龄阶段,但以幼龟多见。

肉眼可见病龟颈部、四肢、尾部等处皮肤溃烂或糜烂,严重时组织坏死,形成溃疡;有的局部皮肤变白或有红色伤痕;有的爪子脱落;有的四肢骨骼裸露;有时患处能自然愈合,但相当一部分因得不到及时治疗而死亡。

【治疗方案】▶▶▶

- 预防:科学饲养,确定合适的放养密度;合理投饲,使用新鲜饵料;保持良好水质,酸碱度为中性,每隔10~15天,全池泼洒强氯精或生石灰,可有效预防本病发生。

[处方1] 按每千克龟体重用氟哌酸0.02~0.03毫克拌饵投喂,连用5~7天。

[处方2] 重病龟,每天每千克体重填喂土霉素1粒,连用2天。

[处方3] 重病龟,每天每千克注射卡那霉素15万~20万单位,或庆大霉素15万~20万单位,或红霉素30~50毫克,连用2天。

[处方4] 患病初期,可用灭菌生理盐水清洗病灶,用金霉素眼膏涂抹,每日1次。

[处方5] 将病龟放入浓度为10毫克/千克的链霉素溶液中浸泡48小时。

- 以上方法要同时应用,才能达到良好的治疗效果。

九、红脖子病

【临床症状】▶▶▶

本病的病原是嗜水气单胞菌,该菌在自然界中广泛存在,尤其在水中。嗜水气单胞菌是革兰阴性短杆菌,生长合适的pH值为5.5~9.0,最适生长温度为25~35℃。

病龟脖颈肿胀、发红、充血,以致颈部不能缩进甲壳内。腹甲有红斑,皮下充血,周身水肿，严重时眼睛混浊失明，舌尖出血，从口、鼻流血。病龟背甲失去光泽呈暗黑色，反应迟钝，停止摄食。多数病龟在上、下午上岸晒背时死亡。剖检可见病龟肝脏、脾脏肿大，质脆易碎，胆囊易碎，胆囊肿大，胆汁稀薄，颈部剖开充满黏液，有时腹腔有积液；多数病龟口腔黏膜、胃黏膜也有出血现象。

【治疗方案】

- 预防：加强科学管理，保持良好水质，pH 值 7.2~8.0，池底无或较少淤泥，发病季节每隔 10~15 天全池泼洒漂白粉或强氯精。

[处方1] 有病龟时，全池泼洒漂白粉，使浓度为 1~15 毫克/千克。

[处方2] 全池泼洒呋喃西林或红霉素，使浓度为 2~3 毫克/千克。

[处方3] 用卡那霉素、庆大霉素等抗生素拌饵投喂，每天每千克龟体重用 15 万~20 万单位，连用 2~3 天。

[处方4] 病情严重，无法进食的龟，注射卡那霉素或庆大霉素，每天每千克龟体重剂量为 20 万单位，连用 3 天。

- 以上方法最好口服外用兼备才能收到最好的效果。

十、腮腺炎

【临床症状】

本病的病原暂不确定，有人认为是点状产气单胞菌，也称为豚鼠气单胞菌。

腮腺炎发生的主要原因是水质恶化，龟长期生活在脏水中，身体衰弱，病原菌侵入身体容易，大量病原菌侵入后产生溶血毒素，导致该病。患病龟脖颈肿大，无法缩入甲壳内。病龟行动迟缓，常在水中、陆地上高抬头颈，不摄食，后肢窝鼓起，皮下有气，四肢浮肿，严重者口鼻流血。本病与红脖子病易混淆，其主要特征（与红脖子病相区别）是：脖颈肿大，但不发红；胃肠道有凝固的血块或毫无血色。

【治疗方案】

[处方1] 预防：科学管理，保持水质良好。pH 值 7.2~8.0，发病季节要常洒漂白粉预防，若水中 pH 值小于 7.0，可用生石灰调节至微碱性。日常可每隔 2~3 个月，用 30 毫克/千克的呋喃唑酮溶液浸洗龟体 40~50 分钟，有条件的地方，可在春季给龟注射 1 次硫酸链霉素，用量为每千克龟注射 10 万~12 万单位。

[处方2] 发现病龟时，病症较轻的龟，可用土霉素溶液（每千克水中加土霉素 3 片）浸泡 30 分钟，每日 1 次，直至痊愈。

[处方3] 病重时，每千克体重注射 12 万单位硫酸链霉素，每日 2 次，连续注射 3 天。

[处方4] 对大面积发病的龟池，按每立方米取 3.7 克大黄，粉碎后用 20 倍大黄量的 0.3% 氨水浸泡 12 小时，全池泼洒；同时按每千克龟体重用 0.1 克的量在饵料中添加复方新诺明投喂，连用 3 天。

十一、疥病

【临床症状】

本病是由嗜水气单胞菌感染而引起。多因龟体表受伤后，细菌继发感染所致。受污染的水中易发此病。

发病初期，病龟的颈部、四肢有一个或数个芝麻大或绿豆大的白色疥疮，随后疥疮逐渐隆起，向外突出，用手挤压疥疮四周，可挤出黄色、白色的豆渣状内容物，并伴有腥臭气味。严重时疥疮溃烂，向四周皮肤扩展，呈腐皮病症状。病龟初期尚能进食，后逐渐少食，直至停食，体质消瘦，静卧不动，头不能回，一般2～3周死亡。病情较轻、体质较好的龟有时可自愈。

本病一般在5～7月份流行，可危害各年龄的龟。

【治疗方案】▶▶▶

［处方1］ 预防：龟放养时彻底清塘，挖出池中淤泥，放入干净的沙子做底；水进池前要用过滤网过滤，杜绝寄生虫入池；养殖操作中动作轻柔，防止龟体受伤；龟体用10毫克/千克的漂白粉浸泡消毒后放入池中；养殖期间，每隔半个月用1毫克/千克漂白粉溶液全池泼洒，预防本病发生，并保持水质良好。

［处方2］ 将病龟体表的疥疮抠掉，挤出内容物，用碘酒擦抹，敷上红霉素软膏，再将棉球（上有金霉素或红霉素药膏）填入洞中，以后每天换1次棉球。

［处方3］ 外伤处理后，可用10毫克/千克的呋喃唑酮溶液每天浸泡10小时，连用5～7天。

［处方4］ 病情较重者，每天注射卡那霉素或庆大霉素1次，用量为每千克体重20万单位，连续注射4～6天，可取得明显治疗效果。

十二、白眼病

【临床症状】▶▶▶

目前对白眼病的病原菌尚未有研究。多数研究者认为本病是由于水质被污染，或者由于放养密度过大，水质碱性过重，引起病龟眼部不适，平时常用前足擦拭眼部，造成细菌感染所致。本病多见于红耳龟、乌龟，且幼龟发病率较高。发病季节是春季、秋季，越冬后的春季为流行盛期。

病龟的眼部发炎充血，逐渐变为灰白色肿大，眼角膜和鼻黏膜因眼的炎症而糜烂，眼球的外部被白色的分泌物掩盖，眼睛不能睁开。病龟常用前肢摩擦眼部，行动迟缓。严重时双目失明，呼吸受阻，病龟不能摄食，久而久之因体弱并发其他病症而衰竭死亡。

【治疗方案】▶▶▶

［处方1］ 预防：保持水质清洁，无污染物，水底淤泥少或无，pH值7.2～8.0，禁止使用盐碱水浸泡。发病后将病龟离水放置阴暗处，以促使白色分泌物脱水掉落。发病期间可喂给动物肝脏，增加营养，增强抗病力。

［处方2］ 对症状较轻、眼睛尚能睁开的龟，可用呋喃西林或呋喃唑酮溶液浸泡，药液浓度为30毫克/千克，浸泡40分钟，连续浸泡5天。

［处方3］ 也可用氯霉素或其他抗生素眼药水或眼膏涂抹，每日1～2次，直至复原。

［处方4］ 对病情严重、眼睛已睁不开的龟，首先将眼内的白色物清除干净，若出血应继续清理，然后将龟浸泡于有复合维生素B、土霉素的溶液中，每500克水中含0.5片土霉素、2片复合维生素B，每隔24小时换1次药液。

［处方5］ 可用青霉素或红霉素注射，每千克体重用4万～5万单位，每日1～2次。

- 若治疗绿毛龟时，应用药水或药膏涂抹眼部，不能采用全身浸泡的方法。

十三、败血症

【临床症状】▶▶▶

本病极为常见，病原不明。有人认为是铜绿单胞菌，也有报道说病原为两种细菌，一种是假单胞菌，另一种是气单胞菌。这些细菌都是广泛存在于土壤、污水中，主要经消化道、创伤感染，通常是在肺炎、烂甲病、脓肿或在其他细菌性疾病的基础上的继发性感染。

病龟表现为摄食停止、呕吐、下痢、昏迷、饮水量增加，排褐色或黄色脓样粪便。

【治疗方案】▶▶▶

[处方1] 预防：放养前养殖池彻底消毒，龟体严格消毒；操作时动作轻柔，避免龟受伤；龟池中保持水质清新，无污染。一旦龟得病，必须马上隔离，放入清新的池水中饲养，并消毒池水，防止传染和继发感染。

[处方2] 对发病的龟，肌内注射硫酸链霉素，剂量为每千克龟体重20万单位，每日1次，连用3天，并适时输液。

[处方3] 肌内注射恩诺沙星，每日1次，每千克体重2.5～5.0毫克。

[处方4] 肌内注射新霉素，每日1次，每千克体重剂量10毫克。

[处方5] 肌内注射庆大霉素，每日1次，每千克体重剂量20万单位。

[处方6] 肌内注射土霉素，每日1次，每千克体重剂量50毫克。

十四、肺炎

【临床症状】▶▶▶

本病可能由于池水污浊、气候干燥、温差变化大时所引发。

病龟食欲减退，常在陆地呆滞不动，鼻部有鼻液流出，后期变浓稠，呼吸声大，口边或水面有白色黏液。陆栖龟喜饮水且量大。严重者，有时双目失明，眼球充血，水肿，下陷，并有豆腐渣样的块状坏死组织覆盖于眼球上，最后死亡。

【治疗方案】▶▶▶

- 预防：放养前彻底清池，杀灭病原菌；加强水质管理，保持水质清新，降低池水中有机质含量；养殖期间，保持室温、水温基本恒定，冬季换水注意勿使水温变化太大；勿使室内太闷热。

- 发现病龟立即隔离治疗。发病初期可投喂金霉素、土霉素等抗生素药饵。同时彻底消毒池水；病情较重者可肌内注射庆大霉素、链霉素、青霉素等。严重者治疗无效。

十五、肠胃炎

【临床症状】▶▶▶

目前普遍认为本病是由于龟摄食的饵料变质、不新鲜，以及水质败坏，使龟抵抗力下降，感染了产气单胞菌引起的。产气单胞菌在自然界中广泛存在，如水中、淤泥、土壤。

患病龟精神不好，反应迟钝，腹部和肠内发炎充血。轻度的病龟的粪便中有少量黏液或粪便稀软，呈黄色、绿色或深绿色，龟尚能少量进食，严重患病的龟粪呈水样或黏液状，呈酱色、血红色，用棉签蘸少量，涂于白纸上，可见血迹，龟绝食。

【治疗方案】▶▶▶

· **预防**：放养前彻底清塘消毒，杀灭病原体；保持水质清洁，经常更换龟池水；保持饵料新鲜，不投喂腐烂变质食物。

[处方1] 在饵料中拌入磺胺类药物投喂，每天每千克龟体重用药0.2克，第2～6天减半。投药期间，饵料投喂量比平时少些，以便使药饵全部吃掉。

[处方2] 在饵料中拌入土霉素投喂，用量为每只龟0.5克，分早晚2次投喂，7天为一个疗程。

[处方3] 对病情较重者，肌内注射氯霉素或庆大霉素，每千克体重4万～5万单位，同时肌内注射葡萄糖每千克1毫升。

十六、肝炎

【临床症状】▶▶▶

肝炎多认为是由于病毒引起的。患病的龟一般都体质较差，比较瘦弱，幼龟居多，而且该病的发生具有明显的传染性，发病的高峰期是5～6月。初步推断，该病的发生可能与越冬后营养物质消耗过大，身体衰弱，免疫力下降，遇到天气骤变，气温忽冷忽热，病毒趁机侵入有直接关系。

该病呈急性传染，潜伏期约为3周，而病程仅为1～2周。病龟的早期表现主要是行动迟缓，不合群，喜欢独自卧伏一处，食欲减退以致废绝，排粪次数和数量减少，有时排灰白色稀粪，其中混有少量黏液，个别混有褐红色黏液。继而病龟精神较差，反应迟钝，四肢松软，无力缩入壳内。头半伸低垂，无力抬举，往往贴于地面。眼睑松弛，呈灰白色闭合状态。后期症状更为明显，病龟不食不动，单独卧伏一边，呈昏迷状态，对刺激无反应，呼吸衰竭死亡。

【治疗方案】▶▶▶

· **预防**：本病主要以预防为主。在越冬之前加强龟的营养，多喂动物性饵料，并在饵料中添加充足的维生素C，复合维生素B，维生素E；保持龟的栖息环境始终处于良好状态，越冬时应保持龟池内较深水位。引入新龟时应进行龟体消毒，隔离一段时间后方能混群；冬眠苏醒后，要设法将水温、气温尽快调至20℃以上，并尽快进食，且保持温度基本恒定。

· 发现病龟时，立即隔离病龟，降低养殖密度，多喂可口饵料，做到少量勤投，并及时清除残饵。

[处方1] 对发病较轻的龟，可用5%的食盐水浸泡10分钟，每日1次，连续3天；同时在饵料中添加维生素C和磺胺类药物，每千克龟体重第一天添加磺胺类药物0.2克，第2～6天减半，并配合每天晒背。

[处方2] 对病情较重的龟，每天要在饵料中添加维生素C，做成颗粒状填喂；同时注射青霉素或链霉素，每千克体重10万～15万单位，连用3天，并配合晒壳方法，将病龟在日光下照射，每日3～5小时，连续3～4天。晒壳期间要注意龟的体温变化，设置遮阴处，以便龟能随时降温。

· 对养殖箱、池或用具要严格消毒，以杀灭环境中的病原体，防止细菌继发感染。

十七、钟形虫病

【临床症状】

本病是由于原生动物门纤毛虫纲的一类寄生虫寄生于龟体而引起的。

该类寄生虫均为固着类纤毛虫,主要寄生于龟的颈部和四肢,肉眼可见灰白色或白色棉絮状和水霉状物。当池水呈绿色时,虫体的胞质和柄变成绿色,病龟的患处也随之变成绿色。患龟随着病程的发展逐渐食欲不振,日渐消瘦。

【治疗方案】

[处方1] 预防:放养前彻底清塘,龟体严格消毒;饲养期间保持良好水质,每隔10~15天,用0.5毫克/千克的硫酸铜全池泼洒,杀灭水中病原体。

[处方2] 对病龟,用5%的食盐水浸洗龟体5分钟,每日1次,连续3~5天。

[处方3] 用0.7毫克/千克的硫酸铜和硫酸亚铁(5:2)合剂,全池泼洒。

[处方4] 用1%高锰酸钾水溶液涂抹病灶,每日1次,连续2天。

[处方5] 制霉菌素3.5毫克/千克药浴病龟2.5~3小时,每日1次,连续2天。

[处方6] 新洁尔灭0.5毫克/千克和高锰酸钾5毫克/千克先后泼洒。

十八、水蛭病

【临床症状】

病原为水蛭,又称蚂蟥。主要是由于水质污染,水蛭大量繁殖,龟体质下降,引起水蛭寄生,寄生于龟类的主要是扬子江鳃蛭和龟穆蛭。

水蛭多寄生于龟的脖颈、四肢和腹部,肉眼可见,一般龟只寄生一条虫,偶尔可见多条同时寄生。水蛭寄生时以吸盘紧紧地固着于寄生部位,吸取龟的营养,造成表皮组织破坏,能引起龟的贫血和继发性感染,最后导致龟死亡。

【治疗方案】

- 预防:放养前彻底清塘,杀灭病原,龟体放养前严格消毒;饲养过程中保持良好的水质是预防本病的主要措施。
- 对病龟,可用5%浓度的食盐水浸浴病龟5分钟左右,多数水蛭可以脱离龟体。
- 用清凉油涂抹水蛭,水蛭会立即脱离龟体。切忌强行拉下水蛭,这样会使龟体受伤,因为水蛭吸盘的吸力很强。水蛭脱离龟体后,应立即采用机械方法或其他致死性方法将水蛭消灭。

[处方] 用1~2毫克/千克呋喃唑酮或其他抗菌药液浸泡病龟,促使伤口痊愈。

十九、体内寄生虫

【临床症状】

在污染的水体中生活的龟,在摄食时会将各种寄生虫的卵、虫体带入体内,寄生在龟的肠、胃、肺、肝脏等部位。这些寄生虫包括线虫、棘头虫、吸虫、锥虫、球虫等。

病龟体外症状不明显,只是消瘦,体质差,行动迟缓,常常独伏一处,不摄食或少食,爬动无力。解剖可见体内寄生有大量肉眼可见的虫体。

【治疗方案】▶▶▶

· 预防措施：放养前彻底清洗鱼缸，杀灭虫卵和幼虫，饲养期间保持水质良好，使用湖水、河水或水库水为水源时，入池前要过滤，避免虫卵或幼虫进入龟池。

[处方] 发现病龟可用肠虫清、丙硫咪唑、吡喹酮等药物拌入饵料或强行填饲。一般肠虫清片每只成龟用1片，幼龟用半片，每日2次投喂，也可用硫双二氯酚与饵料1：400配成药饵，每天投喂或填喂，每日2次，连喂5天。

二十、维生素缺乏症

【临床症状】▶▶▶

饲料配方不科学，营养不全面；长期投喂缺乏某种维生素的饲料；饲料单一，动物性饲料和植物性饲料没有搭配饲喂；生活环境阴暗，长期得不到光线的照射，都有可能引起维生素缺乏症。

维生素多种多样，缺乏不同的维生素会引起龟患不同的疾病。具体缺乏症及症状见表20-1。

表20-1 维生素缺乏的主要症状

维生素	维生素缺乏症主要的表现症状
维生素A	突眼病、眼睛出血、白内障、腹水、组织积液
维生素D	骨质松软、软甲病、佝偻病、畸形
维生素C	体质和抵抗力下降，易感染细菌，伤口难愈合；表皮、肝脏、肾脏、肠道和肌肉有出血倾向
维生素B_1	消化不良、虚弱、食欲差
维生素B_2	白内障、眼珠晶体混浊、贫血、食欲不振、口腔炎
维生素B_6	精神失常、虚弱、呼吸急促
维生素K	表皮出血、血凝性下降、贫血
泛酸	表皮组织疏松、贫血，全身肌肉松弛
烟酸	表皮受损、出血；贫血、食欲差
叶酸	身体消瘦、贫血；免疫力下降
生物素	贫血、肝脏肿大、色白；精神失常；食欲差
胆碱	肝脏肿大，脂肪肝，肾和肠局部出血；饲料利用率低
肌醇	贫血、肠胃蠕动慢

【治疗方案】▶▶▶

本病以预防为主，在饲料中添加适量的复合维生素或投喂维生素丰富的食物。如动物肝脏、蛋黄中含有丰富的维生素A、维生素D和维生素B_2，绿叶植物中含丰富的维生素C，谷类、豆粉、瘦肉中含有较多的维生素B_1等。所以龟的饲料要动物性和植物性搭配投喂，可有效避免维生素缺乏症。然而也应注意维生素A、维生素D过量会造成中毒，所以尽量不要长期单一的投喂维生素AD含量过高的饵料，如动物肝脏等。饲料要多样化，营养要全面化。

二十一、阴茎脱出

【临床症状】▶▶▶

长期投喂含性激素的饲料，使龟体内雄性激素蓄积量较高，引起阴茎脱出。正常的性成熟的雄龟，其阴茎只有在繁殖季节交配时才伸出与雌龟交配，交配结束后，阴茎又会缩回泄殖腔内。有些雄龟的阴茎偶尔外露，立即又会缩回。不正常的龟，阴茎长时间外露，不能缩回泄殖腔，容易被蚊虫叮咬、其他龟咬伤或被磨破，感染病原菌，并发其他疾病而死亡。

【治疗方案】▶▶▶

- 本病以预防为主，不喂含性激素的饲料，保持水质清新，经常泼洒消毒药物，杀灭水中的病原菌。经常巡视、检查，发现病龟要及时处理。
- 病情较轻的，将外露的阴茎用碘酒消毒后，送回泄殖腔内，将泄殖腔处缝1～2针，以免阴茎再次脱出，然后将龟饲养在水质清新的浅水中。
- 对病情较重的龟应采取切除手术，首先用生理盐水冲洗阴茎表面，然后用医用缝合线扎紧泄殖腔孔处的阴茎，再用手术刀切除扎线以外的部分，对创口消毒连续缝合黏膜，然后松开扎紧的线，再用碘酒消毒，剩余部分还回体内。手术后的龟要干养。对还能吃食的龟，在饲料中拌入抗生素药物，连喂6天；对已不摄食的龟，每千克体重每天肌内注射青霉素或硫酸链霉素10万～12万单位，以防止病原感染。

参 考 文 献

[1] 施振声主译. 小动物临床手册. 北京：中国农业出版社，2005.4
[2] 何英，叶俊华. 宠物医生手册. 辽宁：辽宁科技出版社，2003.1
[3] 崮继业. 畜禽药物手册. 北京：金盾出版社，2000.9
[4] 胡元亮. 兽医处方手册. 北京：中国农业出版社，2005.7
[5] 朱模忠. 兽药手册. 北京：化工工业出版社，2002.7
[6] 沈建忠，谢联金. 兽医药理学. 北京：中国农业大学出版社，2000.8
[7] 侯加法. 小动物疾病学. 北京：中国农业出版社，2002.8
[8] 高得仪. 犬猫疾病学. 第二版. 北京：中国农业大学出版社，2001
[9] 王祥生. 犬猫疾病防治方药手册. 北京：中国农业出版社，2004.1
[10] 胡功政. 狗猫常用药物手册. 北京：中国农业科技出版社，1995.8
[11] 西北农业大学. 家畜内科学. 北京：中国农业出版社，1992
[12] 章紧等. 观赏鱼. 北京：中国农业出版社，1992
[13] 王占海，王金山，姜仁编著. 金鱼的饲养与观赏. 上海：上海科学技术出版社，1993
[14] 杨继光等. 实用笼养鸟观赏鸟病防治技术. 北京：中国人口出版社，1994
[15] 王增年. 笼养鸟技术手册. 北京：中国农业大学出版社，1993
[16] 祝建新. 观赏鸟. 北京：中国农业出版社，1992
[17] 戴庶. 观赏水生宠物——龟. 北京：中国农业大学出版社，2001.10
[18] 安宁. 龟的养护及疾病防治精要. 北京：中国林业出版社，2006
[19] 周婷等. 龟鳖养殖与疾病防治. 北京：中国农业大学出版社，2001.6